Java EE
互联网轻量级框架整合开发

SSM+Redis+Spring微服务 ·下册

杨开振　刘家成／著

電子工業出版社
Publishing House of Electronics Industry
北京•BEIJING

内 容 简 介

随着移动互联网的兴起，以Java技术为后台的互联网技术占据了市场的主导地位。在Java互联网后台开发中，SSM框架（Spring+Spring MVC+MyBatis）成为了主要架构，本书讲述了SSM框架从入门到实际工作的要求。与此同时，为了提高系统性能，NoSQL（尤其是Redis）在互联网系统中已经广泛应用用，为了适应这个变化，本书通过Spring讲解了有关Redis的技术应用。随着微服务的异军凸起，Spring微服务成为时代的主流，本书也包括这方面的内容。

本书主要分为7部分：第1部分对Java互联网的框架和主要涉及的模式做简单介绍；第2部分讲述MyBatis技术；第3部分讲述Spring基础（包括IoC、AOP和数据库应用），重点讲解Spring数据库事务应用，以满足互联网企业的应用要求；第4部分讲述Spring MVC框架；第5部分通过Spring讲解Redis技术；第6部分讲解Spring微服务（Spring Boot和Spring Cloud）；第7部分结合本书内容讲解Spring微服务实践。

本书结合企业的实际需求，从原理到实践全面讲解Java互联网后端技术，Java程序员、SSM框架和Spring微服务等互联网开发和应用人员，都可以从本书中收获知识。

图书在版编目（CIP）数据

Java EE互联网轻量级框架整合开发：SSM+Redis+Spring微服务. 下册 / 杨开振，刘家成著. —北京：电子工业出版社，2021.7

ISBN 978-7-121-41399-5

Ⅰ. ①J… Ⅱ. ①杨… ②刘… Ⅲ. ①JAVA语言－程序设计②数据库－基本知识 Ⅳ. ①TP312.8 ②TP311.138

中国版本图书馆CIP数据核字(2021)第120024号

责任编辑：孙学瑛
印　　刷：北京天宇星印刷厂
装　　订：北京天宇星印刷厂
出版发行：电子工业出版社
　　　　　北京市海淀区万寿路173信箱　邮编 100036
开　　本：787×1092　1/16　印张：49.25　字数：1339.6千字
版　　次：2021年7月第1版
印　　次：2025年2月第5次印刷
定　　价：199.00元（上下册）

凡所购买电子工业出版社图书有缺损问题，请向购买书店调换。若书店售缺，请与本社发行部联系，联系及邮购电话：（010）88254888，88258888。

质量投诉请发邮件至 zlts@phei.com.cn，盗版侵权举报请发邮件至 dbqq@phei.com.cn。

本书咨询联系方式：（010）51260888-819，faq@phei.com.cn。

目　　录

第 4 部分　Spring MVC 框架

第 15 章　Spring MVC 的初始化和流程 2

15.1　MVC 设计概述 2

15.1.1　Spring MVC 的架构 3

15.1.2　Spring MVC 组件与流程 4

15.1.3　Spring MVC 入门实例 5

15.2　Spring MVC 初始化 9

15.2.1　初始化 Spring IoC 上下文 10

15.2.2　初始化映射请求上下文 10

15.2.3　使用注解配置方式初始化 16

15.2.4　WebMvcConfigurer 接口 20

15.3　Spring MVC 开发流程详解 21

15.3.1　注解@RequestMapping 的使用 21

15.3.2　控制器的开发 23

15.3.3　视图渲染 27

第 16 章　Spring MVC 基础组件开发 31

16.1　控制器接收各类请求参数 31

16.1.1　接收普通请求参数 32

16.1.2　使用注解@RequestParam 获取参数 34

16.1.3　使用 URL 传递参数 35

16.1.4　传递 JSON 参数 36

16.1.5　接收列表数据和表单序列化 38

16.2　重定向 41

16.3　保存并获取属性参数 43

16.3.1　注解@RequestAttribute 43

16.3.2　注解@SessionAttribute 和注解@SessionAttributes 45

16.3.3　注解@CookieValue 和注解@RequestHeader 48

16.4　验证表单 49

16.4.1　使用 JSR 303 注解验证输入内容 49

16.4.2　使用验证器 53

16.5 数据模型 56
16.6 视图和视图解析器 58
16.6.1 视图 58
16.6.2 视图解析器 61
16.6.3 实例：Excel 视图的使用 62
16.7 上传文件 65
16.7.1 MultipartResolver 概述 66
16.7.2 提交上传文件表单 69

第 17 章 构建 REST 风格网站 73
17.1 REST 风格的特点 73
17.1.1 REST 风格的概念 73
17.1.2 注解@ResponseBody 的使用 75
17.2 Spring MVC 对 REST 风格的支持 76
17.2.1 Spring MVC 支持 REST 风格的注解 77
17.2.2 返回结果封装 81
17.3 RestTemplate 的使用 84

第 18 章 Spring MVC 高级应用 89
18.1 Spring MVC 处理器执行的过程 89
18.1.1 HandlerMethodArgumentResolver 机制 90
18.1.2 转换器和格式化器概述 92
18.1.3 一对一转换器（Converter） 93
18.1.4 数组和集合转换器（GenericConverter） 96
18.1.5 格式化器（Formatter） 100
18.1.6 HttpMessageConverter 消息转换器 103
18.2 拦截器 106
18.2.1 拦截器的定义 106
18.2.2 单个拦截器的执行流程 107
18.2.3 开发拦截器 108
18.2.4 多个拦截器执行的顺序 109
18.3 为控制器添加通知 112
18.4 处理异常 116
18.5 国际化 117
18.5.1 概述 117
18.5.2 MessageSource 接口 119
18.5.3 CookieLocaleResolver 和 SessionLocaleResolver 121
18.5.4 国际化拦截器（LocaleChangeInterceptor） 122
18.5.5 开发国际化 123

第 5 部分 Redis 应用

第 19 章 Redis 概述 126
19.1 Redis 在 Java Web 中的应用 127
19.1.1 缓存 127
19.1.2 高速读/写场景 128
19.2 Redis 的安装和使用 129
19.2.1 在 Windows 环境下安装 Redis 129
19.2.2 在 Linux 下安装 Redis 131
19.3 Redis 的 Java API 133
19.3.1 在 Java 程序中使用 Redis 133
19.3.2 在 Spring 中使用 Redis 134
19.4 Redis 的数据结构简介 141
19.5 Redis 和关系数据库的差异 142
第 20 章 Redis 数据结构和其常用命令 144
20.1 Redis 数据结构——字符串 145
20.2 Redis 数据结构——哈希 150
20.3 Redis 数据结构——链表 154
20.4 Redis 数据结构——集合 160
20.5 Redis 数据结构——有序集合 163
20.5.1 Redis 基础命令 163
20.5.2 spring-data-redis 对有序集合的封装 166
20.5.3 使用 Spring 操作有序集合 168
第 21 章 Redis 的一些常用技术 171
21.1 Redis 事务 171
21.1.1 Redis 的基础事务 172
21.1.2 探索 Redis 事务回滚 174
21.1.3 使用 watch 命令监控事务 175
21.2 流水线 178
21.3 发布订阅 180
21.4 超时命令 184
21.5 使用 Lua 语言 186
21.5.1 执行输入 Lua 程序代码 186
21.5.2 执行 Lua 文件 190
第 22 章 Redis 配置 193
22.1 Redis 配置文件 193
22.2 Redis 备份（持久化） 194

22.2.1 快照备份 194
22.2.2 AOF 备份 195
22.3 Redis 内存回收策略 196
22.4 复制 197
22.4.1 主从同步基础概念 198
22.4.2 Redis 主从同步配置 198
22.4.3 Redis 主从同步的过程 199
22.5 哨兵模式 201
22.5.1 哨兵模式概述 201
22.5.2 搭建哨兵模式 202
22.5.3 在 Java 中使用哨兵模式 204
22.5.4 哨兵模式的其他配置项 207
22.6 Redis 集群 207
22.6.1 概述 207
22.6.2 搭建 Redis 集群 210
22.6.3 在 Spring 中使用 Redis 集群 215

第 23 章 Spring 缓存机制和 Redis 的结合 217

23.1 Redis 和数据库的结合 217
23.1.1 Redis 和数据库读操作 218
23.1.2 Redis 和数据库写操作 219
23.2 使用 Spring 缓存机制整合 Redis 220
23.2.1 准备测试环境 220
23.2.2 Spring 的缓存管理器 224
23.2.3 缓存注解简介 226
23.2.4 注解@Cacheable 和@CachePut 226
23.2.5 注解@CacheEvict 230
23.2.6 不适用缓存的方法 231
23.2.7 自调用失效问题 231
23.2.8 Redis 缓存管理器的配置——RedisCacheConfiguration 232
23.3 RedisTemplate 的实例 234

第 6 部分 Spring 微服务基础

第 24 章 Spring Boot 入门 238

24.1 Spring Boot 的概念 238
24.1.1 什么是 Spring Boot？ 238
24.1.2 为什么要使用 Spring Boot？ 239
24.1.3 为什么需要学习传统 Spring 应用程序？ 239

24.2 搭建 Spring Boot 开发环境 239
24.2.1 使用 Eclipse 开发 Spring Boot 项目 240
24.2.2 使用 IntelliJ IDEA 开发 Spring Boot 项目 242
24.2.3 运行 Spring Boot 项目 243
24.3 认识 Spring Boot 项目和开发 244
24.3.1 Spring Boot 项目是如何运行的 244
24.3.2 在 Spring Boot 项目中如何进行自定义开发 246
24.3.3 使用 JSP 视图 249

第 25 章 Spring Boot 开发 252
25.1 使用 Spring Boot 开发数据库 252
25.1.1 配置数据源 252
25.1.2 整合 MyBatis 258
25.1.3 数据库事务 264
25.2 使用 Spring MVC 264
25.2.1 使用 WebMvcConfigurer 接口 265
25.2.2 使用 Spring Boot 的 Spring MVC 配置 266
25.2.3 使用转换器 266
25.3 使用 Redis 268
25.3.1 配置和使用 Redis 268
25.3.2 使用缓存管理器 272

第 26 章 Spring Boot 部署、测试和监控 274
26.1 打包、部署和运行 Spring Boot 项目 275
26.1.1 打包 Spring Boot 项目 275
26.1.2 运行 Spring Boot 项目 276
26.1.3 修改 Spring Boot 项目的配置 277
26.2 Spring Boot Actuator 278
26.2.1 Actuator 端点简介 278
26.2.2 保护 Actuator 端点 280
26.2.3 配置项 281
26.2.4 自定义端点 283
26.2.5 健康指标项 286
26.3 测试 289
26.3.1 基本测试 290
26.3.2 使用随机端口测试 REST 风格的请求 291
26.3.3 Mock 测试 292

第 27 章 Spring Cloud 微服务入门 295
27.1 微服务架构的概念 295
27.1.1 微服务的风格 295
27.1.2 微服务架构总结 298
27.2 Spring Cloud 基础架构和概念 298
27.2.1 Spring Cloud 概述 299
27.2.2 Spring Cloud 的架构、组件和基础概念 299
27.3 服务治理和服务发现 301
27.3.1 服务治理中心——Eureka 301
27.3.2 服务发现 303
27.3.3 高可用 305
27.3.4 基础架构 307
27.4 服务调用——Ribbon 309
27.4.1 Ribbon 概述 310
27.4.2 Ribbon 实例 310
27.4.3 Ribbon 工作原理 312
27.5 断路器——Hystrix 315
27.5.1 Hystrix 的使用 316
27.5.2 舱壁隔离 321
27.5.3 Hystrix 仪表盘 323
27.7 服务调用——OpenFeign 327
27.7.1 入门实例 327
27.7.2 在 OpenFeign 中使用 Hystrix 330
27.8 旧网关——Zuul 331
27.8.1 入门实例 332
27.8.2 过滤器 333
27.9 新网关——Gateway 337
27.9.1 入门实例 338
27.9.2 Gateway 中的术语 340
27.9.3 Gateway 已有断言和过滤器的使用 340
27.9.4 自定义过滤器 345
27.10 新断路器——Resilience4j 347
27.10.1 断路器 348
27.10.2 限速器 350
27.10.3 舱壁隔离 352
27.10.4 限时器 353

第 7 部分　系统实践

第 28 章　高并发系统设计和 Spring 微服务实例 356
28.1　高并发系统设计 356
28.1.1　高并发系统的优化经验 356
28.1.2　性能 357
28.1.3　高可用 363
28.2　微服务实例 365
28.2.1　Spring Boot 下的整合（product 模块） 366
28.2.2　服务调用（user 模块） 376
28.2.3　网关（gateway 模块） 378
28.2.4　测试 380

附录 A　数据库表模型 381

第 4 部分

Spring MVC 框架

第 15 章　Spring MVC 的初始化和流程
第 16 章　Spring MVC 基础组件开发
第 17 章　构建 REST 风格网站
第 18 章　Spring MVC 高级应用

第 15 章

Spring MVC 的初始化和流程

本章目标

1．掌握 MVC 框架的特点
2．掌握 Spring MVC 框架的架构设计
3．掌握 Spring MVC 的组件和流程
4．掌握入门实例的内容

本章开始讨论 MVC 框架，Spring Web MVC（下文简称 Spring MVC）是 Spring 提供给 Web 应用的框架设计。MVC（Model-View-Controller）框架是一个设计理念，它不仅存在于 Java 世界中，而且广泛存在于各类语言和开发中，包括 Web 的前端应用。它的流程和各个组件的应用是 Spring MVC 的根本，所以 Spring MVC 的流程和各个组件的应用是第 4 部分的核心内容。

15.1　MVC 设计概述

MVC 设计的范围不仅包括 Java Web 应用，还包括许多其他应用，比如前端、PHP、.NET 等语言。之所以这样的原因在于解耦各个模块，在早期的 Java Web 开发中，主要采用 JSP+Java Bean 模式，我们称之为 Model 1，如图 15-1 所示。

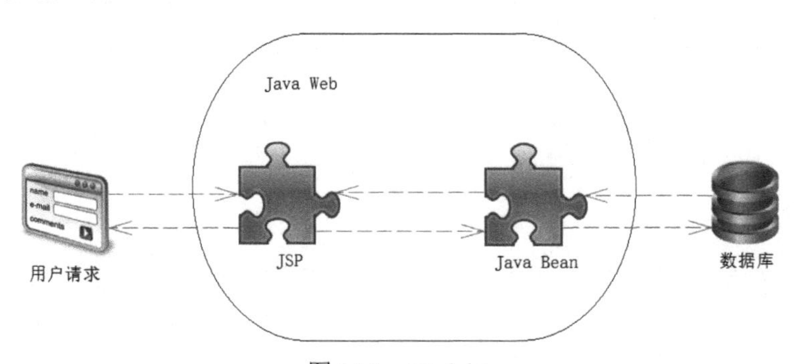

图 15-1　Model 1

但很快，人们发现 JSP 和 Java Bean 之间出现了严重的耦合，Java 和 HTML 也耦合在了一起。这样开发者不仅需要掌握 Java，还需要有高超的前端水平。更为严重的是，出现了页面前端和后端相互依赖的糟糕情况，前端需要等待后端完成，而后端需要前端完成，才能有效测试，而且每个场景的操作几乎都难以复用，因为业务逻辑基本都是由 JSP 完成的，所以还混着许多页面逻辑功能。

因此这种方式很快就被 Servlet+JSP+Java Bean 代替了，早期的 MVC 模型如图 15-2 所示。

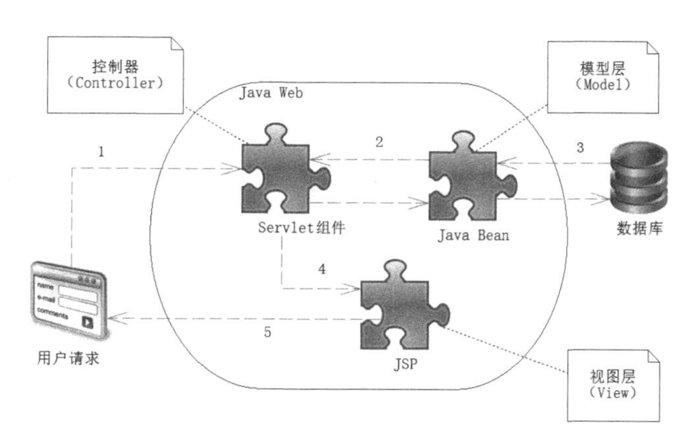

图 15-2 Model 2——早期的 MVC 模型

早期的 MVC 模型多了一个 Servlet 组件，用户的请求先到达 Servlet 组件，Servlet 组件主要作为控制器，一旦接受了这个请求，就可以通过它调度 Java Bean，来读/写数据库的记录，然后将结果返回到 JSP 中，这样就可以获取数据并展现给用户了。

这样的模式我们称为 MVC 模式，其中 Servlet 组件提供控制器（Controller）的功能；Java Bean 则是一个专门操作数据库组件的模型层（Model）；JSP 主要展示数据，与用户交互，它起到的是视图层（View）的作用。使用 MVC 后的一个好处是前台和后台得到了一定的分离，但是对于后端来说，这种方法仍旧存在一定的耦合。控制器和模型层的分离使得大量的 Java 代码可以得到重用，而这个时候 MVC 框架的经典——Struts1/2 和作为模型层的 Hibernate 崛起了。

但是它们都存在一些问题。在当今互联网的开发中，移动端（手机和平板电脑等）兴起，传统的 Web 页面大部分采用 Ajax 请求，它们之间的交互只需要 JSON 数据，对于 JSP 的依赖大大降低。但是无论是 Struts 1 还是 Struts 2，和前端 JSP 都有着比较紧密的联系，尤其是在 Struts 1 中，有大量的关于 JSP 的 jar 包，这显然和时代的发展需求相悖，加上 Struts 2 出现的漏洞，人们渐渐抛弃了这些传统的开发方式，纷纷投向了 Spring MVC。

15.1.1 Spring MVC 的架构

对于持久层来说，在实践过程中，人们发现迁移数据库的可能性很小，所以在大部分情况下都用不到 Hibernate 的 HQL 来满足移植数据库的要求。与此同时，性能对互联网更为重要，不可优化 SQL、不够灵活成了 Hibernate 难以改变的缺陷，于是，MyBatis 受到普遍欢迎。但无论是 Hibernate 还是 MyBatis 都没处理好数据库事务的编程。随着各种 NoSQL 的强势崛起，Java Web 应用不仅能够在数据库获取数据，也可以从 NoSQL 中获取数据，这些已经不是传统持久层框架能够处理的了，而 Spring MVC 给出了方案，如图 15-3 所示。

如图 15-3 所示，传统的模型层被拆分为业务层（Service）和数据访问层（Data Access Object，DAO）。在 Service 下可以通过 Spring 的声明式事务操作数据访问层，在业务层上还允许用户访问 NoSQL，这样就能够满足 NoSQL 的使用要求了，将大大提高互联网系统的性能。Spring MVC 最大的特色是流程和组件是松散的，可以在 Spring MVC 中使用各类视图，包括 JSON、JSP、XML、PDF 等，它能够满足手机端、页面端和平板电脑端的各类请求。

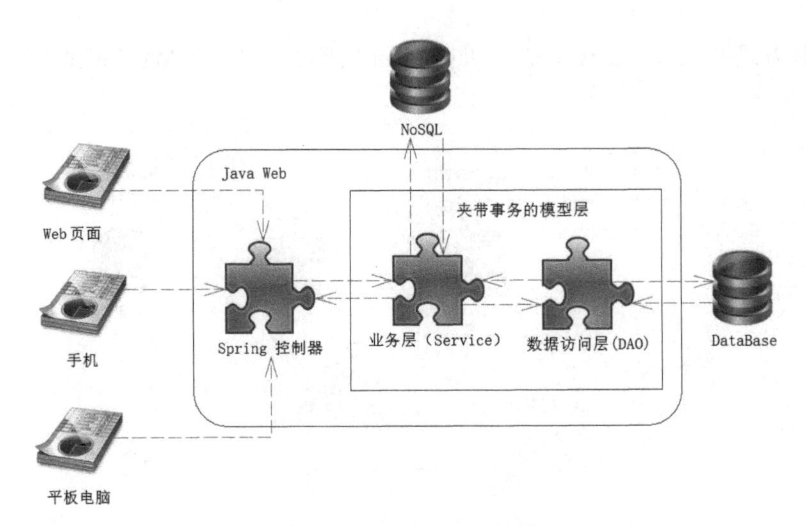

图 15-3　Spring MVC 架构

15.1.2　Spring MVC 组件与流程

Spring MVC 的核心在于其流程和各类组件，这是使用 Spring MVC 框架的基础，Spring MVC 是一种基于 Servlet 的技术，它提供了核心控制器 DispatcherServlet 和相关的组件，并制定了松散的结构，以适应各种灵活的需要。为了让大家对 Spring MVC 有一个简单的认识，给出其组件和流程图，如图 15-4 所示。

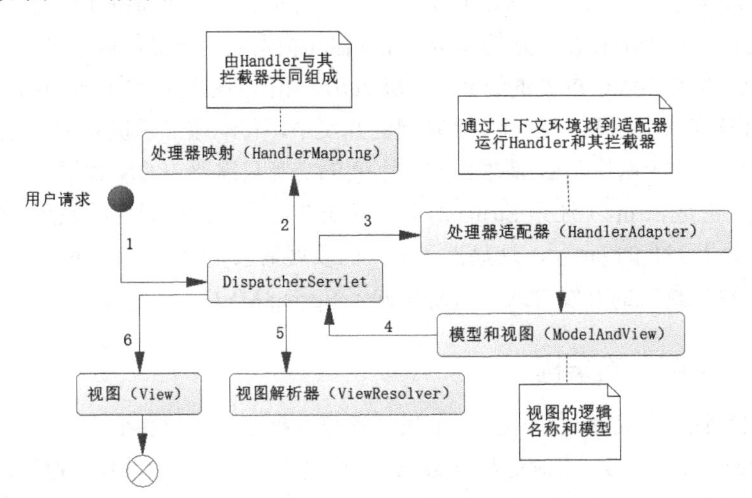

图 15-4　Spring MVC 的组件和流程图

图 15-4 中的阿拉伯数字给出了 Spring MVC 的服务流程及其各个组件运行的顺序，这是 Spring MVC 的核心内容。

Spring MVC 框架是围绕着 DispatcherServlet 工作的，所以这个类是极其重要的类。从它的名字来看，它是一个 Servlet，通过对 Java EE 基础的学习，我们知道它可以拦截 HTTP 发送过来的请求，在 Servlet 初始化（调用 init 方法）时，Spring MVC 会根据配置获取信息，从而得到统一资源标识符（Uniform Resource Identifier，URI）和处理器（Handler）之间的映射关系。为了更加灵活并增强功能，Spring MVC 还会给处理器加入拦截器，所以还可以在处理器执行前后加入自己的代码，这样就构成了一个处理器的执行链（HandlerExecutionChain）。根据上下文初始化视图解析器等内容，当处理器返回时可以通过视图解析器定位视图，将数据模型渲染到视图中，用来响应用户的请求。

当一个请求到来时，DispatcherServlet 通过请求和事先解析好的 HandlerMapping 配置，找到对应的处理器（Handler），准备开始运行处理器和拦截器组成的执行链。而运行处理器需要有一个对应的环境，这样它就有了一个处理器的适配器（HandlerAdapter），通过这个适配器能运行对应的处理器及拦截器，这里的处理器包含了控制器的内容和其他增强的功能。在处理器返回模型和视图给 DispacherServlet 后，DispacherServlet 就会把对应的视图信息传递给视图解析器（ViewResolver）。注意，视图解析器不是必需的，它取决于是否使用逻辑视图，如果使用逻辑视图，那么视图解析器就会解析它，把模型渲染到视图中去，响应用户的请求；如果不使用逻辑视图，则不会进行处理，直接通过视图渲染数据模型。这就是一个 Spring MVC 完整的流程，它是一个松散的结构，可以满足各类请求的需要，它也实现了大部分常用请求所需的类库，流程中的大部分组件并不需要读者去实现，知道整个流程并熟悉它们的使用方法就可以构建出强大的互联网应用。

15.1.3　Spring MVC 入门实例

作为 Spring MVC 入门，我们以 XML 配置的方式为例进行讲解，后面会给出全注解的开发方式。在此之前，需要引入 Spring 的 IoC 和 AOP 包，关于这些，之前的章节已经讨论过了，此外，还需要引入对应的 Spring MVC 的包，如下所示。

```xml
<!-- Spring Web 和 MVC -->
<dependency>
   <groupId>org.springframework</groupId>
   <artifactId>spring-web</artifactId>
   <version>5.2.1.RELEASE</version>
</dependency>

<dependency>
   <groupId>org.springframework</groupId>
   <artifactId>spring-webmvc</artifactId>
   <version>5.2.1.RELEASE</version>
</dependency>

<!-- JSON 依赖 -->
<dependency>
   <groupId>com.fasterxml.jackson.core</groupId>
   <artifactId>jackson-core</artifactId>
   <version >2.10.1</version>
</dependency>
<dependency>
   <groupId>com.fasterxml.jackson.core</groupId>
   <artifactId>jackson-databind</artifactId>
   <version>2.10.1</version>
</dependency>
<dependency>
   <groupId>com.fasterxml.jackson.core</groupId>
   <artifactId>jackson-annotations</artifactId>
   <version>2.10.1</version>
</dependency>
```

这里除了依赖了 Spring MVC 所需要的 spring-web 和 spring-webmvc，还依赖了 JSON 的包，这是因为在 Spring MVC 中常常需要将结果转换为 JSON 数据集。

在实现实例之后，我们会讨论 Spring MVC 的组件和流程，以加强读者对它的理解。首先需要配置 Web 项目的 web.xml 文件，如代码清单 15-1 所示。

代码清单 15-1：配置 web 项目的 web.xml 文件

```
<?xml version="1.0" encoding="UTF-8"?>
<web-app version="3.1"
   xmlns="http://xmlns.jcp.org/xml/ns/javaee"
   xmlns:xsi="http://www.w3.org/2001/XMLSchema-instance"
   xsi:schemaLocation="http://xmlns.jcp.org/xml/ns/javaee
      http://xmlns.jcp.org/xml/ns/javaee/web-app_3_1.xsd">
   <!-- Spring IoC 配置文件路径 -->
   <context-param>
      <param-name>contextConfigLocation</param-name>
      <param-value>/WEB-INF/applicationContext.xml</param-value>
   </context-param>
   <!-- 配置 ContextLoaderListener 用以初始化 Spring IoC 容器 -->
   <listener>
      <listener-class>
         org.springframework.web.context.ContextLoaderListener
      </listener-class>
   </listener>
   <!-- 配置 DispatcherServlet -->
   <servlet>
      <!--
         注意：Spring MVC 框架会根据 servlet-name 配置，
         找到/WEB-INF/dispatcher- servlet.xml 并将其作为配置文件载入 Web 项目
      -->
      <servlet-name>dispatcher</servlet-name>
      <servlet-class>
         org.springframework.web.servlet.DispatcherServlet
      </servlet-class>
      <!-- 使得 Dispatcher 在服务器启动的时候就初始化 -->
      <load-on-startup>2</load-on-startup>
   </servlet>
   <!-- Servlet 拦截配置 -->
   <servlet-mapping>
      <servlet-name>dispatcher</servlet-name>
      <!-- 拦截路径匹配 -->
      <url-pattern>/mvc/*</url-pattern>
   </servlet-mapping>
</web-app>
```

这里有必要论述一下 web.xml 的配置内容：

- 系统变量 contextConfigLocation 会告诉 Spring MVC 其 Spring IoC 的配置文件的位置，这样 Spring 就会找到这些配置文件去加载它们。如果是多个配置文件，可以使用逗号将它们分隔开来，contextConfigLocation 还支持正则式匹配进行模糊匹配，这样就更加灵活了，其默认值为“/WEB-INF/applicationContext.xml”。
- ContextLoaderListener 实现了接口 ServletContextListener，通过对 Java Web 容器的学习，我们知道 ServletContextListener 的作用是在整个 Web 项目前后加入自定义代码，所以可以在 Web 项目初始化之前，完成对 Spring IoC 容器的初始化，也可以在 Web 项目关闭之时完成对 Spring IoC 容器资源的释放。

- 在配置 DispatcherServlet 时，设置 servlet-name 为“dispatcher”，在 Spring MVC 中需要一个/WEB-INF/dispatcher-servlet.xml 文件（注意 servlet-name 和文件名的对应关系）与之对应，并且设置在服务器启动期间就初始化它。
- 配置 DispatcherServlet，并且拦截匹配正则式“/mvc/*”的请求，这样可以限定拦截的范围。

在最简单的入门例子中暂时不配置 applicationContext.xml 的任何内容，所以其代码也是空的，如代码清单 15-2 所示。

代码清单 15-2：applicationContext.xml

```
<?xml version='1.0' encoding='UTF-8' ?>
<beans xmlns="http://www.springframework.org/schema/beans"
   xmlns:xsi="http://www.w3.org/2001/XMLSchema-instance"
   xsi:schemaLocation="http://www.springframework.org/schema/beans
      http://www.springframework.org/schema/beans/spring-beans-4.0.xsd">
</beans>
```

这样 Spring IoC 容器就不会装载自己的类，根据之前的论述，它还会加载一个/WEB-INF/dispatcher-servlet.xml 文件，这个文件是与 Spring MVC 配置相关的内容，所以会有一定的内容，如代码清单 15-3 所示。

代码清单 15-3：Spring MVC 配置文件 dispatcher-servlet.xml

```
<?xml version='1.0' encoding='UTF-8' ?>
<beans xmlns="http://www.springframework.org/schema/beans"
   xmlns:xsi="http://www.w3.org/2001/XMLSchema-instance"
   xmlns:p="http://www.springframework.org/schema/p"
   xmlns:tx="http://www.springframework.org/schema/tx"
   xmlns:context="http://www.springframework.org/schema/context"
   xmlns:mvc="http://www.springframework.org/schema/mvc"
   xsi:schemaLocation="http://www.springframework.org/schema/beans
      http://www.springframework.org/schema/beans/spring-beans-4.0.xsd
      http://www.springframework.org/schema/tx
      http://www.springframework.org/schema/tx/spring-tx-4.0.xsd
      http://www.springframework.org/schema/context
      http://www.springframework.org/schema/context/spring-context-4.0.xsd
      http://www.springframework.org/schema/mvc
      http://www.springframework.org/schema/mvc/spring-mvc-4.0.xsd">
   <!-- 使用注解驱动 -->
   <mvc:annotation-driven />

   <!-- 定义扫描装载的包 -->
   <context:component-scan base-package="com.*" />

   <!-- 定义视图解析器 -->
   <!-- 找到 Web 项目/WEB-INF/JSP 文件夹中文件结尾为 jsp 的文件作为映射 -->
   <bean id="viewResolver"
   class="org.springframework.web.servlet.view.InternalResourceViewResolver"
   p:prefix="/WEB-INF/jsp/" p:suffix=".jsp" />
</beans>
```

这里的配置也比较简单：

- <mvc:annotation-driven />表示使用注解驱动 Spring MVC。

- 定义一个扫描的包，用它来扫描对应的包，用以加载对应的控制器和其他的组件。
- 定义视图解析器，解析器中定义了前缀和后缀，这样视图就知道去 Web 项目的 /WEB-INF/JSP 文件夹中找到对应的 JSP 文件作为视图响应用户请求。

在配置文件中增加扫描的功能，指定了扫描的包。下面开发一个简单的控制器（Controller），如代码清单 15-4 所示。

代码清单 15-4：简单的 Controller——MyController

```
package com.learn.ssm.chapter15.controller;

import org.springframework.stereotype.Controller;
import org.springframework.web.bind.annotation.RequestMapping;
import org.springframework.web.servlet.ModelAndView;

// 注解@Controller 表示它是一个控制器
@Controller("myController")
// 表明当请求的 URI 在/my 下的时候才由该控制器响应
@RequestMapping("/my")
public class MyController {

    // 表明 URI 是/index 的时候该方法才请求
    @RequestMapping("/index")
    public ModelAndView index() {
        // 模型和视图
        ModelAndView mv = new ModelAndView();
        // 视图逻辑名称为 index
        mv.setViewName("index");
        // 返回模型和视图
        return mv;
    }

}
```

注解@Controller 指明当前类为控制器，这样 Spring MVC 扫描的时候就会把它作为控制器加载进来。注解@RequestMapping 指定了所匹配请求的 URI，Spring MVC 在初始化的时候会将这些信息解析，存放起来，于是便有了 HandlerMapping。当发生请求时，DispatcherServlet 在拦截请求后，可以通过请求的 URL 和相关信息，在 HandlerMapping 机制中找到对应的控制器和方法。

方法定义返回 ModelAndView，在方法中把视图名称定义为 index。这里回到代码清单 15-3，由于配置前缀/WEB-INF/jsp/，后缀.jsp，加上返回的视图逻辑名称为 index，所以它会选择使用 /WEB-INF/jsp/index.jsp 作为最后的响应，于是要开发/WEB-INF/jsp/index.jsp 文件，如代码清单 15-5 所示。

代码清单 15-5：/WEB-INF/jsp/index.jsp 文件（视图）

```
<%@page contentType="text/html" pageEncoding="UTF-8"%>
<!DOCTYPE HTML PUBLIC "-//W3C//DTD HTML 4.01 Transitional//EN"
   "http://www.w3.org/TR/html4/loose.dtd">
<html>
   <head>
      <meta http-equiv="Content-Type" content="text/html; charset=UTF-8">
      <title>Chapter15</title>
   </head>
   <body>
```

```
        <h1>Hello, Spring MVC</h1>
    </body>
</html>
```

启动服务器，比如 Tomcat，输入对应的 URL，假如是本地 Tomcat 服务器，输入 URL 地址 http://localhost:8080/chapter15/mvc/my/index，可以看到对应的响应，如图 15-5 所示。

图 15-5　测试 Spring MVC 请求

鉴于 Spring MVC 组件和流程的重要性，这里以图展现这个例子的运行流程，如图 15-6 所示。

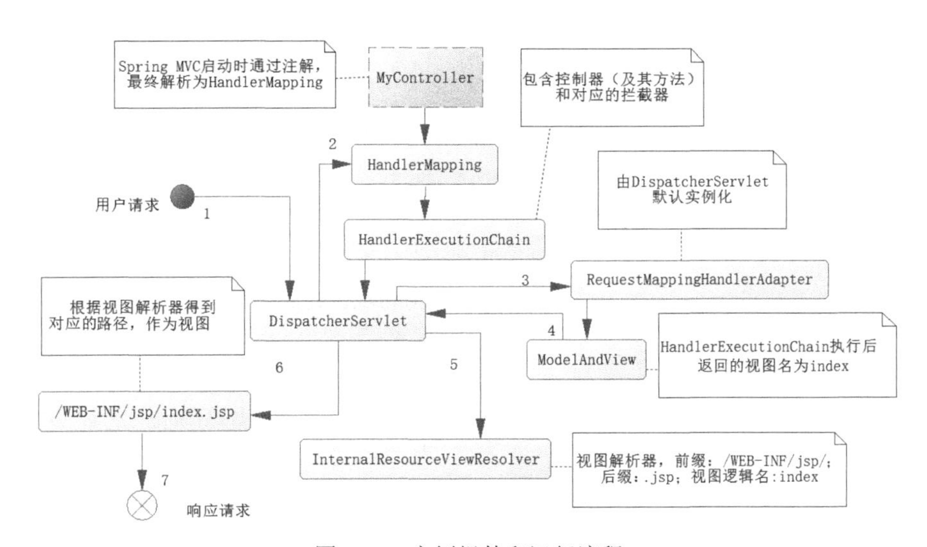

图 15-6　实例组件和运行流程

图 15-6 中展示了实例的组件和流程，其中阿拉伯数字是执行顺序。当 Spring MVC 启动的时候就会去解析 MyController 的注解，生成对应 URI 和请求的映射关系，并注册对应的方法。当请求来到的时候，Spring MVC 首先根据 URI 找到对应的 HandlerMapping，然后组织为一个执行链（HandlerExecutionChain），通过请求类型找到 RequestMappingHandlerAdapter 实例，该实例是在 DispatcherServlet 初始化的时候创建的。接下来通过它去执行 HandlerExecutionChain 的内容，最终在 MyController 的方法中将“index”视图返回 DispatcherServlet。由于配置的视图解析器（InternalResourceViewResolver）前缀为/WEB-INF/jsp/，后缀为.jsp，视图名为 index，所以最后它会找到/WEB-INF/jsp/index.jsp 文件作为视图，响应最终的请求，这样整个 Spring MVC 的流程就走完了。当然这是最简单的例子，接下来需要更细致地讨论一些问题。

15.2　Spring MVC 初始化

通过学习上述最简单的实例，我们看到了整个 Spring MVC 的流程，配置了 DispatcherServlet

和 ContextLoaderListener，那么它们是如何初始化 Spring IoC 容器上下文和映射请求上下文的呢？这里的初始化会涉及两个上下文，映射请求上下文是基于 Spring IoC 上下文扩展出来的，以适应 Java Web 项目的需要。

15.2.1 初始化 Spring IoC 上下文

在 Web 容器的规范中，存在一个 ServletContextListener 接口，它允许我们在 Web 容器初始化和结束期执行一定的逻辑，换句话说，通过实现它可以在 DispatcherServlet 初始化前完成 Spring IoC 容器的初始化，也可以在结束期销毁 Spring IoC 容器。这里稍微研究一下类 ContextLoaderListener，为此粗略地阅读一下它的部分关键源码，如代码清单 15-6 所示。

代码清单 15-6：ContextLoaderListener 部分关键源码

```
package org.springframework.web.context;

/**** imports ****/

public class ContextLoaderListener
      extends ContextLoader implements ServletContextListener {

   ......

   /**
    * 初始化 Spring Web IoC 容器
    */
   @Override
   public void contextInitialized(ServletContextEvent event) {
      // IoC 容器的初始化
      initWebApplicationContext(event.getServletContext());
   }


   /**
    * 关闭 Spring Web IoC 容器，且销毁资源
    */
   @Override
   public void contextDestroyed(ServletContextEvent event) {
      // 关闭 Spring Web IoC 容器
      closeWebApplicationContext(event.getServletContext());
      // 清除资源属性
      ContextCleanupListener.cleanupAttributes(event.getServletContext());
   }

}
```

注意，源码当中的中文注释是笔者加的，为的是让读者更容易理解这个过程，从而理解如何在 Java Web 应用中初始化 Spring IoC 容器，并将其销毁。通过这个类可以在 Web 项目的上下文使用 Spring IoC 容器管理整个 Web 项目的资源。

15.2.2 初始化映射请求上下文

映射请求上下文是通过 DispatcherServlet 初始化的，它和普通的 Servlet 是一样的，可以根据自己的需要设置它在启动时初始化，或者在等待用户第一次请求时初始化。注意，也许读者

在 Web 项目中并没有注册 ContextLoaderListener，这个时候 DispatcherServlet 就会在其初始化的时候对 Spring IoC 容器进行初始化。读者也许会有一个疑问：选择在什么时候初始化 DispatcherServlet 呢？

由于初始化 Spring IoC 容器是一个耗时的操作，这个工作不应该放到用户请求上，没有必要让用户陷入长期等待，因此在大部分场景下，都应该让 DispatcherServlet 在服务器启动期间完成 Spring IoC 容器的初始化，我们可以在 Web 容器刚启动的时候，也可以在 Web 容器载入 DispatcherServlet 的时候进行初始化。笔者建议在 Web 容器刚启动的时候对其初始化，因为在整个 Web 项目的初始化过程中，不只 DispatcherServlet 需要使用到 Spring IoC 的资源，其他的组件可能也需要。在开始时初始化可以让 Web 中的各个组件共享资源。当然，读者可以指定 Web 容器中组件初始化的顺序，让 DispatcherServlet 第一个初始化，来解决这个问题，但是这就加大了配置的复杂度，因此在大部分情况下笔者都建议使用 ContextLoaderListener 初始化 Spring IoC 容器。

DispatcherServlet 的设计如图 15-7 所示。

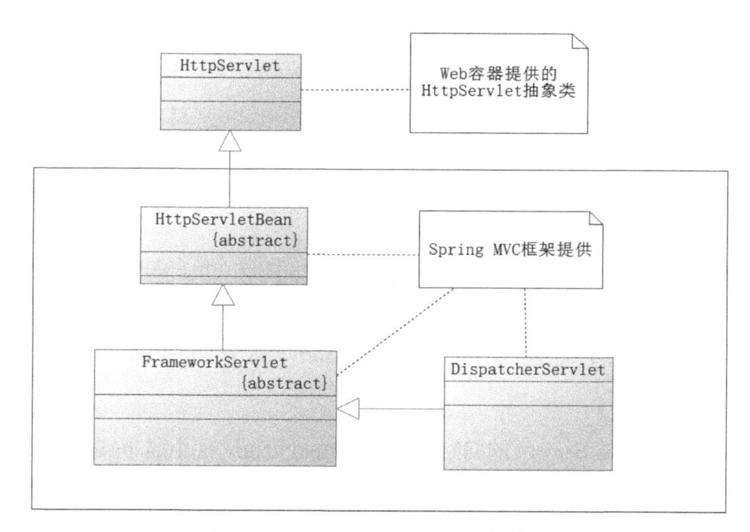

图 15-7　DispatcherServlet 的设计

从图 15-7 中可以看出，DispactherServlet 的父类是 FrameworkServlet，FrameworkServlet 的父类是 HttpServletBean。HttpServletBean 继承了 Web 容器提供的 HttpServlet，所以它是一个可以载入 Web 容器的 Servlet。

Web 容器初始化 Servlet，会调用其 init 方法，对于 DispactherServlet 也是如此，这个方法位于它的父类 HttpServletBean 中，如代码清单 15-7 所示。

代码清单 15-7：DispactherServlet 的初始化（HttpServletBean 中的 init 方法）

```
@Override
public final void init() throws ServletException {

    // Set bean properties from init parameters.
    // 用参数初始化 Bean 的属性
    PropertyValues pvs
        = new ServletConfigPropertyValues(
            getServletConfig(), this.requiredProperties);
    if (!pvs.isEmpty()) {
```

```
        try {
            // Bean 的包装
            BeanWrapper bw
                = PropertyAccessorFactory.forBeanPropertyAccess(this);
            // 资源导入
            ResourceLoader resourceLoader
                = new ServletContextResourceLoader(getServletContext());
            // 注册属性编辑者
            bw.registerCustomEditor(Resource.class,
                new ResourceEditor(resourceLoader, getEnvironment()));
            // 初始化 Bean 的包装
            initBeanWrapper(bw);
            // 设置属性
            bw.setPropertyValues(pvs, true);
        }
        catch (BeansException ex) {
            if (logger.isErrorEnabled()) {
                logger.error("Failed to set bean properties on servlet '"
                    + getServletName() + "'", ex);
            }
            throw ex;
        }
    }

    // Let subclasses do whatever initialization they like.
    // 使用子类的方法初始化 ServletBean
    initServletBean();
}
```

这里的代码有点复杂，笔者添加了中文注释，且保留了源码中的英文注释。在类 HttpServletBean 中可以看到 initServletBean 方法，在 FrameworkServlet 中也可以看到它，我们知道子类的方法会覆盖掉父类的方法，所以着重看 FrameworkServlet 中的 initServletBean 方法，如代码清单 15-8 所示。

代码清单 15-8：DispactherServlet 的初始化（FrameworkServlet 中的 initServletBean 方法）

```
@Override
protected final void initServletBean() throws ServletException {
    getServletContext().log("Initializing Spring "
        + getClass().getSimpleName() + " '" + getServletName() + "'");
    if (logger.isInfoEnabled()) {
        logger.info("Initializing Servlet '" + getServletName() + "'");
    }
    long startTime = System.currentTimeMillis();

    try {
        // 初始化 IoC 容器
        this.webApplicationContext = initWebApplicationContext();
        initFrameworkServlet();
    }
    catch (ServletException | RuntimeException ex) {
        logger.error("Context initialization failed", ex);
        throw ex;
    }

    if (logger.isDebugEnabled()) {
        String value = this.enableLoggingRequestDetails ?
        "shown which may lead to unsafe logging of potentially sensitive data" :
        "masked to prevent unsafe logging of potentially sensitive data";
```

```
            logger.debug("enableLoggingRequestDetails='"
            + this.enableLoggingRequestDetails
               + "': request parameters and headers will be " + value);
        }

        if (logger.isInfoEnabled()) {
            logger.info("Completed initialization in "
               + (System.currentTimeMillis() - startTime) + " ms");
        }
    }


......

protected WebApplicationContext initWebApplicationContext() {
    WebApplicationContext rootContext = WebApplicationContextUtils
        .getWebApplicationContext(getServletContext());
    WebApplicationContext wac = null;
    // 已经存在 IoC 容器，可能被 ContextLoaderListener 初始化
    if (this.webApplicationContext != null) {
        // A context instance was injected at construction time -> use it

        wac = this.webApplicationContext;
        if (wac instanceof ConfigurableWebApplicationContext) {
            ConfigurableWebApplicationContext cwac
                = (ConfigurableWebApplicationContext) wac;
            if (!cwac.isActive()) {
                // The context has not yet been refreshed -> provide
                // services such as
                // setting the parent context,
                // setting the application context id, etc
                if (cwac.getParent() == null) {
                    // The context instance was injected
                    // without an explicit parent -> set
                    // the root application
                    // context (if any; may be null) as the parent
                    cwac.setParent(rootContext);
                }
                configureAndRefreshWebApplicationContext(cwac);
            }
        }
    }
    // 如果为空就查找是否存在创建好的 IoC 容器
    if (wac == null) {
        // No context instance was injected at
        // construction time -> see if one
        // has been registered in the servlet context.
        // If one exists, it is assumed
        // that the parent context (if any)
        // has already been set and that the
        // user has performed any initialization such as setting the context id
        wac = findWebApplicationContext();
    }
    // 如果还为空，就创建 IoC 容器
    if (wac == null) {
        // No context instance is defined for this servlet
        // -> create a local one
        wac = createWebApplicationContext(rootContext);
    }

    // 刷新 IoC 容器
```

```
        if (!this.refreshEventReceived) {
            // Either the context is not a ConfigurableApplicationContext
            // with refresh support or the context
            // injected at construction time had already been
            // refreshed -> trigger initial onRefresh manually here.
            synchronized (this.onRefreshMonitor) {
                onRefresh(wac);
            }
        }

        // 发布 Servlet 容器上下文信息
        if (this.publishContext) {
            // Publish the context as a servlet context attribute.
            String attrName = getServletContextAttributeName();
            getServletContext().setAttribute(attrName, wac);
        }

        return wac;
    }
```

代码中的英文注释是源码自带的，笔者加入了中文注释，以便大家能够快速理解它。当 IoC 容器没有对应的初始化时，DispatcherServlet 会尝试去初始化它，调度 onRefresh 方法，这是 DispatcherServlet 一个十分值得关注的方法，因为它将初始化 Spring MVC 的各个组件，而 onRefresh 这个方法就在 DispatcherServlet 中，我们可以从代码清单 15-9 中看到它。

代码清单 15-9：初始化 Spring MVC 的组件（DispatcherServlet 的 onRefresh 方法）

```
    /**
     * This implementation calls {@link #initStrategies}.
     */
    @Override
    protected void onRefresh(ApplicationContext context) {
        initStrategies(context);
    }

    /**
     * Initialize the strategy objects that this servlet uses.
     * <p>May be overridden in subclasses
     * in order to initialize further strategy objects.
     */
    protected void initStrategies(ApplicationContext context) {
        // 初始化分部文件上传解析器
        initMultipartResolver(context);
        // 初始化国际化解析器
        initLocaleResolver(context);
        // 初始化主题解析器
        initThemeResolver(context);
        // 初始化 HandlerMappping
        initHandlerMappings(context);
        // 初始化处理器适配器
        initHandlerAdapters(context);
        // 初始化处理器异常解析器
        initHandlerExceptionResolvers(context);
        // 初始化视图逻辑名称转换器
        initRequestToViewNameTranslator(context);
        // 初始化视图解析器
        initViewResolvers(context);
        // 初始化 FlashMap 管理器
```

```
    initFlashMapManager(context);
}
```

上述组件比较复杂，它们是 Spring MVC 的核心组件，需要掌握它们的基本作用。

- **MultipartResolver**：分部文件解析器，用于支持 HTTP 服务器的文件上传。
- **LocaleResolver**：国际化解析器，可以提供国际化的功能。
- **ThemeResolver**：主题解析器，类似于软件皮肤的转换功能。
- **HandlerMapping**：处理器映射，Spring MVC 主要的路由，它会将请求地址路由到对应的控制器的方法上。
- **HandlerAdapter**：处理器适配器，因为处理器会在不同的上下文中运行，所以 Spring MVC 会先找到合适的适配器，然后运行处理器服务方法，比如对于控制器的 SimpleControllerHandlerAdapter、对于普通请求的 HttpRequestHandlerAdapter 等。
- **HandlerExceptionResolver**：处理器异常解析器，处理器可能产生异常，如果产生异常，则可以通过异常解析器处理它。例如，出现异常后，可以转到指定的异常页面，使用户的 UI 体验得到改善。
- **RequestToViewNameTranslator**：视图逻辑名称转换器，有时候在控制器中返回一个视图的名称，通过它可以找到实际的视图。当处理器没有返回逻辑视图名等信息时，自动将请求 URL 映射为逻辑视图名。
- **ViewResolver**：视图解析器，当控制器返回后，视图解析器会对逻辑视图名称进行解析，定位实际视图。

以上是 Spring MVC 主要组件的初始化，事实上，对这些组件，DispatcherServlet 会根据其配置文件 DispatcherServlet.properties 进行初始化，读者可以在 spring-webmvc-xxx.jar 的 org.springframework.web.servlet 包内找到它，其内容如下：

```
# Default implementation classes for DispatcherServlet's strategy interfaces.
# Used as fallback when no matching beans are found in the DispatcherServlet context.
# Not meant to be customized by application developers.

# 国际化解析器初始化
org.springframework.web.servlet.LocaleResolver=org.springframework.web.servlet.
i18n.AcceptHeaderLocaleResolver

# 主题解析器初始化
org.springframework.web.servlet.ThemeResolver=org.springframework.web.servlet.t
heme.FixedThemeResolver

# HandlerMapping 初始化
org.springframework.web.servlet.HandlerMapping=org.springframework.web.servlet.
handler.BeanNameUrlHandlerMapping,\
org.springframework.web.servlet.mvc.method.annotation.RequestMappingHandlerMapp
ing,\
org.springframework.web.servlet.function.support.RouterFunctionMapping

# 处理器适配器初始化
org.springframework.web.servlet.HandlerAdapter=org.springframework.web.servlet.
mvc.HttpRequestHandlerAdapter,\
org.springframework.web.servlet.mvc.SimpleControllerHandlerAdapter,\
org.springframework.web.servlet.mvc.method.annotation.RequestMappingHandlerAdap
ter,\
```

```
org.springframework.web.servlet.function.support.HandlerFunctionAdapter

# 处理器异常解析器
org.springframework.web.servlet.HandlerExceptionResolver=org.springframework.we
b.servlet.mvc.method.annotation.ExceptionHandlerExceptionResolver,\
org.springframework.web.servlet.mvc.annotation.ResponseStatusExceptionResolver,
\
org.springframework.web.servlet.mvc.support.DefaultHandlerExceptionResolver

# 视图逻辑名称转换器
org.springframework.web.servlet.RequestToViewNameTranslator=org.springframework
.web.servlet.view.DefaultRequestToViewNameTranslator

# 视图解析器
org.springframework.web.servlet.ViewResolver=org.springframework.web.servlet.vi
ew.InternalResourceViewResolver

# 会话 FlashMap 管理器
org.springframework.web.servlet.FlashMapManager=org.springframework.web.servlet
.support.SessionFlashMapManager
```

由此可见，在启动期间，DispatcherServlet 会加载这些配置的组件进行初始化，这就是不需要很多配置就能够使用 Spring MVC 的原因。

除了可以像实例一样使用 XML 配置，Spring MVC 还支持使用 Java 配置的方式加载。

15.2.3 使用注解配置方式初始化

Servlet 3.0 之后的规范允许取消 web.xml 配置，只使用注解方式，Spring 3.1 之后的版本也提供了注解方式的配置。使用注解方式很简单，先继承一个名字比较长的抽象类 AbstractAnnotationConfigDispatcherServletInitializer，再实现它所定义的方法。它所定义的内容不是太复杂，甚至是比较简单的，让我们通过一个类去继承它，如代码清单 15-10 所示，它实现的是入门实例的功能。

代码清单 15-10：通过注解方式初始化 Spring MVC

```
package com.learn.ssm.chapter15.config;

/**** imports ****/

public class MyWebAppInitializer
      extends AbstractAnnotationConfigDispatcherServletInitializer {

   // Spring IoC 容器配置
   @Override
   protected Class<?>[] getRootConfigClasses() {
      // 可以返回 Spring 的 Java 配置文件数组
      return new Class<?>[] { BackendConfig.class };
   }

   // DispatcherServlet 的 URI 映射关系配置
   @Override
   protected Class<?>[] getServletConfigClasses() {
      // 可以返回 Spring 的 Java 配置文件数组
      return new Class<?>[] { WebConfig.class };
   }
```

```
    // DispatcherServlet 拦截内容
    @Override
    protected String[] getServletMappings() {
       return new String[] { "/mvc/*" };
    }

}
```

这里使用类 MyWebAppInitializer 代替 XML 的配置，读者肯定会惊讶为什么只需要继承类 AbstractAnnotationConfigDispatcherServletInitializer，Spring MVC 就会去加载这个 Java 文件？Servlet 3.0 之后的版本允许扫描加载 Servlet，只需要按照规范实现 ServletContainerInitializer 接口，Web 容器就会把对应的 Servlet 加载进来。于是 Spring MVC 框架在自己的包内实现了一个类，它就是 SpringServletContainerInitializer，它实现了 ServletContainerInitializer 接口，可以通过它去加载用户提供的 MyWebAppInitializer，它的源码如代码清单 15-11 所示。

代码清单 15-11：SpringServletContainerInitializer 的源码

```
package org.springframework.web;

/**** imports ****/
@HandlesTypes(WebApplicationInitializer.class)
public class SpringServletContainerInitializer
   implements ServletContainerInitializer {

  @Override
  public void onStartup(@Nullable Set<Class<?>> webAppInitializerClasses,
     ServletContext servletContext)
     throws ServletException {

    // WebApplicationInitializer 实现类列表
    List<WebApplicationInitializer> initializers = new LinkedList<>();

    if (webAppInitializerClasses != null) {
  // 通过扫描加载 WebApplicationInitializer 实现类
      for (Class<?> waiClass : webAppInitializerClasses) {
        // Be defensive:
        // Some servlet containers provide us with invalid classes,
        // no matter what @HandlesTypes says...
        if (!waiClass.isInterface()
          && !Modifier.isAbstract(waiClass.getModifiers()) &&
           WebApplicationInitializer.class
             .isAssignableFrom(waiClass)) {
          try {
            initializers.add((WebApplicationInitializer)
               ReflectionUtils
               .accessibleConstructor(waiClass).newInstance());
          }
          catch (Throwable ex) {
            throw new ServletException(
            "Failed to instantiate WebApplicationInitializer class",
            ex);
          }
        }
      }
    }

    if (initializers.isEmpty()) { // 列表为空不再加载
      servletContext.log(
```

```
        "No Spring WebApplicationInitializer types detected on classpath");
      return;
    }

    servletContext.log(initializers.size()
    + " Spring WebApplicationInitializers detected on classpath");
    // 排序
 AnnotationAwareOrderComparator.sort(initializers);
    // 调用 WebApplicationInitializer 实现类的 onStartup 方法
 for (WebApplicationInitializer initializer : initializers) {
      initializer.onStartup(servletContext);
    }
  }

}
```

从这段源码中可以看到，只要实现了 WebApplicationInitializer 接口的 onStartup 方法，Spring MVC 就会把类当作一个初始化器加载进来。代码清单 15-10 开发的类继承的是 AbstractAnnotationConfigDispatcherServletInitializer，WebApplicationInitializer 初始化器的继承关系如图 15-8 所示。

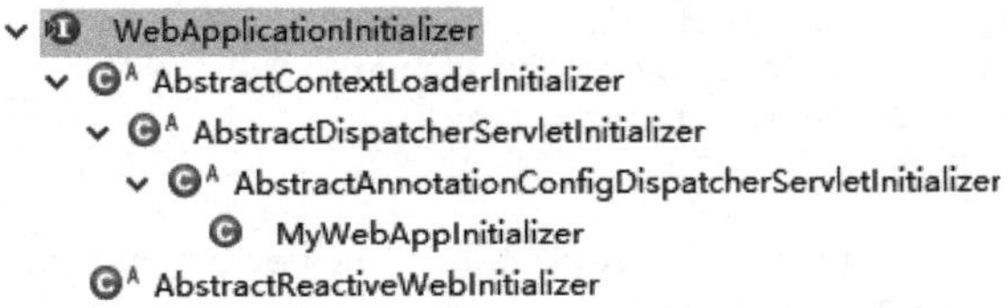

WebApplicationInitializer
AbstractContextLoaderInitializer
AbstractDispatcherServletInitializer
AbstractAnnotationConfigDispatcherServletInitializer
MyWebAppInitializer
AbstractReactiveWebInitializer

图 15-8　WebApplicationInitializer 初始化器的继承关系

从图中可以看出，在 MyWebAppInitializer 上存在一个接口 WebApplicationInitializer 和三个抽象类，它们是 AbstractContextLoaderInitialize、AbstractDispatcherServletInitializer 和 AbstractAnnotationConfigDispatcherServletInitializer。当然，读者还可以看到一个在 Spring 5 版本之后引入的类 AbstractReactiveWebInitializer，它是一种响应式编程的初始化器，但本书不是介绍响应式编程的书籍，所以就不讨论它了。它们的作用如下。

- **WebApplicationInitializer**：定义通用 Spring Web 初始化接口。
- **AbstractContextLoaderInitializer**：初始化 Spring IoC 容器。
- **AbstractAnnotationConfigDispatcherServletInitializer**：初始化 DispatcherServlet，映射（HandlerMapping）关系。
- **AbstractAnnotationConfigDispatcherServletInitializer**：暴露给用户使用的 Spring 初始化器方法。

焦点再次回到了 MyWebAppInitializer 配置类上，它继承了抽象类 AbstractAnnotationConfigDispatcherServletInitializer，并实现了如下 3 个方法。

- **getRootConfigClasses**：获取 Spring IoC 容器的 Java 配置类，用以装载各类 Spring Bean。
- **getServletConfigClasses**：获取各类 Spring MVC 的 URI 和控制器的配置关系类，用以生成 Web 请求的上下文。
- **getServletMappings**：定义 DispatcherServlet 拦截请求的范围，比如通过正则式“/mvc/**”限制拦截。

回到代码清单 15-10，getRootConfigClasses 方法返回配置文件 BackendConfig，这里暂时不配置任何内容，可以进行如下实现。

```
package com.learn.ssm.chapter15.backend.config;

/**** imports ****/

@Configuration
// 扫描包
@ComponentScan(basePackages = "com.learn.ssm.chapter15.*",
   excludeFilters = @Filter( // 排除扫描标注@Controller 和@RestController 的类
      type = FilterType.ANNOTATION,
        classes = {Controller.class, RestController.class}
   )
)
public class BackendConfig  {
}
```

注意，在这里的代码中，通过@ComponentScan 的配置排除了注解@Controller 和@RestController 的扫描，从而避免 Bean 的二次装配问题。

getServletConfigClasses 方法加载了 WebConfig，它是一个 URI 和控制器的映射关系类，由此产生 Web 请求的上下文。WebConfig 的内容如代码清单 15-12 所示。

代码清单 15-12：WebConfig.java

```
package com.learn.ssm.chapter15.web.config;

import org.springframework.context.annotation.Bean;
import org.springframework.context.annotation.ComponentScan;
import org.springframework.context.annotation.Configuration;
import org.springframework.web.servlet.ViewResolver;
import org.springframework.web.servlet.config.annotation.EnableWebMvc;
import org.springframework.web.servlet.view.InternalResourceViewResolver;

/**** imports ****/
@Configuration
//定义扫描的包，加载控制器
@ComponentScan("com.learn.ssm.chapter15.controller")
//驱动 Spring Web MVC
@EnableWebMvc
public class WebConfig {

   /***
    * 创建视图解析器
    *
    * @return 视图解析器
    */
   @Bean(name = "viewResolver")
   public ViewResolver initViewResolver() {
      InternalResourceViewResolver viewResolver
            = new InternalResourceViewResolver();
      viewResolver.setPrefix("/WEB-INF/jsp/");
      viewResolver.setSuffix(".jsp");
      return viewResolver;
   }
}
```

这段代码和 Spring IoC 使用 Java 的配置是一样的，只是多了一个注解@EnableWebMvc，它代表启动 Spring MVC 框架的配置。和入门实例一样，代码中也定义了视图解析器，并且设置了它的前缀和后缀，这样可以获取由控制器返回的视图逻辑名，进而找到对应的视图文件。

如果还是使用入门实例进行测试，那么可以把 web.xml 和所有 Spring IoC 容器所需的 XML 文件都删掉，只使用上述的 Java 文件作为配置，重启服务器，可以得到和图 15-5 一样的结果。

15.2.4 WebMvcConfigurer 接口

在上述的配置组件中，我们配置了视图解析器，而实际上，为了方便我们配置各类组件，Spring MVC 提供了接口 WebMvcConfigurer。这是一个允许定制 Spring MVC 组件的接口，有时候使用它会更加方便和简捷。这里再介绍两个常用的方法，分别是 configureViewResolvers 和 addViewControllers。其中，configureViewResolvers 是配置视图解析器，addViewControllers 是配置简易跳转。下面通过改造 WebConfig 类进行说明，如代码清单 15-13 所示。

代码清单 15-13：WebMvcConfigurer 接口的使用

```
package com.learn.ssm.chapter15.web.config;

/**** imports ****/
@Configuration
// 定义扫描的包，加载控制器
@ComponentScan("com.learn.ssm.chapter15.controller")
// 驱动 Spring Web MVC
@EnableWebMvc
public class WebConfig implements WebMvcConfigurer {

    /**
     * 配置视图解析器
     * @param registry 视图解析器注册机
     */
    @Override
    public void configureViewResolvers(ViewResolverRegistry registry) {
        // 创建视图解析器
        InternalResourceViewResolver viewResolver
              = new InternalResourceViewResolver();
        // 设置前后缀
        viewResolver.setPrefix("/WEB-INF/jsp/");
        viewResolver.setSuffix(".jsp");
        registry.viewResolver(viewResolver);
    }

    /**
     * 添加简易路径和视图对应关系
     * @param registry 注册机
     */
    @Override
    public void addViewControllers(ViewControllerRegistry registry) {
        registry
            // 设置请求路径
            .addViewController("/config/index")
            // 映射到名称为“index”的视图上，再依据视图解析器配置定位 JSP 页面
            .setViewName("index");
    }

}
```

由于 configureViewResolvers 方法配置了视图解析器，因此可以删去之前使用@Bean 定义的视图解析器。addViewControllers 方法定义的映射关系，实际是将请求路径“/config/index”和视图 index.jsp 绑定，因此请求“/mvc/config/index”也能访问到视图文件“/WEB-INF/jsp/index.jsp”。在某些时候，例如增加一张 JSP 页面的映射路径时，使用 WebMvcConfigurer 接口进行配置会更为简捷。

注意，WebMvcConfigurer 内部定义了许多方法，而我们采用的是 Spring 5 版本，需要在 Java 8（含）以上版本运行，这样在接口 WebMvcConfigurer 内可以提供多种默认（default）的方法，不需要一个个实现。如果读者使用的是 Java 8 以下的版本，那么实现 WebMvcConfigurer 接口需要编写很多方法，显然比较麻烦。为了简化编程，可以通过继承抽象类 WebMvcConfigurerAdapter 实现，它会为用户提供接口的各个方法的空实现，只是在 Spring 5 版本中它被标注了@Deprecated，这代表未来有可能将其删除。

15.3 Spring MVC 开发流程详解

有了上述的初始化配置，进行 Spring MVC 开发并不困难。开发 Spring MVC，需要掌握 Spring MVC 的组件和流程，所以在开发过程中也会贯穿着 Spring MVC 的流程的讨论，这是需要大家注意的。在目前的开发过程中，在大部分情况下，我们都会采用注解的方式，所以本书也采用以注解为主的开发方式。

开发 Spring MVC 的核心是控制器的开发，在 Spring MVC 中会将控制器的方法封装为一个处理器（Handler），然后增强它的功能，主要包括解析控制器的方法参数和结果返回这些方面。未来我们会再详细讨论处理器的内容，初学阶段只需要记住它包含了控制器的逻辑。在 Spring MVC 中，控制器（Controller）是通过注解@Controller 标注的，只要把它配置在 IoC 容器的扫描路径中，就可以通过扫描装配了。只是往往还要结合注解@RequestMapping 使用，注解@RequestMapping 可以配置在类或者方法上，它的作用是指定 URI 和哪个类（或者方法）进行绑定，这样请求对应的 URI 就可以找到对应的方法进行处理了。

需要指出，近年来，REST 风格网站在互联网开发中逐渐普及，为了方便构建 REST 风格的网站，Spring MVC 在 4.3 版本后增加了@RestController、@GetMapping 和@PostMapping 等注解。通过这些注解，用户能够很方便地构建 REST 风格的 Spring MVC。本书会在第 17 章讨论这些内容。

为了更加灵活，Spring MVC 还给处理器添加了拦截器机制。当启动 Spring MVC 的时候，Spring MVC 首先会解析控制器中注解@RequestMapping 的配置，将方法绑定为一个处理器，然后结合所配置的拦截器，存放到一个执行链（HandlerExecutionChain）中，最后将注解@RequestMapping 定义的路径和执行链映射。这样，当请求到达服务器时，通过请求路径找到对应的执行链并运行它，就可以运行拦截器和处理器了。

15.3.1 注解@RequestMapping 的使用

注解@RequestMapping 的源码如代码清单 15-14 所示。

代码清单 15-14：注解@RequestMapping 的源码

```
package org.springframework.web.bind.annotation;
```

```
/**** imports ****/

@Target({ElementType.METHOD, ElementType.TYPE})
@Retention(RetentionPolicy.RUNTIME)
@Documented
@Mapping
public @interface RequestMapping {
    // RequestMapping 的名称
   String name() default "";

   // 请求匹配路径，同“path”，可以是数组
   @AliasFor("path")
   String[] value() default {};

   // 请求路径，数组
   @AliasFor("value")
   String[] path() default {};

   /**
   * 请求方法，例如，HTTP 的 GET 请求或 POST 请求等，如果没有配置就响应所有的请求方法
   * 取值范围为 RequestMethod 枚举类型，常用的是 GET 和 POST 请求
   */
   RequestMethod[] method() default {};

   // 请求参数，只有当请求带有配置的参数时，才匹配处理器
   String[] params() default {};

   // 请求头，只有当 HTTP 请求头为配置项时，才匹配处理器
   String[] headers() default {};

   // 只有当请求类型为配置类型时，才匹配处理器
   String[] consumes() default {};

   /**
   * 处理器之后响应用户的结果类型，
   * 例如{"application/json; charset=UTF-8", "text/plain", "application/*"}
   */
   String[] produces() default {};

}
```

这里最常用到的是请求路径（value 或者 path）和请求方法（method），其他的大部分作为限定项，根据需要进行配置。比如在入门实例 MyController 中加入一个 index2 方法，如代码清单 15-15 所示。

代码清单 15-15：MyController 的 index2 方法

```
// 限定只响应 GET 请求
@RequestMapping(value = "/index2", method=RequestMethod.GET)
public ModelAndView index2() {
   ModelAndView mv = new ModelAndView();
   mv.setViewName("index");
   return mv;
}
```

这样就可以对/mvc/my/index2 的 HTTP GET 请求（注意，只响应 GET 请求，如果没有配置 method，那么响应所有的请求）提供响应了。

15.3.2　控制器的开发

控制器开发是 Spring MVC 的核心内容，一般分为 3 步。

- 获取请求参数。
- 处理业务逻辑。
- 绑定模型和视图。

15.3.2.1　获取请求参数

在 Spring MVC 中接收参数的方法很多，建议不要使用 Servlet 容器给予的 API，因为这样控制器将会依赖 Servlet 容器。比如下面这段代码：

```
/**
 * 通过参数 获取 Servlet 规范中的 HttpServletRequest 和 HttpSession 对象
 * @param session -- 会话对象
 * @param request -- 请求对象
 * @return
 */
@RequestMapping(value="/index3")
public ModelAndView index3(HttpSession session, HttpServletRequest request) {
   ModelAndView mv = new ModelAndView();
   mv.setViewName("index");
   return mv;
}
```

因为 Spring MVC 会自动解析代码中的方法参数 session 和 request，传递关于 Servlet 容器的 API 参数，所以是可以获取到的。通过 request 或者 session 都可以很容易地获取 HTTP 的请求参数，这固然是一个方法，但并非一个好的方法。如果这样做，index3 方法就和 Servlet 容器就紧密耦合在了一起，不利于后期的扩展和测试。为了得到更好的灵活性，Spring MVC 给予了更多的方法和注解以获取参数。

要获取一个 HTTP 请求的参数——id（它是一个长整型），可以使用注解@RequestParam，index 方法写成如代码清单 15-16 所示。

代码清单 15-16：使用注解@RequestParam 获取参数

```
/**
 * 通过注解@RequestParam 获取参数
 * @param id 参数，整型
 * @return ModelAndView
 */
@RequestMapping(value = "/index4", method = RequestMethod.GET)
public ModelAndView index4(@RequestParam("id") Long id) {
   System.out.println("params[id] = " + id);
   ModelAndView mv = new ModelAndView();
   mv.setViewName("index");
   return mv;
}
```

通过注解@RequestParam，Spring MVC 就知道从 HTTP 请求中获取参数，其等于下面的代码逻辑：

```
String idStr = request.getParameter("id");
Long id = Long.parseLong(idStr);
```

之后进入 index4 方法，它会对类型进行转换，测试一下传递的 id，如图 15-9 所示。

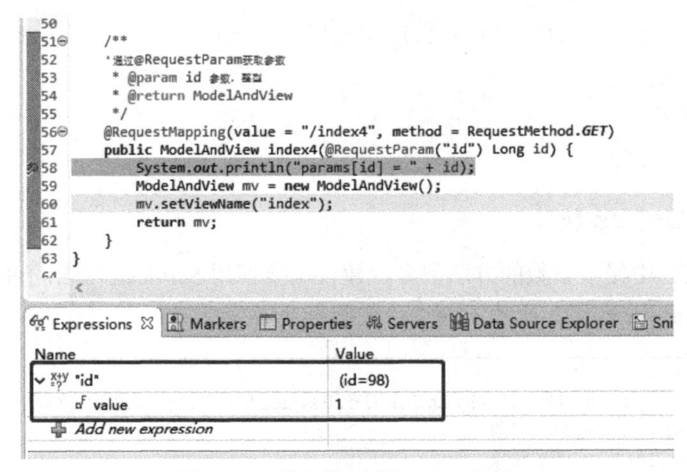

图 15-9　获取传递的 HTTP 参数

在默认情况下，标注了@RequestParam 的参数是不允许为空的，也就是当获取不到 HTTP 请求参数的时候，Spring MVC 会抛出异常。有时候我们也许还希望给参数一个默认值，为了克服诸如此类的问题，注解@RequestParam 还给了两个有用的配置项。

- **required**：类型布尔值（boolean），默认为 true，也就是不允许参数为空，如果允许为空，则配置它为 false。
- **defaultValue**：默认值为“\n\t\t\n\t\t\n　　　\n\t\t\t\n”，可以通过配置修改它为读者想要的内容。

通过注解和一些约定，控制器方法对 Servlet API 的依赖没有了，这样它就很容易进行测试和扩展。

假设登录系统已经在 Session 中设置了 userName，那么应该如何获取 Session 中的内容呢？Spring MVC 提供了注解@SessionAtrribute 从 Session 中获取对应的数据，如代码清单 15-17 所示。

代码清单 15-17：使用注解@SessionAttribute 获取 Session 中的内容

```
/**
 * 通过注解@SessionAttribute 获得会话属性
 * @param userName 用户名
 * @return ModelAndView
 */
@RequestMapping(value = "/index5", method=RequestMethod.GET)
public ModelAndView index5(@SessionAttribute("userName") String userName) {
   System.out.println("session[userName] = " + userName);
   ModelAndView mv = new ModelAndView();
   mv.setViewName("index");
   return mv;
}
```

这里只是简要地介绍 Controller 参数的获取，事实上请求会有很多的参数传递方法，例如 JSON、URI 路径传递参数或者文件流等，后面会更详细地介绍它们。

15.3.2.2　实现逻辑和绑定视图

一般而言，实现的逻辑和数据库有关，如果入门实例使用 XML 方式，那么只需要在 applicationContext.xml 中配置关于数据库的部分就可以了；如果使用 Java 配置的方式，那么，在代码清单 15-10 的配置类 getRootConfigClasses 方法中加载的 Java 配置文件 BackendConfig 中加入 Bean 也可以，方法并不局限。

下面我们通过 Java 配置文件 BackendConfig 来配置数据库的相关内容，如代码清单 15-18 所示。

代码清单 15-18：通过 Java 配置文件配置数据库（BackendConfig.java）

```
package com.learn.ssm.chapter15.backend.config;

/**** imports ****/

@Configuration
// 扫描包
@ComponentScan(basePackages = "com.learn.ssm.chapter15.*",
   excludeFilters = @Filter( // 排除扫描控制器
      type = FilterType.ANNOTATION,
        classes = {Controller.class, RestController.class}
   )
)
// 驱动事务管理器
@EnableTransactionManagement
// MyBatis 映射器接口扫描
@MapperScan(
      // 扫描包
      basePackages = "com.learn.ssm.chapter15",
      // 限制注解
      annotationClass = Mapper.class)
public class BackendConfig implements TransactionManagementConfigurer {

   // 数据源
   private DataSource dataSource = null;

   /**
    * 配置数据源
    *
    * @return 数据源
    */
   @Bean(name = "dataSource")
   public DataSource initDataSource() {
      if (dataSource != null) {
         return dataSource;
      }
      Properties props = new Properties();
      props.setProperty("driverClassName", "com.mysql.jdbc.Driver");
      props.setProperty("url", "jdbc:mysql://localhost:3306/ssm");
      props.setProperty("username", "root");
      props.setProperty("password", "123456");
      props.setProperty("maxActive", "200");
      props.setProperty("maxIdle", "20");
      props.setProperty("maxWait", "30000");
      try {
         dataSource = BasicDataSourceFactory.createDataSource(props);
      } catch (Exception e) {
```

```
            e.printStackTrace();
        }
        return dataSource;
    }

    /**
     * 初始化jdbcTemplate
     *
     * @param dataSource 数据源
     * @return JdbcTemplate
     */
    @Bean(name = "jdbcTemplate")
    public JdbcTemplate initjdbcTemplate(@Autowired DataSource dataSource) {
        JdbcTemplate jdbcTemplate = new JdbcTemplate();
        jdbcTemplate.setDataSource(dataSource);
        return jdbcTemplate;
    }

    /**
     * 实现接口方法，返回数据库事务管理器
     *
     * @return 事务管理器
     */
    @Override
    @Bean(name = "transactionManager")
    public PlatformTransactionManager annotationDrivenTransactionManager() {
        DataSourceTransactionManager transactionManager
                = new DataSourceTransactionManager();
        // 设置事务管理器管理的数据源
        transactionManager.setDataSource(initDataSource());
        return transactionManager;
    }

    /**
     * 创建SqlSessionFactory
     *
     * @param dataSource 数据源
     * @return SqlSessionFactory
     * @throws Exception
     */
    @Bean("sqlSessionFactory")
    public SqlSessionFactory createSqlSessionFactoryBean(
            @Autowired DataSource dataSource) throws Exception {
        // 配置文件
        String cfgFile = "mybatis-config.xml";
        SqlSessionFactoryBean sqlSessionFactoryBean
                = new SqlSessionFactoryBean();
        sqlSessionFactoryBean.setDataSource(dataSource);
        // 配置文件
        Resource configLocation = new ClassPathResource(cfgFile);
        sqlSessionFactoryBean.setConfigLocation(configLocation);
        return sqlSessionFactoryBean.getObject();
    }
```

关于这些配置所需要的接口和类，已经在 Spring 和 MyBatis 的相关章节有了详尽的介绍。假设上述 Java 配置文件已经通过扫描的方式初始化了一个 Spring IoC 容器中的 Bean——RoleService，它提供了一个参数为 long 型的方法 getRole 来获取角色（关于这些请参考第 14 章），那么可以通过自动装配的方式在控制器中注入它。角色控制器（RoleController）如代码清单 15-19

所示。

代码清单 15-19：角色控制器

```
package com.learn.ssm.chapter15.controller;

/**** imports ****/

@Controller
@RequestMapping("/role")
public class RoleController {
   // 注入角色服务类
   @Autowired
   private RoleService roleService = null;

   @RequestMapping(value = "/details", method = RequestMethod.GET)
   public ModelAndView getRole(@RequestParam("id") Long id) {
      Role role = roleService.getRole(id);
      ModelAndView mv = new ModelAndView();
      mv.setViewName("role_details");
      // 给数据模型添加一个角色对象
      mv.addObject("role", role);
      return mv;
   }
}
```

在代码中注入 RoleService，就可以通过这个服务类使用传递的参数 id 获取角色，最后把查询出来的角色添加给模型和视图以便将来使用，图 15-10 是测试获取角色是否查询成功。

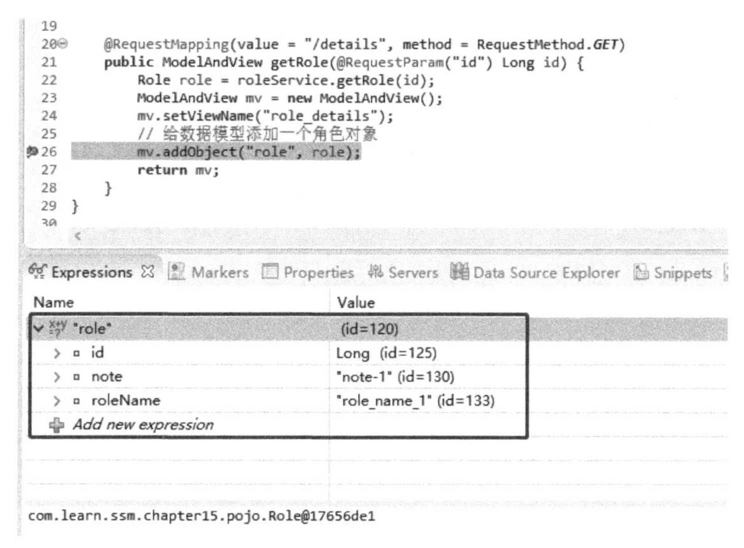

图 15-10　测试获取角色

到这里只是完成了业务逻辑，并没有实现视图渲染，还需要把从数据库查询出来的数据，通过某种方式渲染到视图中，展示给用户，这是一个将数据模型渲染到视图的问题。

15.3.3　视图渲染

一般而言，像入门实例那样，我们可以把视图定义为一个 JSP 文件。而实际上在 Spring MVC 中，还存在着大量的其他视图模式可供使用，比如 JSP、JSTL、JSON、Thymeleaf 等，通过这些可以很方便地将数据渲染到视图中，用以响应用户的请求。下面我们以 JSP 为例，在代码清单 15-19 中，使用了 role_details 的视图名，根据配置，它会使用文件/WEB-INF/jsp/role_details.jsp 响应，也就是要从这个文件中获取数据模型，渲染到页面中，展示给用户。role_details.jsp 的代码如代码清单 15-20 所示。

代码清单 15-20：在 JSP 中渲染数据模型（/WEB-INF/jsp/role_details.jsp）

```
<%@ page pageEncoding="utf-8"%>
<%@ page import="com.learn.ssm.chapter15.pojo.Role"%>
<html>
   <head>
      <title>角色详情</title>
   </head>
   <%
// 获得数据模型
   Role role = (Role)request.getAttribute("role");
   %>
   <body>
      <center>
         <table border="1">
            <tr>
               <td>标签</td>
               <td>值</td>
            </tr>
            <tr>
               <td>角色编号</td>
               <td><%=role.getId() %></td>
            </tr>
            <tr>
               <td>角色名称</td>
               <td><%=role.getRoleName()%></td>
            </tr>
            <tr>
               <td>角色备注</td>
               <td><%=role.getNote()%></td>
            </tr>
         </table>
      </center>
   </body>
</html>
```

这段代码的任务是显示一个角色的详细信息。在控制器的 ModelAndView 加入了一个名称为 role 的模型，由于它的值是一个角色对象，并且它是一个请求有效的属性，所以可以通过 JSP 的 request 对象读出。开发好这个文件后，将其保存为/WEB-INF/jsp/roleDetails.jsp。这样启动服务后，打开请求地址：/mvc/role/details?id=1，就可以看到图 15-11 了。

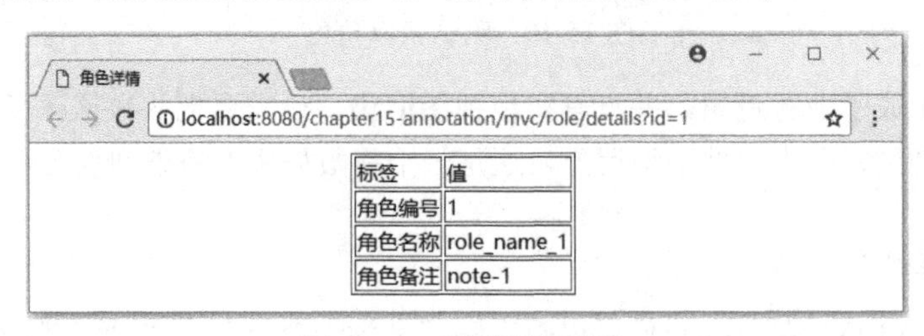

图 15-11　测试视图渲染

在目前的前端技术中，普遍使用Ajax技术，后台往往需要返回JSON数据给前端使用，Spring MVC 在模型和视图上给予了良好的支持。我们在代码清单 15-18 的基础上，添加 getRoleJson 方法，如代码清单 15-21 所示。

代码清单 15-21：显示 JSON 数据

```
// 获取角色
@RequestMapping(value="/details/json", method=RequestMethod.GET)
public ModelAndView getRoleJson(@RequestParam("id") Long id) {
   Role role = roleService.getRole(id);
   ModelAndView mv = new ModelAndView();
   mv.addObject("role", role);
   // 指定视图类型
   mv.setView(new MappingJackson2JsonView());
   return mv;
}
```

代码中视图类型为 MappingJackson2JsonView，它依赖关于 Jackson2 的包，如下。

```
<dependency>
   <groupId>com.fasterxml.jackson.core</groupId>
   <artifactId>jackson-core</artifactId>
   <version>2.10.1</version>
</dependency>
<dependency>
   <groupId>com.fasterxml.jackson.core</groupId>
   <artifactId>jackson-databind</artifactId>
   <version>2.10.1</version>
</dependency>
<dependency>
   <groupId>com.fasterxml.jackson.core</groupId>
   <artifactId>jackson-annotations</artifactId>
   <version>2.10.1</version>
</dependency>
```

这是一个 JSON 视图，Spring MVC 会通过这个视图渲染所需的结果，我们会在请求后得到需要的 JSON 数据，如图 15-12 所示。

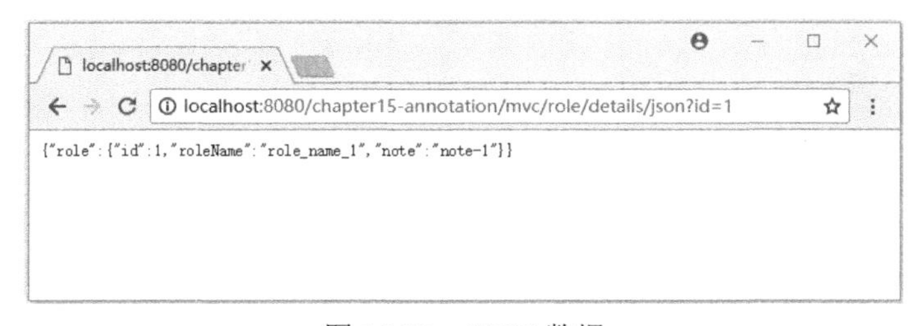

图 15-12　JSON 数据

这样就可以返回 JSON 数据，提供给 Ajax 异步请求使用了，我们再次讨论它的执行流程，如图 15-13 所示。

注意，MappingJackson2JsonView 是一个非逻辑视图，它不需要视图解析器定位，这就是流程中没有视图解析器的原因。MappingJackson2JsonView 会直接把 ModelAndView 中的数据模型通过 JSON 视图转换出来，这样就可以得到 JSON 数据了。

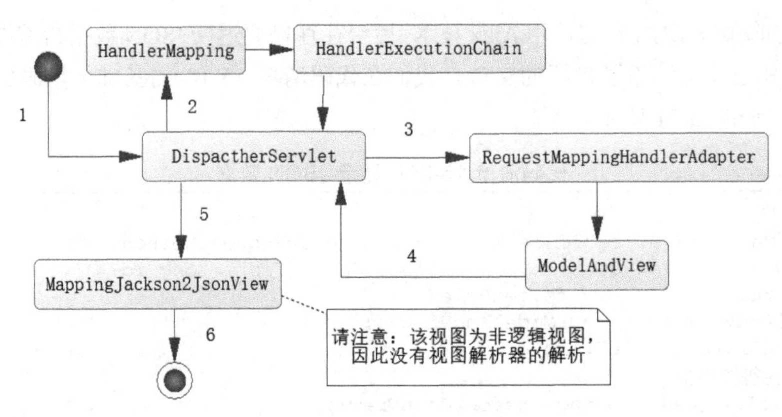

图 15-13　JSON 执行流程

需要注意的是，这不是将控制器返回的结果变为 JSON 的唯一方法，使用注解@ResponeBody 或者@RestController 是更为简单和广泛的方法，后面还会再讨论它们的使用和原理。

本章开始讲解 Spring MVC 框架，其核心内容是流程和组件，开发者必须先掌握 Spring MVC 的流程和组件，才能正确使用 Spring MVC。Spring MVC 需要初始化 Spring IoC 容器和 DispatcherServlet 请求两个上下文，其中 DispatcherServlet 请求上下文是 Spring IoC 上下文的扩展，这样就使得 Spring 各个 Bean 能够形成依赖注入。对于 Spring MVC 的开发来说，控制器是开发的核心内容，要知道如何获取请求参数，处理逻辑业务，然后将得到的数据通过视图解析器和视图渲染出来展示给客户。

第 16 章 Spring MVC 基础组件开发

本章目标

1. 掌握多种向控制器传递参数的方法
2. 掌握重定向的方法
3. 掌握属性标签的使用
4. 掌握表单验证
5. 掌握数据模型的使用
6. 掌握视图的使用
7. 掌握国际化的使用

第 15 章主要讨论了 Spring MVC 的组件和流程，这是 Spring MVC 的基础，本章将对那些在工作和学习中常用到的组件做更为详细的讨论。

16.1 控制器接收各类请求参数

使用控制器接收参数往往是 Spring MVC 开发业务逻辑的第一步，第 15 章只讨论了最简单的参数传递，而现实的情况要比实例复杂得多。比如现在流行的 REST 风格，它往往会将参数写入请求路径中，而不是以 HTTP 请求参数传递；也有些应用需要传递 JSON，比如查询用户的时候，查询参数可能有 10 多个，需要分页，为了易于控制，浏览器的查询参数往往会组装成 JSON 数据集，把分页参数作为普通参数传递，进而把数据传递给后台；有时候也要传递多个对象，比如新增多个角色对象等。为了应对多种传递参数的方式，我们先来探索 Spring MVC 的传参方法。

为了方便我们探索，这里先建一个接收各类参数的控制器——ParamsController，整个关于参数接收的例子都可以通过它来完成，如代码清单 16-1 所示。

代码清单 16-1：参数控制器——ParamsController

```
package com.learn.ssm.chapter16.controller;

/**** imports ****/

@Controller
@RequestMapping("/params")
public class ParamsController {
   /**** 待开发的代码 ****/
```

```
    // 指向参数页面
    @RequestMapping("/index")
    public ModelAndView index() {
        return new ModelAndView("role");
    }
}
```

在以上代码中，index 方法定位了一个 JSP 视图——角色表单，在下面的例子中我们还将使用该页面演示如何接收各类参数。表单内容如代码清单 16-2 所示，如果有变动后面会进行说明。

代码清单 16-2：角色表单（/WEB-INF/jsp/role.jsp）

```
<%@page contentType="text/html" pageEncoding="UTF-8"%>
<!DOCTYPE HTML PUBLIC "-//W3C//DTD HTML 4.01 Transitional//EN"
   "http://www.w3.org/TR/html4/loose.dtd">
<html>
   <head>
   <meta http-equiv="Content-Type" content="text/html; charset=UTF-8">
   <title>参数</title>
   <!-- 加载 Query 文件-->
   <script src="https://code.jquery.com/jquery-3.2.0.js"></script>
   <!--
         此处插入 JavaScript 脚本
   -->
   </head>
   <body>
      <form id="form" action="./common">
         <table>
            <tr>
               <td>角色名称</td>
               <td><input id="roleName" name="roleName" value="" /></td>
            </tr>
            <tr>
               <td>备注</td>
               <td><input id="note" name="note" /></td>
            </tr>
            <tr>
               <td></td>
               <td align="right"><input type="submit" value="提交" /></td>
            </tr>
         </table>
      </form>
   </body>
</html>
```

接收参数的例子主要通过角色表单或者 JavaScript 模拟，这些都是在实际工作和学习中常常见到的场景，很有实操价值。

Spring MVC 提供了诸多的注解来解析参数，其目的在于把控制器从复杂的 Servlet API 中剥离出来，这样就可以在非 Web 容器环境中重用这些控制器了，同时也方便测试人员对其进行有效测试。

16.1.1 接收普通请求参数

Spring MVC 的使用也比较友好，如果传递过来的参数名称和 HTTP 保存的一致，那么无须任何注解就可以获取参数。代码清单 16-2 是一个最普通的表单，它传递了两个 HTTP 参数角色名称和备注，响应请求的是"./common"，也就是提交表单后，它就会请求到对应的 URL 上，那么 Spring MVC 应该如何获取参数呢？

首先，在 ParamsController 增加对应的方法并获取参数，如代码清单 16-3 所示。

代码清单 16-3：无注解获取 HTTP 请求参数

```
/**
 * 接收普通 HTTP 请求参数
 *
 * @param roleName —— 用户名
 * @param note     —— 备注
 * @return ModelAndView
 */
@RequestMapping("/common")
public ModelAndView commonParams(String roleName, String note) {
   System.out.println("roleName =>" + roleName);
   System.out.println("note =>" + note);
   ModelAndView mv = new ModelAndView();
   mv.setViewName("index");
   return mv;
}
```

以上方式通过参数名称和 HTTP 请求参数的名称保持一致来获取参数，如果不一致则无法获取参数，这样的方法允许参数为空。

这是比较简单，但是能够满足大部分简单表单需求的方式。在很多情况下，比如新增一个用户可能需要多达十几个字段，再用这样的方式，方法的参数会非常多，这个时候应该考虑使用一个 POJO 来管理这些参数。在没有任何注解的情况下，Spring MVC 也有映射 POJO 的能力。新建一个角色参数类，如代码清单 16-4 所示。

代码清单 16-4：新建角色参数类

```
package com.learn.ssm.chapter16.vo;

public class RoleParams {
   private String roleName;
   private String note;

   /**** setters and getters ****/
}
```

显然这个 POJO 的属性和 HTTP 参数一一对应了，接着在 ParamsController 中增加一个方法来通过这个 POJO 获取 HTTP 请求参数，如代码清单 16-5 所示。

代码清单 16-5：通过 RoleParams 类获取 HTTP 参数

```
/**
 * 测试获取 POJO 参数
 * @param roleParams —— 角色参数
 * @return ModelAndView
 */
@RequestMapping("/common/pojo")
public ModelAndView commonParamPojo(RoleParams roleParams) {
   System.out.println("roleName =>" + roleParams.getRoleName());
   System.out.println("note =>" + roleParams.getNote());
   ModelAndView mv = new ModelAndView();
   mv.setViewName("index");
```

```
    return mv;
}
```

由于请求路径修改为"./common/pojo"，所以需要把代码清单 16-2 中的 form 请求的 action 也修改过来才能进行测试。通过这样的方式就可以把多个参数组织为一个 POJO，以便于在参数较多时进行管理，对 commonParamPojo 方法的测试，如图 16-1 所示。

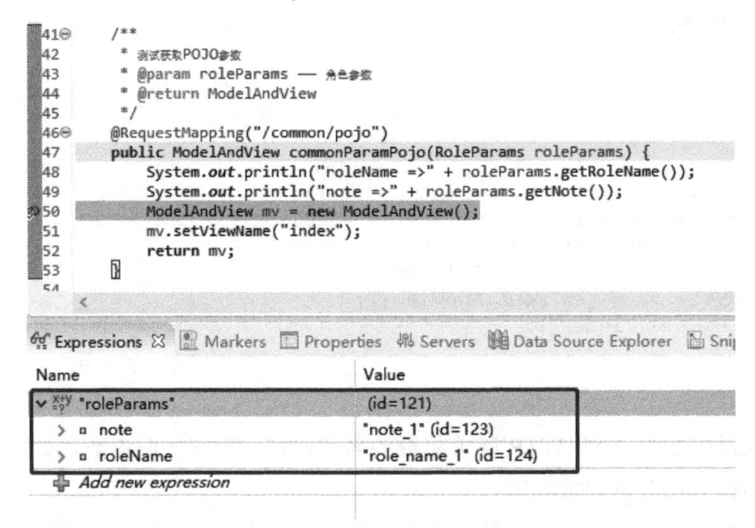

图 16-1　测试 POJO 接收请求参数

显然通过 POJO 也会获取到对应的参数，注意，POJO 的属性也要和 HTTP 请求参数名称保持一致。即使没有任何注解，它们也能够有效传递参数，但是有时候前端的参数命名规则和后台的不一样，比如前端把角色名称的参数命名为 role_name，这个时候就要进行转换，Spring MVC 提供了诸多注解来实现各类转换规则，下面一一探讨它们。

16.1.2　使用注解@RequestParam 获取参数

把代码清单 16-2 中的角色名称参数名 roleName 修改为 role_name，那么在没有任何注解的情况下，获取参数会失败，SpringMVC 提供注解@RequestParam 来解决这个问题。

由于把 HTTP 的参数名称从 roleName 改为了 role_name，所以需要重新绑定规则，这个时候使用注解@RequestParam，就可以轻松处理这类问题，如代码清单 16-6 所示。

代码清单 16-6：通过注解@RequestParam 绑定获取参数

```
/**
 * 通过@RequestParam 绑定获取请求参数
 * @param roleName ——角色名称
 * @param note —— 备注
 * @return ModelAndView
 */
@RequestMapping("/request")
public ModelAndView requestParam(
        @RequestParam("role_name") String roleName, String note) {
    System.out.println("roleName =>" + roleName);
    System.out.println("note =>" + note);
    ModelAndView mv = new ModelAndView();
    mv.setViewName("index");
```

```
        return mv;
    }
```

注意，如果参数被@RequestParam 注解，那么，在默认的情况下该参数不能为空，如果为空则系统会抛出异常。如果允许它为空，那么修改注解@RequestParam 的配置项 required 为 false 即可，比如下面的代码：

```
@RequestParam(value="role_name", required=false) String roleName
```

设置 required 为 false 后，将允许参数为空，在大部分的情况下笔者都不建议读者那么做，因为操作不当很容易导致异常。

16.1.3　使用 URL 传递参数

一些网站使用 URL 的形式传递参数，这符合 REST 风格，对于一些业务比较简单的应用是十分常见的，比如在代码清单 15-19 中，获取一个角色的信息，这个时候我们希望把 URL 写作 /params/role/1，其中 1 是一个参数，它代表角色编号，在 URL 中传递，对此，Spring MVC 也提供了良好的支持。我们现在写一个方法，它将只支持 HTTP 的 GET 请求，通过 URL：/params/role/1 获取角色信息并且打印出 JSON 数据，它需要@RequestMapping 和@PathVariable 两个注解协作完成，如代码清单 16-7 所示。

代码清单 16-7：通过 URL 传递参数

```
// 注入角色服务对象
@Autowired
private RoleService roleService;

// {id}代表接收一个参数
@RequestMapping("/role/{id}")
// 注解@PathVariable 表示从 URL 的请求地址中获取参数
public ModelAndView pathVariable(@PathVariable("id") Long id)  {
    Role role = roleService.getRole(id);
    ModelAndView mv = new ModelAndView();
    // 绑定数据模型
    mv.addObject(role);
    // 设置为 JSON 视图
    mv.setView(new MappingJackson2JsonView());
    return mv;
}
```

在注解@RequestMapping 的路径配置中，{id}代表控制器需要接受一个由 URL 组成的参数，且参数名称为 id，方法中的@PathVariable("id")表示将获取这个在注解@RequestMapping 中定义名称为 id 的路径参数，这样就可以在方法内获取这个参数了。然后通过角色服务类获取角色对象，并将其绑定到视图中，将视图设置为 JSON，Spring MVC 将打印出 JSON 数据，图 16-2 是笔者的测试结果。

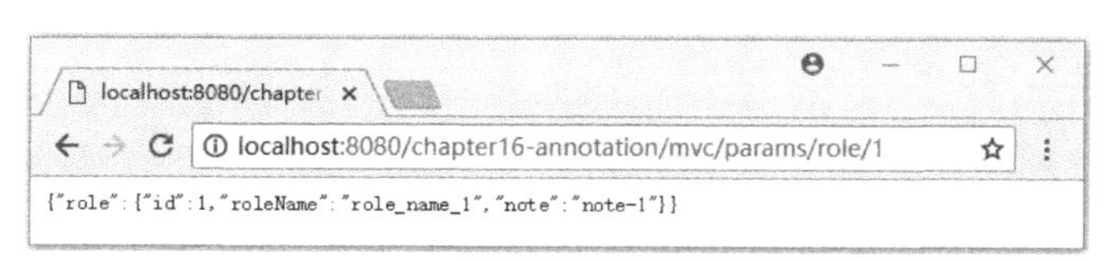

图 16-2　通过 URL 获取参数

这样就可以通过注解@PathVariable 从 URL 中获取参数了。注意，注解@PathVariable 允许对应的参数为空。

16.1.4 传递 JSON 参数

有时候参数的传递还需要更多的参数，比如代码清单 16-2 中的角色名称和备注，查询可能需要分页参数，这也是十分常见的场景。如果查询参数还有开始行 start 和限制返回大小的 limit，那么它就涉及 4 个参数，而 start 和 limit 是关于分页的参数，由 PageParams 类传递，它的代码如代码清单 16-8 所示。

代码清单 16-8：PageParams 分页参数

```
package com.learn.ssm.chapter16.vo;

public class PageParams {
   private int start;
   private int limit;

   /**** setters and getters ****/
}
```

在代码清单 16-5 中，通过类 RoleParams 传递查询角色需要两个参数，这个时候在它的基础上加入一个 PageParams 类型的属性，就可以使用分页参数了，如代码清单 16-9 所示。

代码清单 16-9：带有分页参数的角色参数查询

```
package com.learn.ssm.chapter16.vo;

public class RoleParams {
   private String roleName;
   private String note;
   // 分页参数
   private PageParams pageParams = null;

   /**** setters and getters ****/
}
```

这样查询参数和分页参数就都可以被传递了，那么如何传递客户端呢？首先写一段 JavaScript 代码模拟这个过程，向表单插入一段 JavaScript 代码，如代码清单 16-10 所示。

代码清单 16-10：jQuery 传递 JSON 数据

```
$(document).ready(function() {
    //JSON 参数和类 RoleParams 一一对应
    var data = {
        //角色查询参数
        roleName : 'role',
        note : 'note',
        //分页参数
        pageParams : {
            start : 0,
            limit : 20
        }
}

    //Jquery 的 post 请求
    $.post({
```

```
            url : "./roles",
            //此处需要告知传递参数类型为 JSON，不能缺少
            contentType : "application/json",
            //将 JSON 转化为字符串传递
            data : JSON.stringify(data),
            //成功后的方法
            success : function(result) {
            }
        });
    });
```

这里需要注意以下几点：第一，传递的 JSON 数据需要和对应参数的 POJO 保持一致，它将以请求体传递给控制器，所以只能用 POST 请求；第二，在请求的时候须告知请求的参数类型为 JSON，否则会引发控制器接收参数的异常；第三，传递的参数是一个字符串，而不是一个 JSON，所以这里用了 JSON.stringify()方法将 JSON 数据转换为字符串。

这个时候可以使用 Spring MVC 提供的注解@RequestBody 接收参数，如代码清单 16-11 所示。

代码清单 16-11：使用注解@RequestBody 接收参数

```
/**
 * 注意：使用注解 @RequestBody 不能使用 GET 请求
 * @param roleParams 查询参数
 * @return ModelAndView
 */
@RequestMapping(value="/roles", method = RequestMethod.POST)
public ModelAndView findRoles(@RequestBody RoleParams roleParams) {
    // 查询结果列表
    List<Role> roleList = roleService.findRoles(roleParams);
    // 视图和模型
    ModelAndView mv = new ModelAndView();
    // 放入查询数据
    mv.addObject("roleList", roleList);
    // 设置为 JSON 视图
    mv.setView(new MappingJackson2JsonView());
    return mv;
}
```

这样，Spring MVC 就会把传递过来的请求体转化为 POJO，就可以接收对应 JSON 类型的参数了。下面是笔者测试的接收 JSON 参数的截图，如图 16-3 所示。

图 16-3 接收 JSON 参数

16.1.5 接收列表数据和表单序列化

有时候我们会遇到一些场景，比如一次删除多个角色，这时可以考虑将一个角色数组传递给后台；有些时候我们需要新增角色，甚至新增多个角色，这时就要将一个角色信息的数组传递给后台了。无论如何，这都需要用到 Java 的集合或者数组去保存对应的参数。

Spring MVC 也支持这样的场景，如果要删除多个角色，显然用户希望传递一个角色编号的数组给后台处理。通过 JavaScript 模仿传递角色数组给后台控制器，如代码清单 16-12 所示。

代码清单 16-12：传递数组给控制器

```
$(document).ready(function() {
    // 删除角色数组
    var idList = [ 1, 2, 3 ];
    // jQuery 的 post 请求
    $.post({
        url : "./remove/roles",
        // 将 JSON 转化为字符串传递
        data : JSON.stringify(idList),
        // 指定传递数据类型，不可缺少
        contentType : "application/json",
        // 成功后的方法
        success : function(result) {
        }
    });
});
```

通过 JSON 的字符串化将参数传递到后台，这个时候就可以按照代码清单 16-13 接收参数了。

代码清单 16-13：接收数组参数

```
/**
 * 注意：注解 @RequestBody 不能使用 GET 请求
 *
 * @param roleParams 查询参数
 * @return ModelAndView
 */
@RequestMapping(value = "/remove/roles", method = RequestMethod.POST)
public ModelAndView removeRoles(@RequestBody List<Long> idList) {
    ModelAndView mv = new ModelAndView();
    // 删除角色
    int total = roleService.deleteRoles(idList);
    // 绑定视图
    mv.addObject("total", total);
    // JSON 视图
    mv.setView(new MappingJackson2JsonView());
    return mv;
}
```

这样就能让控制器接收到前端传递过来的数组了，这里注解@RequestBody 表示要求 Spring MVC 将传递过来的 JSON 数组数据，转换为对应的 Java 集合类型。把 List 转化为数组（Long[]）也是可行的，这里的参数只是一个非常简单的长整型，在实际工作中也许要传递多个角色用于保存，这也是没有问题的，修改 JavaScript 进一步测试，如代码清单 16-14 所示。

代码清单 16-14：新增多个角色对象

```
$(document).ready(function () {
    //新增角色数组
    var roleList = [
        {roleName: 'role_name_1', note: 'note_1'},
        {roleName: 'role_name_2', note: 'note_2'},
        {roleName: 'role_name_3', note: 'note_3'}
    ];
    //jQuery 的 post 请求
    $.post({
        url: "./insert/roles",
        //将 JSON 转化为字符串传递
        data: JSON.stringify(roleList),
        contentType: "application/json",
        //成功后的方法
        success: function (result) {
        }
    });
});
```

使用注解@RequestBody 获取对应的角色列表参数，如代码清单 16-15 所示。

代码清单 16-15：获取角色列表参数

```
/**
 * 新增多个角色
 * 注意：使用注解 @RequestBody 时不能使用 GET 请求
 *
 * @param roleList 角色列表
 * @return ModelAndView
 */
@RequestMapping(value = "/insert/roles", method = RequestMethod.POST)
public ModelAndView insertRoles(@RequestBody List<Role> roleList) {
    ModelAndView mv = new ModelAndView();
    // 新增角色列表
    int total = roleService.insertRoles(roleList);
    // 绑定视图
    mv.addObject("total", total);
    // JSON 视图
    mv.setView(new MappingJackson2JsonView());
    return mv;
}
```

这样可以在控制器中通过注解@ResponseBody 将浏览器传递过来的 JSON 数据转换出来。

通过表单序列化也可以将表单数据转换为字符串传递给后台，因为一些特殊的字符需要进行一定的转换提交给后台，所以有时候我们也需要在用户点击提交按钮后，通过序列化提交表单，如代码清单 16-16 所示。

代码清单 16-16：通过序列化提交表单

```
<%@page contentType="text/html" pageEncoding="UTF-8"%>
<!DOCTYPE HTML PUBLIC "-//W3C//DTD HTML 4.01 Transitional//EN"
    "http://www.w3.org/TR/html4/loose.dtd">
<html>
<head>
<meta http-equiv="Content-Type" content="text/html; charset=UTF-8">
<title>参数</title>
```

```
<!-- 加载 Query 文件-->
<script type="text/javascript"
src="https://code.jquery.com/jquery-3.2.0.js">

</script>
<script type="text/javascript">
$(document).ready(function() {
    $("#commit").click(function() {
        var str = $("form").serialize();
        //提交表单
        $.post({
            url : "./serialize/params",
            //将 form 数据序列化，传递给后台，
            // 将数据以 roleName=xxx&&note=xxx 传递
            data : $("form").serialize(),
            //成功后的方法
            success : function(result) {
            }
        });
    });
});
</script>
</head>
<body>
<form id="form">
    <table>
        <tr>
            <td>角色名称</td>
            <td>
                <input id="roleName" name="roleName" value="" />
            </td>
        </tr>
        <tr>
            <td>备注</td>
            <td><input id="note" name="note" /></td>
        </tr>
        <tr>
            <td></td>
            <td align="right">
                <input id="commit" type="button" value="提交" />
            </td>
        </tr>
    </table>
</form>
</body>
</html>
```

由于序列化参数的传递规则变为了 roleName=xxx&¬e=xxx，所以获取参数也是十分容易的，如代码清单 16-17 所示。

代码清单 16-17：接收序列化表单

```
@RequestMapping(value = "/serialize/params", method = RequestMethod.POST)
public ModelAndView serializeParams(
        @RequestParam("roleName") String roleName,
        @RequestParam("note") String note) {
    System.out.println("roleName =>" + roleName);
    System.out.println("note =>" + note);
    ModelAndView mv = new ModelAndView();
    mv.setView(new MappingJackson2JsonView());
```

```
    // 设置数据模型
    mv.addObject("roleName", roleName);
    mv.addObject("note", note);
    return mv;
}
```

这样就能够获取序列化表单后的参数了。

16.2　重定向

我们来写一段将角色信息转化为 JSON 视图的功能代码，如代码清单 16-18 所示。

代码清单 16-18：将角色信息转化为视图

```
@RequestMapping("/role/info")
public ModelAndView showRoleJsonInfo(Long id, String roleName, String note) {
    ModelAndView mv = new ModelAndView();
    mv.setView(new MappingJackson2JsonView());
    mv.addObject("id", id);
    mv.addObject("roleName", roleName);
    mv.addObject("note", note);
    return mv;
}
```

现在的需求是，每当新增一个角色信息时，需要其将数据（因为角色编号会回填）以 JSON 视图的形式展示给请求者。在数据保存到数据库后，由数据库返回角色编号，再将角色信息传递给 showRoleJsonInfo 方法，就可以展示 JSON 视图给请求者了，用代码清单 16-19 来实现这样的功能。

代码清单 16-19：实现重定向功能

```
/**
 * 新增角色
 * @param model Model 为重定向数据模型，Spring MVC 会自动初始化它
 * @param roleName 角色名称
 * @param note 备注
 * @return
 */
@RequestMapping("/role/insert")
public String insertRole(Model model, String roleName, String note) {
    Role role = new Role();
    role.setRoleName(roleName);
    role.setNote(note);
    // 插入角色后，会回填角色编号
    roleService.insertRole(role);
    // 绑定重定向数据模型
    model.addAttribute("roleName", roleName);
    model.addAttribute("note", note);
    model.addAttribute("id", role.getId());
    return "redirect:./info";
}
```

这里的 Model 代表一个数据模型，读者可以给它附上对应的数据模型，然后通过返回字符串实现重定向的功能。Spring MVC 有一个约定，当返回的字符串以“redirect”作为前缀时，就会被认为请求最后需要重定向。而事实上，不仅可以通过返回字符串来实现重定向，也可以通

过返回视图来实现重定向。代码清单 16-20 是通过返回视图和模型来实现重定向的。

代码清单 16-20：通过 ModelAndView 实现重定向

```
/**
 * 新增角色
 * @param mv 模型和视图，Spring MVC 会自动初始化
 * @param roleName 角色名称
 * @param note 备注
 * @return
 */
@RequestMapping("/role/insert2")
public ModelAndView insertRole2(ModelAndView mv, String roleName, String note) {
    Role role = new Role();
    role.setRoleName(roleName);
    role.setNote(note);
    // 插入角色后，会回填角色编号
    roleService.insertRole(role);
    // 设置视图名称
    mv.setViewName("redirect:./info");
    // 绑定重定向数据模型
    mv.addObject("roleName", roleName);
    mv.addObject("note", note);
    mv.addObject("id", role.getId());
    return mv;
}
```

这样也可以将参数顺利传递给重定向的地址，有些时候要传递角色 POJO 来完成任务，而不是一个个字段地传递，比如把获取角色信息 JSON 视图的代码改写为如代码清单 16-21 所示。

代码清单 16-21：定义展示角色的方法

```
@RequestMapping("/role/info2")
public ModelAndView showRoleJsonInfo2(Role role) {
    ModelAndView mv = new ModelAndView();
    mv.setView(new MappingJackson2JsonView());
    mv.addObject("role", role);
    return mv;
}
```

显然这样会比原有的转化方式要清爽得多，然而在 URL 重定向的过程中，并不能有效传递对象，因为 HTTP 的重定向参数是以字符串的形式传递的。这个时候 Spring MVC 提供了一个方法——flash 属性，读者需要提供的数据模型就是一个 RedirectAttribute，让我们先来看看它是怎么实现的，如代码清单 16-22 所示。

代码清单 16-22：重定向传递 POJO

```
/**
 * 新增角色
 * @param ra 重定向属性,Spring MVC 会自动初始化它
 * @param roleName 角色名称
 * @param note 备注
 * @return 重定向地址
 */
@RequestMapping("/role/info3")
public String insertRole3(RedirectAttributes ra, String roleName, String note) {
    Role role = new Role(roleName, note);
```

```
        // 插入角色后，会回填角色编号
        roleService.insertRole(role);
        // 绑定重定向数据模型
        ra.addFlashAttribute("role", role);
        return "redirect:./info2";
    }
```

这样就能传递 POJO 对象给下一个地址了，那么它是如何做到传递 POJO 的呢？使用 addFlashAttribute 方法后，Spring MVC 会将数据保存到 Session 中（Session 在一个会话期有效），重定向后就会将其清除，这样就能够传递数据给下一个地址了，其过程如图 16-4 所示。

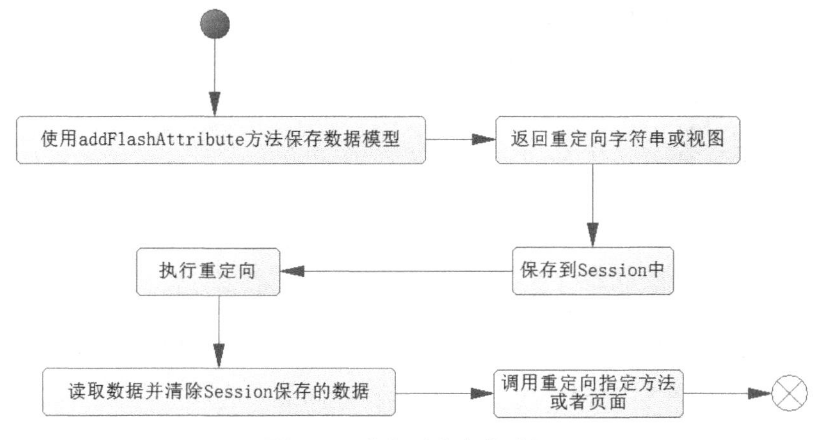

图 16-4　执行重定向的过程

16.3　保存并获取属性参数

在 Java EE 的基础学习中，有时候我们会将数据暂存到 HTTP 的 request 对象或者 Session 对象中。同样在开发控制器时，有时候也需要将对应的数据保存到这些对象中去，或者从它们当中读取数据。Spring MVC 对此给予了支持，它的主要注解有 3 个：@RequestAttribute、@SessionAttribute 和@SessionAttributes，它们的作用如下。

- 注解@RequestAttribute 获取 HTTP 的请求（Request）对象属性值，用来传递给控制器的参数。
- 注解@SessionAttribute 在 HTTP 的会话（Session）对象属性值中，用来传递给控制器的参数。
- 注解@SessionAttributes，通过它可以配置一个字符串数组，这个数组对应的是数据模型对应的键值对，然后将这些键值对保存到 Session 中。

也许读者会留意到并没有@RequestAttributes 这个注解，那是因为 Spring MVC 中所提供的数据模型的本身就是在请求的作用域中存在的。下面分别对这三个注解进行讨论。

16.3.1　注解@RequestAttribute

注解@RequestAttribute 的作用是从 HTTP 的请求对象（HttpServletRequest）中取出请求属性，只是它的范围周期是在一次请求中存在。首先建一个 JSP 文件，如代码清单 16-23 所示。

代码清单 16-23：JSP 跳转（/WEB-INF/jsp/request_attribute.jsp）

```
<%@page contentType="text/html" pageEncoding="UTF-8"%>
<!DOCTYPE HTML PUBLIC "-//W3C//DTD HTML 4.01 Transitional//EN"
   "http://www.w3.org/TR/html4/loose.dtd">
<html>
   <head>
   <meta http-equiv="Content-Type" content="text/html; charset=UTF-8">
   <title>Chapter16</title>
   </head>
   <body>
      <%
         // 设置请求属性
         request.setAttribute("id", 1L);
         // 转发给控制器
         request.getRequestDispatcher("/mvc/attribute/request/param")
            .forward(request, response);
         out.clear();
         out = pageContext.pushBody();
      %>
   </body>
</html>
```

上述代码首先设置了 id 为 1L 的请求属性，然后进行了转发控制器，这样将由对应的控制器处理业务逻辑。下面用控制器 AttributeController 处理它，并且使用注解@RequestAttribute 获取对应的属性，如代码清单 16-24 所示。

代码清单 16-24：控制器获取请求属性

```
package com.learn.ssm.chapter16.controller;

/**** imports ****/

@Controller
@RequestMapping("/attribute")
public class AttributeController {

   // 角色服务
   @Autowired
   private RoleService roleService = null;

   // 访问页面 request_attribute.jsp
   @RequestMapping("/request/page")
   public ModelAndView requestPage() {
      return new ModelAndView("request_attribute");
   }

   /**
    * 测试注解@RequestAttribute
    * @param id 角色编号
    * @return ModelAndView
    */
   @RequestMapping("/request/param")
   public ModelAndView requestAttribute(@RequestAttribute("id") Long id) {
      ModelAndView mv = new ModelAndView();
      Role role = roleService.getRole(id);
      mv.addObject("role", role);
      mv.setView(new MappingJackson2JsonView());
      return mv;
```

```
    }
}
```

显然通过 JSP 的跳转就会转发到这个控制器的 requestAttribute 方法，在参数中还给予了@RequestAttribute 注解，这样就能够获取请求的 id 属性了，下面是获取请求属性的测试，如图 16-5 所示。

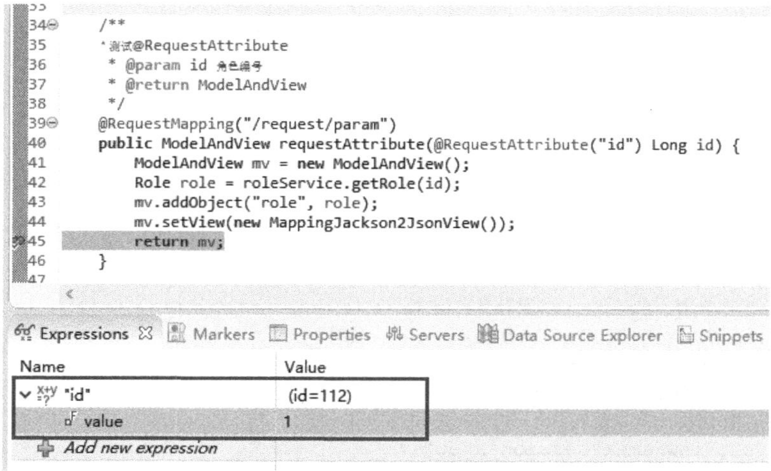

```
34    /**
35     * 测试@RequestAttribute
36     * @param id 角色编号
37     * @return ModelAndView
38     */
39    @RequestMapping("/request/param")
40    public ModelAndView requestAttribute(@RequestAttribute("id") Long id) {
41        ModelAndView mv = new ModelAndView();
42        Role role = roleService.getRole(id);
43        mv.addObject("role", role);
44        mv.setView(new MappingJackson2JsonView());
45        return mv;
46    }
47
```

Expressions | Markers | Properties | Servers | Data Source Explorer | Snippets

Name	Value
"id"	(id=112)
value	1
Add new expression	

图 16-5 获取请求属性的测试

对于被@RequestAttribute 注解的参数，默认是不能为空的，否则系统会抛出异常。和注解@RequestParam 一样，它也有一个 required 配置项，它是一个 boolean 值，读者只需要设置它为 false，参数就可以为空了，比如下面的配置：

```
public ModelAndView requestAttribute(
        @RequestAttribute(value="id", required = false) Long id)
```

16.3.2 注解@SessionAttribute 和注解@SessionAttributes

这两个注解和 HTTP 的会话对象（HttpSession）有关，在浏览器和服务器保持联系的时候 HTTP 会创建一个会话对象，这样可以在让浏览器和服务器会话期间（请注意这个时间范围）通过它读/写会话对象的属性，缓存一定的数据信息。

先来讨论一下设置会话属性，在控制器中可以使用注解@SessionAttributes 设置对应的键值对，不过这个注解只能对类进行标注，不能对方法或者参数进行注解。它可以配置属性名称或者属性类型，它的作用是当这个类被注解，Spring MVC 执行完控制器的逻辑后，将数据模型中对应的属性名称或者属性类型保存到 HTTP 的会话对象中。

下面对类 AttributeController 进行改造，如代码清单 16-25 所示。

代码清单 16-25：使用注解@SessionAttributes

```
package com.learn.ssm.chapter16.controller;

/**** imports ****/

@Controller
@RequestMapping("/attribute")
```

```
// 可以配置数据模型的名称和类型，两者取或关系
@SessionAttributes(names = { "id" }, types = { Role.class })
public class AttributeController {

    // 角色服务
    @Autowired
    private RoleService roleService = null;

    ......

    /**
     * 测试@SessionAttributes
     * @param id 角色编号
     * @return ModelAndView
     */
    @RequestMapping("/session/{id}")
    public ModelAndView sessionAttrs(@PathVariable("id") Long id) {
        ModelAndView mv = new ModelAndView();
        Role role = roleService.getRole(id);
        // 根据类型，Session 将保存角色信息
        mv.addObject("role", role);
        // 根据名称，Session 将保存 id
        mv.addObject("id", id);
        // 视图名称，定义跳转到一个 JSP 文件上
        mv.setViewName("session_show");
        return mv;
    }
}
```

这个时候请求/mvc/attribute/session/1，那么请求会进入 sessionAttrs 方法中，数据模型保存了一个 id 和角色，由于它们都满足了注解@SessionAttributes 的配置，所以最后请求会保存到 Session 对象中。视图名称设置为 sessionAttribute，这说明要进一步跳转到/WEB-INF/jsp/session_show.jsp 中，这样就可以通过 JSP 文件去验证注解@SessionAttributes 的配置是否有效了，如代码清单 16-26 所示。

代码清单 16-26：使用注解@SessionAttributes

```
<%@ page language="java" import="com.learn.ssm.chapter16.pojo.Role"
    contentType="text/html; charset=UTF-8" pageEncoding="UTF-8"%>
<!DOCTYPE html PUBLIC "-//W3C//DTD HTML 4.01 Transitional//EN"
    "http://www.w3.org/TR/html4/loose.dtd">
<html>
<head>
<meta http-equiv="Content-Type" content="text/html; charset=UTF-8">
<title>Show Session Attribute</title>
</head>
<body>
    <%
        Role role = (Role) session.getAttribute("role");
        out.println("id = " + role.getId() + "<p/>");
        out.println("roleName = " + role.getRoleName() + "<p/>");
        out.println("note = " + role.getNote() + "<p/>");
        Long id = (Long) session.getAttribute("id");
        out.println("id = " + id + "<p/>");
    %>
</body>
</html>
```

在 JSP 中可以看到，从 Session 对象中获取属性能测试注解@SessionAttributes 的使用是否成功，启动项目后，测试结果如图 16-6 所示。

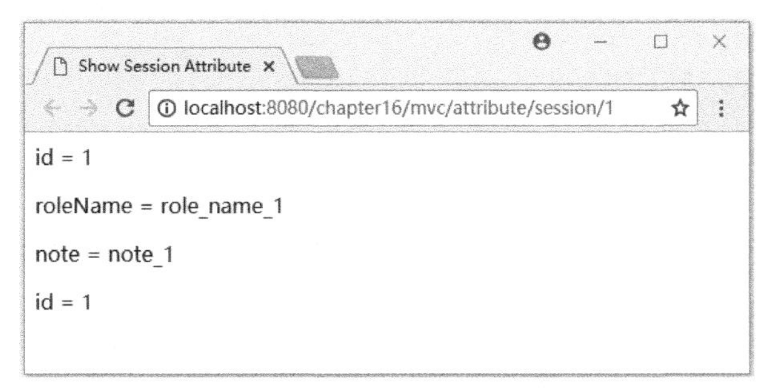

图 16-6　测试注解@SessionAttributes

可见结果是成功的。这样就可以在控制器内不使用给 Servlet 的 API 造成侵入的 HttpSession 对象设置 Session 的属性了，更加有利于对测试环境的构建进行测试。既然有了设置 Session 的属性，那么自然就有读取 Session 属性的要求，Spring MVC 是通过注解@SessionAttribute 实现的。

为了测试这个注解，先开发一个 JSP 文件，让它保存 Session 的属性，如代码清单 16-27 所示。

代码清单 16-27：JSP 设置 Session 属性（/WEB-INF/jsp/session_attribute.jsp）

```
<%@ page language="java" contentType="text/html; charset=UTF-8"
   pageEncoding="UTF-8"%>
<!DOCTYPE html PUBLIC "-//W3C//DTD HTML 4.01 Transitional//EN"
   "http://www.w3.org/TR/html4/loose.dtd">
<html>
<head>
<meta http-equiv="Content-Type" content="text/html; charset=UTF-8">
<title>session</title>
</head>
<body>
   <%
      //设置 Session 属性
      session.setAttribute("id", 1L);
      //执行跳转
      request.getRequestDispatcher("/mvc/attribute/session/param")
         .forward(request, response);
      out.clear();
      out = pageContext.pushBody();
   %>
</body>
</html>
```

当请求 JSP 时，它会在 Session 中设置一个属性 id，然后跳转到对应的控制器上，在控制器 AttributeController 上加入对应的方法，并在方法的参数中通过注解@SessionAttribute 来获取 Session 属性值，如代码清单 16-28 所示。

代码清单 16-28：获取 Session 属性

```
// 访问 session_attribute.jsp
@RequestMapping("/session/page")
public ModelAndView sessionPage() {
```

```
        ModelAndView mv = new ModelAndView("session_attribute");
        return mv;
    }

    /**
     * 测试注解@SessionAttribute
     * @param id 角色名称
     * @return ModelAndView
     */
    @RequestMapping("/session/param")
    public ModelAndView sessionParam(@SessionAttribute("id") Long id) {
        ModelAndView mv = new ModelAndView();
        Role role = roleService.getRole(id);
        mv.addObject("role", role);
        mv.setView(new MappingJackson2JsonView());
        return mv;
    }
```

和注解@RequestParam 一样，注解@SessionAttribute 的参数默认不可以为空，如果要改变这个规则，修改其配置项 required 为 false 即可，这样就可以在控制器上获取对应的属性参数了，比如：

```
@SessionAttribute(value="id", required=false) Long id
```

16.3.3 注解@CookieValue 和注解@RequestHeader

从名称看，这两个注解都很明确，就是从 Cookie 和 HTTP 请求头获取对应的请求信息，它们的用法比较简单，且大同小异，所以放到一起讲解。对于 Cookie 而言，用户是可以禁用的，所以在使用的时候需要考虑这个问题。下面给出一个实例，如代码清单 16-29 所示。

代码清单 16-29：使用注解@CookieValue 和注解@RequestHeader

```
/**
 *  获取 Cookie 和请求头（RequestHeader）属性
 * @param userAgent 用户代理
 * @param jsessionId 会话编号
 * @return ModelAndView
 */
@RequestMapping("/header/cookie")
public ModelAndView testHeaderAndCookie(
        @RequestHeader(value = "User-Agent",
            required = false,
            defaultValue = "attribute") String userAgent,
        @CookieValue(value = "JSESSIONID",
            required = true,
            defaultValue = "MyJsessionId") String jsessionId) {
    ModelAndView mv = new ModelAndView();
    mv.setView(new MappingJackson2JsonView());
    mv.addObject("User-Agent", userAgent);
    mv.addObject("JSESSIONID", jsessionId);
    return mv;
}
```

这里演示了从 HTTP 请求头和 Cookie 中读取信息，注意注解@RequestHeader 的配置项 required，它的默认值为 true，即参数不能为空，我们还设置了默认值，当应用允许为空时，只要把 required 属性设置为 false 即可。

16.4　验证表单

在实际工作中，得到数据后的第一步就是验证数据的正确性，如果存在录入上的问题，那么一般会通过注解验证，发现错误后返回给用户，但是对于一些逻辑上的错误，比如“购买金额=购买数量×单价”，就很难使用注解方式验证了，这个时候可以使用 Spring 提供的验证器（Validator）规则去验证。Spring 的验证规则符合 JSR（Java Specification Requests，Java 规范提案）303，但是它只是一个提案，存在多种实现，目前业界广泛使用的是 Hibernate Validator。

在 Spring MVC 中，所有的验证都需要先注册验证器，验证器是由 Spring MVC 自动注册和加载的，不需要用户处理。为了使用 JSR 303 的功能，我们需要在 Maven 中引入对应的依赖，如下所示。

```
<!-- 表单验证依赖 -->
<dependency>
   <groupId>org.hibernate.validator</groupId>
   <artifactId>hibernate-validator</artifactId>
   <version>6.1.0.Final</version>
</dependency>
```

16.4.1　使用 JSR 303 注解验证输入内容

Spring 提供了对 Bean 的功能验证，通过注解@Valid 标明哪个 Bean 需要启用注解式的验证。在 javax.validation.constraints.*中定义了一系列的 JSR 303 规范给出的注解，在使用它们之前需要对这些注解有一定的了解，如表 16-1 所示。

表 16-1　验证注解定义

注　解	详细信息
@Null	被注释的元素必须为 null
@NotNull	被注释的元素必须不为 null
@AssertTrue	被注释的元素必须为 true
@AssertFalse	被注释的元素必须为 false
@Min(value)	被注释的元素必须是一个数字，其值必须大于或等于指定的最小值
@Max(value)	被注释的元素必须是一个数字，其值必须小于或等于指定的最大值
@DecimalMin(value)	被注释的元素必须是一个数字，其值必须大于或等于指定的最小值
@DecimalMax(value)	被注释的元素必须是一个数字，其值必须小于或等于指定的最大值
@Size(max, min)	被注释的元素的大小必须在指定的范围内
@Digits (integer, fraction)	被注释的元素必须是一个数字，其值必须在可接受的范围内
@Past	被注释的元素必须是一个过去的日期
@Future	被注释的元素必须是一个将来的日期
@Pattern(value)	被注释的元素必须符合指定的正则表达式

假设要完成一个交易表单，我们可以给出一个简易的 JSP 文件，如代码清单 16-30 所示。

代码清单 16-30：form 表单（/WEB-INF/jsp/validation.jsp）

```
<%@ page language="java" contentType="text/html; charset=UTF-8"
   pageEncoding="UTF-8"%>
```

```
<!DOCTYPE html PUBLIC "-//W3C//DTD HTML 4.01 Transitional//EN"
   "http://www.w3.org/TR/html4/loose.dtd">
<html>
<head>
<meta http-equiv="Content-Type" content="text/html; charset=UTF-8">
<title>validate</title>
</head>
<body>

   <form id="form" method="post" action="./annotation">
      <table>
         <tr>
            <td>产品编号：</td>
            <td><input name="productId" id="productId" /></td>
         </tr>
         <tr>
            <td>用户编号：</td>
            <td><input name="userId" id="userId" /></td>
         </tr>
         <tr>
            <td>交易日期：</td>
            <td><input name="date" id="date" /></td>
         </tr>
         <tr>
            <td>价格：</td>
            <td><input name="price" id="price" /></td>
         </tr>
         <tr>
            <td>数量：</td>
            <td><input name="quantity" id="quantity" /></td>
         </tr>
         <tr>
            <td>交易金额：</td>
            <td><input name="amount" id="amount" /></td>
         </tr>
         <tr>
            <td>用户邮件：</td>
            <td><input name="email" id="email" /></td>
         </tr>
         <tr>
            <td>备注：</td>
            <td>
               <textarea id="note" name="note" cols="20" rows="5">
               </textarea>
            </td>
         </tr>
         <tr>
            <td colspan="2" align="right"><input type="submit" value="提交" />
         </tr>
      </table>
      <form>
</body>
</html>
```

这是一个简单的交易表单。当它被提交的时候，我们需要对其进行一定的验证，它的内容包括产品编号、用户编号、交易日期、价格、数量、交易金额、用户邮件和备注。它们需要满足以下规则。

- 产品编号、用户编号、交易日期、价格、数量、交易金额不能为空。

- 交易日期格式为 yyyy-MM-dd，且只能大于今日。
- 价格最小值为 0.1，单位为元。
- 数量是一个整数，且最小值为 1，最大值为 100。
- 交易金额最小值为 1，单位为元，最大值为 50000，单位为元。
- 用户邮件需要满足邮件正则式。
- 备注内容不得多于 256 个字符。

为了接收这个表单的信息，我们新建一个 POJO，如代码清单 16-31 所示。

代码清单 16-31：表单 POJO

```
package com.learn.ssm.chapter16.pojo;

/**** imports ****/
public class Transaction {

    // 产品编号
    @NotNull // 不能为空
    private Long productId;

    //用户编号
    @NotNull // 不能为空
    private Long userId;

    //交易日期
    @Future // 只能是将来的日期
    @DateTimeFormat(pattern = "yyyy-MM-dd")// 日期格式化转换
    @NotNull // 不能为空
    private Date date;

    //价格
    @NotNull // 不能为空
    @DecimalMin(value = "0.1") // 价格最少为 0.1 元
    private Double price;

    // 数量
    @Min(1) // 最小值为 1
    @Max(100)// 最大值
    @NotNull // 不能为空
    private Integer quantity;

    //交易金额
    @NotNull // 不能为空
    @DecimalMax("500000.00") // 最大交易金额为 5 万元
    @DecimalMin("1.00") // 最小交易金额为 1 元
    private Double amount;

    //邮件
    @Pattern(// 正则式
        regexp = "^([a-zA-Z0-9]*[-_]?[a-zA-Z0-9]+)*@"
            + "([a-zA-Z0-9]*[-_]?[a-zA-Z0-9]+)+"
            + "[\\.][A-Za-z]{2,3}([\\.] [A-Za-z]{2})?$",
        // 自定义消息提示
        message="不符合邮件格式")
    private String email;
```

```
    //备注
    @Size(min = 0, max = 256) // 0 到 256 个字符
    private String note;

    /**** setters and getters ****/
}
```

这样就定义了一个 POJO，用以接收表单的信息。加粗的注解反映了对每个字段的验证要求，可以给每个字段都加入对应的验证，它会生成默认的错误消息。在邮件的验证中，还使用了配置项 message 来重新定义验证失败后的错误信息，这样就能够启动 Spring 的验证规则来验证表单了。

我们在控制器完成表单的验证，如代码清单 16-32 所示。

代码清单 16-32：控制器验证表单

```
package com.learn.ssm.chapter16.controller;

/**** imports ****/

@Controller
@RequestMapping("/validate")
public class ValidateController {

    // 表单页面
    @RequestMapping("/form")
    public ModelAndView formPage() {
        return new ModelAndView("validation");
    }

    /**
     * Spring 验证（JSR 303）
     * @param trans 交易
     * @param errors 错误
     * @return ModelAndView
     */
    @RequestMapping("/annotation")
    public ModelAndView annotationValidate(
            @Valid Transaction trans, Errors errors) {
        ModelAndView mv = new ModelAndView();
        // 是否存在错误
        if (errors.hasErrors()) {
            // 获取错误信息
            List<FieldError> errorList = errors.getFieldErrors();
            for (FieldError error : errorList) {
                // 获取错误信息
                mv.addObject(error.getField(), error.getDefaultMessage());
            }
        }
        mv.setView(new MappingJackson2JsonView());
        return mv;
    }
}
```

加粗的代码使用了注解@Valid 标明这个 Bean 将会被验证，另一个类型为 Errors 的参数则用于记录是否存在错误信息，也就是当采用 JSR 303 规范进行验证后，它会将错误信息保存到这个参数之中。进入方法后使用 Errors 对象的 hasErrors 方法，便能够判断其验证是否出现错误。

启动项目，访问/mvc/validate/form，在表单中输入如图 16-7 所示的数据，进行验证。

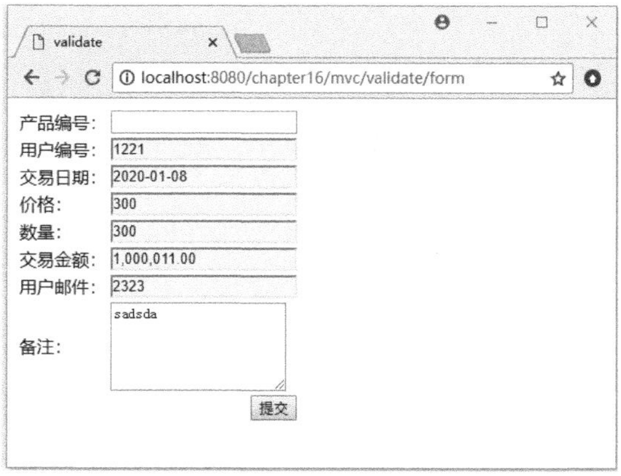

图 16-7　输入交易表单记录

单击提交按钮后，数据会提交到控制器中，页面会给出错误信息，如下所示。

```
{
   "date": "must be a future date",
   "amount": "must be less than or equal to 500000.00",
   "quantity": "must be less than or equal to 100",
   "productId": "must not be null",
   "transaction": {
      "productId": null,
      "userId": 1221,
      "date": 1578412800000,
      "price": 300,
      "quantity": 300,
      "amount": 1000011,
      "email": "2323",
      "note": "sadsda"
   },
   "email": "不符合邮件格式"
}
```

显然，对应的数据规则已经得到了有效的验证，这样就可以使用后台对数据进行验证了，如何将这些信息渲染到原有的表单中，这将是后文谈到的渲染视图的内容。

有时候验证并不简单，它可能还有一些复杂的规则。比如，交易日期往往不是一个应该录入的数据，而是由系统提取当前日期。又如在交易时，应该存在规则：交易金额=数量×价格，这样又需要其他的一些验证规则了，为此，Spring 提供了其验证器的机制。

16.4.2　使用验证器

有时候除了简单的输入格式、非空性等验证，也需要一定的业务验证，Spring 提供了 Validator 接口实现验证，它将在进入控制器逻辑之前对参数的合法性进行验证。Validator 接口是 Spring MVC 验证表单逻辑的核心接口，它的接口定义如代码清单 16-33 所示。

代码清单 16-33：验证器的接口定义

```
package org.springframework.validation;

/**** imports ****/
```

```
public interface Validator {

    /**
     * 判断是否启用验证机制
     * @param clazz 对象类型
     * @return
     *     true——启用 validate 方法验证，
     *     false——不启用 validate 方法验证
     */
    boolean supports(Class<?> clazz);

    /**
     * @param 等待验证的对象
     * @param errors 验证上下文对象
     */
    void validate(Object target, Errors errors);

}
```

Validator 接口实例是一个具体的验证器，在 Spring 中最终被注册到验证器的列表中，这样就可以提供给各个控制器使用了。它通过 supports 方法判定是否会启用验证器验证数据。对于验证的逻辑，则通过 validate 方法实现。下面对代码清单 16-31 中的 POJO 进行一项验证，要求其满足交易金额=价格×数量。

有了上述讨论，实现 Validator 接口和它的两个方法也十分简单，如代码清单 16-34 所示。

代码清单 16-34：交易记录验证器

```
package com.learn.ssm.chapter16.validator;

/**** imports ****/

public class TransactionValidator implements Validator {

    @Override
    public boolean supports(Class<?> clazz) {
        // 匹配为交易记录类型
        return Transaction.class.equals(clazz);
    }

    @Override
    public void validate(Object target, Errors errors) {
        // 强制转换类型
        Transaction trans = (Transaction) target;
        //求交易金额和价格×数量的差额
        double dis = trans.getAmount()
              - (trans.getPrice() * trans.getQuantity());
        //如果差额大于 0.01，则认为业务错误
        if (Math.abs(dis) > 0.01) {
            //加入错误信息
            errors.rejectValue("amount", null, "交易金额和购买数量与价格不匹配");
        }
    }

}
```

这样这个验证器就会先在 supports 方法中判断是否为 Transaction 对象，只有判断为是，才去验证后面的逻辑。Spring MVC 提供了注解@InitBinder，通过它可以将验证器和控制器捆绑到

一起，这样就能够验证请求表单了。注解@InitBinder 的使用还有其他内容，这些会在后文中讨论，这里只展示其捆绑验证器的方法。

在代码清单 16-32 的 ValidateController 中加入代码清单 16-35 的代码，就可以完成这项功能了。

代码清单 16-35：交易记录验证器

```
@InitBinder
public void initBinder(DataBinder binder) {
    //数据绑定器加入验证器
    binder.setValidator(new TransactionValidator());
}

@RequestMapping("/validator")
public ModelAndView validator(@Valid Transaction trans, Errors errors) {
    ModelAndView mv = new ModelAndView();
    //是否存在错误
    if (errors.hasErrors()) {
        //获取错误信息
        List<FieldError>errorList = errors.getFieldErrors();
        for (FieldError error : errorList) {
            // 获取错误信息
            mv.addObject(error.getField(), error.getDefaultMessage());
        }
    }
    mv.setView(new MappingJackson2JsonView());
    return mv;
}
```

这样就把表单的请求 URL 修改为“./validator”，它就能够请求得到我们的 validator 方法了，注解@Valid 就是为了启动这个验证器，而参数 Errors 则是记录验证器返回错误信息的，对此进行测试，如图 16-8 所示。

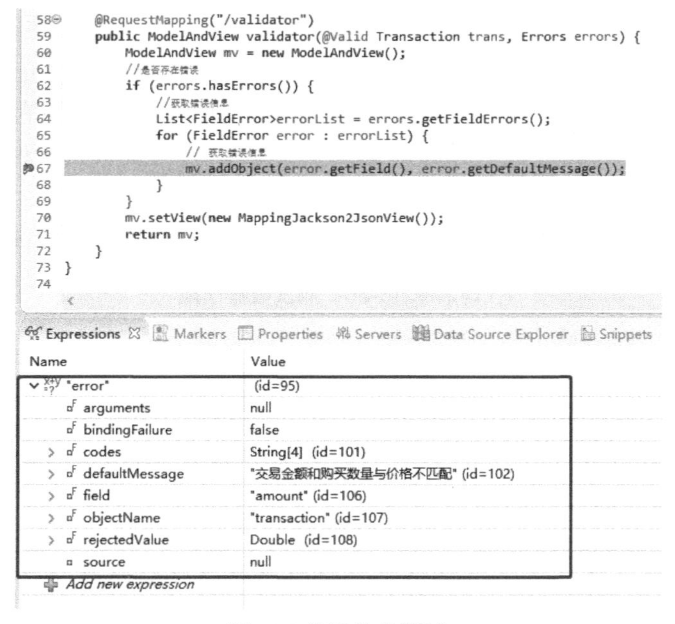

图 16-8 错误信息测试

从图 16-8 中，可以看到验证器验证的信息已经被打印出来，这样就能够使用验证器来验证一些比较复杂的逻辑关系了。比较遗憾的是，JSR 303 注解方式和验证器方式不能同时使用，不过可以在使用 JSR 303 注解方式得到基本的验证信息后，再使用自己的方法验证。

16.5 数据模型

视图是业务处理后展现给用户的内容，一般伴随着业务处理返回的数据，用来给用户查看。从第 15 章 Spring MVC 流程的学习中，我们可以知道控制器处理对应业务逻辑后，首先会将数据绑定到数据模型中，并且指定视图的信息，然后将视图名称转发到视图解析器中，通过视图解析器定位到最终视图，最后将数据模型渲染到视图中，展示最终的结果给用户。本节先介绍数据模型，这是在控制器中经常使用的内容。

在此之前，我们一直用 ModelAndView 定义视图类型，包括 JSON 视图，也用它来加载数据模型。ModelAndView 有一个类型为 ModelMap 的属性 model，而 ModelMap 继承了 LinkedHashMap<String, Object>，因此它可以存放各种键值对，为了进一步定义数据模型功能，Spring 还创建了类 ExtendedModelMap，这个类实现了数据模型定义的 Model 接口，并且在此基础上派生了关于数据绑定的类——BindingAwareModelMap，它们的关系如图 16-9 所示。

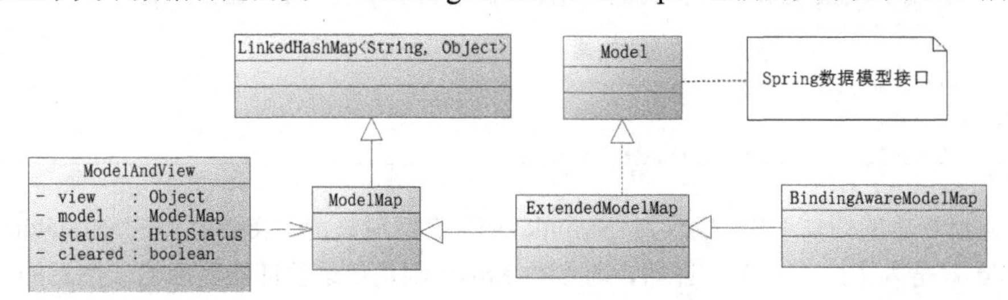

图 16-9 Spring MVC 数据模型关系

在控制器的方法中，可以把 ModelAndView、Model、ModelMap 作为参数。在 Spring MVC 运行的时候，会自动初始化它们，根据图 16-9 的关系，Spring MVC 可以选择 ModelMap 或其子类作为数据模型。ModelAndView 被初始化后，Model 属性为空，当调用它增加数据模型的方法后，会自动创建一个 ModelMap 实例，用以保存数据模型，至此数据模型之间的关系介绍清楚了，让我们用于实践。

创建一个控制器——RoleController，使用几个方法测试数据模型，如代码清单 16-36 所示。

代码清单 16-36：测试数据模型

```
package com.learn.ssm.chapter16.controller;

/**** imports ****/

@Controller
@RequestMapping("/role")
// 设置 Session 属性
@SessionAttributes(names = "role", types = Role.class)
public class RoleController {

    // 角色服务
    @Autowired
    private RoleService roleService = null;
```

```
    /**
     * 测试ModelMap
     * @param id 角色编号
     * @param modelMap ModelMap类型
     * @return ModelAndView
     */
    @RequestMapping(value = "/modelmap/{id}", method = RequestMethod.GET)
    public ModelAndView getRoleByModelMap(
            @PathVariable("id") Long id, ModelMap modelMap) {
        Role role = roleService.getRole(id);
        ModelAndView mv = new ModelAndView();
        modelMap.addAttribute("role", role);
        mv.setView(new MappingJackson2JsonView());
        return mv;
    }

    /**
     * 测试Model
     * @param id 角色编号
     * @param model Model类型
     * @return ModelAndView
     */
    @RequestMapping(value = "/model/{id}", method = RequestMethod.GET)
    public ModelAndView getRoleByModel(
            @PathVariable("id") Long id, Model model) {
        Role role = roleService.getRole(id);
        ModelAndView mv = new ModelAndView();
        model.addAttribute("role", role);
        mv.setView(new MappingJackson2JsonView());
        return mv;
    }

    /**
     * 测试Model
     * @param id 角色编号
     * @param model ModelAndView类型
     * @return ModelAndView
     */
    @RequestMapping(
            value = "/mv/{id}", method = RequestMethod.GET)
    @ResponseBody
    public ModelAndView getRoleByMv(
            @PathVariable("id") Long id, ModelAndView mv) {
        Role role = roleService.getRole(id);
        mv.addObject("role", role);
        mv.addObject("id", id);
        // 跳转到具体的页面(/WEB-INF/jsp/session_show.jsp)
        mv.setViewName("session_show");
        return mv;
    }
}
```

Spring MVC 会在默认的创建代码中加粗数据模型的参数，这样就可以在数据模型中加入数据了。在笔者的测试中，无论使用 Model 还是 ModelMap，都是 BindingAwareModelMap 实例，BindingAwareModelMap 是一个继承了 ModelMap，且实现了 Model 接口的类，所以就有了相互转换的功能。getRoleByModel 和 getRoleByModelMap 方法都没有把数据模型绑定给视图和模型，这一步是 Spring MVC 在完成控制器逻辑后自动绑定的，所以在方法中笔者没有编写任何关于绑定的代码。

16.6 视图和视图解析器

视图是展示给用户的内容，在此之前，要通过控制器得到对应的数据模型，如果是非逻辑视图，就不会经过视图解析器定位视图，而是直接渲染数据模型便结束了；如果是逻辑视图，就要对其进一步解析，以定位真实视图，这就是视图解析器的作用。视图则把从控制器查询回来的数据模型进行渲染，用以将数据显示给请求者查看。

16.6.1 视图

在请求之后，Spring MVC 控制器获取了对应的数据，被绑定到数据模型中，视图就可以展示数据模型的信息了。

为了满足各种需要，Spring MVC 中定义了多种视图，只是常用的并不是太多，但无论如何，它们都需要满足视图接口——View 的定义，如代码清单 16-37 所示。

代码清单 16-37：视图接口定义

```
package org.springframework.web.servlet;

/**** imports ****/
public interface View {

    // 响应状态属性
    String RESPONSE_STATUS_ATTRIBUTE = View.class.getName()
          + ".responseStatus";

    // 定义视图类路径
    String PATH_VARIABLES = View.class.getName() + ".pathVariables";

    // 响应状态
    String SELECTED_CONTENT_TYPE = View.class.getName()
          + ".selectedContentType";


    // 返回响应状态
    @Nullable
    default String getContentType() {
       return null;
    }

    /**
     * 渲染视图
     * @param model 数据模型
     * @param request HTTP 请求对象
     * @param response HTTP 响应对象
     * @throws 假如渲染视图失败则抛出异常
     */
    void render(@Nullable Map<String, ?> model,
          HttpServletRequest request, HttpServletResponse response)
          throws Exception;

}
```

注意到它定义的 getContentType 方法和 render 方法。getContentType 方法表示返回一个字符串，表示视图以什么类型的文件响应请求，可以是 HTML、JSON、PDF 等；render 方法则是一个渲染视图的方法，通过它可以渲染视图。在 render 方法的参数中，Model 是其数据模型，HTTP 请求对象和响应对象用于处理 HTTP 请求的各类问题。

当控制器返回 ModelAndView 的时候，视图解析器会解析它，然后将数据模型传递给 render 方法，这样就能渲染视图了。在 Spring MVC 中实现视图的类很多，比如 JSTL 视图 JstlView、JSON 视图 MappingJackson2JsonView、PDF 视图 AbstractPdfView 等，通过它们的 render 方法，Spring MVC 可以将数据模型渲染成为各类视图，以满足各种需求。图 16-10 是常用的视图类和它们之间的关系，通过这些 Spring MVC 能够支持多种视图渲染。

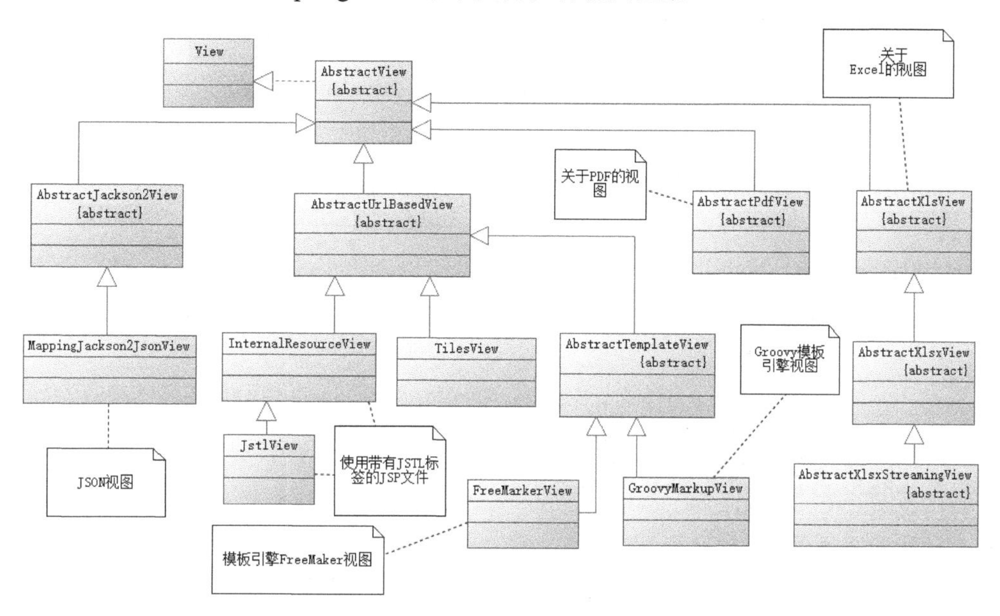

图 16-10 Spring MVC 常用视图类

图 16-10 只给出了主要的视图类，Spring MVC 还有其他的视图类，比如报表使用的 AbstractJasperReportsSingleFormatView。由于视图的类众多，所以本书只讨论 InternalResourceView、MappingJackson2JsonView 等几种最常用的视图类。从图 16-10 中可以看到，JstlView 和 InternalResourceView 是父子类关系，它们可以被归为一类，主要是为 JSP 的渲染服务的，可以使用 JSTL 标签库，也可以使用 Spring MVC 所定义的标签库。MappingJackson2JsonView 则是一个 JSON 视图类，这是之前使用过的视图类。

视图又分为逻辑视图和非逻辑视图，比如 MappingJackson2JsonView 是一个非逻辑视图，它的目的是将数据模型转换为一个 JSON 视图，展现给用户，无须对视图名称进行下一步解析，比如下面的代码：

```
/**
 * 测试ModelMap
 * @param id 角色编号
 * @param modelMap ModelMap类型
 * @return ModelAndView
 */
@RequestMapping(value = "/modelmap/{id}", method = RequestMethod.GET)
```

```
public ModelAndView getRoleByModelMap(
        @PathVariable("id") Long id, ModelMap modelMap) {
    Role role = roleService.getRole(id);
    ModelAndView mv = new ModelAndView();
    modelMap.addAttribute("role", role);
    mv.setView(new MappingJackson2JsonView());
    return mv;
}
```

加粗的代码指定了具体视图的类型，由于 MappingJackson2JsonView 是非逻辑视图，所以在没有视图解析器的情况下也可以渲染，最终将其绑定的数据模型转换为 JSON 数据。

InternalResourceView 是一个逻辑视图，它需要一个视图解析器，常见的配置如下：

```
<!-- 找到Web项目/WEB-INF/JSP文件夹，且文件结尾为jsp的文件作为映射 -->
<bean id="viewResolver"
  class="org.springframework.web.servlet.view.InternalResourceViewResolver"
  p:prefix="/WEB-INF/jsp/" p:suffix=".jsp" />
```

也可以使用 Java 配置的方式取代它，比如下面的代码：

```
/***
 * 创建视图解析器
 *
 * @return 视图解析器
 */
@Bean(name = "viewResolver")
public ViewResolver initViewResolver() {
    InternalResourceViewResolver viewResolver
        = new InternalResourceViewResolver();
    viewResolver.setPrefix("/WEB-INF/jsp/");
    viewResolver.setSuffix(".jsp");
    return viewResolver;
}
```

甚至可以通过实现 WebMvcConfigurer 接口的 addViewControllers 来实现，如下：

```
/**
 * 配置视图解析器
 * @param registry 视图解析器注册机
 */
@Override
public void configureViewResolvers(ViewResolverRegistry registry) {
    // 创建视图解析器
    InternalResourceViewResolver viewResolver
            = new InternalResourceViewResolver();
    // 设置前后缀
    viewResolver.setPrefix("/WEB-INF/jsp/");
    viewResolver.setSuffix(".jsp");
    registry.viewResolver(viewResolver);
}
```

无论使用何种方法，其目的都是创建一个视图解析器，让 Spring MVC 可以通过前缀和后缀加上视图名称找到对应的 JSP 文件，然后把数据模型渲染到 JSP 文件中，这样便能展现视图给用户了。不过首先要对视图解析器做进一步的理解，否则我们不能理解它是如何找到对应的 JSP 文件的。

16.6.2　视图解析器

非逻辑视图是不需要用视图解析器解析的，比如 MappingJackson2JsonView，它的含义是把当前数据模型转化为 JSON，不需要转换视图逻辑名称。但是对于逻辑视图来说，通过视图名称定位到最终视图是一个必备过程，比如 InternalResourceView 就是这样的一个视图，之前我们一直都在配置它。当它被配置后，就会加载到 Spring MVC 的视图解析器列表中，当返回 ModeAndView 时，Spring MVC 就会在视图解析器列表中遍历，找到对应的视图解析器去解析视图。视图解析器定义如代码清单 16-38 所示。

代码清单 16-38：视图解析器定义

```
package org.springframework.web.servlet;

/**** imports ****/

public interface ViewResolver {

    /**
     * 解析视图
     * @param viewName 视图名称
     * @param locale 国际化
     * @return 返回视图，如果解析失败则抛出异常
     */
    @Nullable
    View resolveViewName(String viewName, Locale locale) throws Exception;

}
```

视图解析器比较简单，只有对视图解析的方法 resolveViewName，它有视图名称和 Locale 类型两个参数，Locale 类型参数是用于国际化的，这就说明了 Spring MVC 是支持国际化的。对于 Spring MVC 框架，它也配置了多种视图解析器，如图 16-11 所示。

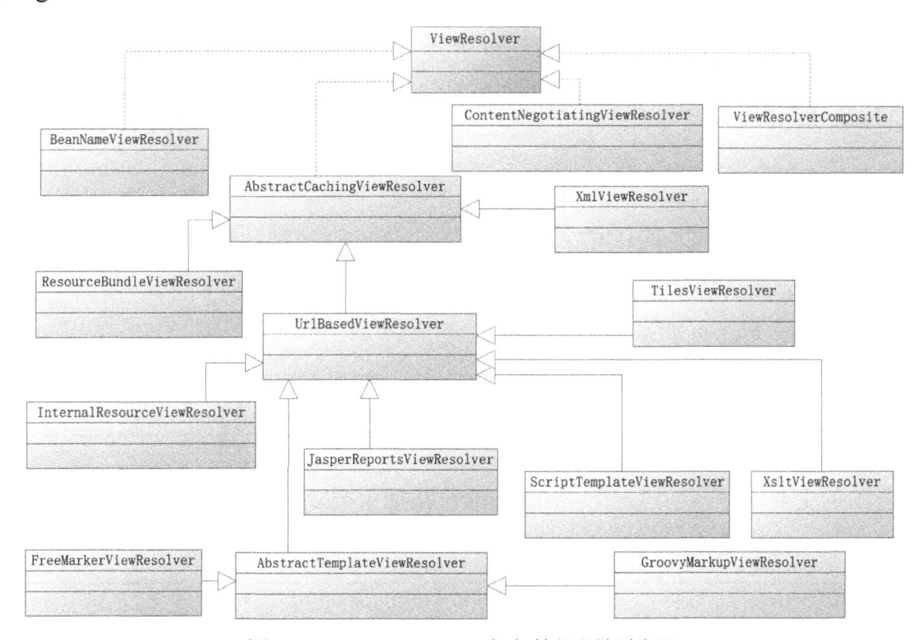

图 16-11　Spring MVC 定义的视图解析器

图 16-11 描述的是 Spring MVC 自带的所有视图解析器，因此，当控制器返回视图的逻辑名称时，通过这些解析器就能定位到具体的视图了。之前我们配置了 InternalResourceViewResolver，有时候在控制器中并没有返回一个 ModelAndView，而只返回一个字符串，它也能够渲染视图，这是因为视图解析器定位了对应的视图，比如可以通过代码清单 16-39 实现代码清单 16-1 中 index 方法的功能。

代码清单 16-39：不返回 ModelAndView

```
// 指向参数页面
@RequestMapping("/index2")
public String index2() {
   return "role";
}
```

这样的一个字符串，由于配置了 InternalResourceViewResolver，所以通过 Spring MVC 系统能够找到 InternalResourceView 视图。如果存在数据模型，那么 Spring MVC 会将视图和数据模型绑定到一个 ModelAndView 上，然后视图解析器会根据视图的名称，找到对应的视图资源，这就是视图解析器的作用，正因如此，系统最后才能够渲染出一个 JSP 文件展示给用户。

16.6.3 实例：Excel 视图的使用

视图和视图渲染器都是 Spring MVC 中重要的内容，16.6.2 节谈到了 JSP 视图和 JSON 视图，这是最常用的视图技术。有时候还需要导出 Excel 的功能，这也是一个常用的功能，所以这里将演示一个导出 Excel 视图的实例，其主要功能是导出数据库中所有角色的信息。

对于 Excel 视图的开发，Spring MVC 推荐使用 AbstractXlsView，从图 16-11 中可以看出，它实现了视图接口，从其命名也可以知道它只是一个抽象类，不能生成实例对象。它自己定义了一个抽象方法——buildExcelDocument 去实现，对于其他的方法，Spring 的 AbstractXlsView 已经实现了，所以只要完成这个方法便可以使用 Excel 的视图功能了。这里先探索一下 AbstractXlsView 类定义的 buildExcelDocument 方法，如代码清单 16-40 所示。

代码清单 16-40：AbstractXlsView 类定义的 buildExcelDocument 方法

```
/**
 * 创建 Excel 文件
 * @param model —— Spring MVC 数据模型
 * @param workbook —— POI workbook 对象
 * @param request —— http 请求对象
 * @param response —— http 响应对象
 * @throws Exception 异常
 */
protected abstract void buildExcelDocument(Map<String, Object> model,
      Workbook workbook, HttpServletRequest request,
      HttpServletResponse response) throws Exception
```

这个方法的主要任务是创建一个 Workbook，在抽象类 AbstractXlsView 中，对导出 Excel 进行了很多封装，这里需要用到 POI 的 API，我们引入对应的 Maven 依赖，如下：

```
<!-- EXCEL -->
<dependency>
   <groupId>org.apache.poi</groupId>
```

```
    <artifactId>poi-ooxml</artifactId>
    <version>4.1.1</version>
</dependency>
```

假设我们需要一个导出所有角色信息的功能，为了方便，先定义一个接口，这个接口主要是让开发者自定义生成 Excel 的规则，如代码清单 16-41 所示。

代码清单 16-41：自定义导出接口

```
package com.learn.ssm.chapter16.service;

import java.util.Map;

import org.apache.poi.ss.usermodel.Workbook;

public interface ExcelExportService {

    /***
     *  生成 Exel 文档规则
     * @param model 数据模型
     * @param workbook POI 的 Excel workbook
     */
    public void makeWorkBook(Map<String, Object> model, Workbook workbook);
}
```

有了这个接口还需要完成一个可实例化的 Excel 视图类——ExcelView，因为导出文档还需要一个下载文件名称，所以还会定义一个文件名（fileName）属性，由于该视图不是一个逻辑视图，所以无须视图解析器也可以运行。定义 Excel 视图类如代码清单 16-42 所示。

代码清单 16-42：定义 Excel 视图类

```
package com.learn.ssm.chapter16.view;

/**** imports ****/

public class ExcelView extends AbstractXlsView {

    // 文件名
    private String fileName = null;

    // 导出视图自定义接口
    private ExcelExportService excelExpService = null;

    // 构造方法 1
    public ExcelView(ExcelExportService excelExpService) {
        this.excelExpService = excelExpService;
    }

    // 构造方法 2
    public ExcelView(String viewName, ExcelExportService excelExpService) {
        this.setBeanName(viewName);
    }

    // 构造方法 3
    public ExcelView(String viewName,
            ExcelExportService excelExpService, String fileName) {
        this.setBeanName(viewName);
        this.excelExpService = excelExpService;
```

```
        this.fileName = fileName;
    }

    /**** setters and getters ****/

    public String getFileName() {
        return fileName;
    }

    public void setFileName(String fileName) {
        this.fileName = fileName;
    }

    public ExcelExportService getExcelExpService() {
        return excelExpService;
    }

    public void setExcelExpService(ExcelExportService excelExpService) {
        this.excelExpService = excelExpService;
    }



    @Override
    protected void buildExcelDocument(Map<String, Object> model,
            Workbook workbook, HttpServletRequest request,
            HttpServletResponse response) throws Exception {
        // 没有自定义接口
        if (excelExpService == null) {
            throw new RuntimeException("导出服务接口不能为null!! ");
        }
        // 文件名不为空，为空则使用请求路径中的字符串作为文件名
        if (!StringUtils.isEmpty(fileName)) {
            // 进行字符转换
            String reqCharset = request.getCharacterEncoding();
            reqCharset = reqCharset == null ? "UTF-8" : reqCharset;
            fileName = new String(fileName.getBytes(reqCharset), "UTF-8");
            // 设置文件名
            response.setHeader(
                    "Content-disposition", "attachment;filename=" + fileName);
        }
        // 回调接口方法，使用自定义生成Excel文档
        excelExpService.makeWorkBook(model, workbook);
    }

}
```

上面的代码实现了生成 Excel 的 buildExcelDocument 方法，完成了一个视图类。加粗的代码表示回调了自定义的接口方法，换句话说，我们可以根据需要自定义生成 Excel 的规则。接着我们需要在角色控制器中加入新的方法，来满足导出所有角色的要求，如代码清单 16-43 所示。

代码清单 16-43：使用 ExcelView 导出 Excel

```
@RequestMapping(value = "/excel/list", method = RequestMethod.GET)
public ModelAndView export() {
    // 模型和视图
    ModelAndView mv = new ModelAndView();
    // Excel视图，设置自定义导出接口
```

```
        ExcelView ev = new ExcelView("role-list", exportService(), "所有角色.xlsx");
        // 设置 SQL 后台参数
        RoleParams roleParams = new RoleParams();
        // 限制 1 万条
        PageParams page = new PageParams();
        page.setStart(0);
        page.setLimit(10000);
        roleParams.setPageParams(page);
        // 查询
        List<Role>roleList = roleService.findRoles(roleParams);
        // 加入数据模型
        mv.addObject("roleList", roleList);
        mv.setView(ev);
        return mv;
    }

    @SuppressWarnings({ "unchecked"})
    private ExcelExportService exportService() {
        // 使用 Lambda 表达式自定义导出 excel 规则
        return (Map<String, Object> model, Workbook workbook) -> {
            //获取用户列表
            List<Role>roleList = (List<Role>) model.get("roleList");
            // 生成 Sheet
            Sheet sheet= workbook.createSheet("所有角色");
            // 加载标题
            Row title = sheet.createRow(0);
            title.createCell(0).setCellValue("编号");
            title.createCell(1).setCellValue("名称");
            title.createCell(2).setCellValue("备注");
            // 遍历角色列表，生成一行行的数据
            for (int i=0; i<roleList.size(); i++) {
                Role role = roleList.get(i);
                int rowIdx = i + 1;
                Row row = sheet.createRow(rowIdx);
                row.createCell(0).setCellValue(role.getId());
                row.createCell(1).setCellValue(role.getRoleName());
                row.createCell(2).setCellValue(role.getNote());
            }
        };
    }
```

这样就能够导出 Excel 了，ExcelExportService 接口的实现使用了 Lambda 表达式，要求使用 Java 8 及以上版本，Java 8 以下的版本可以使用匿名类的方法。

16.7　上传文件

在互联网应用中，上传头像、图片、证件等相关文件是十分常见的，这涉及文件上传功能。Spring MVC 为上传文件提供了良好的支持。Spring MVC 的文件上传是通过 MultipartResolver（Multipart 解析器）处理的，对于 MultipartResolver 它只是一个接口，它有两个实现类。

- **CommonsMultipartResolver：** 依赖 Apache 下的 Jakarta Common FileUpload 项目解析 Multipart 请求，可以在 Spring 的各个版本中使用，要依赖第三方包才能实现。
- **StandardServletMultipartResolver：** 是 Spring 3.1 版本后的产物，它依赖 Servlet 3.0 或者更高版本的实现，不依赖第三方包。

两个实现类的关系如图 16-12 所示。

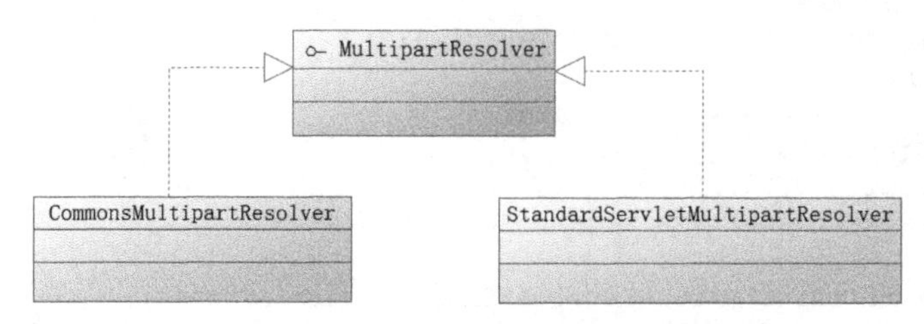

图 16-12　MultipartResolver 接口的两个实现类的关系

对于这两个 Multipart 解析器，笔者更倾向于 StandardServletMultipartResolver，因为它无须引入任何第三方包，只是当项目使用 Spring 3.1 以下的版本或者 Servlet 3.0 以下的版本时，只能选择 CommonsMultipartResolver。本书会以 StandardServletMultipartResolver 为主，以 CommonsMultipartResolver 为辅介绍文件上传方面的内容。无论在读者的项目中使用的是 CommonsMultipartResolver 还是 StandardServletMultipartResolver，都要在 Spring IoC 容器中装配 MultipartResolver。

16.7.1　MultipartResolver 概述

在 Spring 中，既可以通过 XML，也可以通过 Java 配置 MultipartResolver。先介绍通过注解配置 MultipartResolver。对于 StandardServletMultipartResolver，它的构造方法没有参数，所以通过注解@Bean 就可以对其进行初始化，如代码清单 16-44 所示。

代码清单 16-44：配置 StandardServletMultipartResolver

```
@Bean(name = "multipartResolver")
public MultipartResolver initMultipartResolver() {
    return new StandardServletMultipartResolver();
}
```

注意，"multipartResolver"是 Spring 约定好的 Bean 名称，不可以修改。有时候还要对上传文件进行配置，比如限制单个文件的大小，设置上传文件的路径等，这些都是常见的配置。

在讲解通过 Java 配置 Spring MVC 初始化的时候，只需要继承一个类便可以了，这个类就是 AbstractAnnotationConfigDispatcherServletInitializer。通过继承它就可以注解配置了，这个类提供了一个可以覆盖的方法——customizeRegistration。它是一个用于初始化 DispatcherServlet 的方法，是在 Servlet 3.0 及以上版本的基础上实现的，通过它可以配置文件上传的一些属性。

下面配置一个 Spring MVC 的初始化器，如代码清单 16-45 所示。

代码清单 16-45：配置 Spring MVC 初始化器

```
package com.learn.ssm.chapter16.config;

/**** imports ****/

public class MyWebAppInitializer
      extends AbstractAnnotationConfigDispatcherServletInitializer {

   // Spring IoC 容器配置
   @Override
   protected Class<?>[] getRootConfigClasses() {
```

```
        // 可以返回 Spring 的 Java 配置文件数组
        return new Class<?>[] {BackendConfig.class };
    }

    // DispatcherServlet 的 URI 映射关系配置
    @Override
    protected Class<?>[] getServletConfigClasses() {
        // 可以返回 Spring 的 Java 配置文件数组
        return new Class<?>[] { WebConfig.class };
    }

    // DispatcherServlet 拦截内容
    @Override
    protected String[] getServletMappings() {
        return new String[] { "/mvc/*" };
    }

    /**
     * 配置上传文件限制
     * @param dynamic Servlet 动态加载配置
     */
    @Override
    protected void customizeRegistration(Dynamic dynamic) {
        // 文件上传路径
        String filepath = "e:/mvc/uploads";
        // 5MB
        Long singleMax = (long) (5*Math.pow(2, 20));
        // 10MB
        Long totalMax = (long) (10*Math.pow(2, 20));
        // 配置 MultipartResolver，限制请求，单个文件 5MB，总文件 10MB
        dynamic.setMultipartConfig(
            new MultipartConfigElement(filepath, singleMax, totalMax, 0));
    }

}
```

配置它也很简单，代码中加粗的部分是对文件的限制，它指定了文件上传的路径，单个文件最大为 5MB，总上传文件不得超过 10MB。如果使用 XML，那么在配置 DispatcherServlet 的地方配置就可以了，如代码清单 16-46 所示。

代码清单 16-46：使用 XML 配置 MultipartResolver

```
<servlet>
    <!-- 注意：Spring MVC 框架会根据这个名词，
     找到/WEB-INF/dispatcher-servlet.xml 作为配置文件载入 -->
    <servlet-name>dispatcher</servlet-name>
<servlet-class>
          org.springframework.web.servlet.DispatcherServlet
    </servlet-class>
    <!-- 使得 Dispatcher 在服务器启动的时候就初始化 -->
    <load-on-startup>2</load-on-startup>
    <!--MultipartResolver 参数 -->
    <multipart-config>
        <location>e:/mvc/uploads/</location>
        <!-- 单个文件限制 5MB -->
        <max-file-size>5242880</max-file-size>
        <!-- 总文件限制 10MB -->
        <max-request-size>10485760</max-request-size>
```

```
        <file-size-threshold>0</file-size-threshold>
    </multipart-config>
</servlet>
```

通过这样的 XML 配置也可以实现对 MultipartResolver 的配置初始化，然后通过 XML 或者注解生成一个 StandardServletMultipartResolver 就可以了。

上述只是对 StandardServletMultipartResolver 的配置，也可以使用关于 Commons MultipartResolver 的配置，不过这不是一个最优方案，因为它依赖于第三方包的技术实现。为此我们需要先通过 Maven 引入对应的依赖，如下。

```
<dependency>
   <groupId>commons-fileupload</groupId>
   <artifactId>commons-fileupload</artifactId>
   <version>1.4</version>
</dependency>
```

使用它需要配置一个 Bean，可以选择使用 Java 配置文件的方式来实现，如代码清单 16-47 所示。

代码清单 16-47：使用 Java 配置方式实现 MultipartResolver

```
@Bean(name = "multipartResolver")
public MultipartResolver initCommonsMultipartResolver() {
   // 文件上传路径
   String filepath = "e:/mvc/uploads";
   // 5MB
   Long singleMax = (long) (5 * Math.pow(2, 20));
   // 10MB
   Long totalMax = (long) (10 * Math.pow(2, 20));
   CommonsMultipartResolver multipartResolver
          = new CommonsMultipartResolver();
   multipartResolver.setMaxUploadSizePerFile(singleMax);
   multipartResolver.setMaxUploadSize(totalMax);
   try {
      // 设置保存路径
      multipartResolver.setUploadTempDir(new FileSystemResource(filepath));
      multipartResolver.setPreserveFilename(true);
   } catch (IOException e) {
      e.printStackTrace();
   }
   return multipartResolver;
}
```

注意，这里的 Bean 名称为“multipartResolver”，是不能变的，这是一个 Spring MVC 约定的名称。有了上面的代码，修改为使用 XML 配置的方式也不困难，读者可以自行尝试，在使用 CommonsMultipartResolver 时，注意要导入对应的第三方包。Spring MVC 是如何处理文件解析的呢？这需要进一步探索。

在 Spring MVC 中，对于 MultipartResolver 解析的调度是通过 DispatcherServlect 进行的。它首先判定请求是否是一种 enctype="multipart/*" 请求，如果是并且存在一个名称为 multipartResolver 的 Bean 定义，那么它会把 HttpServletRequest 请求转换为 MultipartHttp ServletRequest 请求对象。MultipartHttpServletRequest 是一个 Spring MVC 自定义的接口，它扩展了 HttpServletRequest 和关于文件的操作接口 MultipartRequest。同样的，实现

MultipartHttpServletRequest 接口的是一个抽象的类，它就是 AbstractMultipartHttpServletRequest，它提供了一个公共的实现，在这个类的基础上，根据 MultipartResolver 的不同，派生出 DefaultMultipartHttpServletRequest 和 StandardMultipartHttpServletRequest，代表这可以根据实现方式的不同进行选择，它们的关系如图 16-13 所示。

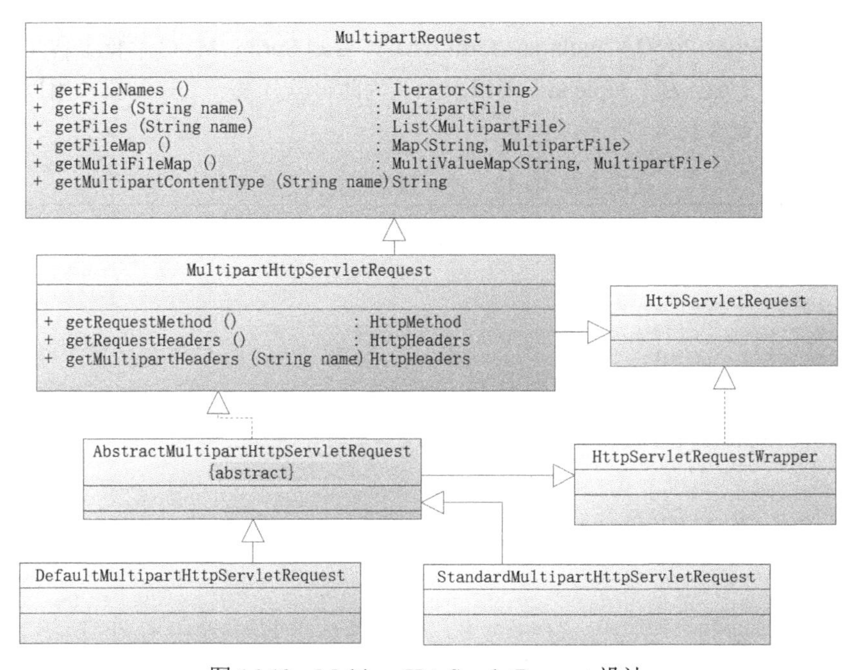

图 16-13　MultipartHttpServletRequest 设计

注意，图 16-13 只给出了 MultipartRequest 和 MultipartHttpServletRequest 两个接口的方法，并没有给出全部的方法，这两个接口定义的方法是本节关注的内容。从图 16-13 中可以看出，MultipartHttpServletRequest 具备原有 HttpServletRequest 对象的操作能力，也具备文件操作的能力。操作文件是需要持有一定资源的，而 DispacterServlet 会在请求的最后释放掉这些资源。它还会把文件请求转换为一个 MultipartFile 对象，通过这个对象可以进一步操作文件，这样就只需要关心文件上传的开发方法了。

16.7.2　提交上传文件表单

在一般的应用中，提交文件会以 POST 请求为主，我们建一个表单，使用它可以上传文件，如代码清单 16-48 所示。

代码清单 16-48：定义文件上传表单（/WEB-INF/jsp/file_upload.jsp）

```
<%@ page language="java" contentType="text/html; charset=UTF-8"
   pageEncoding="UTF-8"%>
<!DOCTYPE html PUBLIC "-//W3C//DTD HTML 4.01 Transitional//EN"
"http://www.w3.org/TR/html4/loose.dtd">
<html>
<head>
<meta http-equiv="Content-Type" content="text/html; charset=UTF-8">
<title>文件上传</title>
</head>
<body>
```

```
    <form method="post" action="./upload" enctype="multipart/form-data">
        <input type="file" name="file" value="请选择上传的文件" />
        <input type="submit" value="提交" />
    </form>
</body>
</html>
```

注意，要把 enctype 定义为"multipart/form-data"，否则 Spring MVC 解析上传文件会失败。有了它就会提交到 URL 为“./upload”的请求上，为此可以开发一个控制器，用以处理各种文件的操作，如代码清单 16-49 所示。

代码清单 16-49：控制器处理文件上传请求

```
package com.learn.ssm.chapter16.controller;

/**** imports ****/
@Controller
@RequestMapping("/file")
public class FileController {

    // 文件路径
    private static final String FILE_PATH = "e:/mvc/uploads/";

    @RequestMapping(value = "/page", method = RequestMethod.GET)
    public String page() {
        return "file_upload";
    }

    @RequestMapping(value = "/upload", method = RequestMethod.POST)
    public ModelAndView upload(HttpServletRequest request) {
        // 进行转换
        MultipartHttpServletRequest mhsr
              = (MultipartHttpServletRequest) request;
        // 获得请求上传的文件
        MultipartFile file = mhsr.getFile("file");
        // 设置视图为 JSON 视图
        ModelAndView mv = new ModelAndView();
        mv.setView(new MappingJackson2JsonView());
        // 获取原始文件名
        String fileName = file.getOriginalFilename();
        // 目标文件
        File dest = new File(FILE_PATH + fileName);
        try {
            // 保存文件
            file.transferTo(dest);
            // 保存成功
            mv.addObject("success", true);
            mv.addObject("msg", "上传文件成功");
        } catch (IllegalStateException | IOException e) {
            // 保存失败
            mv.addObject("success", false);
            mv.addObject("msg", "上传文件失败");
            e.printStackTrace();
        }
        return mv;
    }
}
```

通过上面的代码，就可以把文件保存到指定的路径中了。这样会有一个问题，当使用 HttpServletRequest 作为方法参数时，会造成 API 侵入，因此也可以修改 MultipartFile 或者 Part 类对象。

MultipartFile 是一个 Spring MVC 提供的类，而 Part 是 Servlet API 提供的类，下面学习如何使用它们。在 FileController 的基础上加入代码清单 16-50 的片段，只需要修改表单提交地址就可以测试了。

代码清单 16-50：使用 MultipartFile 和 Part

```
// 使用 MultipartFile
@RequestMapping("/multipart/file")
public ModelAndView uploadMultipartFile(MultipartFile file) {
    // 定义 JSON 视图
    ModelAndView mv = new ModelAndView();
    mv.setView(new MappingJackson2JsonView());
    // 获取原始文件名
    String fileName = file.getOriginalFilename();
    file.getContentType();
    // 目标文件
    File dest = new File(FILE_PATH + fileName);
    try {
        // 保存文件
        file.transferTo(dest);
        mv.addObject("success", true);
        mv.addObject("msg", "上传文件成功");
    } catch (IllegalStateException | IOException e) {
        mv.addObject("success", false);
        mv.addObject("msg", "上传文件失败");
        e.printStackTrace();
    }
    return mv;
}

// 使用 Part
@RequestMapping("/part")
public ModelAndView uploadPart(Part file) {
    ModelAndView mv = new ModelAndView();
    mv.setView(new MappingJackson2JsonView());
    // 获取原始文件名
    String fileName = file.getSubmittedFileName();
    File dest = new File(fileName);
    try {
        // 保存文件
        file.write(FILE_PATH + fileName);
        mv.addObject("success", true);
        mv.addObject("msg", "上传文件成功");
    } catch (IllegalStateException | IOException e) {
        mv.addObject("success", false);
        mv.addObject("msg", "上传文件失败");
        e.printStackTrace();
    }
    return mv;
}
```

上面的代码使用了 MultipartFile 和 Part，它们的好处是把代码从复杂的 API 中解放出来，这体现了 Spring 的思维——高度的解耦性。但是请注意，Servlet 3.0（含）之后的版本才支持 Part，也就是说，CommonsMultipartResolver 无法支持 Part，而 MultipartFile 是 Spring 的 API，所以从依赖的角度来说使用 Part 会更好一些。

第 17 章 构建 REST 风格网站

本章目标

1. REST 风格网站的特点
2. 掌握 REST 风格常用的注解
3. 掌握 RestTemplate 的使用

在当今网站中，REST 风格的网站已经被广泛使用。REST（Representational State Transfer）架构是一种网站的风格，它首次出现在 2000 年 Roy Fielding 的博士论文中，而 Roy Fielding 是 HTTP 规范的主要编写者之一。严格来说，REST 并没有具体和严格的规范，只需要满足一定的风格就可以称这个网站采用的是 REST 架构了。所以我们首先需要学习的是 REST 风格的特点。

17.1 REST 风格的特点

REST 的全称为“Representational State Transfer”，中文可翻译为“表现层状态转换”。那么它具有怎么样的风格呢？在开发时需要注意什么呢？我们来学习它的基础概念。

17.1.1 REST 风格的概念

既然 REST 可以译成“表现层状态转换”，那么它涉及两个名词：表现层和状态，什么需要表现层和状态呢？答案是资源，于是在 REST 风格中存在 3 个核心名词。

- **资源**：资源可以是一个角色、用户和商品等，是具体存在的某个事物。
- **表现层**：表现层是表现资源的具体方式，可以使用 JSP、JSON 或者 Excel 等表现形式展示资源。
- **状态**：指资源所处的状态，一个资源不是一成不变的，它的状态包含创建、修改、删除和可访问等。

在搞清楚这 3 个概念的基础上，我们再谈谈 REST 风格的约定。

- 每 1 个 URI 代表 1 个独立的资源，因为资源是名词，所以在 URI 中也不应该存在动词。
- 客户端可以和服务端相互传递资源，而服务端的资源会以某种形式展示，比如常见的 HTML 和 JSON 等。
- 客户端可以通过 HTTP 的动作来修改资源的状态。

这里每个访问资源的 URI 都可以称为 REST 风格的一个**端点（EndPoint）**，它代表操作某一个资源。在 HTTP 中存在且常见的动作主要有 7 种：GET、POST、PUT、PATCH、DELETE、HEAD 和 OPTIONS，而实际开发的动作主要有 4 种：GET、POST、PUT 和 DELETE，我们只谈这 4 种。下面来解释一下这 4 种动作是如何和资源状态对应起来的。

- **GET**：从服务端获取资源。
- **POST**：提交资源信息，服务端创建对应的资源。
- **PUT**：提交属性让服务端对现有的资源进行修改，注意在 HTTP 的定义中，使用该请求建议提交资源的全部属性，比如角色有三个属性——角色编号、角色名（roleName）和备注（note），如果我们只打算修改角色名，那么也需要将所有属性提交。
- **DELETE**：让服务端删除对应的资源。

这里笔者没有谈到 PATCH，它被定义为提交部分资源的属性，例如，角色有三个属性——角色编号、角色名（roleName）和备注（note），它允许我们只提交角色编号和角色名称，让服务器对资源进行对应的修改。目前 Java API 中对它的支持有限，而且会引发许多没有必要的异常，所以笔者建议使用 PUT 来代替它。在后续的讲解中笔者也不再讨论 PATCH。

上述谈到了许多概念性的东西，下面再对 REST 风格的 URI 进行举例，如下：

```
# 获取角色信息，1 是角色编号
GET /role/1

# 查询多个角色
GET /roles/{roleName}

# 新建角色
POST /role/{roleName}/{note}

# 修改角色
PUT /role/{id}/{roleName}/{note}
```

在上述的 URI 中，第一个动词表示 HTTP 的动作，比如 GET 表示 HTTP 的 GET 请求，POST 表示 HTTP 的 POST 请求。还需要注意上述的 URI 中是不存在动词的，因为在 REST 风格中，所有的 URI 所对应的都是唯一的资源，而资源是一个名词。如果需要提交很多的内容，可以考虑使用请求体为 JSON 的方式提交，第 16 章中也给出了例子，这里不再赘述。

上述的例子是正确的，但是有时候也要学习那些容易犯错的设计，比如下面的设计。

```
# 使用动词，在 REST 风格设计中 URI 不该存在动词
GET /role/get/{id}

# 按版本获取角色
# 这里请注意，当无论何种版本都指向同一个角色时，不建议将版本参数{version}放在 URI 中，
# 因为在 REST 风格中，一个 URI 就代表一个资源，不同的 URI 不该指向同一个资源
# 可以考虑放在请求头中，这样 URI 依旧是 GET role/{id}，在请求头中放入版本参数即可
GET /role/{version}/{id}

# 错误使用 HTTP 参数，这里“？”后面的 id 参数是不符合 REST 风格的，可以考虑修改为
# PUT role/{id}/{roleName}
PUT /role/{roleName}?id=1
```

17.1.2　注解@ResponseBody 的使用

之前我们使用 MappingJackson2JsonView 将结果转化为 JSON 视图，而实际上它还有更加简便的方法，那就是使用注解@ResponseBody。只是注解@ResponseBody 的原理和视图不同，且有些复杂，关于这些会在第 18 章详细讲解，而这节只介绍它的使用方法。

注解@ResponseBody 主要应用于标注控制器的映射方法，意思为将方法返回的结果，转变为 JSON 数据集展示给请求者。下面举例进行说明，如代码清单 17-1 所示。

代码清单 17-1：注解@ResponseBody 的使用

```
package com.learn.ssm.chapter18.controller;

/**** imports ****/

@Controller
@RequestMapping("/role")
public class RoleController {

    @Autowired
    private RoleService roleService = null;

    /**
     * @ResponseBody 意为将返回的结果转化为 JSON 数据集
     * @param id 角色编号
     * @return 角色信息
     */
    @RequestMapping(value="/info/{id}", method = RequestMethod.GET)
    @ResponseBody
    public Role getRole(@PathVariable("id") Long id) {
        return roleService.getRole(id);
    }

}
```

这样启动工程，请求“/mvc/role/info/1”，就可以看到图 17-1 所示的结果了。

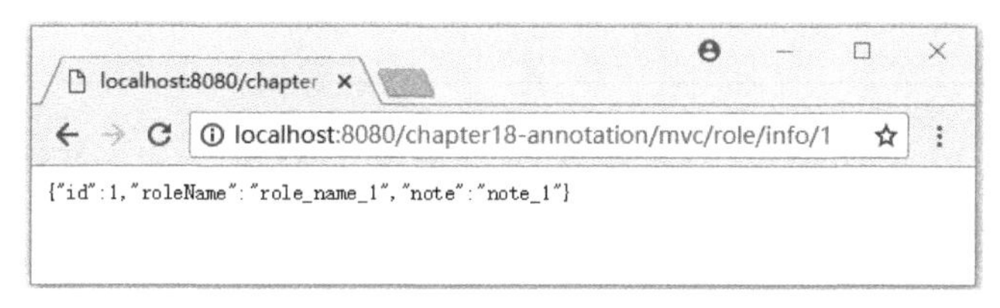

图 17-1　使用注解@ResponseBody 将结果转变为 JSON 数据集

从图 17-1 中可见转换为 JSON 数据集已经成功了。但是这是在 Spring 5 的基础上，如果使用低版本的 Spring MVC，就需要自己创建 MappingJackson2HttpMessageConverter 了。在 Spring 5 以后，RequestMappingHandlerAdapter 在初始化过程中，会自动注册 MappingJackson2HttpMessageConverter 对象，所以只需要依赖相关的 JSON 类库就可以了。如果读者使用的是 Spring 5 以前的版本，就需要自己创建了。下面进行举例，如代码清单 17-2 所示。

代码清单 17-2：注册 MappingJackson2HttpMessageConverter

```
@Bean(name="requestMappingHandlerAdapter")
```

```
public HandlerAdapter initRequestMappingHandlerAdapter() {
    // 创建 RequestMappingHandlerAdapter 适配器
    RequestMappingHandlerAdapter rmhd = new RequestMappingHandlerAdapter();
    // HTTP JSON 转换器
    MappingJackson2HttpMessageConverter  jsonConverter
        = new MappingJackson2HttpMessageConverter();
    // HTTP 支持类型为 JSON 类型
    MediaType mediaType = MediaType.APPLICATION_JSON;
    List<MediaType> mediaTypes = new ArrayList<MediaType>();
    mediaTypes.add(mediaType);
    // 加入转换器的支持类型
    jsonConverter.setSupportedMediaTypes(mediaTypes);
    // 适配器中加入 JSON 转换器
    rmhd.getMessageConverters().add(jsonConverter);
    return rmhd;
}
```

当然如果使用的是 XML，就可以这样配置，如代码清单 17-3 所示。

代码清单 17-3：使用 XML 配置 MappingJackson2HttpMessageConverter

```
<bean
class="org.springframework.web.servlet.mvc.method.annotation.RequestMappingHand
lerAdapter">
    <property name="messageConverters">
        <list>
            <ref bean="jsonConverter" />
        </list>
    </property>
</bean>

<bean id="jsonConverter"
class="org.springframework.http.converter.json.MappingJackson2HttpMessageConver
ter">
    <property name="supportedMediaTypes">
        <list>
            <value>application/json;charset=UTF-8</value>
        </list>
    </property>
</bean>
```

关于 MappingJackson2HttpMessageConverter 的原理这节暂时不进行解释，后续我们会再分析，这里暂时记住它的使用方法就可以了。

17.2 Spring MVC 对 REST 风格的支持

为了更好地支持 REST 风格，Spring MVC 在 4.3 版本之后，给予了多个注解进行支持，常用的有@GetMapping、@PostMapping、@PutMapping、@DeleteMapping 和@RestController 等。这里的注解分为两类，一类是映射路由，比如@GetMapping、@PostMapping 和@DeleteMapping 等；另一类是标识控制器的风格，且只有一个注解——@RestController，它将控制器映射方法的返回结果默认为 JSON 数据集。但是有时候请求并不能正常进行，比如尝试获取编号为 100 的角色，而该角色是不存在的，这时候需要对结果进行一定的处理。

17.2.1　Spring MVC 支持 REST 风格的注解

在 REST 风格中映射路由，可以使用@GetMapping、@PostMapping、@PutMapping 和@DeleteMapping 等注解简化注解@RequestMapping 的编写，比如注解@GetMapping("/info/{id}")相当于

```
@RequestMapping(value="/info/{id}", method = RequestMethod.GET)
```

而注解@PostMapping（"/"）相当于

```
@RequestMapping(value="/", method = RequestMethod.POST)
```

对应的注解@PutMapping 和@DeleteMapping 等也是如此，这些注解和 RequestMapping 不同的是，它们只能标注在方法上，不能标注在类上。显然它们更方便我们以 HTTP 来操作资源，下面考虑如何使用它们。为此创建一个新的控制器——RoleController2，在此之前，我们先来定义一个结果类，如代码清单 17-4 所示。

代码清单 17-4：结果类——ResultMessage

```
package com.learn.ssm.chapter18.vo;

public class ResultMessage {

   private Boolean success = false; // 成败结果
   private String message = null; // 消息

   public ResultMessage(Boolean success, String message) {
      this.success = success;
      this.message = message;
   }

   public ResultMessage() {
   }

   /**** setters and getters ****/

}
```

接着就可以开发 RoleController2 的代码了，如代码清单 17-5 所示。

代码清单 17-5：REST 风格控制器——RoleController2

```
package com.learn.ssm.chapter18.controller;

/**** imports ****/

// REST 风格控制器
@RestController
@RequestMapping("/role2")
public class RoleController2 {

   // 注入角色服务类
   @Autowired
   private RoleService roleService = null;

   /**
    * 由于被标注了注解@RestController
```

```
 * 所以需要使用ModelAndView进行包装
 *
 * @return JSP视图
 */
@GetMapping("/page")
public ModelAndView page() {
   ModelAndView mv = new ModelAndView("restful");
   return mv;
}

/**
 * 获取角色，使用注解@GetMapping
 *
 * @param id 角色编号
 * @return 角色对象
 */
@GetMapping("/info/{id}")
public Role getRole(@PathVariable("id") Long id) {
   return roleService.getRole(id);
}

/**
 * 新增角色，使用注解@PostMapping
 *
 * @param role 角色对象
 * @return 结果对象
 */
@PostMapping("/")
public ResultMessage newRole(@RequestBody Role role) {
   Integer result = roleService.insertRole(role);
   if (result > 0) {
      return new ResultMessage(
         true, "新增角色成功，编号为：" + role.getId());
   }
   return new ResultMessage(false, "新增角色失败！");
}

/**
 * 修改对象，使用注解@PutMapping
 *
 * @param role 角色对象
 * @return 结果对象
 */
@PutMapping("/")
public ResultMessage updateRole(@RequestBody Role role) {
   Integer result = roleService.updateRole(role);
   if (result > 0) {
      return new ResultMessage(
         true, "修改角色成功，编号为：" + role.getId());
   }
   return new ResultMessage(false, "修改角色失败！");
}

/**
 * 删除对象，使用注解@DeleteMapping
 *
 * @param id
 * @return
 */
@DeleteMapping("/{id}")
```

```
    public ResultMessage deleteRole(@PathVariable("id") Long id) {
        Integer result = roleService.deleteRole(id);
        if (result > 0) {
            return new ResultMessage(
                true, "删除角色成功，编号为：" + id);
        }
        return new ResultMessage(
            false, "新增角色失败！编号为" + id);
    }
}
```

这个类的内容有点多，关键注解笔者已经加粗标出。该类标注了注解@RestController，表示该控制器将采用 REST 风格，其他的 URI 都采用了 REST 风格的设计。需要注意的是 page 方法，它将返回一个 ModelAndView，而不是字符串，因为标注了注解@RestController 后，视图解析器就失去了解析字符串的能力，必须使用 ModelAndView 才能定位到视图。而 page 方法返回的是一个字符串“restful”，它指向一个 JSP 文件，其内容如代码清单 17-6 所示。

代码清单 17-6：restful.jsp（/WEB-INF/jsp/restful.jsp）

```
<%@ page language="java" contentType="text/html; charset=UTF-8"
    pageEncoding="UTF-8"%>
<!DOCTYPE html PUBLIC "-//W3C//DTD HTML 4.01 Transitional//EN"
"http://www.w3.org/TR/html4/loose.dtd">
<html>
    <head>
        <meta http-equiv="Content-Type" content="text/html; charset=UTF-8">
        <title>REST 风格测试</title>
        <script type="text/javascript"
            src="https://code.jquery.com/jquery-3.2.1.min.js"></script>
        <script type="text/javascript">
        <!-- 此处加入对应的 JavaScript 脚本，进行测试 -->
        </script>
    </head>
    <body>

    </body>
</html>
```

这个 JSP 文件加入了 JQuery 脚本，我们可以使用它来简化我们的测试。注意到加粗的注释，我们可以在这里加入对应的 JavaScript 脚本测试控制器的方法。这里先测试新增角色，如代码清单 17-7 所示。

代码清单 17-7：使用 JavaScript 测试新增角色（POST 请求）

```
function post() {
    var role = {
        'roleName' : 'role_name_new',
        'note' : "note_new"
    };
    $.post({
        url : "./",
        // 此处需要告知传递媒体类型为 JSON，不能缺少
        contentType : "application/json",
        // 将 JSON 转化为字符串传递
        data : JSON.stringify(role),
        // 成功后的方法
        success : function(result) {
```

```
            if (result == null || result.success == false) {
               alert("插入失败");
               return;
            }
            alert(result.message);
         }
      });
   }
   post();
```

这里使用了$.post(...)对后端发送 Ajax 请求，它代表发送 POST 请求到后端，并组织了一个媒体类型为 JSON 的请求体发送到后端，显然这和 RoleController2 的 newRole 方法是匹配的。

接着我们来测试 PUT 请求，这里通过实例进行学习，先看代码清单 17-8。

代码清单 17-8：使用 JavaScript 测试修改角色（PUT 请求）

```
function put() {
   var role = {
      'id' : 15,
      'roleName' : 'role_name_update',
      'note' : "note_update"
   };

   $.ajax({
      url : "./",
      // 此处告知使用 PUT 请求
      type :'PUT',
      // 此处需要告知传递参数类型为 JSON，不能缺少
      contentType : "application/json",
      // 将 JSON 转化为字符串传递
      data : JSON.stringify(role),
      success : function(result, status) {
         if (result == null) {
            alert("结果为空")
         } else {
            alert(JSON.stringify(result));
         }
      }
   });
}
put();
```

请注意，这里采用了$.ajax(......)发送请求，且将 type 属性定义为“PUT”，这样才能发送 PUT 请求到后端，显然这和 RoleController2 的 updateRole 方法是相互匹配的。

DELTE 请求使用代码清单 17-9 测试。

代码清单 17-9：使用 JavaScript 测试删除角色（DELETE 请求）

```
function del() {
   var id = 17;
   $.ajax({
      url : "./" + id,
      // 告知请求类型为“DELETE”
      type :'DELETE',
      success : function(result) {
      if (result == null) {
         alert("后台出现异常。")
      } else {
```

```
            alert(result.message);
        }
    }});
}
del();
```

同样使用$.ajax(......)发送请求，且将 type 属性定义为“DELETE”，这样就能发送 DELETE 请求到后端了，显然这里请求的是 RoleController2 的 deleteRole 方法。

17.2.2 返回结果封装

上述我们只是测试了正常的情况，有时候后端会出现一些不能正常反应信息的情况，比如我们尝试访问编号为 100 的角色信息，而实际上该角色并不存在。下面我们通过例子说明，如代码清单 17-10 所示。

代码清单 17-10：使用 JavaScript 测试获取角色（GET 请求）

```
function get() {
var id = 100;
// 通过 GET 请求获取角色信息
$.get("./info/" + id,  function(role) {
    alert("role_name->" + role.roleName);
});
}

get();
```

这里请求的是一个编号为 100 的角色，假如这个编号的角色并不存在，那么最后会返回一个空值，这显然不是用户期待的结果，更好的结果应该是提示用户角色并不存在。

而事实上，使用 HTTP 还会有响应码，比如，一般成功的响应码为 200，而 POST 请求创建资源的响应码是 201（创建成功）。使用响应码比较简单，在 Spring 中提供了枚举类 HttpStatus 定义各种 HTTP 的响应码，同时提供了注解@ResponseStatus，以便我们使用。下面我们修改 RoleController2 的 newRole，如代码清单 17-11 所示。

代码清单 17-11：使用注解@ResponseStatus 定义响应码

```
/**
 * 新增角色，使用注解@PostMapping
 *
 * @param role 角色对象
 * @return 结果对象
 */
@PostMapping("/")
// 定义响应码为创建成功（201）
@ResponseStatus(HttpStatus.CREATED)
public ResultMessage newRole(@RequestBody Role role) {
   Integer result = roleService.insertRole(role);
   if (result > 0) {
      return new ResultMessage(
         true, "新增角色成功，编号为：" + role.getId());
   }
   return new ResultMessage(false, "新增角色失败！");
}
```

这个时候我们可以对其进行测试，如图 17-2 所示。

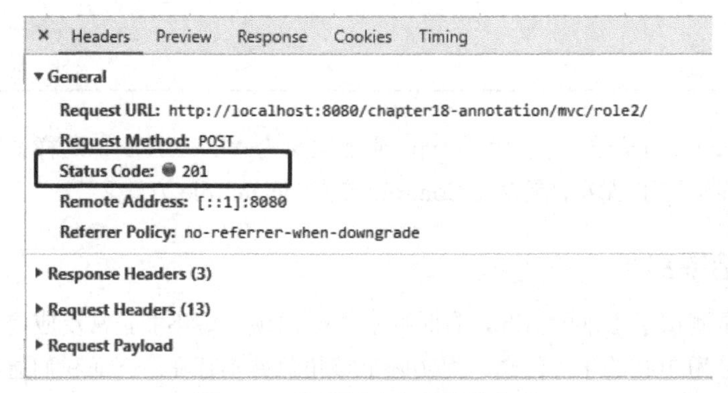

图 17-2　查看创建角色的状态码

在测试中，我们可以看到状态码已经使用注解@ResponseStatus 设置的创建资源（201）了，状态码比响应码更准确。我们可以通过状态码确定结果是否正确，这样客户端就能分析请求的结果了。

但是仅仅有状态码往往是不够的，因为有时候请求的失败是后端的限制造成的，比如修改编号为 200 的角色对象，而事实上，它在服务器后端并不存在，这个时候应该把状态和原因插入响应头，这样请求者就能更加明确地知道原因，并能更好地提示给用户了。为了更好地处理这些问题，Spring MVC 提供了 ResponseEntity<T>，这个类存在三个属性。

- status：HttpStatus 类型，表示响应码。
- headers：HTTP 响应头，可以支持自定义消息。
- body：响应体，HTTP 请求响应正文。

显然，我们可以通过 status 来设置 HTTP 的响应码，一般来说，我们可以设置为 200，即使产生错误请求也可以设置为 200，因为统一的响应码有利于客户端的编写。比如：

```
$.ajax({
   url : "./" + id,
   // 告知请求类型为“DELETE”
   type :'DELETE',
   // 成功，响应码为 2xx
   success : function(result) {
      if (result == null) {
         alert("后台出现异常。")
      } else {
         alert(result.message);
      }
   },
   // 服务器错误，响应码为 5xx
   error: function(request, textStatus, err) {
      alert('访问后端失败！' + errorThrown);
   }
});
```

当执行 Ajax 请求返回的响应码为 500 时，需要执行 error 属性对应的加粗方法。此外还会有 1xx、2xx、3xx、4xx 和 5xx 这几种响应码，如果需要每个都写出对应的方法，就会相当复杂。

headers 属性可以设置一些值，作为服务器后端的返回信息，可以设置“success”属性表示该请求是否正常，如果不正常再通过属性“message”告诉服务器后端的问题是什么，这样就能够有效支持客户端了。

下面，我们通过例子学习 ResponseEntity<T>的使用方法，如代码清单 17-12 所示。

代码清单 17-12：ResponseEntity<T>的使用

```
/**
 * 获取角色，使用注解@GetMapping
 *
 * @param id 角色编号
 * @return 角色对象
 */
@GetMapping("/info2/{id}")
public ResponseEntity<Role> getRole2(@PathVariable("id") Long id) {
   // 响应体
   Role body = roleService.getRole(id);
   // 响应头
   HttpHeaders headers = new HttpHeaders();
   if (body != null) { // 获取角色成功
      headers.add("success", "true");
      headers.add("message", "ok!!");
   } else { // 获取角色失败
      headers.add("success", "false");
      headers.add("message", "no id=[" + id + "] role info!!");
   }
   // 创建 ResponseEntity
   ResponseEntity<Role> roleEntity
         = new ResponseEntity<>(body, headers, HttpStatus.OK);
   return roleEntity;
}
```

在创建 ResponseEntity 时，设置了响应体（body）、响应头（header）和响应状态（status），然后返回。接着我们请求/role2/info2/200，对浏览器进行监测，可以看到图 17-3 所示的结果。

图 17-3　查看响应头

从文件中可以看到响应头已经设置成功了，这样就可以通过这些信息对请求结果进行判断，再进行下一步的操作。下面通过 JQuery 来演示这个过程，如代码清单 17-13 所示。

代码清单 17-13：通过响应头鉴别请求结果

```
function get2() {
   var id = 200;
   $.ajax({
```

```
        type: "get",
        url: './info2/' +id,
        success: function(role,status,xhr) {
            // 获取响应头
            var success = xhr.getResponseHeader("success");
            // 通过响应头判定获取失败
            if ("false" == success) {
                // 响应错误信息
                var message = xhr.getResponseHeader("message");
                alert(message);
            } else { // 获取结果成功
                alert(role.roleName)
            }
        }
    });
}
```

这样就可以处理资源找不到的问题，给予请求者更友好的体验了。

17.3 RestTemplate 的使用

在当今的架构中，微服务已经成为主流，而在微服务中，会将一个很大的系统拆分为多个子系统，比如 REST 风格请求是系统之间交互的基本方式，如图 17-4 所示。

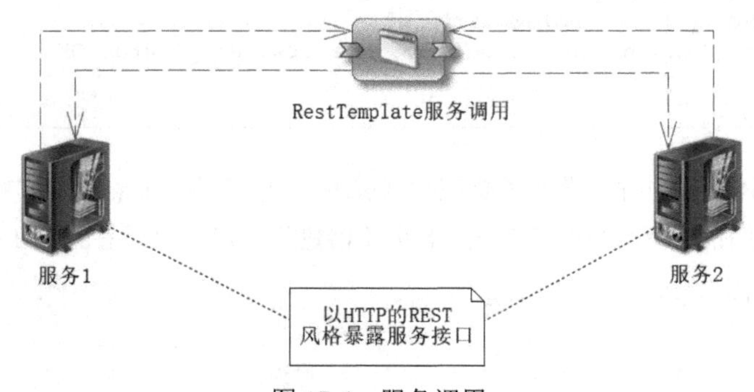

图 17-4　服务调用

这里把两个服务之间的调用称为**服务调用**，图 17-4 中，两个服务会提供 REST 风格的 HTTP 请求作为接口，这样这两个服务就可以通过 REST 风格的请求相互调用了。Spring MVC 提供的 RestTemplate 则可出以简化这个服务调用的过程。

让我们来学习如何使用 RestTemplate 调用 GET 请求，如代码清单 17-14 所示。

代码清单 17-14：使用 RestTemplate 调用 GET 请求

```
package com.learn.ssm.chapter18.rest.client;

/**** imports ****/

public class RestTemplateDemo {

    // 创建 RestTemplate
    private static RestTemplate restTemplate = new RestTemplate();

    // 基础 HTTP 请求路径
```

```
    private static String baseUrl
          = "http://localhost:8080/chapter18-annotation/mvc";

    public static void main(String[] args) {
       testGet();
    }

    private static void testGet() {
       // {id}为占位符
       String url = baseUrl + "/role2/info/{id}";
       // 执行 GET 请求，1L 是参数，代替 URL 中的{id}占位符
       Role role = restTemplate.getForObject(url, Role.class, 1L);
       System.out.println(role.getRoleName());
 }
 }
```

这里注意 testGet 方法的 url，其中存在一个占位符“{id}”，这意味着之后我们需要用参数代替它。接着调用 RestTemplate 的 getForObject 方法，在 RestTemplate 中存在三个 getForObject 方法，它们的定义如下：

```
/**
* 调用 HTTP 的 GET 请求，适合少量占位参数调用
* @param url 请求路径
* @param responseType 结果返回类型
* @param uriVariables 请求路径中的占位参数值列表
* @return 返回请求结果，为 responseType 类型
*/
<T> T getForObject(String url, Class<T> responseType, Object... uriVariables)
      throws RestClientException;

/**
* 调用 HTTP 的 GET 请求，适合多个占位参数使用
* @param url 请求路径
* @param responseType 结果返回类型
* @param uriVariables 一个 Map，可以存放多个占位参数
* @return 返回请求结果，为 responseType 类型
*/
@Nullable
<T> T getForObject(String url, Class<T> responseType, Map<String, ?> uriVariables)
      throws RestClientException;

/**
* 调用 HTTP 的 GET 请求，适合无占位参数使用
* @param url 请求路径
* @param responseType 结果返回类型
* @return 返回请求结果，为 responseType 类型
*/
@Nullable
<T> T getForObject(URI url, Class<T> responseType) throws RestClientException;
```

显然代码清单 17-14 调用的是第一个 getForObject 方法。

接下来，我们通过 RestTemplate 调用 HTTP 的 POST 请求。POST 请求包含参数和请求体（Request Body），难点在于请求体和请求头，为此我们研究一下 RestTemplate 的三个 postForObject 方法，如下：

```
/**
* 调用 HTTP 的 POST 请求
* @param url 请求路径
* @param request 请求对象，可封装请求头和请求体
* @param responseType 结果返回类型
* @param uriVariables 请求路径中的占位参数值
* @return 返回请求结果，为 responseType 类型
*/
@Nullable
<T> T postForObject(String url, @Nullable Object request, Class<T> responseType,
      Object... uriVariables) throws RestClientException;

/**
* 调用 HTTP 的 POST 请求，适合多个占位参数使用
* @param url 请求路径
* @param request 请求对象，可封装请求头和请求体
* @param responseType 结果返回类型
* @param uriVariables 一个 Map，定义请求参数的多个参数
* @return 返回请求结果，为 responseType 类型
*/
@Nullable
<T> T postForObject(String url, @Nullable Object request, Class<T> responseType,
      Map<String, ?> uriVariables) throws RestClientException;

/**
* 调用 HTTP 的 POST 请求，适合无占位参数使用
* @param url 请求路径
* @param request 请求对象，可封装请求头和请求体
* @param responseType 结果返回类型
* @return 返回请求结果，为 responseType 类型
*/
@Nullable
<T> T postForObject(URI url, @Nullable Object request, Class<T> responseType)
      throws RestClientException;
```

可以看到 postForObject 方法和 getForObject 方法是接近的，只是多了一个 request 的参数，一般来说我们可以使用 HttpEntity<T>对象，通过它可以绑定请求体和请求头。下面我们来学习如何使用 RestTemplate 调用 POST 请求，如代码清单 17-15 所示。

代码清单 17-15：使用 RestTemplate 调用 POST 请求

```
private static void testPost() {
    // 请求头
    HttpHeaders headers = new HttpHeaders();
    // 设置请求内容为 JSON 类型
    headers.setContentType(MediaType.APPLICATION_JSON);
    Role role = new Role("tmpl_name", "tmpl_note");
    // 创建请求实体对象。role 作为请求体对象
    HttpEntity<Role> request = new HttpEntity<>(role, headers);
    String url = baseUrl + "/role2/";
    ResultMessage resultMsg = restTemplate
            .postForObject(url, request, ResultMessage.class);
    System.out.println(resultMsg.getMessage());
}
```

由于 POST 请求带有请求体，所以需要先声明请求体类型和请求体，为了达到这个目的，

这里使用了 HttpEntity<T>类，在请求头上声明为 JSON 类型，这样才能让 RestTemplate 正确地把请求体转换为 JSON 类型，提交到后端。注意到 HttpEntity<T>类的构造方法，它的第一个参数是请求体，第二个参数是请求头，这样就能通过 POST 请求提交到后端了。

接着就是 PUT 请求了，PUT 请求一般用于修改资源。它和 POST 请求是接近的，我们直接通过代码学习它就可以了，如代码清单 17-16 所示。

代码清单 17-16：使用 RestTemplate 调用 PUT 请求

```
private static void testPut() {
   // 请求头
   HttpHeaders headers = new HttpHeaders();
   // 设置请求内容为 JSON 类型
   headers.setContentType(MediaType.APPLICATION_JSON);
   Role role = new Role("u_tmpl_name", "u_tmpl_note");
   role.setId(19L);
   // 创建请求实体对象。role 作为请求体对象
   HttpEntity<Role> request = new HttpEntity<>(role, headers);
   String url = baseUrl + "/role2/";
   restTemplate.put(url, request);
}
```

PUT 请求和 POST 请求是接近的，所以请参考 POST 请求的讲解就可以了，这里不再赘述。值得注意的是，RestTemplate 的 put 方法是不会返回任何结果的，这样就无法鉴别调用的成败了。

最后就是 DELETE 请求了，DELETE 请求用于删除资源，它比较简单，下面通过代码清单 17-17 进行说明。

代码清单 17-17：使用 RestTemplate 调用 DELETE 请求

```
private static void testDelete() {
   Map<String, Object> params = new HashMap<>();
   params.put("id", 20);
   String url = baseUrl + "/role2/{id}";
   // 执行 DELETE 请求
   restTemplate.delete(url, params);
}
```

代码中笔者用了 Map<String, Object>封装参数，意为告诉大家在组织多个参数时，可以考虑使用这样的方法，提高可读性。整体来说，RestTemplate 的 delete 方法比较简单，它也是没有返回结果的，和 PUT 请求一样，它无法鉴别服务调用的成败。

有时候，我们需要通过请求的返回去鉴别请求的结果，正如在 17.2.2 节中将 HTTP 请求的结果返回 ResponseEntity<T>一样，我们有时候希望返回的结果类型是 ResponseEntity<T>，这样有利于鉴别调用结果的成败。对此 RestTemplate 也给予了支持，如代码清单 17-18 所示。

代码清单 17-18：返回 ResponseEntity<T>类型结果，用于鉴别请求成败

```
private static void testEnity() {
   String url = baseUrl + "/role2/info2/{id}";
   Long id = 1L;
   // 执行调用，获取响应实体
   ResponseEntity<Role> roleEntity
      = restTemplate.getForEntity(url, Role.class, id);
   String success = roleEntity.getHeaders().get("success").get(0);
   boolean flag = Boolean.parseBoolean(success);// 响应成败标志
```

```
        if (flag) { // 获取成功
            Role role = roleEntity.getBody();
            System.out.println(role.getRoleName());
        } else {
            // 获取失败，读取后端响应头失败信息
            String message = roleEntity.getHeaders().get("message").get(0);
            System.out.print(message);
        }
    }
```

在代码中，执行 GET 请求后可以获取一个请求的响应实体，根据后端响应头参数可以鉴别请求的成败，然后进一步处理。

在上述讲解中，我们知道 RestTemplate 的 put 和 delete 方法都无法鉴别调用的成败，有时候我们需要去判定调用的成败。为了让使用更灵活，RestTemplate 还提供了一个底层的 exchange 方法。exchange 方法相对于上述 RestTemplate 的其他方法来说参数较多，使用上更麻烦，不过可以做更细致的操作。比如我们的 PUT 请求实际是返回一个 ResultMessage 类型的结果，而 RestTemplate 的 put 是无返回的方法，这样就没法获取对应的响应结果了，而 exchange 方法不同，通过它可以获取 PUT 请求返回的结果。下面通过代码清单 17-19 学习 exchange 方法。

代码清单 17-19：使用 RestTemplate 的 exchange 方法

```
    private static void exchange() {
        String url = baseUrl + "/role2/";
        // 请求头
        HttpHeaders headers = new HttpHeaders();
        // 设置请求内容为 JSON 类型
        headers.setContentType(MediaType.APPLICATION_JSON);
        Role role = new Role("u_tmpl_name", "u_tmpl_note");
        role.setId(19L);
        // 创建请求实体对象。role 作为请求体对象
        HttpEntity<Role> request = new HttpEntity<>(role, headers);
        // 使用底层的 exchange 方法执行请求
        ResponseEntity<ResultMessage> result = restTemplate.exchange(
              url, HttpMethod.PUT, request, ResultMessage.class);
        System.out.println(result.getBody().getMessage());
    }
```

注意到代码中加粗的地方，它的参数和之前的方法是接近的，只是多了一个 HttpMethod 类型的参数，通过它可以定义调用的 HTTP 方法类型，这里是 PUT，而结果会返回 ResponseEntity<T>，这样就可以通过响应实体来鉴别调用的成败了。

第 18 章 Spring MVC 高级应用

本章目标

1．掌握 Spring MVC 处理器的执行过程
2．掌握 Spring MVC 的拦截器
3．掌握如何给控制器添加通知
4．掌握如何处理控制器的异常
5．掌握 Spring MVC 国际化

在第 15、16 章我们讨论了大部分 Spring MVC 的组件，并且给出了许多实例。但是我们并没有讨论处理器的内容。通过第 15 章的学习，大家应该明白处理器包含控制器的内容，但是也加入了 Spring MVC 的内容。有时候我们还需要更深入地讨论处理器内部的内容，比如对参数进行特殊规则绑定；又如从控制器返回后，将其返回的数据模型进行消息转换，使其变为不同的数据类型，从这个角度来说，Spring MVC 就是一个消息传递和处理框架。有些时候我们也会面对各类异常或者国际化问题，需要深入研究 Spring MVC 处理器内部执行的机制，才能掌握 Spring MVC 更高层次的开发。

18.1 Spring MVC 处理器执行的过程

在 Spring MVC 的流程中，笔者也曾经谈到过 Spring MVC 会封装控制器的方法为处理器（Handler），为了更加灵活，Spring MVC 还提供了处理器的拦截器，从而形成了一条包括处理器和拦截器的执行链——HandlerExecutionChain。在 Spring MVC 中，当请求到达服务器时，将路径和我们配置的路由（由@RequestMapping 等注解提供）进行匹配就能找到对应的 HandlerExecutionChain。这里不妨先看看 HandlerExecutionChain 的源码，如代码清单 18-1 所示。

代码清单 18-1：HandlerExecutionChain 部分源码分析

```
package org.springframework.web.servlet;

/**** imports ****/
public class HandlerExecutionChain {

   private static final Log logger
         = LogFactory.getLog(HandlerExecutionChain.class);

   // 处理器，包含控制器方法逻辑
   private final Object handler; // ①
```

```
    // 拦截器数组
    @Nullable
    private HandlerInterceptor[] interceptors; // ②

    // 拦截器列表
    @Nullable
    private List<HandlerInterceptor> interceptorList;

    // 当前拦截器下标
    private int interceptorIndex = -1;

    /**** other code ****/
}
```

从代码①和②处可以看到，它主要由处理器和拦截器组成，其中拦截器可以是多个。这里暂时放下拦截器，主要谈处理器，处理器包含控制器方法的逻辑。

为了调用处理器的方法，必须先从请求中获取参数，接着才能调用控制器的方法，所以第一步是获取参数，第二步才是执行控制器的方法，第三步则是分析控制器方法的返回。其中获取参数是通过接口 HandlerMethodArgumentResolver 和其实现类实现的，而分析控制器方法返回是通过接口 HandlerMethodReturnValueHandler 和其实现类实现的。为此我们先画出主要的流程图，再进一步分析处理器执行的过程，如图 18-1 所示。

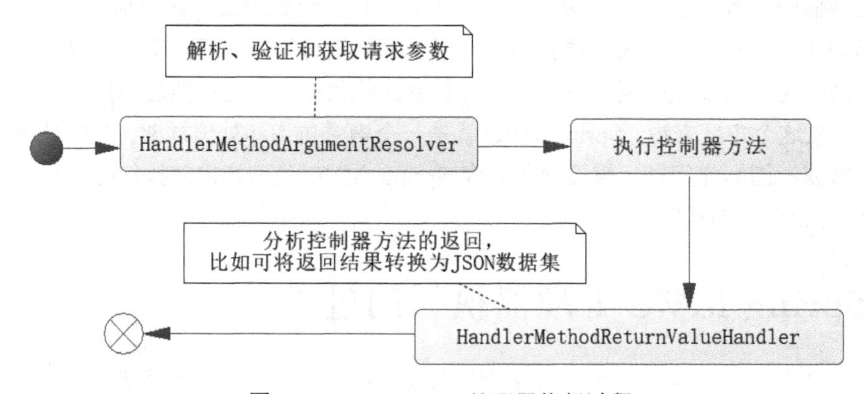

图 18-1　SpringMVC 处理器执行过程

HandlerMethodArgumentResolver 和 HandlerMethodReturnValueHandler 比较复杂，内容也很多，后续的章节会根据重点和应用来分析它们，而不会面面俱到。

18.1.1　HandlerMethodArgumentResolver 机制

HandlerMethodArgumentResolver 的主要目的是从请求中分析、获取和验证参数，它是一个接口，存在很多实现类，如图 18-2 所示。

从图 18-2 中可以看出 Spring MVC 为方法参数的处理提供了许多类，请注意到加框的类，它们是解析 @PathVariable 、 @RequestAttribute 、 @RequestHeader 、 @RequestParam 和 @SessionAttribute 等注解的解析器。这里不妨先来看 HandlerMethodArgumentResolver 接口的源码，如代码清单 18-2 所示。

- HandlerMethodArgumentResolver
  - AbstractMessageConverterMethodArgumentResolver
  - AbstractNamedValueMethodArgumentResolver
    - AbstractCookieValueMethodArgumentResolver
    - ExpressionValueMethodArgumentResolver
    - MatrixVariableMethodArgumentResolver
    - PathVariableMethodArgumentResolver
    - RequestAttributeMethodArgumentResolver
    - RequestHeaderMethodArgumentResolver
    - RequestParamMethodArgumentResolver
    - SessionAttributeMethodArgumentResolver
  - AbstractWebArgumentResolverAdapter
  - ErrorsMethodArgumentResolver
  - HandlerMethodArgumentResolverComposite
  - MapMethodProcessor
  - MatrixVariableMapMethodArgumentResolver
  - ModelAttributeMethodProcessor
  - ModelMethodProcessor
  - PathVariableMapMethodArgumentResolver
  - RedirectAttributesMethodArgumentResolver
  - RequestHeaderMapMethodArgumentResolver
  - RequestParamMapMethodArgumentResolver
  - ServletRequestMethodArgumentResolver
  - ServletResponseMethodArgumentResolver
  - SessionStatusMethodArgumentResolver
  - UriComponentsBuilderMethodArgumentResolver

图 18-2 HandlerMethodArgumentResolver 接口和其实现类

代码清单 18-2：HandlerMethodArgumentResolver 源码分析

```
package org.springframework.web.method.support;

/**** imports ****/
public interface HandlerMethodArgumentResolver {

    /**
     * 是否支持对应的方法参数类型
     * @param 待检测的方法参数
     * @return 可否支持
     */
    boolean supportsParameter(MethodParameter parameter);

    /**
     * 解析请求控制器方法的参数
     * @param parameter 方法参数
     * @param mavContainer 当前请求的 ModelAndView 容器
     * @param webRequest 当前请求
     * @param binderFactory 数据绑定工厂
     * @return 解析后的参数，如果为空则返回 null
     * @throws Exception 解析参数出错抛出异常
     */
    @Nullable
    Object resolveArgument(MethodParameter parameter,
          @Nullable ModelAndViewContainer mavContainer,
          NativeWebRequest webRequest,
          @Nullable WebDataBinderFactory binderFactory) throws Exception;

}
```

supportsParameter 方法用于判断该参数解析器是否解析参数，如果判定为真，才会使用 resolveArgument 方法解析请求获取参数。读者一定会诧异，为什么通过讨论过的简单注解便可以让控制器得到丰富的参数类型，比如 String、Long 甚至是 POJO 等。这里可以看到 resolveArgument 方法中的一个参数——binderFactory，它是一个数据绑定工厂，可以生成一个 WebDataBinder 对象，Spring MVC 通过它对各类参数进行解析和处理。

在 WebDataBinder 中，存在多种类型转换器和格式化器。其中类型转换器包括 Converter、GenericConverter 和 HttpMessageConverter3 种；而格式化器（Formatter）一般有两种，分别是时间和数字。在 3 种转换器中，Converter 实现类型的一对一转换，Long、String 和 Integer 等类型的参数都可以通过它转换；GenericConverter 实现数组和集合的转换；HttpMessageConverter 则实现请求体或者控制器返回结果的转换，@RequestBody 和@ResponseBody 这两个注解就是通过 HttpMessageConverter 的机制实现 JSON 数据集和 Java 对象的相互转换的。下面我们就针对它们进行讨论。

18.1.2 转换器和格式化器概述

为了更好地管理 Converter、GenericConverter 和格式化器（Formatter），Spring MVC 提供了一个服务类 FormattingConversionService，通过这个类能够获取对应的转换器和格式化器。FormattingConversionService 的继承关系如图 18-3 所示。

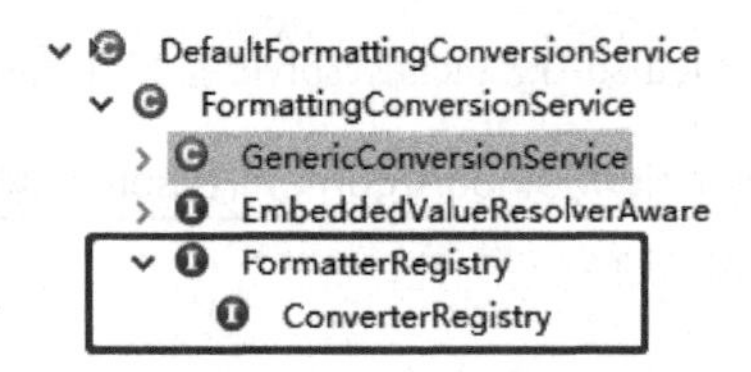

图 18-3 FormattingConversionService 的继承关系

注意到这个类还实现了 FormatterRegistry 接口，而 FormatterRegistry 又扩展了 ConverterRegistry 接口。从名字看，FormatterRegistry 和 ConverterRegistry 都是注册机，也就是说 FormattingConversionService 具备注册 Converter 和 Formatter 的功能，其中，ConverterRegistry 既可以注册 Converter，也可以注册 GenericConverter，而 FormatterRegistry 则可以注册 Formatter。

在大部分情况下，我们不需要进行任何注册，因为 Spring 框架已经给我们提供了大量的转换器和格式化器。但这也并不是绝对的，比如我们可以和客户端约定提交的字符串格式如下：

```
{id}-{role_name}-{note}
```

这样就没有对应的转换器将这个实体转换为 POJO 了。为了方便我们对 Spring MVC 的组件进行定制，可以使用 WebMvcConfigurer 接口，这个接口在第 15 章，我们已经接触过了，通过它可以很方便地配置转换器和格式化器。WebMvcConfigurer 接口中定义的方法很多，不过涉及 Converter、GenericConverter 和 Formatter 的只有一个，如下：

```
/**
 * 在系统默认的注册器上，再添加 Converter、Formatter 和 GenericConverter
 * 的注册
 * @param registry 注册机
 */
default void addFormatters(FormatterRegistry registry) {
}
```

如果使用 XML 的方式也可以，未来我们也会介绍如何通过 XML 的方式注册 Converter、GenericConverter 和 Formatter。

18.1.3　一对一转换器（Converter）

Converter 是一种一对一转换器， Converter 的源码如代码清单 18-3 所示。

代码清单 18-3：接口 Converter

```
package org.springframework.core.convert.converter;

import org.springframework.lang.Nullable;

@FunctionalInterface
public interface Converter<S, T> {

/**
 * 将源类型（source）转换为目标类型（T）
 * @param source 源类型
 * @return 目标类型
 * @throws IllegalArgumentException 转换失败出现异常
 */
@Nullable
T convert(S source);
}
```

这个接口十分简单，可以通过它实现数据的转换，而实际上 Spring MVC 有不少转换器，部分转换器如表 18-1 所示。

表 18-1　Spring MVC 项目的部分转换器

转　换　器	说　　明
CharacterToNumber	将字符转换为数字
IntegerToEnum	将整数转换为枚举类型
ObjectToStringConverter	将对象转换为字符串
SerializingConverter	序列化转换器
DeserializingConverter	反序列化转换器
StringToBooleanConverter	将字符串转换为布尔值
StringToEnum	将字符串转换为枚举
StringToCurrencyConverter	将字符串转换为金额
EnumToStringConverter	将枚举转化为字符串

Spring MVC 就是通过这些转换器将字符或者字符流等内容，转换为控制器不同类型参数的，这就是能在控制器上获得各类参数的原因。在大部分情况下，Spring MVC 所提供的功能，能够满足一般的需求，但是有时候我们需要自定义转换规则，这当然也不会太困难，只要实现接口 Converter，然后注册给对应的转换服务类就可以了。实现它十分简单，比如现在有一个角色对象，它将按照格式{id}-{role_name}-{note}传递，定义一个关于字符串和角色的转换类，如代码清单 18-4 所示。

代码清单 18-4：字符串角色转换器

```
package com.learn.ssm.chapter18.converter;
```

```
/**** imports ****/

public class StringToRoleConverter implements Converter<String, Role> {

    @Override
    public Role convert(String str) {
        // 空串
        if (StringUtils.isEmpty(str)) {
            return null;
        }
        // 不包含指定字符
        if (str.indexOf("-") == -1) {
            return null;
        }
        String[] arr = str.split("-");
        // 数组长度错误
        if (arr.length != 3) {
            return null;
        }
        Role role = new Role();
        role.setId(Long.parseLong(arr[0]));
        role.setRoleName(arr[1]);
        role.setNote(arr[2]);
        return role;
    }

}
```

只有这个类，Spring MVC 并不会将所传递的字符串转换为角色对象，还需要注册。注意，从这节开始，谈到了在配置 Spring MVC 时，如果使用注解@EnableWebMvc 或者在 XML 配置文件中使用<mvc:annotation-driven/>，系统就会自动初始化 FormattingConversionService 实例。为了更好的可读性，我们一般不直接使用这个实例注册，一般来说我们会选择使用接口 WebMvcConfigurer，如代码清单 18-5 所示。

代码清单 18-5：通过接口 WebMvcConfigurer 注册转换器

```
package com.learn.ssm.chapter18.config;

/**** imports ****/

/**
 * 实现 WebMvcConfigurer 接口，配置 Spring MVC 组件
 * @author ykzhen
 *
 */
@Configuration
public class SpringMvcConfiguration implements WebMvcConfigurer {

    /**
     * 注册 Converter、Formatter 和 GenericConverter
     * @param  registry 注册机
     */
    @Override
public void addFormatters(FormatterRegistry registry) {
        // 注册自定义 Converter
        registry.addConverter(new StringToRoleConverter());
    }
```

```
}
```

WebMvcConfigurer 接口所定义的 addFormatters 方法是 Spring MVC 为我们提供的自定义注册方法，通过它就能够注册自定义的 Converter 了。如果不使用注解方式的配置，那么也可以使用 XML 配置，如代码清单 18-6 所示。

代码清单 18-6：使用 XML 配置自定义转换器

```
<!-- 使用注解驱动，并将类型转换服务类指向命名为“conversionService”的 Bean -->
<mvc:annotation-driven conversion-service="conversionService" />
<!-- 自定义类型转换服务类 -->
<bean id="conversionService"

class="org.springframework.format.support.FormattingConversionServiceFactoryBea
n">
    <!-- 自定义 Converter 列表 -->
    <property name="converters">
        <list>
            <bean class="com.learn.ssm.chapter18.converter.StringToRoleConverter"
/>
        </list>
    </property>
</bean>
```

首先在<mvc:annotation-driven/>元素上指定转换服务类，这是通过指定 Bean 的名称“conversionService”来实现的，通过这个元素，Spring MVC 会为我们生成对应的默认组件。然后通过名称为“conversionService”的 Bean 配置自定义转换器，这就是 XML 的配置方法，请注意这里使用的是 FormattingConversionServiceFactoryBean，通过它能够生成一个 FormattingConversionService 的实例。

为了测试自定义转换器，我们创建一个新的控制器——ConversionController，如代码清单 18-7 所示。

代码清单 18-7：转换测试控制器——ConversionController

```
package com.learn.ssm.chapter18.controller;

/**** imports ****/
// REST 风格控制器
@RestController
@RequestMapping("/converter")
public class ConversionController {

    /**
     * 测试 StringToRoleConverter
     * @param role 为 Role 类型，可通过 StringToRoleConverter 直接转换
     * @return 角色信息
     */
    @GetMapping("/{role}")
    public Role convert(@PathVariable("role") Role role) {
        return role;
    }

}
```

启动服务，就可以进行测试了，这里请求/mvc/converter/1-role_name_1-note_1，可以看到如图 18-4 所示的结果。

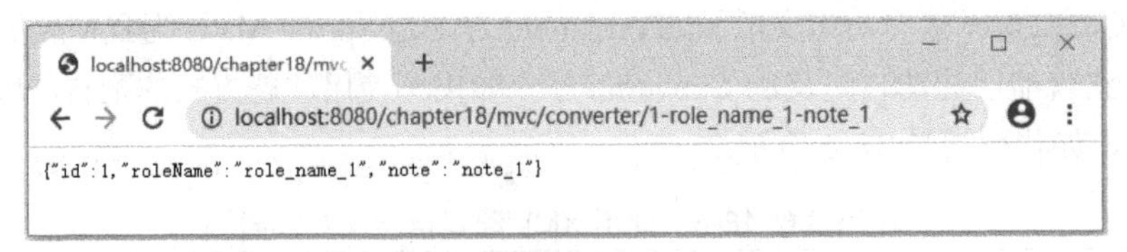

图 18-4　测试自定义转换器

可以看到，Spring MVC 已经能够通过自定义的转换器，将请求参数转换成对应的角色对象了。

18.1.4　数组和集合转换器（GenericConverter）

Converter 是一对一的转换，它存在一个弊端：只能从一种类型转换为另一种类型，不能进行一对多转换，比如把 String 转换为 List<String>或者 String[]，甚至是 List<Role>。为了解决这个问题，Spring Core 项目还加入了另一个转换器结构 GenericConverter，它能够满足数组和集合转换的要求。它的接口定义，如代码清单 18-8 所示。

代码清单 18-8：GenericConverter 接口定义

```
package org.springframework.core.convert.converter;

/***** imports ****/
public interface GenericConverter {
    // 获取可转换类型
    @Nullable
    Set<ConvertiblePair> getConvertibleTypes();

    /**
     * 将源对象转换为目标对象
     * @param source 源对象
     * @param sourceType 源类型
     * @param targetType 目标类型
     * @return 转换后的目标对象
     */
    @Nullable
    Object convert(@Nullable Object source,
          TypeDescriptor sourceType, TypeDescriptor targetType);

    // 内部类
    final class ConvertiblePair {

        private final Class<?> sourceType;

        private final Class<?> targetType;

        /**
         * 创建“目标--源类型”对应
         * @param sourceType 源类型
         * @param targetType 目标类型
         */
        public ConvertiblePair(Class<?> sourceType, Class<?> targetType) {
            Assert.notNull(sourceType, "Source type must not be null");
```

```
            Assert.notNull(targetType, "Target type must not be null");
            this.sourceType = sourceType;
            this.targetType = targetType;
        }

        /**** 省略getters方法 ****/

        /**** 重写equals、hashCode和toString方法****/
        @Override
        public boolean equals(@Nullable Object other) {
            if (this == other) {
                return true;
            }
            if (other == null || other.getClass() != ConvertiblePair.class) {
                return false;
            }
            ConvertiblePair otherPair = (ConvertiblePair) other;
            return (this.sourceType == otherPair.sourceType
                    && this.targetType == otherPair.targetType);
        }

        @Override
        public int hashCode() {
            return (this.sourceType.hashCode() * 31
                    + this.targetType.hashCode());
        }

        @Override
        public String toString() {
            return (this.sourceType.getName()
                    + " -> " + this.targetType.getName());
        }
    }

}
```

在 Spring MVC 中，这是底层的接口，为了进行类型匹配判断，还定义了另一个接口，这个接口就是 ConditionalConverter，源码如代码清单 18-9 所示。

代码清单 18-9：ConditionalConverter 源码

```
package org.springframework.core.convert.converter;
/**** imports *****/
public interface ConditionalConverter {
/**
* 判断两种类型是否可以转换
* @param sourceType 源类型
* @param targetType 目标类型，
* @return true 可转换，false 不可转换
*/
boolean matches(TypeDescriptor sourceType, TypeDescriptor targetType);
}
```

从类的名称可以猜出它是一个有条件的转换器，也就是只有当它所定义的方法 matches 返回 true 时，才说明源类型可转换为目标类型。但是它仅仅是一个方法，为了整合原有的接口 GenericConverter，有了一个新的接口——ConditionalGenericConverter，它是最常用的集合转换器接口。ConditionalGenericConverter 继承了两个接口的方法，所以既能判断，又能转换，它的

源码如代码清单 18-10 所示。

代码清单 18-10：ConditionalGenericConverter 源码

```
package org.springframework.core.convert.converter;

import org.springframework.core.convert.TypeDescriptor;

public interface ConditionalGenericConverter
      extends GenericConverter, ConditionalConverter {

}
```

基于这个接口，Spring Core 开发了不少的实现类，这些实现类都会注册到 FormattingConversionService 对象里，通过 ConditionalConverter 的 matches 进行匹配。如果可以匹配，则会调用 convert 方法进行转换，它能够提供各种对数组和集合的转换。

这些实现类都实现了 ConditionalGenericConverter 接口，它们之间的关系如图 18-5 所示。

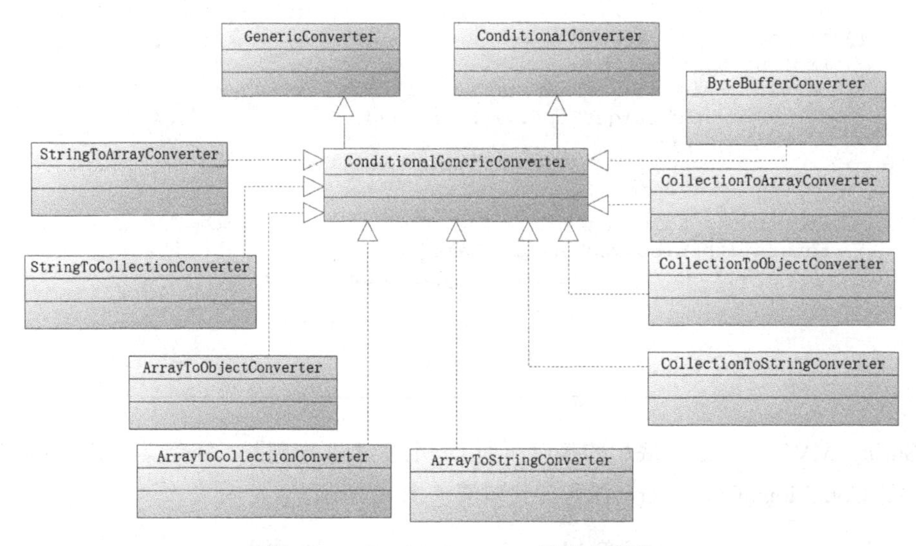

图 18-5　GenericConverter 转换实现类

从图 18-5 的各种类型的转换中抽出一个 Spring MVC 已经实现的类来查看源码，比如 StringToArrayConverter，如代码清单 18-11 所示。

代码清单 18-11：ConditionalGenericConverter 源码

```
package org.springframework.core.convert.support;

/**** imports ****/

final class StringToArrayConverter implements ConditionalGenericConverter {
   // 转换服务接口
   private final ConversionService conversionService;

   // 构造方法
   public StringToArrayConverter(ConversionService conversionService) {
      this.conversionService = conversionService;
   }
```

```
    // 可转换类型
    @Override
    public Set<ConvertiblePair> getConvertibleTypes() {
        return Collections.singleton(
            new ConvertiblePair(String.class, Object[].class));
    }

    // 判断是否可以转换
    @Override
    public boolean matches(TypeDescriptor sourceType,
            TypeDescriptor targetType) {
        return ConversionUtils.canConvertElements(
                sourceType, targetType.getElementTypeDescriptor(),
                this.conversionService);
    }

    // 转换方法
    @Override
    @Nullable
    public Object convert(@Nullable Object source,
            TypeDescriptor sourceType, TypeDescriptor targetType) {
        if (source == null) {
            return null;
        }
        String string = (String) source;
        String[] fields = StringUtils.commaDelimitedListToStringArray(string);
        TypeDescriptor targetElementType
                = targetType.getElementTypeDescriptor();
        Assert.state(targetElementType != null, "No target element type");
        Object target
            = Array.newInstance(targetElementType.getType(), fields.length);
        for (int i = 0; i < fields.length; i++) {
            String sourceElement = fields[i];
            Object targetElement
                = this.conversionService.convert(
                    sourceElement.trim(), sourceType, targetElementType);
            Array.set(target, i, targetElement);
        }
        return target;
    }

}
```

这里的源码加入了笔者的注释，更加便于理解。看到构造方法，就知道创建 StringToArrayConverter 对象需要一个 ConversionService 对象，这让我们想起了 FormattingConversionService 对象。getConvertibleTypes 方法是可以自定义的类型；matches 方法匹配类型，通过原类型和目标类型判定使用何种 Converter 能够转换；convert 方法用于完成对字符串和数字的转换。在大部分情况下，我们都不需要自定义 ConditionalGenericConverter 实现类，只需要使用 Spring MVC 已经为我们提供的就可以了。

这里需要使用一个定义好的 Converter，为了简单，我们利用代码清单 18-4 所定义的转换器 StringToRoleConverter，去看看如何转换出一个数组。按照 StringToArrayConverter 对象的逻辑，每个数组的元素都需要用半角逗号分隔，所以在原有 StringToRoleConverter 的规则上，让每个角色对象的传递加入一个逗号分隔便可以了。下面通过在控制器 ConversionController 中添加代码清单 18-12 进行验证。

代码清单 18-12：接收角色数组对象

```
/**
 * 将 HTTP 信息转化为 List
 * @param roleList 角色列表
 * @return 角色列表
 */
@GetMapping("/roles/{infoes}")
public List<Role> convertList(@PathVariable("infoes") List<Role> roleList) {
return roleList;
}
```

通过请求就可以对其进行测试了，下面请求：

/mvc/converter/roles/1-update_role_name_1-update_note_1,2-update_role_name_2-update_note_2,3-update_role_name_3-update_note_3，可以看到如图 18-6 所示的结果。

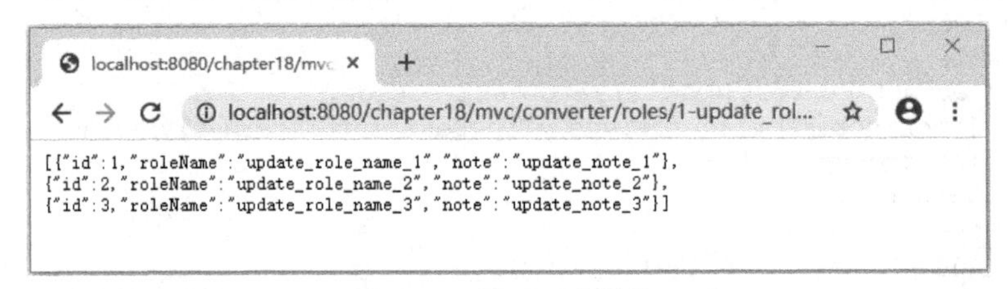

图 18-6　测试列表转换

从图 18-6 中，可以看到转换成功的结果。如果需要自己定义，那么可以参考 Converter 类的注册方法，加入自己定义的 ConditionalGenericConverter 实现类也是可行的，但是使用得比较少，这里就不再演示了。

18.1.5　格式化器（Formatter）

有些数据需要格式化，比如金额、日期等。传递的日期格式为 yyyy-MM-dd 或者 yyyy-MM-dd hh:ss:mm，这些是需要格式化的，对于金额也是如此，比如 1 万元人民币，在一些场合往往要写作￥10,000.00，这些都要求把字符串按照一定的格式转换为日期或者金额。

为了对这些场景做出支持，Spring Context 提供了相关的 Formatter。它需要实现一个接口——Formatter，而 Formatter 又扩展了 Printer 和 Parser 两个接口，它们的方法和关系如图 18-7 所示。

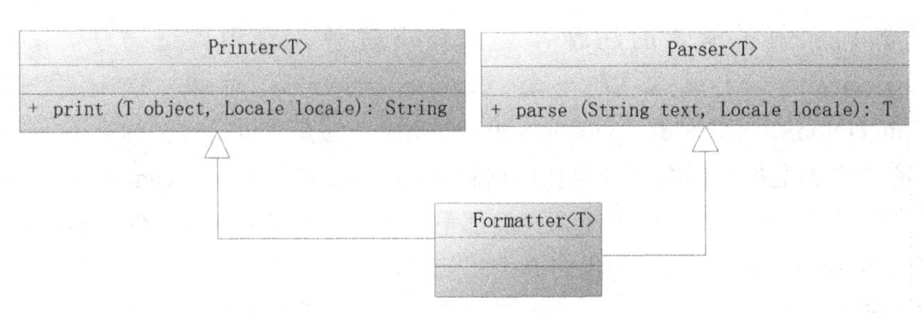

图 18-7　Formatter 接口设计

通过 print 方法能将结果按照一定的格式输出字符串。通过 parse 方法能够将满足一定格式的字符串转换为对象。这样就能够满足我们对格式化数据的要求了，它的内部实际是委托给 Converter 机制实现的，我们需要自定义的场合并不多，所以这里以学习用法为主。在 Spring 内部用得比较多的两个注解是@DateTimeFormat 和@NumberFormat，下面我们就学习如何使用它们。

日期格式化器在 Spring MVC 中是由系统在启动时完成初始化的，所以并不需要干预，同时它提供注解@DateTimeFormat 定义日期格式，采用注解@NumberFormat 进行数字的格式转换。假设有一个日期和金额表单，如代码清单 18-13 所示。

代码清单 18-13：格式化表单（/WEB-INF/jsp/formatter.jsp）

```
<%@page language="java" contentType="text/html; charset=UTF-8"
   pageEncoding="UTF-8"%>
<!DOCTYPE html PUBLIC "-//W3C//DTD HTML 4.01 Transitional//EN"
"http://www.w3.org/TR/html4/loose.dtd">
<html>
<head>
<meta http-equiv="Content-Type" content="text/html; charset=UTF-8">
<title>date</title>
</head>
<body>
   <form id="form" method="post" action="./formatter">
      <table>
         <tr>
            <td>日期</td>
            <td><input id="date " name="date" type="text"
               value="2020-03-01" /></td>
         </tr>
         <tr>
            <td>日期</td>
            <td><input id="amount " name="amount" type="text"
               value="123,000.00" /></td>
         </tr>
         <tr>
            <td></td>
            <td align="right">
               <input id="commit" type="submit" value="提交" />
            </td>
         </tr>
      </table>
   </form>
</body>
</html>
```

这样，一个日期参数（date）和一个金额参数（amount），经过表单的提交就到达了控制器的方法。为了能够顺利访问这个 JSP 页面，我们给控制器 ConversionController 添加对应的方法，这样就能接收表单的这些参数，还能提供页面访问路径。在接收表单参数的方法中，我们会采用注解@DateTimeFormat 标注日期参数，用注解@NumberFormat 标注数字参数，这样，这个方法的参数就可以找到对应的格式化器进行转换了，如代码清单 18-14 所示。

代码清单 18-14：控制器表单（/WEB-INF/jsp/formatter.jsp）

```
// 指定页面访问路径
@GetMapping("/page")
public ModelAndView page() {
   ModelAndView mav = new ModelAndView("formatter");
   return mav;
}
```

```
// 获取格式化参数
@PostMapping("/formatter")
public Map<String, Object> format(
    // 日期格式化
    @RequestParam("date") @DateTimeFormat(iso=ISO.DATE) Date date,
    // 数字格式化
    @RequestParam("amount") @NumberFormat(pattern="#,###.##") Double amount) {
    Map<String, Object> result = new HashMap<>();
    result.put("date", date);
    result.put("amount", amount);
    return result;
}
```

通过注解@DateTimeFormat、注解@NumberFormat 和 iso 配置的格式，处理器就能够将参数通过对应的格式化器进行转换，传递给控制器了。这里 HTTP 传递的参数为 date 和 amount，采用了注解@RequestParam 来获取，这样便能够拿到对应的请求参数了。参数可以是一个 POJO，而不单单是一个日期或者数字，我们要给 POJO 加入对应的注解，比如日期和数字 POJO，如代码清单 18-15 所示。

代码清单 18-15：日期和数字格式化 POJO

```
package com.learn.ssm.chapter18.pojo;

/**** imports ****/
public class FormatPojo {

    @DateTimeFormat(iso = DateTimeFormat.ISO.DATE)
    private Date date;

    @NumberFormat(pattern = "##,###.00")
    private BigDecimal amount;

    /**** setters and getters ****/
}
```

同时，大家可以看到，代码给对应的需要转换的属性上加入了注解，Spring 的处理器会根据注解使用对应的转换器，按照配置转换，此时控制器方法的参数可以定义为一个 POJO。为此在 ConversionController 原有的基础上再增加一个方法，它将使用一个 POJO 接收参数，如代码清单 18-16 所示。

代码清单 18-16：接收 POJO 参数

```
// 通过 POJO 获取格式化参数
@PostMapping("/formatter/pojo")
public FormatPojo formatPojo(FormatPojo pojo) {
    return pojo;
}
```

这里需要将 formatter.jsp 提交的路径修改为“./formatter/pojo”，然后重新测试，如图 18-8 所示。

在参数比较多的时候，使用 POJO 的方式接收参数是比较好的方案，它能够有效提高可读性和可维护性。

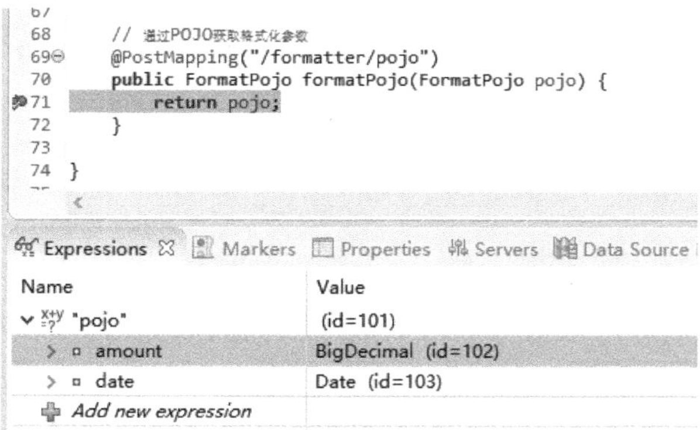

```
68      // 通过POJO获取格式化参数
69⊖     @PostMapping("/formatter/pojo")
70      public FormatPojo formatPojo(FormatPojo pojo) {
71          return pojo;
72      }
73
74  }
```

Name	Value
"pojo"	(id=101)
amount	BigDecimal (id=102)
date	Date (id=103)
Add new expression	

图 18-8　测试接收 POJO 参数

18.1.6　HttpMessageConverter 消息转换器

到这里还没有解释@RequestBody 这个注解为何能够解析媒体类型为 JSON 的请求体，以及为什么注解@ResponseBody 和@RestController 返回的结果能够直接转换为 JSON 的媒体类型。在 Spring MVC 中，它们是通过 HttpMessageConverter 消息转换器来实现的。

HttpMessageConverter 的作用有两个，一是接收并转换 HTTP 请求体的内容；二是转换控制器方法返回值。HttpMessageConverter 接口定义如代码清单 18-17 所示。

代码清单 18-17：HttpMessageConverter 接口定义

```
package org.springframework.http.converter;

/**** imports****/
public interface HttpMessageConverter<T> {

    // 判断类型是否可读，clazz 是 Java 具体的类， mediaType 是 HTTP 的媒体类型
    boolean canRead(Class<?> clazz, MediaType mediaType);

    // 判断类型是否可写，clazz 是 Java 具体的类， mediaType 是 HTTP 的媒体类型
    boolean canWrite(Class<?> clazz, MediaType mediaType);

    // 返回可支持 HTTP 的媒体类型
    List<MediaType> getSupportedMediaTypes();

    // 读取数据类型，进行转换，clazz 是 Java 具体的类，inputMessage 是 HTTP 请求消息
    T read(Class<? extends T> clazz, HttpInputMessage inputMessage)
          throws IOException, HttpMessageNotReadableException;

    // 消息写，contentType 是 HTTP 响应类型，outputMessage 是 HTTP 的应答消息
    void write(T t, MediaType contentType, HttpOutputMessage outputMessage)
          throws IOException, HttpMessageNotWritableException;

}
```

对于接口所定义的几个方法，代码中已经加入了中文注释，相信大家也不难理解。在大部分情况下，都不需要实现它们，因为 Spring MVC 中已经提供了许多实现类。HttpMessageConverter 是一个比较广的设计，虽然 Spring MVC 实现它的类有很多种，但是真正在工作和学习中使用得比较多的只有 MappingJackson2HttpMessageConverter，这是一个关于 JSON 消息的转换类，通过它能够让控制器参数接收 JSON 数据，又或者将控制器返回的结果在

处理器内转换为 JSON 数据。MappingJackson2HttpMessageConverter 的实现，如图 18-9 所示。

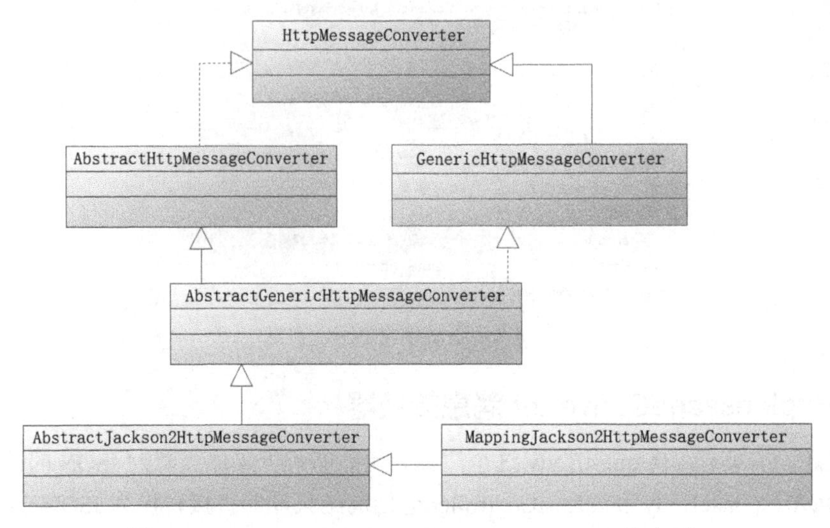

图 18-9　MappingJackson2HttpMessageConverter 的实现

在 Spring 5（含）之后，在 RequestMappingHandlerAdapter 的初始化过程中，Spring MVC 会自动初始化 MappingJackson2HttpMessageConverter，所以并不需要我们注册。当然如果是在此之前的版本则需要自行注册，此时如果使用 Java 代码注册，可以继承抽象类 WebMvcConfigurerAdapter（也可以实现 WebMvcConfigurer 接口，但是在 Java 8 之前实现 WebMvcConfigurer 接口，需要编写很多方法，使用起来不是太便利），然后覆盖其 configureMessageConverters 方法或者 extendMessageConverters 方法，关于这两个方法的定义如下：

```
/**
 * 取消默认注册的 HttpMessageConverter，
 * 只是使用这个方法的 HttpMessageConverter
 * @param converters HttpMessageConverter 列表
 */
@Override
public void configureMessageConverters(
        List<HttpMessageConverter<?>> converters) {
}

/**
 * 在原有默认注册的 HttpMessageConverter 上，
 * 添加这个方法的注册的 HttpMessageConverter
 * @param converters HttpMessageConverter 列表
 */
@Override
public void extendMessageConverters(
        List<HttpMessageConverter<?>> converters) {
}
```

显然，configureMessageConverters 方法是覆盖掉默认的 HttpMessageConverter，而 extendMessageConverter 方法是在原有的基础上添加自定义的 HttpMessageConverter。可见 extendMessageConverter 方法会使用的更多，这样我们就可以像代码清单 18-18 这样注册自定义

的 HttpMessageConverter 了。

代码清单 18-18：添加自定义的 HttpMessageConverter

```
package com.learn.ssm.chapter18.config;

/**** imports ****/
@Configuration
// 也可以实现继承抽象类 WebMvcConfigurerAdapter，覆盖 extendMessageConverters 方法
public class SpringMvcConfiguration implements WebMvcConfigurer {

    ......

    /**
     * 在原有默认注册的 HttpMessageConverter 上，
     * 添加这个方法的注册的 HttpMessageConverter
     * @param converters HttpMessageConverter 列表
     */
    @Override
    public void extendMessageConverters(
            List<HttpMessageConverter<?>> converters) {
        // 添加 JSON 转换器
        converters.add(new MappingJackson2HttpMessageConverter());
    }

}
```

有了这个 HttpMessageConverter，当我们在控制器中加入了注解@ResponseBody 或@ResponseController 时，Spring MVC 便会将应答请求转变为关于 JSON 的类型。这意味着处理器会在控制器返回结果后，遍历其注册的多个 HttpMessageConverter 实例，根据每个实例的 canWrite 方法进行判断，如果返回 true，则采用该实例转换方法返回的结果。由于 MappingJackson2HttpMessageConverter 支持 JSON 数据的转换，它和注解@ResponseBody 或@ResponseController 的媒体类型一致，因此 Spring MVC 采用 MappingJackson2HttpMessageConverter 处理控制器返回的结果，这样就能让处理器将控制器返回的结果转换为 JSON 数据集了。对于注解@RequestBody 也是类似的处理，通过 MappingJackson2HttpMessageConverter 接收请求体，将其转换为控制器的参数。需要注意的是，此时在 Spring MVC 的流程中返回的 ModelAndView 为 null，所以也就没有后面视图渲染的过程了。换句话说，Spring MVC 处理这样的流程，在处理器阶段就已经完成了。

当然如果读者使用 XML 配置，也是可以的，比如使用代码清单 18-19 代替代码清单 18-18 的内容。

代码清单 18-19：通过 XML 添加自定义的 HttpMessageConverter

```
<mvc:annotation-driven
   conversion-service="conversionService">
   <mvc:message-converters>
      <bean

class="org.springframework.http.converter.json.MappingJackson2HttpMessageConver
ter" />
   </mvc:message-converters>
</mvc:annotation-driven>
```

这里的添加方法使用了命名空间，也是比较方便的。

对于 MappingJackson2HttpMessageConverter 的应用十分简单，只需要注解@RequestBody、@ResponseBody 或@RestController 就可以了。当遇到这三个注解的时候，Spring MVC 会将接收或者响应类型转变为 JSON 媒体类型，然后通过媒体类型找到配置的 MappingJackson2HttpMessageConverter 进行转换。这三个注解都使用了类 RequestResponseBodyMethodProcessor 作为处理的参数和结果解析器，这个类分别实现了处理器参数解析接口 HandlerMethodArgumentResolver 和处理器返回结果解析接口 HandlerMethodReturnValueHandler，并且在 RequestMappingHandlerAdapter 中获得了初始化，有兴趣的读者可以自行阅读 RequestMappingHandlerAdapter 源码，获得更多的内容。

HttpMessageConverter 是 Spring MVC 用处较广的设计，主要作用在于请求体和响应体的处理。对于一些内部属性的转换，它还会用到 Spring Core 项目提供的 Converter 和 GenericConverter，以及 Spring Context 包的 Formatter 机制。

18.2 拦截器

拦截器是 Spring MVC 中强大的控件，它可以在进入处理器前后或者请求完成之时，甚至在渲染视图后加入自己的逻辑。让我们回到代码清单 18-1 中，从代码中可以看到返回的是 HandlerExecutionChain，它包含了拦截器和处理器。下一步我们要考虑拦截器是怎么定义的，它是如何插入执行的流程中的？历史上 Spring 的处理拦截器发生了较大的变化，本书只讨论 Spring 4 版本之后的拦截器。

18.2.1 拦截器的定义

Spring 要求处理器的拦截器都要实现接口 org.springframework.web.servlet.HandlerInterceptor，这个接口定义了 3 个方法，如代码清单 18-20 所示。

代码清单 18-20：HandlerInterceptor 接口定义

```
package org.springframework.web.servlet;

/**** imports ****/
public interface HandlerInterceptor {

   /**
    * 在调用处理器之前执行，如果返回 false，则终止此次请求
    * @param request 当前 HTTP 请求
    * @param response 当前 HTTP 响应
    * @param handler 被拦截的处理器
    * @return 假如返回 true，则进入下一步，否则结束当前请求
    * @throws Exception 如果存在错误，则抛出异常
    */
   default boolean preHandle(HttpServletRequest request,
          HttpServletResponse response, Object handler)
          throws Exception {

      return true;
   }

   /**
```

```
     * 调用处理器后的方法
     * @param request 当前 HTTP 请求
     * @param response 当前 HTTP 响应
     * @param handler 被拦截的处理器
     * @param modelAndView 模型和视图
     * @throws Exception 如果存在错误，则抛出异常
     */
    default void postHandle(HttpServletRequest request,
          HttpServletResponse response, Object handler,
          @Nullable ModelAndView modelAndView) throws Exception {
    }

    /**
     * 在 DispatcherServlet 处理请求后（也就是执行视图渲染后）执行
     * * @param request 当前 HTTP 请求
     * @param response 当前 HTTP 响应
     * @param handler 被拦截的处理器
     * @param ex 执行过程中产生的异常
     * @throws Exception 如果存在错误，则抛出异常
     */
    default void afterCompletion(HttpServletRequest request,
          HttpServletResponse response, Object handler,
          @Nullable Exception ex) throws Exception {
    }

}
```

这里展示的是 Java 8（含）后的版本，在此之前由于接口不存在默认方法，所以一般可以通过继承抽象类 HandlerInterceptorAdapter 实现同样的效果。HandlerInterceptorAdapter 和代码清单 18-20 的内容接近，也提供默认的空实现，从而简化开发。

18.2.2 单个拦截器的执行流程

18.1.1 节谈到了拦截器的 3 个方法，我们还需要知道拦截器的执行流程，拦截器可能不止一个，后面会谈到多个拦截器的流程，单个拦截器的流程如图 18-10 所示。

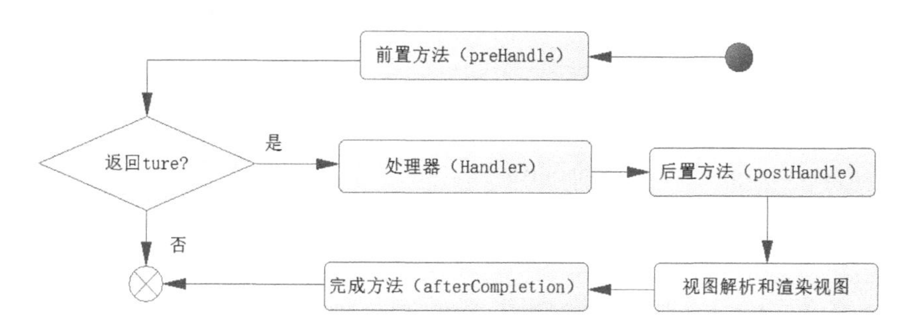

图 18-10　单个拦截器的执行流程

在进入处理器之前或者之后处理一些逻辑，或者在渲染视图之后处理一些逻辑，都是被允许的。有时候我们要自己实现一些拦截器，以加强请求的功能。注意，当前置方法返回 false 时，就不会再执行后面的逻辑了。在拦截器中可以完成前置方法、后置方法和完成方法的相关逻辑。至此我们明确了单个拦截器的执行流程，下面举例说明拦截器的使用方法。

18.2.3 开发拦截器

在开发拦截器之前，要先了解拦截器的设计，拦截器必须实现 HandlerInterceptor 接口，而 Spring 也为增强功能开发了多个拦截器。SpringMVC 拦截器的设计，如图 18-11 所示。

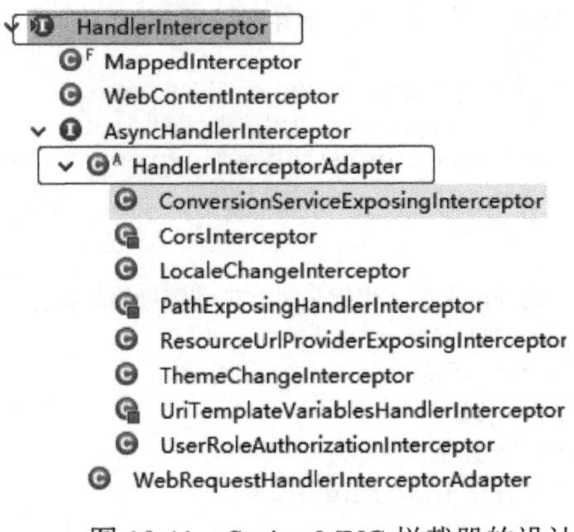

图 18-11 Spring MVC 拦截器的设计

注意，当 XML 配置文件加入了元素<mvc:annotation-driven>或者使用 Java 配置并使用注解@EnableWebMvc 时，系统就会初始化拦截器 ConversionServiceExposingInterceptor，它是个一开始就被 Spring MVC 系统默认加载的拦截器，它的主要作用是根据配置在控制器上的注解完成对应的功能。Spring MVC 提供公共拦截器适配器 HandlerInterceptorAdapter，在 JDK 8 之前继承这个适配器可以得到拦截器三个方法的空实现，在 Spring 5 后，我们可以直接实现 HandlerInterceptor 接口，因为它给予了默认实现的方法。

我们编写一个拦截器进行测试，如代码清单 18-21 所示。

代码清单 18-21：角色拦截器

```
package com.learn.ssm.chapter18.interceptor;

/**** imports ****/

public class RoleInterceptor implements HandlerInterceptor {

   @Override
   public boolean preHandle(HttpServletRequest request,
         HttpServletResponse response, Object handler)
         throws Exception {
      System.out.println("preHandle");
      return true;
   }

   @Override
   public void postHandle(HttpServletRequest request,
         HttpServletResponse response, Object handler,
         ModelAndView modelAndView) throws Exception {
      System.out.println("postHandle");
   }

   @Override
   public void afterCompletion(HttpServletRequest request,
         HttpServletResponse response, Object handler, Exception ex)
         throws Exception {
```

```
        System.out.println("afterCompletion");
    }
}
```

逻辑比较简单，它只是打印一些很简单的信息，需要进一步配置才能为我们所用。如果使用 Java 配置，那么可以使用之前的 SpringMvcConfiguration，它实现了接口 WebMvcConfigurer，这个接口中定义了添加拦截器的 addInterceptors 方法，其声明如下：

```
/**
* 注册拦截器
* @param registry 拦截器注册机
*/
default void addInterceptors(InterceptorRegistry registry) {
}
```

通过它可以加入自定义 RoleInterceptor，如代码清单 18-22 所示。

代码清单 18-22：添加自定义拦截器

```
public void addInterceptors(InterceptorRegistry registry) {
    registry
        // 添加自定义拦截器
        .addInterceptor(new RoleInterceptor())
        // 配置拦截器拦截的范围
        .addPathPatterns("/role/**");
}
```

先在注册机中添加我们自定义的拦截器，再配置拦截的范围，这样凡是匹配 ANT 风格"/role/**"的请求都会被它拦截。有时候，读者可能使用 XML 配置 Spring，那么此时可以在 Spring MVC 的配置文件（比如 dispatcher-servlet.xml）中加入代码清单 18-23 的片段。

代码清单 18-23：使用 XML 添加自定义拦截器

```
<!-- 配置拦截器 -->
<mvc:interceptors>
    <mvc:interceptor>
        <!-- 配置拦截范围 -->
        <mvc:mapping path="/role/**"/>
        <!-- 拦截器全限定名 -->
        <bean class="com.learn.ssm.chapter18.interceptor.RoleInterceptor" />
    </mvc:interceptor>
</mvc:interceptors>
```

用命名空间元素<mvc:interceptors>配置拦截器，可以配置多个拦截器。元素<mvc:mapping>的属性 path 是告诉 Spring MVC 拦截器拦截的请求，它会使用 ANT 风格匹配；<bean>元素配置了拦截器的全限定名，指定了具体的拦截器。这样也可以完成一个简单的拦截器的开发，读者可以自行测试。

18.2.4 多个拦截器执行的顺序

上面的内容只是展示了一个拦截器的情况，在多个拦截器下，又会以一个怎么样的顺序执行呢？下面讨论所有拦截器 preHandle 方法返回 true 的情况，先建 3 个拦截器，如代码清单 18-24 所示。

代码清单 18-24：定义多个拦截器

```
/******** RoleInterceptor1 ********/
package com.learn.ssm.chapter18.interceptor;

/**** imports ****/

public class RoleInterceptor1 implements HandlerInterceptor {
   @Override
   public boolean preHandle(HttpServletRequest request,
         HttpServletResponse response, Object handler)
         throws Exception {
      System.out.println("preHandle 1");
      return true;
   }

   @Override
   public void postHandle(HttpServletRequest request,
         HttpServletResponse response, Object handler,
         ModelAndView modelAndView) throws Exception {
      System.out.println("postHandle 1");
   }

   @Override
   public void afterCompletion(HttpServletRequest request,
         HttpServletResponse response, Object handler, Exception ex)
         throws Exception {
      System.out.println("afterCompletion 1");
   }
}


/******** RoleInterceptor2 ********/
package com.learn.ssm.chapter18.interceptor;

/**** imports ****/

public class RoleInterceptor2 implements HandlerInterceptor {
   @Override
   public boolean preHandle(HttpServletRequest request,
         HttpServletResponse response, Object handler)
         throws Exception {
      System.out.println("preHandle 2");
      return true;
   }

   @Override
   public void postHandle(HttpServletRequest request,
         HttpServletResponse response, Object handler,
         ModelAndView modelAndView) throws Exception {
      System.out.println("postHandle 2");
   }

   @Override
   public void afterCompletion(HttpServletRequest request,
         HttpServletResponse response, Object handler, Exception ex)
         throws Exception {
      System.out.println("afterCompletion 2");
   }
}

/******** RoleInterceptor3 ********/
```

```
package com.learn.ssm.chapter18.interceptor;

/**** imports ****/

public class RoleInterceptor3 implements HandlerInterceptor {
   @Override
   public boolean preHandle(HttpServletRequest request,
         HttpServletResponse response, Object handler)
         throws Exception {
      System.out.println("preHandle 3");
      return true;
   }

   @Override
   public void postHandle(HttpServletRequest request,
         HttpServletResponse response, Object handler,
         ModelAndView modelAndView) throws Exception {
      System.out.println("postHandle 3");
   }

   @Override
   public void afterCompletion(HttpServletRequest request,
         HttpServletResponse response, Object handler, Exception ex)
         throws Exception {
      System.out.println("afterCompletion 3");
   }
}
```

它们通过实现 HandlerInterceptor 接口来覆盖拦截器的 3 个方法，并打印出数字以区别它们，为顺序测试奠定了基础。这时可以修改 SpringMvcConfiguration，将这些拦截器按顺序加入系统，如代码清单 18-25 所示。

代码清单 18-25：添加多个拦截器

```
public void addInterceptors(InterceptorRegistry registry) {
   registry
         // 添加自定义拦截器
         .addInterceptor(new RoleInterceptor1())
         // 配置拦截器拦截的范围
         .addPathPatterns("/role/**");
   registry
         // 添加自定义拦截器
         .addInterceptor(new RoleInterceptor2())
         // 配置拦截器拦截的范围
         .addPathPatterns("/role/**");
   registry
         // 添加自定义拦截器
         .addInterceptor(new RoleInterceptor3())
         // 配置拦截器拦截的范围
         .addPathPatterns("/role/**");
}
```

如果读者使用的是 XML 配置，也是可行的，配置如下：

```
<!-- 配置拦截器 -->
<mvc:interceptors>
   <mvc:interceptor>
      <!-- 拦截路径 -->
```

```
        <mvc:mapping path="/role/**"/>
        <!-- 拦截器全限定名 -->
        <bean class="com.learn.ssm.chapter18.interceptor.RoleInterceptor1" />
    </mvc:interceptor>
    <mvc:interceptor>
        <!-- 拦截路径 -->
        <mvc:mapping path="/role/**"/>
        <!-- 拦截器全限定名 -->
        <bean class="com.learn.ssm.chapter18.interceptor.RoleInterceptor2" />
    </mvc:interceptor>
    <mvc:interceptor>
        <!-- 拦截路径 -->
        <mvc:mapping path="/role/**"/>
        <!-- 拦截器全限定名 -->
        <bean class="com.learn.ssm.chapter18.interceptor.RoleInterceptor3" />
    </mvc:interceptor>
</mvc:interceptors>
```

对其进行测试可以看到运行的日志轨迹如下：

```
preHandle 1
preHandle 2
preHandle 3
......
 postHandle 3
postHandle 2
postHandle 1
......
afterCompletion 3
afterCompletion 2
afterCompletion 1
```

在正常情况下，Spring 会从第一个拦截器开始进入前置方法，这样前置方法是按配置顺序运行的，先运行处理器的代码，后运行后置方法。注意，后置方法和完成方法是按照配置逆序运行的，这和责任链模式的运行顺序是一致的，掌握了责任链模式这个顺序就好理解了。

有些时候，前置方法可能返回 false，那么返回 false 会怎么样呢？将 RoleInterceptor2 中的 preHandle 方法修改为返回 false，然后测试，其日志结果如下：

```
preHandle 1
preHandle 2
afterCompletion 1
```

注意，当其中的一个 preHandle 方法返回 false 后，按配置顺序，后面的 preHandle 方法都不会运行了，而控制器方法和所有的后置方法 postHandle 也不会再运行，只是执行过 preHandle 方法且该方法返回 true 的拦截器的完成方法（afterCompletion）会按照配置的逆序运行。

18.3 为控制器添加通知

与 Spring AOP 一样，Spring MVC 也能够给控制器添加通知，它主要涉及以下 4 个注解。

- **@ControllerAdvice**：可用于标识类，用以标识该类为控制器通知，它将给对应的控制器织入通知。

- **@InitBinder**：用于标注方法，可以在控制器方法之前运行，用于请求参数属性编辑，一般可以定制属性编辑器或者做数据验证，比如可以定制日期格式等。
- **@ExceptionHandler**：用于标注方法，通过它可以注册一个控制器异常处理方法，使得控制器发生注册的异常时，都跳转到该方法上。
- **@ModelAttribute**：是一种针对数据模型的注解，它先于控制器方法运行，当标注方法返回对象时，它会保存到数据模型中。

为了熟悉控制器通知的使用，我们先开发一个控制器通知，如代码清单 18-26 所示。

代码清单 18-26：添加多个拦截器

```
package com.learn.ssm.chapter18.advice;

/**** imports ****/

// 标识控制器通知
@ControllerAdvice(
      // 指定拦截对应的包下的控制器
      basePackages = { "com.learn.ssm.chapter18.controller.advice" },
      // 限定拦截类的注解
      annotations = { RestController.class, Controller.class })
public class CommonControllerAdvice {

   // 定义 HTTP 对应参数处理规则
   @InitBinder
   public void initBinder(WebDataBinder binder) {
      // 针对日期类型的格式化，其中 CustomDateEditor 是客户自定义的编辑器
      // 它的 boolean 参数表示是否允许为空
      binder.registerCustomEditor(Date.class,
         new CustomDateEditor(new SimpleDateFormat("yyyy-MM-dd"), false));
   }

   // 在控制器方法前运行，为数据模型加入属性
   @ModelAttribute
   public void populateModel(Model model) {
      model.addAttribute("projectName", "chapter18");
   }

   // 异常处理，使得被拦截的控制器方法发生异常时，都能用相同的视图响应
   @ExceptionHandler(Exception.class)
   public String exception() {
      return "exception";
   }

}
```

首先，注解@ControllerAdvice 标识这个类是控制器通知，而注解@ControllerAdvice 已经标记了@Component，所以 Spring MVC 在扫描的时候就会将其放置到 Spring IoC 容器中，而它的属性 basePackages 是指定拦截的控制器。其次，通过注解@InitBinder 可以获得一个参数——WebDataBinder，通过对 HandlerMethodArgumentResolver 的学习，我们知道它主要是在数据绑定中使用的，这里使用了关于日期的 CustomDateEditor，并且指定格式为“yyyy-MM-dd”，它还允许自定义验证器，在第 16 章也谈到了这个过程，它的作用是允许添加参数的转换和验证规则，这样被拦截的控制器关于日期对象的参数，都会被它处理，就不需要我们自己制定 Formatter

了。再次，注解@ModelAttribute 是关于数据模型的，它会在进入控制器方法前运行，加入一个键值对属性——"projectName"->"chapter18"。最后，注解@ExceptionHandler 的作用是在被拦截的控制器发生异常后，如果异常匹配，就使用该方法处理，返回字符串“exception”，它会找到对应的 JSP 响应，这样就可以避免异常页面的不友好了。有了这个控制器通知，不妨使用控制器进行测试，如代码清单 18-27 所示。

代码清单 18-27：测试控制器通知

```
package com.learn.ssm.chapter18.controller.advice;

/**** imports ****/

// REST 风格控制器
@RestController
@RequestMapping("/advice")
public class MyAdviceController {
   /***
    * 测试控制器通知
    * @param date  日期，在注解@initBinder 绑定的方法有注册格式
    * @param amount 金额，通过注解@NumberFormat 绑定格式
    * @param model 数据模型，注解@ModelAttribute 的方法会先于请求方法运行
    * @return Map 数据集
    */
   @RequestMapping("/model/attribute/{date}/{amount}")
   public Map<String, Object> testAdvice(@PathVariable("date") Date date,
         @PathVariable("amount")
         @NumberFormat(pattern = "##,###.00") BigDecimal amount,
         Model model) {
      Map<String, Object> map = new HashMap<String, Object>();
      // 由于注解@ModelAttribute 的通知会在控制器方法前运行
      // 所以这样也会取到数据
      map.put("project_name", model.asMap().get("projectName"));
      SimpleDateFormat sdf = new SimpleDateFormat("yyyy-MM-dd");
      map.put("date", sdf.format(date));
      map.put("amount", amount);
      return map;
   }

   /**
    * 异常测试
    */
   @RequestMapping("/exception")
   public void exception() {
      throw new RuntimeException("测试异常跳转");
   }
}
```

这个控制位于控制器通知所扫描的包（com.learn.ssm.chapter18.controller.advice）下，它将被通知拦截。在 testAdvice 方法中，日期并没有加入格式化，因为在通知那里被注解@InitBinder 标注的通知方法已经加入，所以无须重复加载。参数 model 实际上在进入方法前由于运行了通知，被标注了@ModelAttribute 的方法，所以它会有一个数据模型键值对（"projectName"->"chapter18"），这样我们就能从数据模型中获取数据了。exception 方法就是为了测试异常而设置的方法，依据通知，当发生异常的时候将使用对应的 JSP 作为响应，这样界面就更为友好了。图 18-12 是笔者对 testAdvice 方法的测试。

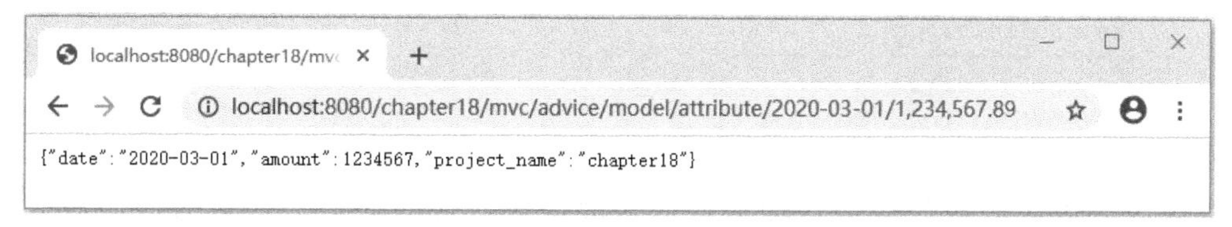

图 18-12　测试控制器通知

图 18-12 中传递的日期参数和通过注解@ModelAttribute 所设置的参数都可以获取了，这就是控制器的通知功能起到的作用。

而事实上，控制器（注解@Controller 或者@RestController）也可以使用注解@InitBinder、@ExceptionHandler、@ModelAttribute。注意，它只对于当前控制器有效，对于注解@ModelAttribute 的功能，上面只是谈到了一点，这里需要更为详细地讨论它。我们之前谈过，它是一个和数据模型有关的注解，可以给它变量名称（一个字符串），当它返回值的时候，就能够保存到数据模型中了，这样就可以通过它和变量名称获取数据模型的数据了，代码清单 18-28 演示了这个过程。

代码清单 18-28：测试控制器通知

```
package com.learn.ssm.chapter18.controller;

/**** imports ****/

@RestController
@RequestMapping("/role")
public class RoleController {

   @Autowired
   private RoleService roleService = null;

   /**
    * 在进入控制器方法前运行，
    * 先从数据库中查询角色，然后以键 role 保存角色对象到数据模型
    *
    * @param id 角色编号
    * @return 角色
    */
   @ModelAttribute("role")
   public Role initRole(
         @PathVariable(value = "id", required = false) Long id) {
      // 判断 id 是否合法
      if (id == null || id < 1) {
         return null;
      }
      Role role = roleService.getRole(id);
      return role;
   }

   /**
    * @ModelAttribute 注解从数据模型中取出数据，
    *
    * @param role 从数据模型中取出的角色对象
    * @return 角色对象
    */
   @GetMapping("/info/{id}")
   public Role getRole(@ModelAttribute("role") Role role) {
```

```
        return role;
    }
}
```

注意，这个控制器并不在控制器通知 CommonControllerAdvice 的注解@ControllerAdvice 所指定的扫描包内，所以不会被公共通知拦截。因此它内部的注解@ModelAttribute 只是针对当前控制器起作用，它所注解的方法会在控制器之前运行。这里定义变量名为 role，这样在运行这个方法之后，返回查询的角色对象，系统就会把返回的角色对象以键 role 保存到数据模型。getRole 方法的角色参数也只需要注解@ModelAttribute 通过变量名 role 取出即可，这样就完成了参数传递。

18.4 处理异常

控制器的通知注解@ExceptionHandler 可以处理异常，这点之前我们已经讨论过。此外，Spring MVC 提供了其他的异常处理机制，通过使用它们可以获取更为精确的信息，方便定位问题。在默认的情况下，Spring 会将自身产生的异常转换为合适的状态码，通过这些状态码可以进一步确定异常发生的原因，便于找到对应的问题，如表 18-2 所示。

表 18-2 Spring 中一部分异常的默认状态码

Spring 异常	状 态 码	备 注
BindException	400-Bad Request	数据绑定异常
ConversionNotSupportedException	500-Internal Server Error	数据类型转换异常
HttpMediaTypeNotSupportedException	406-Not Acceptable	HTTP 媒体类型不可接受异常
HttpMediaTypeNotSupportedException	415-Unsupported Media Type	HTTP 媒体类型不支持异常
HttpMessageNotReadableException	400-Bad Request	HTTP 消息不可读异常
HttpMessageNotWritableException	500-Internal Server Error	HTTP 消息不可写异常
HttpRequestMethodNotSupportedException	405-Method Not Allowed	HTTP 请求找不到处理方法异常，往往是 HandlerMapping 找不到控制器或其方法响应
MethodArgumentNotValidException	400-Bad Request	控制器方法参数无效异常，一般是参数方面的问题
MissingServletRequestParameterException	400-Bad Request	缺失参数异常
MissingServletRequestPartException	400-Bad Request	方法中表明了采用“multipart/form-data”请求，而实际不是该请求
TypeMismatchException	400-Bad Request	当设置一个 POJO 属性的时候，发现类型不对

表 18-2 中只列举了一些异常映射码，而实际上会更多，关于它们的定义可以看源码的枚举类 org.springframework.http.HttpStatus，这里不再一一展示。有些时候可以自定义一些异常，比如可以定义一个找不到角色信息的异常，如代码清单 18-29 所示。

代码清单 18-29：定义角色异常

```
package com.learn.ssm.chapter18.exception;

/**** imports ****/
// 角色异常
```

```
public class RoleException extends RuntimeException {

   private static final long serialVersionUID = 5040949196309781680L;
}
```

这里定义了一个角色异常，接着就可以使用它了，如代码清单 18-30 所示。

代码清单 18-30：使用角色异常

```
@GetMapping("/found/{id}")
public Role notFound(@PathVariable("id") Long id) {
   Role role = roleService.getRole(id);
   // 找不到角色信息抛出 RoleException
   if (role == null) {
      throw new RoleException();
   }
   return role;
}

// 当前控制器发生 RoleException 异常时，进入该方法
@ExceptionHandler(RoleException.class)
@ResponseStatus( // 定义响应码和异常原因
      // 响应码
      code = HttpStatus.NOT_FOUND,
      // 异常原因
      reason = "找不到角色信息异常!! ")
public void handleRoleException(RoleException e) {
}
```

notFound 方法先从角色编号查找角色信息，如果失败，就抛出 RoleException。当抛出异常后，Spring MVC 就会找到被标注@ExceptionHandler 的方法，如果和配置的异常匹配，那么就进入该方法。注解@ResponseStatus 中的 code 是配置 HTTP 的响应码， reason 则是配置产生异常的原因。注意，由于我们只是在当前控制器上加入，所以这个规则只对当前控制器内部有效。当发生了 RoleException 时，会用 handleRoleException 方法处理。

18.5　国际化

有些时候可能需要国际化，比如一个跨国公司的网站可能涉及多个国家的用户，多语言是必然的，这便涉及了国际化的问题。除了语言，国际化还要考虑时区、国家习俗等因素，在 Spring MVC 中对国际化也做了良好的支持。有时候我们也简称国际化为 i18n，其来源是英文单词 internationalization（除去这个单词首尾字母 i 和 n，剩下 18 个中间的字母，i18n 就是这样来的）。

18.5.1　概述

先熟悉一下 Spring MVC 的国际化原理。DispatcherServlet 会解析一个 LocaleResolver 接口对象，通过它来决定用户区域（User Locale），读出对应用户系统设定的内容或者用户的选择，以确定采用何种国际化策略。注意，DispatcherServlet 只能注册一个 LocaleResolver 接口对象，LocaleResolver 接口在 Spring MVC 中存在多个实现类，以满足不同的需要，它们之间的关系如图 18-13 所示。

图 18-13　LocaleResolver 接口及其实现类

LocaleResolver 是一个接口，当 DispatcherServlet 初始化的时候会解析它的一个实现类，而 LocaleResolver 的主要作用是实现解析 HTTP 请求的上下文，用某种策略确定国际化方案。所以在 LocaleResolver 的基础上，Spring 还扩展了 LocaleContextResolver，它加强了用户国际化方面的功能，包括语言和时区等。CookieLocalResolver 主要使用浏览器的 Cookie 实现国际化，而 Cookie 有时候需要通过服务器写入浏览器，所以它会继承一个产生 Cookie 的类——CookieGenerator。FixedLocaleResolver 和 SessionLocaleResolver 有公共的方法，所以提取出了公共的父类 AbstractLocaleContextResolver，它是一个能够提供语言和时区的抽象类，它的语言功能继承了 AbstractLocaleResolver，而时区的实现扩展了 LocaleContextResolver 接口，这就是国际化的整个体系。下面，我们简述 4 个实现类在国际化上的策略。

- **AcceptHeaderLocaleResolver**：Spring 默认的国际化解析器，通过检验 HTTP 请求的 accept-language 头部来解析。这个头部由用户的 Web 浏览器根据底层操作系统的区域设置设定。注意，这个区域解析器无法改变用户的区域，因为它无法修改用户操作系统和浏览器的区域设置，这些只能由用户自行修改，因此它并不需要开发，也就没有讨论的必要。
- **FixedLocaleResolver**：使用固定 Locale 国际化，不可修改 Locale，可以由开发者提供固定的规则，一般不用，且比较简单，本书不再讨论。
- **CookieLocaleResolver**：根据 Cookie 上下文获取国际化数据，用户可以删除或者不启用 Cookie，在这种情况下，它会根据 HTTP 头部参数 accept-language 确定国际化。
- **SessionLocaleResolver**：使用 Session 存储国际化内容，也就是根据用户 Session 的参数读取区域设置，所以它是可变的。如果没有设置 Session 参数，那么它会使用开发者设置的默认值。

从上面的论述中可以看到，只有 CookieLocaleResolver 和 SessionLocaleResolver 才能通过 Cookie 或者 Session 修改国际化；而 AcceptHeaderLocaleResolver 和 FixedLocaleResolver 是固定的。显然在国际化上使用较多的是 CookieLocaleResolver 和 SessionLocaleResolver，因此我们只讨论这两个 LocaleResolver 的使用。

为了修改国际化，Spring MVC 还提供了一个国际化的拦截器——LocaleChangeInterceptor，通过它可以获取参数，既可以通过 CookieLocaleResolver 使用浏览器的 Cookie 实现国际化，也可以用 SessionLocaleResolver 通过服务器的 Session 实现国际化。使用 Cookie 的问题是用户可以删除或者禁用 Cookie，所以它并非那么可靠，而使用 Session 虽然可靠，但是又存在过期的问题。在讨论国际化之前，还需要讨论如何加载国际化文件，在 Spring MVC 中通过

MessageSource 接口来加载国际化文件。

18.5.2　MessageSource 接口

MessageSource 接口是 Spring MVC 为了加载消息而设置的，我们通过它来加载对应的国际化属性文件，与它相关的结构如图 18-14 所示。

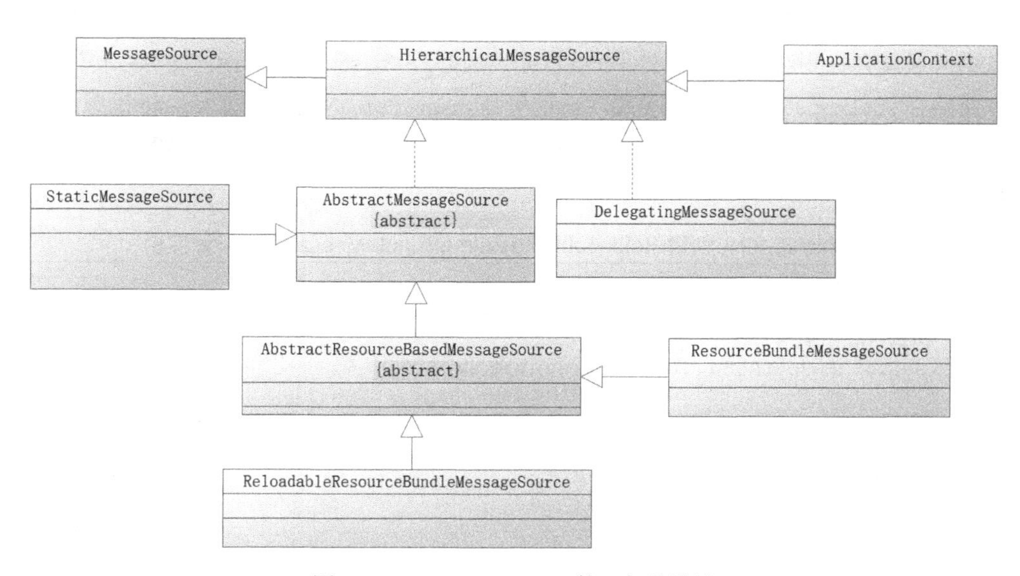

图 18-14　MessageSource 接口相关设计

Spring MVC 提供了 4 个非抽象的实现类。其中，StaticMessageSource 类是一种静态的消息源，DelegatingMessageSource 实现的是一个代理功能，这两者在实际应用中使用并不多；ResourceBundleMessageSource 和 ReloadableResourceBundleMessage Source 在实际应用中使用较多，我们着重介绍它们。

ResourceBundleMessageSource 和 ReloadableResourceBundleMessageSource 的区别主要在于：ResourceBundleMessageSource 使用的是 JDK 提供的 ResourceBundle，它只能把文件放置在对应的类路径下，且不具备热加载的功能，也就是需要重启系统才能重新加载消息源文件。而 ReloadableResourceBundleMessageSource 更为灵活，它可以把属性文件放置在任何地方，可以在系统不重新启动的情况下重新加载属性文件，这样就可以在系统运行期间修改并且更新国际化文件，重新定制国际化的消息。

ResourceBundleMessageSource 的实例如代码清单 18-31 所示。

代码清单 18-31：创建 ResourceBundleMessageSource 实例

```
/**
 * 初始化消息源，注意 Bean 名称“messageSource”不可修改
 *
 * @return 国际化消息源
 */
@Bean(name = "messageSource")
public MessageSource initMessageSource() {
   ResourceBundleMessageSource msgSrc
      = new ResourceBundleMessageSource();
   // 设置编码
```

```
    msgSrc.setDefaultEncoding("UTF-8");
    // 设置消息源文件基础名称
    msgSrc.setBasename("msg");
    return msgSrc;
}
```

注意，Bean 的名称被定义为“messageSource”，这个名称是 Spring IoC 容器约定的名称，不可修改，如果修改了它，Spring 就找不到对应的“messageSource”的 Bean 了。当它看到这个名称的时候就会找到对应的属性文件。设置编码为 UTF-8，setBasename 方法可以传递一个文件名（带路径从 classpath 算起）的前缀，在这里是 msg，而后缀则是通过 Locale 确定的。

如果使用 ReloadableResourceBundleMessageSource，那么可以创建它的实例，如代码清单 18-32 所示。

代码清单 18-32：创建 ReloadableResourceBundleMessageSource 实例

```
@Bean(name="messageSource")
public MessageSource initMessageSource2() {
    // 可刷新信息源
    ReloadableResourceBundleMessageSource msgSrc
          = new ReloadableResourceBundleMessageSource();
    // 编码
    msgSrc.setDefaultEncoding("UTF-8");
    // 设置类路径下，以“msg”为基础名称
    msgSrc.setBasename("classpath:msg");
    // 缓存 3600s,相当于 1h，然后刷新
    msgSrc.setCacheSeconds(3600);
    // 缓存 3600×1000ms，相当于 1h，然后刷新
    // msgSrc.setCacheMillis(3600*1000);
    return msgSrc;
}
```

上述代码和 ResourceBundleMessageSource 的内容基本一致，只是它的 setBasename 方法指定了“classpath:msg”，它的意思是在 classpath 下查找前缀为 msg 的属性文件，而事实上还可以指定为非 classpath 下的文件路径。这里设置了 3600s 的探测时间，每隔 3600s，它就会探测属性文件的最后修改时间，如果被修改过则重新加载，这样可以避免系统重新启动。它的默认值被设置为“-1”，表示永远缓存，系统运行期间不再修改，如果默认值被设置为“0”，则每次访问国际化文件时都会探测属性文件的最后修改时间。一般来说，笔者推荐设置一个时间间隔，比如一小时，当然，为了测试可以把数值设置得小一些。

ResourceBundleMessageSource 和 ReloadableResourceBundleMessageSource 都有一个 setBasenames 方法，它的参数是多个 String 型的参数，可以通过它来定义多个属性文件。可以使用 XML 的定义方式配置消息源，如代码清单 18-33 所示。

代码清单 18-33：使用 XML 定义 MessageSource 接口

```
<!-- ResourceBundleMessageSource
    和 ReloadableResourceBundleMessageSource 可二者选其一 -->
<!--
<bean id="messageSource"
    class="org.springframework.context.support.ResourceBundleMessageSource">
    <property name="defaultEncoding" value="UTF-8" />
    <property name="basenames" value="msg" />
</bean>
```

```
-->
<bean id="messageSource"

class="org.springframework.context.support.ReloadableResourceBundleMessageSourc
e">
   <property name="defaultEncoding" value="UTF-8" />
   <property name="basenames" value="classpath:msg" />
   <property name="CacheSeconds" value="3600" />
</bean>
```

从两个类中选择一个作为 MessageSource 接口的实现类。关于消息的定义到这里就结束了，下面我们讨论如何使用它们。

18.5.3 CookieLocaleResolver 和 SessionLocaleResolver

CookieLocaleResolver 和 SessionLocaleResolver 这两个 LocaleResolver 大同小异，所以将它们合并在一节进行讨论。先讨论 CookieLocaleResolver，创建一个 CookieLocaleResolver 对象，可以设置它的两个属性：cookieName 和 maxAge，其中，cookieName 是 Cookie 的属性名称；而 maxAge 是其超时时间，单位为 s。下面以代码清单 18-34 为例进行讨论。

代码清单 18-34：创建 CookieLocaleResolver 实例

```
/**
 * 初始化 Cookie 国际化解析器，注意 Bean 的名称“localeResolver”不可更改
 *
 * @return 国际化解析器
 */
@Bean(name="localeResolver")
public LocaleResolver initCookieLocaleResolver() {
   CookieLocaleResolver clr = new CookieLocaleResolver();
   //cookie 名称
   clr.setCookieName("lang");
   //cookie 超时秒数
   clr.setCookieMaxAge(1800);
   //默认使用简体中文
   clr.setDefaultLocale(Locale.SIMPLIFIED_CHINESE);
   return clr;
}
```

Bean 名称为“localeResolver”，这是一个 Spring MVC 中约定的名称，不能修改它。这里创建了 CookieLocaleResolver，并且用它设置了 Cookie 的属性名称和超时秒数，同时设置默认使用简体中文，这样，当 Cookie 值无效时，就会使用简体中文作为国际化了。

由于 Cookie 是用户可以删除或禁用的，所以使用 Cookie 并不能保证读到对应的设置，这时候就会使用大量的默认值，这也许并不是用户所期待的。为了避免这个问题，一般用得更多的是 SessionLocaleResolver，它是基于 Session 实现的，具有更高的可靠性。像代码清单 18-35 中那样创建一个 SessionLocaleResolver 对象，这样对应的国际化信息就保存到 Session 中了。

代码清单 18-35：创建 SessionLocaleResolver 对象

```
@Bean(name = "localeResolver")
public LocaleResolver initSessionLocaleResolver() {
   SessionLocaleResolver slr = new SessionLocaleResolver();
   // 默认使用简体中文
   slr.setDefaultLocale(Locale.SIMPLIFIED_CHINESE);
```

```
    return slr;
}
```

同样的，这里的 Bean 名称也是“localeResolver”，这也是一个约定的名称，由于 Session 有其自身定义的超时时间和编码，所以这里无须再设置。SessionLocaleResolver 定义了两个静态公共常量——LOCALE_SESSION_ATTRIBUTE_NAME 和 TIME_ZONE_SESSION_ATTRIBUTE _ NAME，前者是 Session 的 Locale 的键，后者是时区，可以通过控制器去掌控它们。

也可以使用 XML 定义 LocaleResolver 接口对象，此时要把注解的方式转变为 XML 的方式，如代码清单 18-36 所示，它定义了两种 LocaleResolver 接口对象，可以根据需要选择其中之一。

代码清单 18-36：使用 XML 方式配合 LocaleResolver

```
<!-- 两个国际化解析器可选择其中之一 -->
<!--
<bean id="localeResolver"
      class="org.springframework.web.servlet.i18n.CookieLocaleResolver">
   <property name="cookieName" value="lang" />
   <property name="cookieMaxAge" value="20" />
   <property name="defaultLocale" value="zh_CN" />
</bean>
 -->

<bean id="localeResolver"
      class="org.springframework.web.servlet.i18n.SessionLocaleResolver">
   <property name="defaultLocale" value="zh_CN" />
</bean>
```

鉴于可靠性的问题，在更多的时候，我们会优先选择 SessionLocaleResolver。

18.5.4 国际化拦截器（LocaleChangeInterceptor）

通过请求参数去改变国际化的值时，可以使用 Spring 提供的拦截器 LocaleChangeInterceptor，它继承了 HandlerInterceptorAdapter，我们可以通过覆盖它的 preHandle 方法，使用系统配置的 LocaleResolver 实现国际化。我们将配置类 SpringMvcConfiguration（该类实现 WebMvcConfigurer 接口）的 addInterceptors 方法修改为代码清单 18-37。

代码清单 18-37：配置国际化拦截器——LocaleChangeInterceptor

```
public void addInterceptors(InterceptorRegistry registry) {
   // 创建国际化拦截器
   LocaleChangeInterceptor localeInterceptor =new LocaleChangeInterceptor();
   // 根据 HTTP 参数“language”修改国际化
   localeInterceptor.setParamName("language");
   // 注册国际化拦截器
   registry
      // 注册拦截器
      .addInterceptor(localeInterceptor)
      // 拦截所有请求
      .addPathPatterns("/**");
}
```

当请求到来时，拦截器首先会监控有没有 language 请求参数，如果有则获取它，然后通过使用系统配置的 LocaleResolver 实现国际化。不过需要注意的是，有时候获取不到参数，或者获取的参数的国际化并非系统能够支持的主题，这个时候会采用默认的国际化主题，也就是 LocaleResolver 调用的 setDefaultLocale 方法指定的国际化主题。如果使用的是 XML，那么也可以通过代码清单 18-38 配置。

代码清单 18-38：XML 配置国际化拦截器——LocaleChangeInterceptor

```
<!-- 配置拦截器 -->
<mvc:interceptors>
   <mvc:interceptor>
      <mvc:mapping path="/**" />
      <bean
         class="org.springframework.web.servlet.i18n.LocaleChangeInterceptor">
         <!--监控请求参数 language -->
         <property name="paramName" value="language" />
      </bean>
   </mvc:interceptor>
</mvc:interceptors>
```

18.5.5 开发国际化

开发国际化，首先需要新建两个国际化的属性文件 msg_en_US.properties 和 msg_zh_CN.properties，并将它们放到 resources 目录下。其内容如代码清单 18-39 和 18-40 所示。

代码清单 18-39：msg_en_US.properties

```
welcome=the project name is chapter18
```

代码清单 18-40：msg_zh_CN.properties

```
welcome=\u5DE5\u7A0B\u540D\u79F0\u4E3A\uFF1Achapter18
```

msg_zh_CN.properties 中存在一串转译的编码，其内容为“工程名称为：chapter18”，注意，msg 要和配置的 MessageSource 接口的 basenames 属性保持一致。这样通过传递的 HTTP 参数就能生成对应的 Locale 了，这样系统就能够找到对应的国际化后缀文件名，比如 zh_CN、en_US 等，进而加载对应的属性文件。下面将演示这个过程，先来开发一个国际化 JSP 文件，如代码清单 18-41 所示。

代码清单 18-41：国际化 JSP 文件（/WEB-INF/jsp/i18n.jsp）

```
<%@ page language="java" contentType="text/html; charset=UTF-8"
   pageEncoding="UTF-8"%>
<%@taglib prefix="mvc" uri="http://www.springframework.org/tags/form"%>
<%@taglib prefix="spring" uri="http://www.springframework.org/tags"%>
<html>
<head>
<meta http-equiv="Content-Type" content="text/html; charset=UTF-8">
<title>国际化测试</title>
</head>
<body>
   <h2>
      <!-- 找到属性文件变量名为 welcome 的配置 -->
      <spring:message code="welcome" />
   </h2>
   Locale:
   <%
```

```
        String lang = response.getLocale().getLanguage();
        String country = response.getLocale().getCountry();
        out.println(lang + "_" + country);
    %>
</body>
</html>
```

为了使用这个 JSP 显示页面，新建一个国际化控制器，然后让请求跳转到它，如代码清单 18-42 所示。

代码清单 18-42：国际化控制器

```
package com.learn.ssm.chapter18.controller;

/**** imports ****/
@Controller
@RequestMapping("/message")
public class MessageController {

    @RequestMapping("/i18n/page")
    public String page(Model model) {
        return "i18n";
    }
}
```

启动项目后，在浏览器中输入对应的地址，可以观察国际化的结果，如图 18-15 和图 18-16 所示。

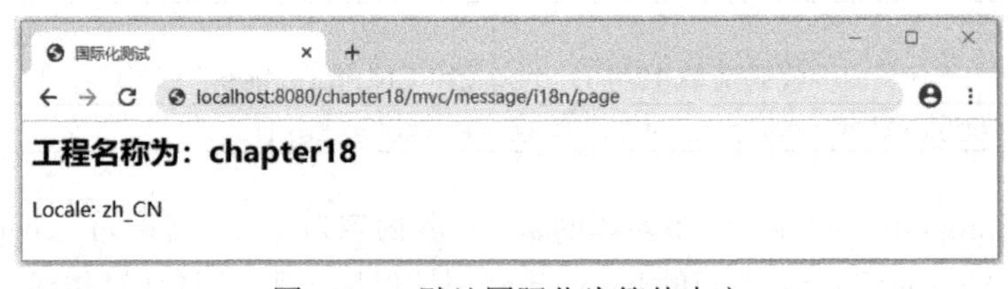

图 18-15　默认国际化为简体中文

图 18-16　通过参数修改为美式英语

测试的结果显示国际化成功了，这样就顺利实现了国际化。

第 5 部分

Redis 应用

第 19 章　Redis 概述
第 20 章　Redis 数据结构和其常用命令
第 21 章　Redis 的一些常用技术
第 22 章　Redis 配置
第 23 章　Spring 缓存机制和 Redis 的结合

第 19 章

Redis 概述

本章目标

1．掌握 Redis 在 Java 互联网项目中的作用
2．掌握如何安装 Redis
3．掌握如何使用 Java（Spring）访问 Redis
4．掌握 Redis 的基本数据结构
5．了解 Redis 的优缺点

在传统的 Java Web 项目中，使用数据库（严格来说此处应该使用“关系数据库”更为严谨一些，因为 Redis 也是一种数据库，只是它是非关系的数据库，为了方便，本书在没有严格说明而谈到数据库时都特指关系数据库）存储数据，这样做有一些致命的弊端，这些弊端主要来自性能方面。数据库持久化数据主要是面向磁盘，磁盘的读/写比较慢，在一般的管理系统上，由于不存在高并发，因此往往没有瞬间读/写大量数据的要求，这个时候使用数据库进行读/写是没有太大问题的，但是在互联网中，往往存在大数据量的需求，比如在一些商品抢购的场景下，或者是主页访问量瞬间增大的时候，需要系统在极短的时间内完成成千上万次的读/写操作，这个时候往往不是数据库能够承受的，极其容易造成数据库系统瘫痪，最终导致服务宕机。

为了解决这些问题，Java Web 项目引入了 NoSQL 技术，NoSQL 技术也是一种简易的数据库，它是一种基于内存的数据库，并提供一定的持久化功能。Redis 和 MongoDB 是当前使用最广泛的 NoSQL，而本书主要介绍的是 Redis 技术，它的性能十分优越，可以支持每秒十几万次的读/写操作，性能远超数据库，并且支持集群、分布式、主从同步等配置，原则上可以无限扩展，让更多的数据存储在内存中，而更让我们感到欣喜的是它还支持事务，这对在高并发场景下保证数据的一致性特别有用。

Redis 的性能优越主要来自 3 个方面。首先，它是基于 ANSI C 语言编写的，ANSI C 语言是接近于汇编语言的机器语言，运行十分快速。其次，它基于内存读/写，速度自然比基于数据库的磁盘读/写要快得多。最后，它的数据库只有几种数据结构，比较简单，规则较少，而数据库是范式，在完整性、规范性上需要考虑的规则比较多，处理业务会比较复杂，所以 Redis 的速度是正常数据库的几倍到几十倍。如果把使用率高的数据存储在 Redis 上，通过 Redis 读/写和操作这些数据，系统的性能就会远超只使用数据库的情况，所以用好 Redis 对于 Java 互联网项目的响应速度和性能是至关重要的。

Redis 是一个键值（key-value）数据库，它在 Java 互联网中的应用广泛，本书会以一个 Java 程序员的角度介绍 Redis。这里会谈及一些在编码中经常用到的内容，比如数据结构及其操作、

事务和流水线等。本书结合 Java 语言，并且主要结合 Spring 框架的子项目 spring-data-redis 介绍，因为这更符合真实工作和学习的需要。

19.1 Redis 在 Java Web 中的应用

一般 Redis 在 Java Web 的应用中存在两个主要场景，一个是缓存常用的数据，另一个是快速读/写，比如一些商品抢购和抢红包的场景。由于在高并发的情况下，需要对数据进行高速读/写，所以核心的问题是数据一致性和访问控制。

19.1.1 缓存

在对数据库的读/写操作中，真实的情况是读操作的次数远超写操作，一般读操作占到 70% 到 90%。当发送 SQL 读取数据库时，数据库会去磁盘把对应的数据索引回来，而索引磁盘是一个相对缓慢的过程。如果把数据直接运行在内存中的 Redis 服务器上，就不需要读/写磁盘了，而是直接读取内存，显然速度会快得多，并且会极大减轻数据库的压力。

使用内存存储数据的开销也是比较大的，磁盘的容量可以是 TB 级别，十分廉价，而内存的容量一般达到几百 GB 就相当了不起了，所以内存虽然高效但空间有限，价格也比磁盘高许多，因此使用内存代价较高，我们应该考虑有条件地存储数据。一般来说，我们会考虑用内存存储一些常用的数据，比如用户登录的信息；一些主要的业务信息，比如银行会存储一些客户的基础信息、银行卡信息、最近交易信息等。一般而言，在使用 Redis 存储的时候，需要从以下 3 个方面考虑。

- 业务数据常用吗？使用率如何？如果使用率很低，就没有必要写入缓存。
- 该业务数据是读操作多，还是写操作多？如果写操作多，需要频繁写入数据库，也没有必要使用缓存。
- 业务数据大小如何？如果要存储几百兆字节的文件，会给缓存带来很大压力，有没有必要？

在考虑过这些问题后，如果觉得有必要使用缓存，那么就使用它。使用 Redis 作为缓存的读取逻辑如图 19-1 所示。

从图 19-1 中可以知道以下两点。

- 第一次读取 Redis 的数据会失败，此时会触发程序读取数据库，把数据读取出来，并且写入 Redis。
- 当第二次及以后读取数据时，直接读取 Redis，读到数据后就结束流程，这样访问的速度就大大提高了。

从上面的分析可知，大部分的操作是读操作，使用 Redis 应对读操作，会十分迅速，同时降低了对数据库的依赖，大大减轻了数据库的负担。

分析了读操作的逻辑后，再来分析写操作的流程，如图 19-2 所示。

从流程可以看出，更新或者写入需要多个 Redis 的操作。如果业务数据写操作次数远大于读操作次数，就没有必要使用 Redis。如果读操作次数远大于写操作次数，使用 Redis 就有价值了，因为写入 Redis 虽然要付出一定的代价，但是其性能良好，相对数据库来说，这种代价几乎可以忽略不计。

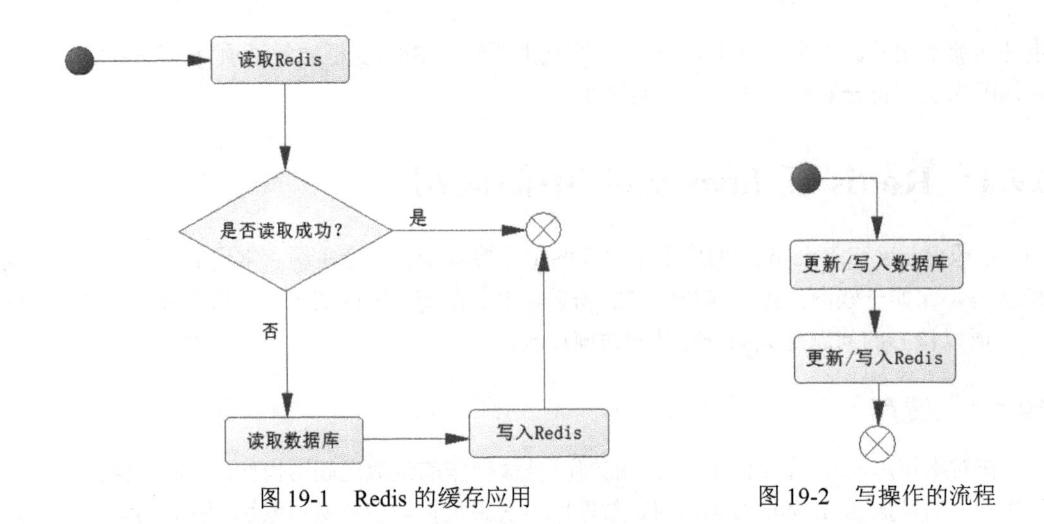

图 19-1　Redis 的缓存应用　　　　图 19-2　写操作的流程

19.1.2　高速读/写场景

在互联网的应用中，存在一些需要高速读/写的场景，比如商品的秒杀、抢红包、“双 11”活动或者春运抢票等。在这些场景下，一瞬间会有成千上万个请求达到服务器，如果使用数据库，那么需要一瞬间执行成千上万个 SQL，很容易造成数据库的瓶颈，严重的会导致数据库瘫痪，造成 Java Web 系统服务崩溃。

这种场景的应对方法往往是异步写入数据库。在高速读/写的场景下可以使用 Redis，把这些需要高速读/写的数据缓存到 Redis 中，在满足一定条件时，将这些缓存的数据写入数据库中。图 19-3 所示的是一次请求操作的流程。

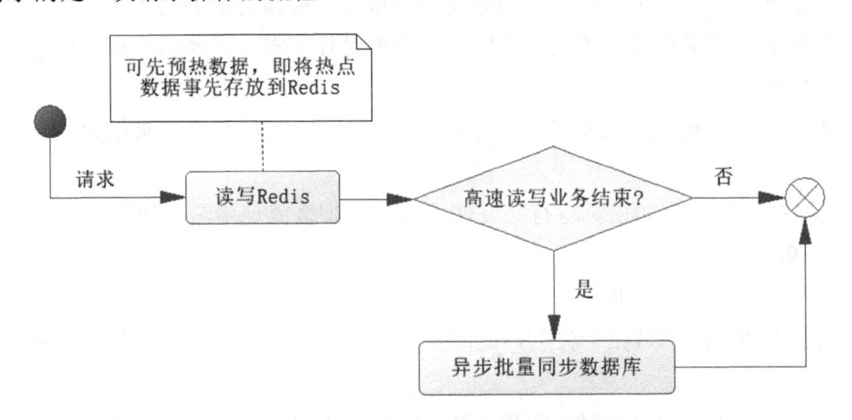

图 19-3　Redis 在高速读/写场景下的应用

进一步论述这个过程：首先我们将一些常被访问的数据事先存入 Redis 中，这样就能大概率命中大量的请求了。当一个请求达到服务器时，把业务数据先在 Redis 读/写，而不对数据库进行任何操作，这个速度比操作数据库要快得多，从而实现高速响应。但是一般缓存不能持久化，或者所持久化的数据不太规范，因此需要把这些数据存入数据库。当一个请求完成 Redis 的读/写后或者超时后，会判断该高速读/写的业务是否结束。这个判断的条件往往是秒杀商品剩余个数为 0，抢红包金额为 0，或者超时，如果不成立，则不会操作数据库；如果成立，则触发事件将 Redis 缓存的数据以批量的形式一次性写入数据库，从而完成持久化的工作。

假设面对的是一个商品秒杀的场景，从上面的流程看，一个用户抢购商品，绝大部分的场景都是在操作内存数据库 Redis，而不是磁盘数据库，所以其性能更为优越。只有在商品被抢购一空后或到达超时时间点时才会触发系统把 Redis 缓存的数据写入数据库磁盘中，这样系统大部分的操作基于内存，能够在秒杀的场景下高速响应用户的请求。

现实中这种需要高速响应的系统比上面的分析更复杂，因为这里没有讨论高并发下的数据安全和一致性问题，没有讨论限制流量、有效请求和无效请求、事务一致性等问题，这些将在未来讨论。

19.2　Redis 的安装和使用

安装 Redis 十分简单，一般可以在 Windows 或者 Linux/Unix 环境下安装。Windows 版本的 Redis 往往不是最新版本，所以本书主要以 Linux/Unix 版本的 Redis 为例进行讲解。下面先给出 Redis 在 Windows 和 Linux/Unix 环境下的安装方法。

19.2.1　在 Windows 环境下安装 Redis

打开网址 https://github.com/ServiceStack/redis-windows/tree/master/downloads，可以看到图 19-4 所示界面。

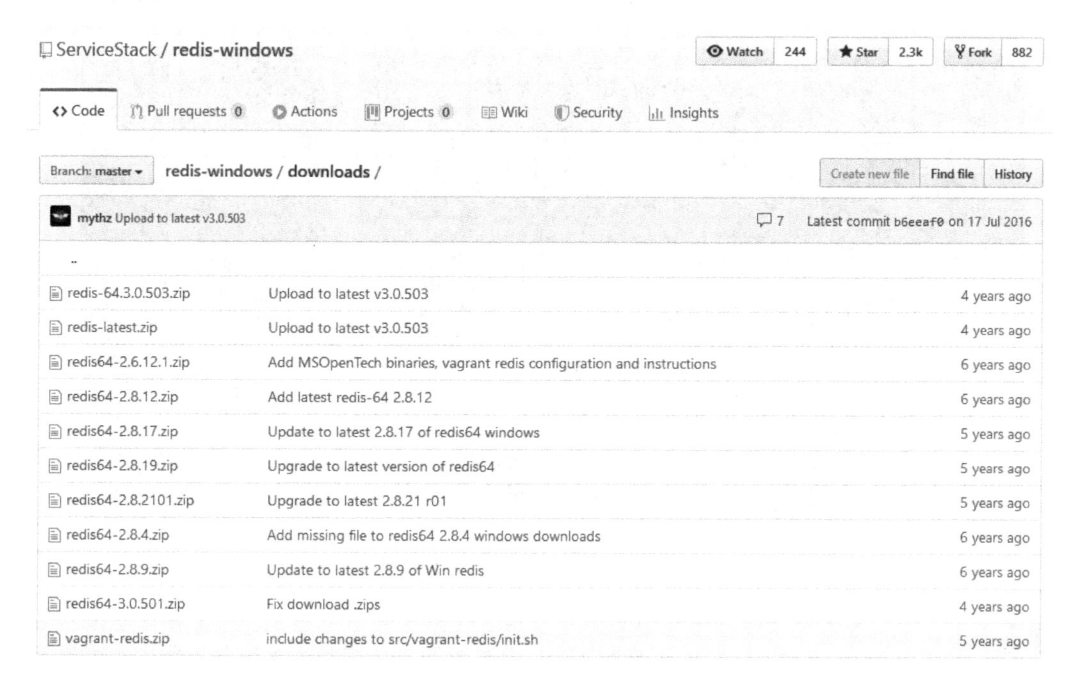

图 19-4　下载 Redis 的 Windows 版本

从图 19-4 中可以看出，其版本是比较旧的，这就是本书不采用 Windows 版本进行介绍的原因。这里可以下载 Redis 的文件，进行解压缩，得到图 19-5 所示的目录。

名称	修改日期	类型	大小
Redis%20on%20Windows%20Releas...	2016/7/16 15:03	DOCX 文档	13 KB
Redis%20on%20Windows	2016/7/16 15:03	DOCX 文档	17 KB
redis.windows.conf	2016/7/16 15:03	CONF 文件	43 KB
redis.windows-service.conf	2016/7/16 15:03	CONF 文件	43 KB
redis-benchmark	2016/7/16 15:03	应用程序	405 KB
redis-benchmark.pdb	2016/7/16 15:03	PDB 文件	4,268 KB
redis-check-aof	2016/7/16 15:03	应用程序	260 KB
redis-check-aof.pdb	2016/7/16 15:03	PDB 文件	3,436 KB
redis-check-dump	2016/7/16 15:03	应用程序	271 KB
redis-check-dump.pdb	2016/7/16 15:03	PDB 文件	3,404 KB
redis-cli	2016/7/16 15:03	应用程序	480 KB
redis-cli.pdb	2016/7/16 15:03	PDB 文件	4,412 KB
redis-server	2016/7/16 15:03	应用程序	1,525 KB
redis-server.pdb	2016/7/16 15:03	PDB 文件	6,748 KB
Windows%20Service%20Documentati...	2016/7/16 15:03	DOCX 文档	14 KB

图 19-5　Redis 目录

为了方便，我们在这个目录下新建一个文件 startup.cmd，用记事本或者其他文本编辑工具打开，输入以下内容。

```
redis-server redis.windows.conf
```

这个命令调用 redis-server.exe 的命令读取 redis.window.conf 的内容，用来启动 redis，保存好了 startup.cmd 文件，双击它就可以看到 Redis 的启动信息了，如图 19-6 所示。

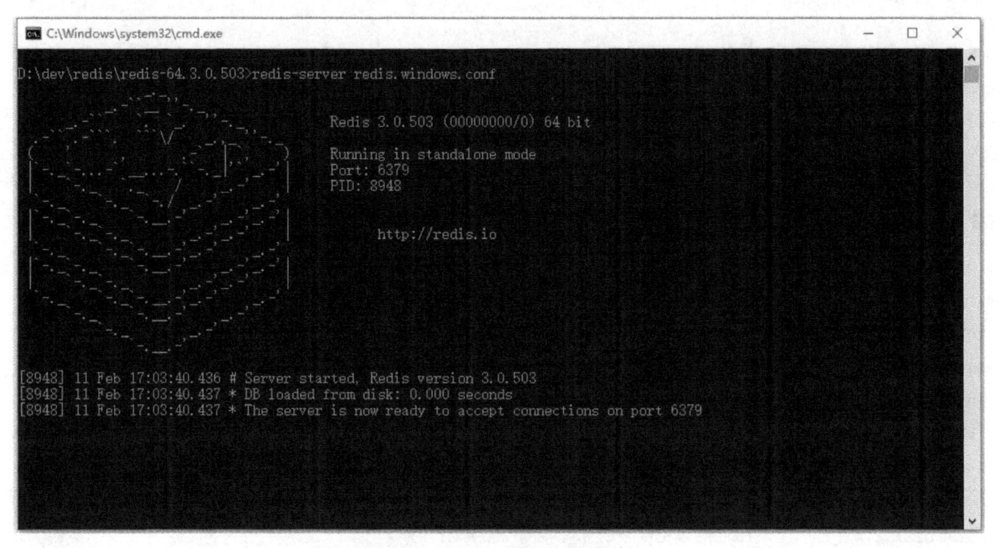

图 19-6　Redis 的启动信息

看到图 19-6 说明 Redis 已经启动成功了。这个时候可以双击放在同一个文件夹下的文件 redis-cli.exe，它是一个 Redis 自带的客户端工具，这样就可以连接到 Redis 服务器了，如图 19-7 所示。

图 19-7　Redis 命令提示符客户端

这样就安装好了 Redis，用它提供的命令提示符客户端可以执行一些我们需要的命令。

19.2.2　在 Linux 下安装 Redis

在实际的工作中，Redis 往往被安装在服务器端，服务器使用的是 Linux/Unix 系统，所以在更多的时候，需要将 Redis 安装在服务器的环境中，这里介绍一下 Redis 在 Linux 上的安装。

使用 root 用户登录 Linux 系统，执行以下命令。

```
wget http://download.redis.io/redis-stable.tar.gz
tar xzf redis-stable.tar.gz
cd redis-stable
make
```

其中 wget 是下载 Redis 到当前文件夹（/usr/redis）的命令，如果要变化版本则需要修改对应的下载地址，tar xzf 命令是解压缩文件到当前文件夹，make 命令是安装 Redis。执行过程如图 19-8 所示。

```
root@ubuntu: /usr/redis/redis-stable

root@ubuntu:/usr/redis# wget http://download.redis.io/redis-stable.tar.gz
--2020-02-11 01:27:29--  http://download.redis.io/redis-stable.tar.gz
Resolving download.redis.io (download.redis.io)... 109.74.203.151
Connecting to download.redis.io (download.redis.io)|109.74.203.151|:80... conne
cted.
HTTP request sent, awaiting response... 302 Found
Location: http://117.128.6.17/cache/download.redis.io/redis-stable.tar.gz?ich_a
rgs2=521-11172702042270_cce0ccf70e80efc02c1c1bd9b3c86808_10001002_9c896c2dd3c2f
2d39338518939a83798_68303798224596de84203bc2d5402178 [following]
--2020-02-11 01:27:29--  http://117.128.6.17/cache/download.redis.io/redis-stab
le.tar.gz?ich_args2=521-11172702042270_cce0ccf70e80efc02c1c1bd9b3c86808_1000100
2_9c896c2dd3c2f2d39338518939a83798_68303798224596de84203bc2d5402178
Connecting to 117.128.6.17:80... connected.
HTTP request sent, awaiting response... 200 OK
Length: 2023006 (1.9M) [application/x-gzip]
Saving to: ‘redis-stable.tar.gz’

redis-stable.tar.gz 100%[===================>]   1.93M  3.33MB/s    in 0.6s

2020-02-11 01:27:30 (3.33 MB/s) - ‘redis-stable.tar.gz’ saved [2023006/2023006]

root@ubuntu:/usr/redis# tar xfz redis-stable.tar.gz
root@ubuntu:/usr/redis# cd redis-stable
root@ubuntu:/usr/redis/redis-stable# make
```

图 19-8　在 Linux 环境下安装 Redis

安装 Redis 会有很多命令要执行，请耐心等待，安装完成后可以在当前目录下看到 src 目录和 redis.conf 配置文件，这个配置文件很重要，我们可以通过它来定制 Redis。不过先来启动 Redis 服务，只需要在当前目录下执行下面命令即可：

```
./src/redis-server ./redis.conf
```

这个命令的意思是使用 src 目录下的 redis-server.sh 脚本以 redis.conf 文件作为配置，启动 Redis 服务器，可以看到 Redis 的启动信息，这样 Redis 就启动好了。请注意，在默认情况下，Redis 会对服务器执行保护模式，并且没有密码，保护模式会使其他机器无法访问 Redis 服务器，而允许无密码访问安全性低。为了让其他的机器可以通过密码访问 Redis 服务器，可以修改 Redis 的配置文件 redis.conf，修改里面的配置项如下：

```
# 使得 Redis 服务器可以跨网络访问
bind 0.0.0.0

# 禁止保护模式
protected-mode no

# 设置密码
requirepass "abcdefg"
```

为了执行 Redis 命令，可以打开另一个 Linux 的命令行窗口，用来启动 Redis 客户端的命令窗口，依次执行以下命令。

```
cd /usr/redis/redis-stable/
./src/redis-cli
```

这样就能够打开 Redis 客户端的命令窗口了，接着执行以下命令进行测试：

```
# 使用密码登录 Redis 服务器
auth afcdefg
set key1 value1
get key1
```

之后，可以看到图 19-9，从图中可知命令已经被正常执行了。

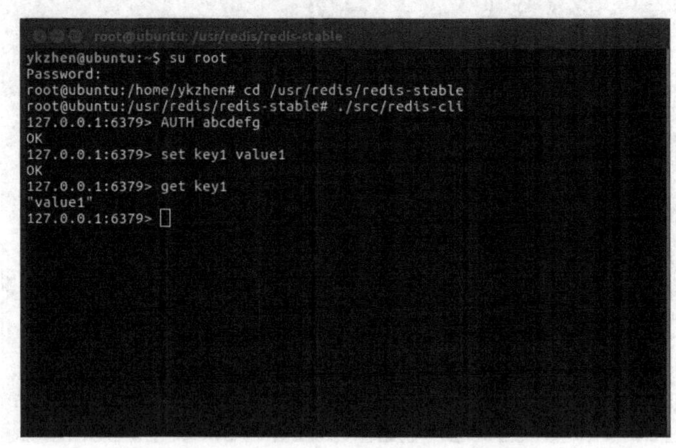

图 19-9　Linux 下的 Redis 客户端命令行

19.3　Redis 的 Java API

在 Java 中，可以简易地使用 Redis，也可以通过 Spring 的 RedisTemplate 使用 Redis。为了满足实际工作和学习的需要，本书满足会以 Spring 的视角为主向读者介绍在 Java 中如何使用 Redis，鉴于 Spring Boot 的流行，所以本书会以注解的方式为主讲解 Redis 的配置和使用。

19.3.1　在 Java 程序中使用 Redis

在 Java 中使用 Redis 工具，需要在 Maven 依赖对应的驱动包，如下：

```
<dependency>
   <groupId>redis.clients</groupId>
   <artifactId>jedis</artifactId>
   <version>3.2.0</version>
</dependency>
```

这样就可以使用 Jedis 连接 Redis 服务器了，为此可以使用代码清单 19-1 进行测试。

代码清单 19-1：使用 Jedis 连接 Redis

```
package com.learn.ssm.chapter19.test;

import redis.clients.jedis.Jedis;

public class TestJedis {

   public static void main(String[] args) {
      testJedis();
      testPool();
   }

   public static void testJedis() {
      // 连接 Redis
      Jedis jedis = new Jedis("192.168.80.128", 6379);
      // 如需密码，则设置密码
      jedis.auth("abcdefg");
      int i = 0; // 记录操作次数
      try {
         // 开始计时
         long start = System.currentTimeMillis();
         while (true) {
            long end = System.currentTimeMillis();
            // 当大于或等于 1000ms（相当于 1s）时，结束操作
            if (end - start >= 1000) {
               break;
            }
            i++;
            jedis.set("test" + i, i + "");
         }
      } finally { // 关闭连接
         jedis.close();
      }
      // 打印 1s 内对 Redis 的操作次数
      System.out.println("redis 每秒操作：" + i + "次");
   }
```

这段代码主要用于测试 Redis 的写入性能，笔者使用自己的计算机（Windows 操作系统）测试的结果如下：

```
redis 每秒操作：27352 次
```

在测试中，每秒操作了 2 万多次，而事实上 Redis 的速度比这个操作速度快得多，这里慢是因为我们一条条地将命令通过网络发送给 Redis 执行，而网络是有延迟的。如果使用后面介绍的流水线技术，那么操作速度将可以达到每秒 10 万次，十分有利于系统性能的提高。上述的例子使用一个独立的连接，更多的时候我们会使用连接池管理连接资源。Redis 的连接池提供了类 redis.clients.jedis.JedisPool 来创建 Redis 连接池对象，使用这个对象，需要使用类 redis.clients.jedis.JedisPoolConfig 对连接池进行配置，如代码清单 19-2 所示。

代码清单 19-2：使用 Jedis 连接池

```
public static void testPool() {
   JedisPoolConfig poolCfg = new JedisPoolConfig();
   // 最大空闲数
   poolCfg.setMaxIdle(50);
   // 最大连接数
   poolCfg.setMaxTotal(100);
   // 最大等待毫秒数
   poolCfg.setMaxWaitMillis(20000);
   // 使用配置创建连接池
   JedisPool pool = new JedisPool(poolCfg, "192.168.80.128");
   Jedis jedis = null;
   try {
      // 从连接池中获取单个连接
      jedis = pool.getResource();
      // 设置密码
      jedis.auth("abcdefg");
      jedis.set("pool_key1", "pool_value1");
   } finally {// 关闭连接
      jedis.close();
   }
   // 关闭连接池
   pool.close();
}
```

读者可以从代码中的注释了解每一步的含义。使用连接池可以更有效地管理连接资源的分配。

由于 Redis 只能提供基于字符串型的操作，而 Java 以使用类对象为主，所以需要 Redis 存储的字符串和 Java 对象相互转换。如果自己编写这些规则，那么工作量比较大。比如对于一个角色对象，我们没有办法直接把对象存入 Redis 中，需要进一步转换，所以对于操作对象，使用 Redis 还是比较麻烦的。好在 Spring 对这些进行了封装和支持，它提供了序列器，使用后 Spring 可以通过序列化把 Java 对象转换为字符串，使得 Redis 能把它存储起来，并且在读取的时候，通过反序列化将字符串转化为 Java 对象，这样在 Spring 环境中操作对象就相对简单了。

19.3.2 在 Spring 中使用 Redis

19.3.1 节介绍了在没有封装的情况下使用 Jedis API，但是只是针对字符串的操作。而在使用 Java 的大部分情况下，我们都需要使用对象，如果继续使用 Jedis API，则需要自己编写规则把 Java 对象和 Redis 的字符串相互转换，这将是一件相当麻烦的事情。不过在 Spring 中这些问题都可以被轻松处理。在 Spring 中使用 Redis，除了需要依赖 jedis 包还需要依赖 spring-data-redis 包，为此我们先将它通过 Maven 引入，如下：

```
<!-- Spring Data Redis -->
<dependency>
   <groupId>org.springframework.data</groupId>
   <artifactId>spring-data-redis</artifactId>
   <version>2.2.4.RELEASE</version>
</dependency>
```

这样就可以使用 spring-data-redis 项目操作 Redis 了，用其内部提供的 RedisTemplate（或者 StringRedisTemplate，StringRedisTemplate 继承了 RedisTemplate，所以它也是一种 RedisTemplate，只能用于纯字符串的环境）来操作 Redis。在使用前，需要对项目有一定的了解才能更好地理解如何使用 Spring 操作 Redis。Spring 提供的 RedisTemplate 模板是通过连接工厂（RedisConnectionFactory）获取 Redis 连接的。在此之前我们需要配置 Redis 的连接池，如代码清单 19-3 所示。

代码清单 19-3：创建 Jedis 连接池配置对象

```
package com.learn.ssm.chapter19.config;

/**** imports ****/

@Configuration
public class RedisConfig {

   @Bean("redisPoolConfig")
   public JedisPoolConfig poolConfig() {
      JedisPoolConfig poolCfg = new JedisPoolConfig();
      // 最大空闲数
      poolCfg.setMaxIdle(50);
      // 最大连接数
      poolCfg.setMaxTotal(100);
      // 最大等待毫秒数
      poolCfg.setMaxWaitMillis(20000);
      return poolCfg;
   }

   ......
}
```

这样就配置了一个连接池。有了连接池，接下来就要配置 Redis 的连接工厂了，它的接口是 RedisConnectionFactory，并且提供了以下四个实现类。

- JredisConnectionFactory
- JedisConnectionFactory
- LettuceConnectionFactory
- SrpConnectionFactory

由于我们使用的是 Jedis，所以这里使用 JedisConnectionFactory，使用时只需要知道它是接口 RedisConnectionFactory 的实现类就可以了。下面我们在 RedisConfig 类下装配一个

JedisConnectionFactory 对象，如代码清单 19-4 所示。

代码清单 19-4：创建 JedisConnectionFactory（JedisC 连接工厂）

```
/**
 * 创建 Jedis 连接工厂
 *
 * @param jedisPoolConfig
 * @return 连接工厂
 */
@Bean("redisConnectionFactory")
public RedisConnectionFactory redisConnectionFactory(
      @Autowired JedisPoolConfig jedisPoolConfig) {
   // 独立 Jedis 配置
   RedisStandaloneConfiguration rsc = new RedisStandaloneConfiguration();
   // 设置 Redis 服务器
   rsc.setHostName("192.168.80.128");
   // 如需要密码，则设置密码
   rsc.setPassword("abcdefg");
   // 端口
   rsc.setPort(6379);
   // 获得默认的连接池构造器
   JedisClientConfigurationBuilder jpcb = JedisClientConfiguration.builder();
   // 配置 Redis 连接池
   jpcb.usePooling().poolConfig(jedisPoolConfig);
   // 获取构造器
   JedisClientConfiguration jedisClientConfiguration = jpcb.build();
   // 创建连接工厂
   return new JedisConnectionFactory(rsc, jedisClientConfiguration);
}
```

这里需要注意的是，在新的版本中，JedisConnectionFactory 对象已经不再简易使用 setPoolConfig 方法配置连接池了，而是更加倾向于使用 Builder 模式创建。所以在代码加粗的地方笔者也是那么做的。

这样就完成了一个 RedisConnectionFactory 的配置。这里配置的是 JedisConnectionFactory，如果需要 LettuceConnectionFactory，可以把代码清单 19-3 中的 JedisConnectionFactory 修改为 LettuceConnectionFactory，并且引入对应的 lettuce.jar 依赖，当然这取决于项目的需要和特殊性。

有了 RedisConnectionFactory，就可以开始配置 RedisTemplate<K, V>了。普通的连接没有办法把 Java 对象直接存入 Redis，需要我们自己提供方案，这时往往将对象序列化，然后使用 Redis 序列化存储对象，取回时再通过反序列化将之前存储的内容转换为 Java 对象接口。RedisTemplate<K, V>中提供了封装方案，从 RedisTemplate 的定义中可以看出它存在 K 和 V 两个泛型，这是因为 Redis 是一个 key-value 数据库，我们需要将 key 和 value 序列化才能存储。为了方便序列化，Spring 内部提供了 RedisSerializer 接口（org.springframework.data.redis.serializer.RedisSerializer）和一些实现类，其原理如图 19-10 所示。

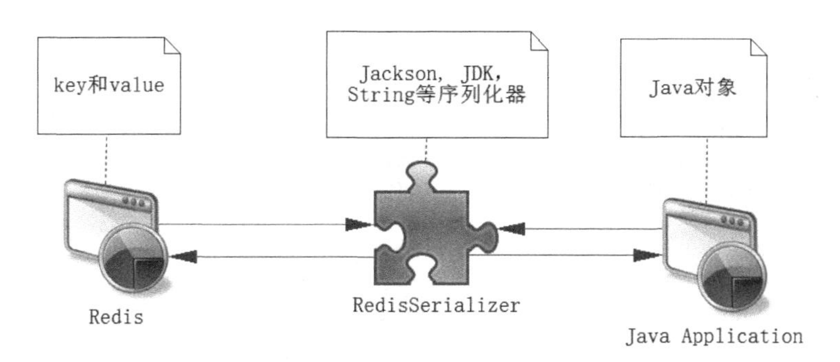

图 19-10　Spring 序列化器

我们可以选择 Spring 已经提供的 RedisSerializer 接口实现类处理序列化，也可以创建类自己编写，只要修改类实现 spring-data-redis 中定义的 RedisSerializer 接口即可。在 Spring 中提供了以下几种实现 RedisSerializer 接口的序列化器。

- GenericJackson2JsonRedisSerializer：使用 Json2.jar 的包，将 Redis 对象序列化。
- Jackson2JsonRedisSerializer<T>：将 Jackson2.jar 包提供的序列化进行转换。
- JdkSerializationRedisSerializer<T>：使用 JDK 的序列化器进行转化。
- OxmSerializer：使用 Spring O/X 对象将 Object 和 XML 相互转换。
- StringRedisSerializer：使用字符串序列化。
- GenericToStringSerializer：通过通用的字符串序列化进行转换。

使用它们能够帮助我们把对象通过序列化存储到 Redis 中，也可以把 Redis 存储的内容通过反序列化转换为 Java 对象，为此 Spring 提供的 RedisTemplate 还有五个属性。

- keySerializer：键序列器。
- valueSerializer：值序列器。
- hashKeySerializer：哈希数据结构字段（field）序列化器。
- hashValueSerializer：哈希数据结构值（value）序列化器。
- defaultSerializer：默认的序列化器，如果上述序列化器没有被设置，那么将默认使用它。

有了上面的了解，就可以配置 RedisTemplate 了。假设使用 StringRedisSerializer 作为 Redis 的 key 的序列化器，使用 JdkSerializationRedisSerializer 作为其 value 的序列化器，那么可以在 RedisConfig 类下，按照代码清单 19-5 的方法创建 RedisTemplate 对象。

代码清单 19-5：创建 RedisTemplate 对象

```
/**
 * 创建 RedisTemplate
 * @param connectionFactory Redis 连接工厂
 * @return RedisTemplate 对象
 */
@Bean("redisTemplate")
public RedisTemplate<String, Object> redisTemplate(
        @Autowired RedisConnectionFactory connectionFactory) {
    // 创建 RedisTemplate
    RedisTemplate<String, Object> redisTemplate = new RedisTemplate<>();
    // 字符串和 JDK 序列化器
    StringRedisSerializer strSerializer = new StringRedisSerializer();
    JdkSerializationRedisSerializer jdkSerializer
            = new JdkSerializationRedisSerializer();
```

```
        // 设置键值序列化器
        redisTemplate.setKeySerializer(strSerializer);
        redisTemplate.setValueSerializer(jdkSerializer);
        // 设置哈希字段和值序列化器
        redisTemplate.setHashKeySerializer(strSerializer);
        redisTemplate.setHashValueSerializer(jdkSerializer);
        // 给 RedisTemplate 设置连接工厂
        redisTemplate.setConnectionFactory(connectionFactory);
        return redisTemplate;
    }
```

这样就配置了一个 RedisTemplate 对象，并且 spring-data-redis 知道用对应的序列化器转换 Redis 不同类型数据的键值了。更多的时候我们会使用字符串，因为字符串的可读性最高，也方便我们查阅，且 Redis 最基本的数据结构也是字符串。为了方便我们使用字符串，Spring 还提供了 StringRedisTemplate 对象，它继承了 RedisTemplate。为此我们在 RedisConfig 类下，通过代码清单 19-6 创建 StringRedisTemplate 对象。

代码清单 19-6：创建 StringRedisTemplate 对象

```
    /**
     * 创建 StringRedisTemplate
     * @param connectionFactory 连接工厂
     * @return StringRedisTemplate 对象
     */
    @Bean("stringRedisTemplate")
    public StringRedisTemplate stringRedisTemplate(
            @Autowired RedisConnectionFactory connectionFactory) {
        // 创建 StringRedisTemplate 对象
        StringRedisTemplate stringRedisTemplate = new StringRedisTemplate();
        // 设置连接工厂
        stringRedisTemplate.setConnectionFactory(connectionFactory);
        return stringRedisTemplate;
    }
```

可以认为 StringRedisTemplate 对象是一个键值为 String 泛型的 RedisTemplate，可以专门针对字符串类型进行操作。

为了测试存放对象，这里新建一个角色对象，如代码清单 19-7 所示。

代码清单 19-7：可序列化的角色类

```
package com.learn.ssm.chapter19.pojo;

import java.io.Serializable;

// 注意，对象要可序列化，需要实现 Serializable 接口，往往要重写 serialVersionUID
public class Role implements Serializable {
    // 重写 serialVersionUID
    private static final long serialVersionUID = 6977402643848374753L;

    public Role() {
    }

    public Role(Long id, String roleName, String note) {
        this.id = id;
        this.roleName = roleName;
        this.note = note;
```

```
    }

    private Long id;
    private String roleName;
    private String note;

    /**** setters and getters ****/

}
```

要序列化对象必须实现 Serializable 接口，这样才能表明它能够被序列化，serialVersionUID 代表序列化的版本编号。

以上关于 Redis 的配置，我们都在 RedisConfig 类下装配好了。接下来就可以测试通过序列化保存 Role 对象，和通过反序列化获取 Role 对象了，如代码清单 19-8 所示。

代码清单 19-8：测试 RedisTemplate

```
public static void testRedisTemplate() {
    // 创建 IoC 容器
    AnnotationConfigApplicationContext ctx
          = new AnnotationConfigApplicationContext(RedisConfig.class);
    // 获取 RedisTemplate,
    // 因 StringRedisTemplate 是其子类，此处只能通过名称获取
    RedisTemplate<String, Object> redisTemplate
          = ctx.getBean("redisTemplate", RedisTemplate.class);
    // 创建 Role 对象
    Role role = new Role(1L, "role_name_1", "note_1");
    // 让 Redis 服务器存放对象
    redisTemplate.opsForValue().set("role-1", role);
    // 获取对象
    Role role1 = (Role) redisTemplate.opsForValue().get("role-1");
    System.out.println(role1.getRoleName()); // 断点处
    // 获取 StringRedisTemplate
    StringRedisTemplate stringRedisTemplate
          = ctx.getBean(StringRedisTemplate.class);
    // 对 Redis 服务器的 String 的键值操作
    stringRedisTemplate.opsForValue().set("template-1", "value-1");
    String value = stringRedisTemplate.opsForValue().get("template-1");
    System.out.println(value);
}
```

在加粗的代码行添加断点，然后调试，就可以看到图 19-11 所示的测试结果了。

显然这里已经成功保存和获取了一个 Java 对象，这段代码演示的是如何使用 StringRedisSerializer 序列化 Redis 的 key，而使用 JdkSerializationRedisSerializer 序列化 Redis 的 value，也可以根据需要进行选择，甚至自定义序列化器。接着可以启用 Redis 的客户端命令行查看角色对象的保存情况，如图 19-12 所示。

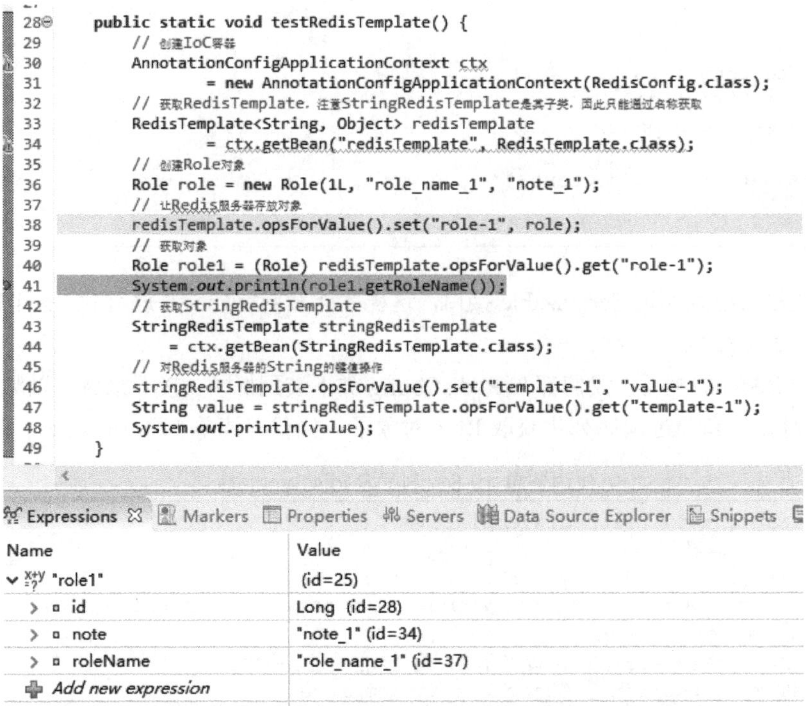

```
28      public static void testRedisTemplate() {
29          // 创建IoC容器
30          AnnotationConfigApplicationContext ctx
31                  = new AnnotationConfigApplicationContext(RedisConfig.class);
32          // 获取RedisTemplate，注意StringRedisTemplate是其子类，因此只能通过名称获取
33          RedisTemplate<String, Object> redisTemplate
34                  = ctx.getBean("redisTemplate", RedisTemplate.class);
35          // 创建Role对象
36          Role role = new Role(1L, "role_name_1", "note_1");
37          // 让Redis服务器存放对象
38          redisTemplate.opsForValue().set("role-1", role);
39          // 获取对象
40          Role role1 = (Role) redisTemplate.opsForValue().get("role-1");
41          System.out.println(role1.getRoleName());
42          // 获取StringRedisTemplate
43          StringRedisTemplate stringRedisTemplate
44              = ctx.getBean(StringRedisTemplate.class);
45          // 对Redis服务器的String的键值操作
46          stringRedisTemplate.opsForValue().set("template-1", "value-1");
47          String value = stringRedisTemplate.opsForValue().get("template-1");
48          System.out.println(value);
49      }
```

Expressions　Markers　Properties　Servers　Data Source Explorer　Snippets

Name	Value
"role1"	(id=25)
id	Long (id=28)
note	"note_1" (id=34)
roleName	"role_name_1" (id=37)
Add new expression	

图 19-11　写入和读取序列化对象数据

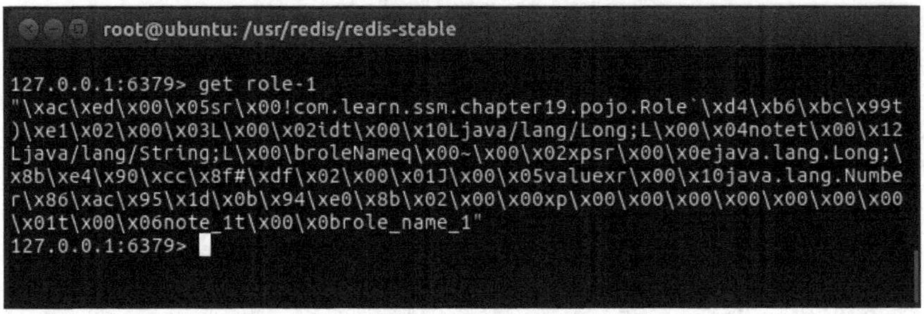

```
root@ubuntu: /usr/redis/redis-stable

127.0.0.1:6379> get role-1
"\xac\xed\x00\x05sr\x00!com.learn.ssm.chapter19.pojo.Role`\xd4\xb6\xbc\x99t
)\xe1\x02\x00\x03L\x00\x02idt\x00\x10Ljava/lang/Long;L\x00\x04notet\x00\x12
Ljava/lang/String;L\x00\broleNameq\x00~\x00\x02xpsr\x00\x0ejava.lang.Long;\
x8b\xe4\x90\xcc\x8f#\xdf\x02\x00\x01J\x00\x05valuexr\x00\x10java.lang.Numbe
r\x86\xac\x95\x1d\x0b\x94\xe0\x8b\x02\x00\x00xp\x00\x00\x00\x00\x00\x00\x00
\x01t\x00\x06note_1t\x00\x0brole_name_1"
127.0.0.1:6379>
```

图 19-12　查看 Redis 保存的 Java 对象

在图 19-11 中，可以看到一串复杂的序列化后的字符串，可见在 Redis 服务器中已经保存了 Java 对象。这里需要注意的是，以上都是基于 RedisTemplate 和连接池的操作，换句话说，并不能保证每次使用 RedisTemplate 都是操作同一个 Redis 的连接，比如代码清单 19-8 中的如下两行代码。

```
// 让 Redis 服务器存放对象
redisTemplate.opsForValue().set("role-1", role);
// 获取对象
Role role1 = (Role) redisTemplate.opsForValue().get("role-1");
```

这里的 set 和 get 方法看起来很简单，但是在内部它们是来自同一个 Redis 连接池的不同 Redis 连接。为了使所有的操作都来自同一个连接，可以使用 SessionCallback 或者 RedisCallback 接口。其中 RedisCallback 是底层的封装，其使用不是很友好；SessionCallback 是相对高级的封装接口，使用起来比较友好，所以更多的时候会使用 SessionCallback 接口。通过这两个接口之一就可以把多个命令放入同一个 Redis 连接中执行，如代码清单 19-9 所示，它主要实现了代码清单 19-8 中的功能。

代码清单 19-9：使用 SessionCallback 接口

```
public static void testRedisTemplate2() {
    // 创建 Spring IoC 容器
    AnnotationConfigApplicationContext ctx
          = new AnnotationConfigApplicationContext(RedisConfig.class);
    // 获取 RedisTemplate
    RedisTemplate<String, Object> redisTemplate
          = ctx.getBean("redisTemplate", RedisTemplate.class);
    // Lambda 表达式创建 SessionCallback
    SessionCallback callBack1 = ops -> {
       // 创建 Role 对象
       Role role = new Role(1L, "role_name_1", "note_1");
       ops.boundValueOps("role-1").set(role);
       Role role1 = (Role) ops.boundValueOps("role-1").get();
       return role1;
    };
    redisTemplate.execute(callBack1);
    // 创建 Role 对象
    Role role = new Role(1L, "role_name_1", "note_1");
    // 让 Redis 服务器存放对象
    redisTemplate.opsForValue().set("role-1", role);
    // 获取对象
    Role role1 = (Role) redisTemplate.opsForValue().get("role-1");
    System.out.println(role1.getRoleName());
    // 获取 StringRedisTemplate
    StringRedisTemplate stringRedisTemplate
       = ctx.getBean(StringRedisTemplate.class);
    // Lambda 表达式创建 SessionCallback
    SessionCallback callBack2 = ops -> {
       ops.boundValueOps("template-1").set("value-1");
       String value1 = (String) ops.boundValueOps("template-1").get();
       return value1;
    };
    String value = (String) stringRedisTemplate.execute(callBack2);
    System.out.println(value);
}
```

这样 set 和 get 命令就能保证在同一个连接池的同一个 Redis 连接进行操作，这里向读者展示的是 Lambda 表达式的形式，如果采用 Java 8 的 JDK 版本，则需要通过匿名类的形式编写 SessionCallback 的业务逻辑。由于前后使用的是同一个连接，因此对于资源损耗比较小，在使用 Redis 操作多个命令或者使用事务时也会常常用到它。

19.4　Redis 的数据结构简介

Redis 是一种基于内存的数据库，并且提供一定的持久化功能，它是一种键值（key-value）数据库，使用 key 作为索引找到当前缓存的数据，并且返回给调用者。当前的 Redis 支持多种数据结构，它们是字符串（String）、列表（List）、集合（Set）、哈希（Hash）、有序集合（Zset）、基数（HyperLogLog）、数据流（Stream）和地理空间索引（Geospatial indexes）等。使用 Redis 编程要熟悉它所提供的数据结构，并且了解它们常用的命令。Redis 定义的这几种数据结构是十分有用的，它们除了提供简单的存储功能，还能对存储的数据进行一些计算，比如字符串支持浮点数的自增、自减、字符求子串，集合可以求交集、并集，有序集合可以排序等，所以使用它们有利于快速计算一些不太大的数据集合，简化编程，同时它们比数据库要快得多，对系统性能的提升十分有意义。

相对来说，在实际编程中，基数（HyperLogLog）、数据流（Stream）和地理空间索引（Geospatial indexes）并不常用，基于实用的原则，本书将不对它们进行介绍，而只介绍最常用的字符串（String）、列表（List）、集合（Set）、哈希（Hash）和有序集合（Zset）这五种数据结构。表 19-1 是对它们的基本描述。

表 19-1　Redis 的五种常用数据结构

数据结构	数据结构存储的值	说　明
字符串（String）	可以是字符串、整数和浮点数	可以对字符串进行操作，比如增加字符或者求子串；如果是整数或者浮点数，则可以实现计算，比如自增等
列表（List）	它是一个链表，每个节点都包含一个字符串	Redis 支持从链表的两端插入或者弹出节点，或者通过偏移对它进行裁剪；还可以读取一个或者多个节点，根据条件删除或者查找节点等
集合（Set）	它是一个收集器，但是是无序的，里面的每个成员都是一个字符串，而且是独一无二，各不相同的	可以新增、读取、删除单个或者多个成员；检测一个成员是否在集合中；计算它和其他集合的交集、并集和差集等；随机从集合中读取成员
哈希（Hash）	类似于 Java 语言中的 Map，是一个键值对应的无序的结构	可以增、删、查、改单个键值对，也可以获取所有的键值对
有序集合（Zset）	它是一个有序的集合，可以包含字符串、整数、浮点数、分值（score），成员的排序是依据分值的大小决定的	可以增、删、查、改成员，根据分值的范围或者成员获取对应的成员

这个表格粗略描述了 Redis 的五种常用数据结构，并简要说明了它们的作用，未来我们还会详细介绍它们的数据结构和常用 Redis 命令。此外，Redis 还有一些事务、发布订阅消息模式、主从复制、持久化等 Java 开发人员需要知道的功能。

19.5　Redis 和关系数据库的差异

和关系数据库一样，Redis 等 NoSQL 工具也能够存储数据，有人认为 NoSQL 将来会取代关系数据库，但是笔者却不那么认为，这里谈谈 NoSQL 和传统关系数据库的差异。

首先，NoSQL 的数据主要存储在内存中（部分可以持久化到磁盘），而关系数据库的数据主要存储在磁盘上。其次，NoSQL 数据结构比较简单，虽然能处理很多问题，但是其功能毕竟是有限的，不能支持复杂的计算，这点远不如关系数据库的 SQL 语句强大。再次，NoSQL 并不完全安全稳定，由于它基于内存，所以一旦遇到停电或者机器故障数据就很容易丢失。其持久化能力也是有限的，而基于磁盘的数据库不会出现这样的问题。最后，NoSQL 的数据完整性、事务能力、安全性、可靠性及可扩展性都远不及关系数据库。

基于以上原因，笔者并不认为 NoSQL 会取代关系数据库。毫无疑问，Redis 作为一种 NoSQL 是十分成功的，但是它的成功主要是解决了互联网系统的一些问题，其中主要是性能问题。实际上，在互联网系统的大部分场景中，业务都是相对简单的，难以处理的问题主要是性能问题，特别是对于那些会员数比较多的高并发服务网站。例如，在淘宝或者京东网站上，一个即将被抢购的商品常常有多达几万人关注，可能在很短的时刻就发生了成千上万笔业务，此时使用Redis 缓存数据，就可以明显提升系统的性能，而且这十分有效。

第 20 章 Redis 数据结构和其常用命令

本章目标

1. 掌握 Redis 字符串数据结构和常用命令
2. 掌握 Redis 链表数据结构和常用命令
3. 掌握 Redis 哈希数据结构和常用命令
4. 掌握 Redis 集合数据结构和常用命令
5. 掌握 Redis 有序集合数据结构和常用命令

本章主要讲解 Redis 的数据结构，尤其是 Redis 的五种常用数据结构的常用命令。在讲解之前我们先了解有关它们的知识，才能更好地理解它们的命令，因此本书会先讲解它们的数据结构，然后讨论它们常用的命令，以及在 Java 和 Spring 中如何使用这些 Redis 命令。Redis 的命令相当多，但是本书只列出最为常用的命令，它们足够在学习和工作中使用，对于一些不常用的命令则需要读者自己探索，在理解了 Redis 的五种常用数据结构后，再去运用这些命令并不困难。

第 19 章介绍了 Redis 的五种数据结构的基本功能，现在开始论述这些数据结构的命令和使用方法。注意，本章大部分内容都使用 Spring 操作，它们可能来自同一个 Redis 连接池的不同连接。笔者这样做是因为：一方面，在大部分情况下，我们使用 Redis 只是执行一个简单的命令，完全没有必要区分连接的不同；另一方面，这样做可以让大家更熟悉 RedisTemplate 的使用。如果要对 Redis 同时执行多个命令，那么还是采用 SessionCallback 接口操作，从而保证多个命令在同一个 Redis 连接操作中。

在测试本章的时候，要频繁地清空 Redis 的存储内容，以便在无污染的环境中测试代码，这个时候可以使用命令“flushdb”。注意，这是一个清空当前 Redis 服务器所有存储内容的命令，在实际的生产环境中要慎用它，因为这可能导致误删，或者需要花费过长的清空时间，造成 Redis 服务停顿。

在开始学习本章的时候，请读者注意以下 3 点。

- 由于 Java 的方法名称和 Redis 的命令名称比较接近，所以掌握了命令，使用 Java 来操作 Redis 也不会太困难。笔者主要讨论的是如何在 Spring 中使用 Redis，这更符合实际学习和工作的需要。
- 本章大部分使用 Spring 提供的 RedisTemplate 展示多个命令，它的好处是让读者学习到如何使用 RedisTemplate 操作 Redis。而在实际工作中并不是那么用的，因为每个操作都会尝试从连接池里获取一个新的 Redis 连接，多个命令应该使用 SessionCallback 接口操作。

- 本章主要介绍数据结构最常用的命令，这些足够在学习和工作中使用，需要掌握更多命令的读者可以参考 Redis 的 API 文档。

在实际应用中，Redis 的字符串数据结构和哈希数据结构是最常用的，所以重点应该学习如何使用它们。

20.1　Redis 数据结构——字符串

字符串是 Redis 最基本的数据结构，它以一个键和一个值存储于 Redis 内部，犹如 Java 的 Map 结构，让 Redis 通过键找到值。Redis 字符串的数据结构如图 20-1 所示。

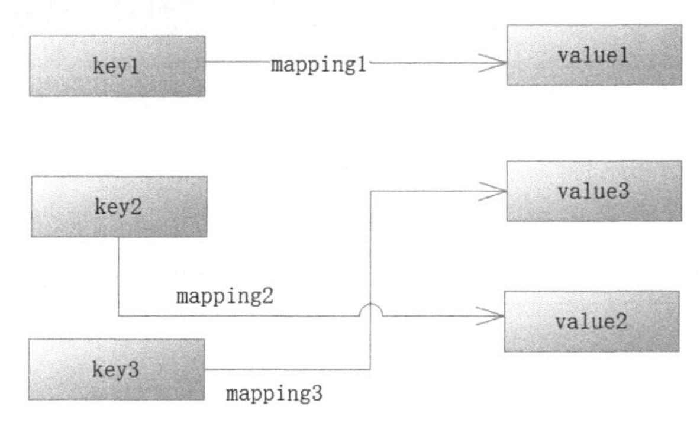

图 20-1　Redis 字符串的数据结构

Redis 会通过 key 找到对应的字符串，比如通过 key1 找到 value1，又如在 Java 互联网中，假设产品的编号为 0001，只要设置 key 为 product_0001，就可以通过 product_0001 保存该产品到 Redis，也可以通过 product_0001 从 Redis 中找到该产品的信息。

字符串的一些基本命令，如表 20-1 所示。

表 20-1　字符串的一些基本命令

命　令	说　明	备　注
set key value	设置键值对	最常用的写入命令
get key	通过键获取值	最常用的读取命令
del key	通过 key 删除键值对	删除命令，返回删除数，注意，它是一个通用的命令，换句话说在其他数据结构中，也可以使用它
strlen key	求 key 指向字符串的长度	返回长度
getset key value	修改原来 key 的对应值，并将旧值返回	如果原来值为空，则返回空，并设置新值
getrange key start end	获取子串	记字符串的长度为 len，把字符串看作一个数组，Redis 是以 0 开始计数的，所以 start 和 end 的取值范围为 0 到 len-1
append key value	将新的字符串 value 加入原来 key 指向的字符串末	返回 key 指向新字符串的长度

为了让大家更容易理解，笔者在 Redis 提供的客户端进行图 20-2 所示的测试。

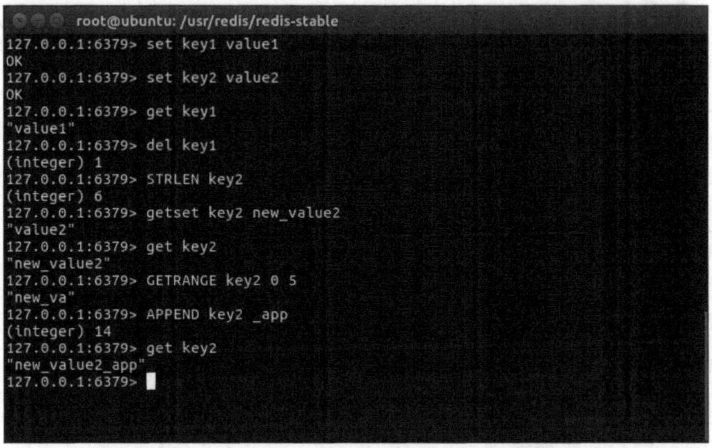

```
root@ubuntu: /usr/redis/redis-stable
127.0.0.1:6379> set key1 value1
OK
127.0.0.1:6379> set key2 value2
OK
127.0.0.1:6379> get key1
"value1"
127.0.0.1:6379> del key1
(integer) 1
127.0.0.1:6379> STRLEN key2
(integer) 6
127.0.0.1:6379> getset key2 new_value2
"value2"
127.0.0.1:6379> get key2
"new_value2"
127.0.0.1:6379> GETRANGE key2 0 5
"new_va"
127.0.0.1:6379> APPEND key2 _app
(integer) 14
127.0.0.1:6379> get key2
"new_value2_app"
127.0.0.1:6379>
```

图 20-2　在 Redis 客户端操作字符串命令

这里看到了字符串的常用操作，为了在 Spring 中测试这些命令，首先配置 Spring 关于 Redis 字符串的运行环境，如代码清单 20-1 所示。

代码清单 20-1：配置 Spring 关于 Redis 字符串的运行环境

```
package com.learn.ssm.chapter20.config;

/***** imports ****/

@Configuration
public class RedisConfig {

   @Bean("redisPoolConfig")
   public JedisPoolConfig poolConfig() {
      JedisPoolConfig poolCfg = new JedisPoolConfig();
      // 最大空闲数
      poolCfg.setMaxIdle(50);
      // 最大连接数
      poolCfg.setMaxTotal(100);
      // 最大等待毫秒数
      poolCfg.setMaxWaitMillis(20000);
      return poolCfg;
   }

   /**
    * 创建 Jedis 连接工厂
    *
    * @param jedisPoolConfig
    * @return 连接工厂
    */
   @Bean("redisConnectionFactory")
   public RedisConnectionFactory redisConnectionFactory(
         @Autowired JedisPoolConfig jedisPoolConfig) {
      // 独立 Jedis 配置
      RedisStandaloneConfiguration rsc = new RedisStandaloneConfiguration();
      // 设置 Redis 服务器
      rsc.setHostName("192.168.80.128");
      // 如需要密码，则设置密码
      rsc.setPassword("abcdefg");
      // 端口
      rsc.setPort(6379);
```

```
        // 获得默认的连接池构造器
        JedisClientConfigurationBuilder jpcb
            = JedisClientConfiguration.builder();
        // 设置 Redis 连接池
        jpcb.usePooling().poolConfig(jedisPoolConfig);
        // 获取构建器
        JedisClientConfiguration jcc = jpcb.build();
        // 创建连接工厂
        return new JedisConnectionFactory(rsc, jcc);
    }


    /**
     * 创建 StringRedisTemplate
     * @param connectionFactory
     * @return StringRedisTemplate 对象
     */
    @Bean("stringRedisTemplate")
    public StringRedisTemplate  stringRedisTemplate(
          @Autowired RedisConnectionFactory connectionFactory) {
        // 创建 StringRedisTemplate 对象
        StringRedisTemplate stringRedisTemplate = new StringRedisTemplate();
        // 设置连接工厂
        stringRedisTemplate.setConnectionFactory(connectionFactory);
        return stringRedisTemplate;
    }
}
```

这里使用的是 StringRedisTemplate，所以它是一种字符串的操作。接着可以使用这个配置类创建 Spring IoC 容器测试，如代码清单 20-2。

代码清单 20-2：使用 Spring 测试 Redis 字符串操作

```
public static void testString() {
    AnnotationConfigApplicationContext applicationContext
          = new AnnotationConfigApplicationContext(RedisConfig.class);
    StringRedisTemplate redisTemplate
          = applicationContext.getBean(StringRedisTemplate.class);
    // 设值
    redisTemplate.opsForValue().set("key1", "value1");
    redisTemplate.opsForValue().set("key2", "value2");
    // 通过 key 获取值
    String value1 = redisTemplate.opsForValue().get("key1");
    System.out.println(value1);
    // 通过 key 删除值
    boolean success = redisTemplate.delete("key1");
    System.out.println(success);
    // 求长度
    Long length = redisTemplate.opsForValue().size("key2");
    System.out.println(length);
    // 设置新值并返回旧值
    String oldValue2 = redisTemplate.opsForValue()
          .getAndSet("key2", "new_value2");
    System.out.println(oldValue2);
    // 通过 key 获取值
    String value2 = redisTemplate.opsForValue().get("key2");
    System.out.println(value2);
    // 求子串
    String rangeValue2 = redisTemplate.opsForValue().get("key2", 0, 5);
```

```
        System.out.println(rangeValue2);
        // 追加字符串到末尾，返回新串长度
        int newLen = redisTemplate.opsForValue().append("key2", "_app");
        System.out.println(newLen);
        String appendValue2 = redisTemplate.opsForValue().get("key2");
        System.out.println(appendValue2);
        applicationContext.close();
    }
```

这样做的主要目是在 Spring 操作 Redis 键值对，其操作等同于图 20-2 所示的命令。在 Spring 中，redisTemplate.opsForValue()返回的对象可以操作简单的键值对，可以是字符串，也可以是对象，具体根据所配置的序列化方案确定。由于代码清单 18-1 所配置的是字符串，所以上述代码都是以字符串来操作 Redis 的，其测试结果如下：

```
value1
true
6
value2
new_value2
new_va
14
new_value2_app
```

其结果和我们看到的命令行结果一样，作为开发者要熟悉这些方法。

上面介绍了字符串最常用的命令，除了这些，Redis 还提供了整数和浮点型数字的功能，如果字符串是数字（整数或者浮点数），那么 Redis 还支持简单的运算。不过它的运算能力比较弱，目前版本只能支持简单的加减法运算，如表 20-2 所示。

表 20-2　Redis 支持的简单运算

命　令	说　明	备　注
incr key	在原字段上加 1	只能操作整数
incrby key increment	在原字段上加上整数（increment）	只能操作整数
decr key	在原字段上减 1	只能操作整数
decrby key decrement	在原字段上减去整数（decrement）	只能操作整数
incrbyfloat keyincrement	在原字段上加上浮点数（increment）	可以操作浮点数或者整数

对操作浮点数和整数进行了测试，如图 20-3 所示。

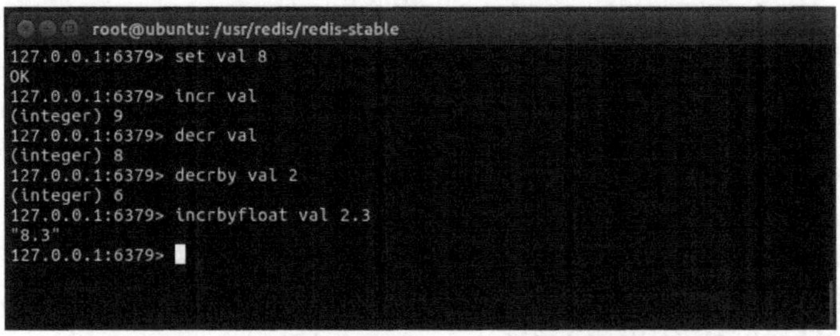

```
root@ubuntu: /usr/redis/redis-stable
127.0.0.1:6379> set val 8
OK
127.0.0.1:6379> incr val
(integer) 9
127.0.0.1:6379> decr val
(integer) 8
127.0.0.1:6379> decrby val 2
(integer) 6
127.0.0.1:6379> incrbyfloat val 2.3
"8.3"
127.0.0.1:6379>
```

图 20-3　测试操作浮点数和整数

在测试过程中，如果开始把 val 设置为浮点数，那么 incr、decr、incrby、decrby 的命令都会失败。Redis 不支持减法、乘法、除法操作，功能十分有限，这点需要注意。

由于 Redis 的功能比较弱，所以经常会在 Java 程序中读取它们，然后通过 Java 计算并设置它们的值。这里使用 Spring 提供的 RedisTemplate 测试它们，不过依旧使用代码清单 20-1 的配置，值得注意的是，这里使用的是 StringRedisTemplate，所以 Redis 保存的还是字符串，如果采用其他的序列化器，比如 JDK 序列化器，那么 Redis 将不会保存数字，而是产生异常。字符是 Redis 最基本的类型，它可以使用最多的命令，下面我们用代码清单 20-3 实现以上功能。

代码清单 20-3：使用 Spring 测试 Redis 运算

```
public static void testCalculation() {
   // 创建 Spring IoC 容器
   AnnotationConfigApplicationContext applicationContext
         = new AnnotationConfigApplicationContext(RedisConfig.class);
   // 获取 StringRedisTemplate
   StringRedisTemplate redisTemplate
         = applicationContext.getBean(StringRedisTemplate.class);
   // 设值
   redisTemplate.opsForValue().set("val", "8");
   printCurrValue(redisTemplate, "val");
   // 值加 1
   redisTemplate.opsForValue().increment("val", 1);
   printCurrValue(redisTemplate, "val");
   // 获取 Redis 底层连接
   RedisConnection conn
         = redisTemplate.getConnectionFactory().getConnection();
   // 值减 1
   conn.decr("val".getBytes());
   printCurrValue(redisTemplate, "val");
   // 值减 2
   conn.decrBy("val".getBytes(), 2);
   conn.close(); // 关闭连接
   printCurrValue(redisTemplate, "val");
   // 加浮点数
   redisTemplate.opsForValue().increment("val", 2.3);
   printCurrValue(redisTemplate, "val");
   applicationContext.close();
}

/**
 * 打印当前 key 的值
 *
 * @param redisTemplate StringRedisTemplate
 * @param key 键
 */
public static void printCurrValue(
      StringRedisTemplate redisTemplate, String key) {
   String i = (String) redisTemplate.opsForValue().get(key);
   System.out.println(i);
}
```

注意，Spring 已经优化了代码，所以加粗的 increment 方法可以支持长整形（long）和双精度（double）的加法。对于减法，RedisTemplate 并没有给予支持，所以用下面的代码代替它：

```
// 获取 Redis 底层连接
RedisConnection conn
      = redisTemplate.getConnectionFactory().getConnection();
// 值减 1
```

```
conn.decr("val".getBytes());
```

这里通过获得连接工厂再获得连接，得到底层的连接（RedisConnection）对象。为了和 StringRedisTemplate 的配置保持一致，将参数转化为字符串。getConnection()可以获取一个 spring-data-redis 项目中封装的底层对象 RedisConnection，甚至可以获取原始的链接对象——Jedis 对象，比如下面这段代码：

```
Jedis jedis =  (Jedis)redisTemplate.getConnectionFactory()
      .getConnection().getNativeConnection();
```

这里需要我们注意的是，RedisTemplate 支持的命令会和底层连接有一定的差异，且有时候有些功能并不齐全。如果使用纯粹的 Java Redis 的最新 API 则可以看到这些命令对应的方法，这点是读者需要注意的。其次，所有关于减法的方法，原有值都必须是整数，否则会引发异常，如代码清单 20-4 所示，通过操作浮点数减法产生异常。

代码清单 20-4：通过操作浮点数减法产生异常

```
redisTemplate.opsForValue().set("i", "8.9");
redisTemplate.getConnectionFactory().getConnection().decr("val".getBytes());
```

这些在 Java 中完全可以编译通过，在运行之后却产生了异常，这是因为对浮点数使用了 Redis 的减法命令，使用 Redis 的时候需要注意这些问题。

20.2 Redis 数据结构——哈希

Redis 中的哈希（Hash）数据结构同 Java 中的哈希（HashMap）数据结构一样，一个对象里面有许多键值对，特别适合存储对象，如果内存足够大，那么一个 Redis 的 Hash 数据结构可以存储 $2^{32}-1$（40 多亿）个键值对，在正常情况下是不会使用到那么多键值对的，所以几乎可以认为哈希数据结构的存储量是无限的。在 Redis 中，哈希数据结构是一个 String 类型的 field 和 value 的映射表，因此我们存储的数据在 Redis 内存中实际都是一个个字符串。

假设角色有 3 个字段：编号（id）、角色名称（roleName）和备注（note），可以使用一个哈希数据结构保存它，它的内存结果如表 20-3 所示。

表 20-3　角色哈希数据结构

role_1	
field	value
id	001
roleName	role_name_001
note	note_001

在 Redis 中它就是一个这样的结构，其中 role_1 代表的是这个哈希数据结构在 Redis 内存的 key，通过它可以找到这个哈希数据结构，而哈希数据结构由一系列的 field 和 value 组成，下面用 Redis 的命令来保存角色对象，如图 20-4 所示。

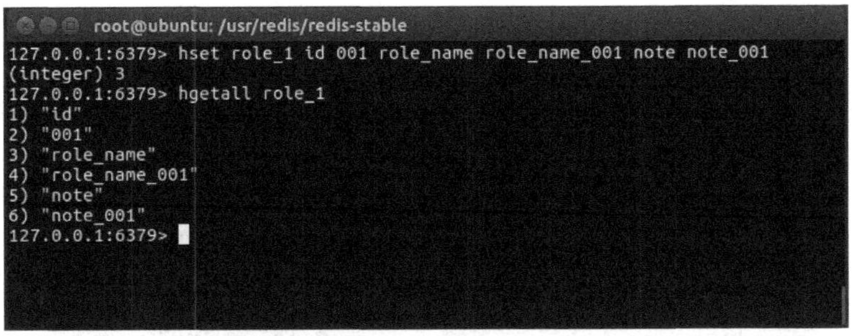

```
root@ubuntu: /usr/redis/redis-stable
127.0.0.1:6379> hset role_1 id 001 role_name role_name_001 note note_001
(integer) 3
127.0.0.1:6379> hgetall role_1
1) "id"
2) "001"
3) "role_name"
4) "role_name_001"
5) "note"
6) "note_001"
127.0.0.1:6379>
```

图 20-4　使用 Redis 命令保存角色对象

上面的命令使用哈希数据结构保存了一个角色对象的信息。在 Redis 中，角色对象是通过键 role_1 索引的，而角色本身是一个如表 20-3 所示的哈希数据结构。哈希数据结构的键值对在内存中是一种无序的状态，我们可以通过键找到对应的值。

Redis 哈希数据结构命令，如表 20-4 所示。

表 20-4　Redis 哈希数据结构命令

命　令	说　明	备　注
hdel key field1 [field2......]	删除 Hash 结构中的某个（些）字段	可以进行多个字段的删除
hexists key field	判断 Hash 结构中是否存在 field 字段	存在则返回 1，否则返回 0
hgetall key	获取所有 Hash 结构中的键值	返回键和值
hincrby key field increment	指定给 Hash 结构中的某一字段加上一个整数	要求该字段也是整数字符串
hincrbyfloat key field increment	指定给 Hash 结构中的某一字段加上一个浮点数	要求该字段是数字型字符串
hkeys key	返回 Hash 中所有的键	—
hlen key	返回 Hash 中键值对的数量	—
hmget key field1[field2......]	返回 Hash 中指定的键的值，可以是多个	依次返回值
hmset key field1 value1 [field2 field2 ......]	在 Hash 结构设置多个键值对	—
hset key filed value	在 Hash 结构中设置键值对	单个设值
hsetnx key field value	当 Hash 结构中不存在对应的键时，才设置值	—
hvals key	获取 Hash 结构中所有的值	—

从表 20-4 中可以看出，在 Redis 中的哈希数据结构和字符串有着比较明显的不同。首先，命令都是以 h 开头，代表操作的是哈希数据结构。其次，大多数命令多了一个层级 field，这是哈希数据结构的一个内部键，也就是说，Redis 需要通过 key 索引到对应的哈希数据结构，再通过 field 确定是哈希数据结构内部的哪个键值对。

下面通过 Redis 的这些操作命令来展示如何使用它们，如图 20-5 所示。

从图 20-5 中可以看到 Redis 关于哈希数据结构的相关命令。需要注意以下方面。

- 哈希数据结构的大小。如果哈希数据结构是个很大的键值对，那么在使用它时要十分注意，尤其是关于 hkeys、hgetall、hvals 等返回整个哈希数据结构的命令。当哈希数据结构很庞大时，会造成大量数据的读取，这时就需要考虑性能和读取数据的容量对 JVM 内存的影响。
- 数字的操作命令 hincrby 要求存储的是整数型的字符串；hincrbyfloat 则要求使用浮点数或者整数，否则命令会失败。

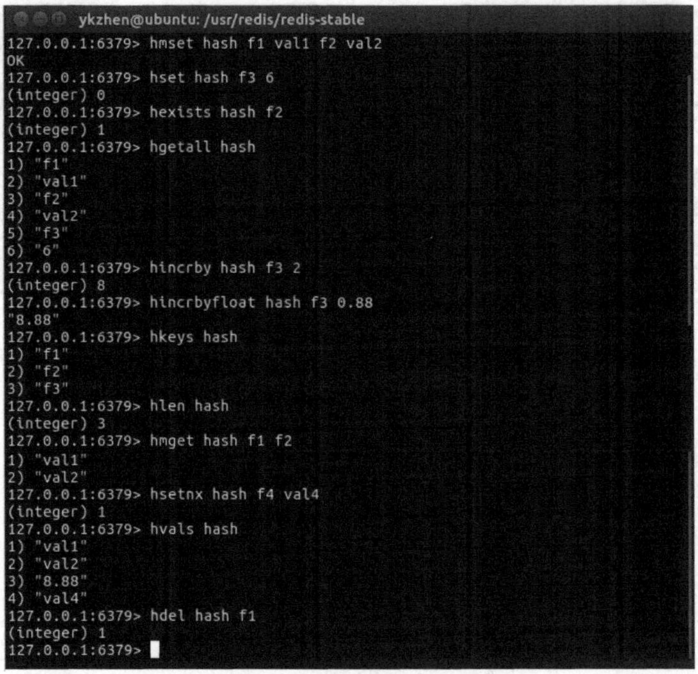

```
ykzhen@ubuntu: /usr/redis/redis-stable
127.0.0.1:6379> hmset hash f1 val1 f2 val2
OK
127.0.0.1:6379> hset hash f3 6
(integer) 0
127.0.0.1:6379> hexists hash f2
(integer) 1
127.0.0.1:6379> hgetall hash
1) "f1"
2) "val1"
3) "f2"
4) "val2"
5) "f3"
6) "6"
127.0.0.1:6379> hincrby hash f3 2
(integer) 8
127.0.0.1:6379> hincrbyfloat hash f3 0.88
"8.88"
127.0.0.1:6379> hkeys hash
1) "f1"
2) "f2"
3) "f3"
127.0.0.1:6379> hlen hash
(integer) 3
127.0.0.1:6379> hmget hash f1 f2
1) "val1"
2) "val2"
127.0.0.1:6379> hsetnx hash f4 val4
(integer) 1
127.0.0.1:6379> hvals hash
1) "val1"
2) "val2"
3) "8.88"
4) "val4"
127.0.0.1:6379> hdel hash f1
(integer) 1
127.0.0.1:6379>
```

图 20-5 Redis 的哈希数据结构命令展示

有了上面的介绍，读者应该对哈希数据结构有了一定的认识，也知道如何使用命令去操作它了。现在讨论如何使用 Spring 操作 Redis 的哈希数据结构，如代码清单 20-5 所示。

代码清单 20-5：使用 Spring 操作哈希数据结构

```
public static void testHash() {
    AnnotationConfigApplicationContext applicationContext
          = new AnnotationConfigApplicationContext(RedisConfig.class);
    StringRedisTemplate redisTemplate
          = applicationContext.getBean(StringRedisTemplate.class);
    String key = "hash";
    Map<String, String> map = new HashMap<String, String>();
    map.put("f1", "val1");
    map.put("f2", "val2");
    // 相当于 hmset 命令
    redisTemplate.opsForHash().putAll(key, map);
    // 相当于 hset 命令
    redisTemplate.opsForHash().put(key, "f3", "6");
    printValueForhash(redisTemplate, key, "f3");
    // 相当于 hexists key filed 命令
    boolean exists = redisTemplate.opsForHash().hasKey(key, "f3");
    System.out.println(exists);
    // 相当于 hgetall 命令
    Map keyValMap = redisTemplate.opsForHash().entries(key);
    // 相当于 hincrby 命令
    redisTemplate.opsForHash().increment(key, "f3", 2);
    printValueForhash(redisTemplate, key, "f3");
    // 相当于 hincrbyfloat 命令
    redisTemplate.opsForHash().increment(key, "f3", 0.88);
    printValueForhash(redisTemplate, key, "f3");
    // 相当于 hvals 命令
    List valueList = redisTemplate.opsForHash().values(key);
    // 相当于 hkeys 命令
```

```
    Set keyList = redisTemplate.opsForHash().keys(key);
    List<String> fieldList = new ArrayList<String>();
    fieldList.add("f1");
    fieldList.add("f2");
    // 相当于 hmget 命令
    List valueList2 = redisTemplate.opsForHash().multiGet(key, keyList);
    // 相当于 hsetnx 命令
    boolean success
          = redisTemplate.opsForHash().putIfAbsent(key, "f4", "val4");
    System.out.println(success);
    // 相当于 hdel 命令
    Long result = redisTemplate.opsForHash().delete(key, "f1", "f2");
    System.out.println(result);
}

private static void printValueForhash(
        StringRedisTemplate redis Template, String key, String field) {
    // 相当于 hget 命令
    Object value = redisTemplate.opsForHash().get(key, field);
    System.out.println(value);
}
```

以上代码笔者做了比较详细的注解，相信读者也不难理解，不过需要注意以下几点内容。

- hmset 命令，在 Java 的 API 中，是使用 Map 保存多个键值对在先的。
- hgetall 命令会返回所有的键值对，并保存到一个 Map 对象中，如果哈希数据结构很大，那么要考虑它对 JVM 的内存影响。
- hincrby 和 hincrbyfloat 命令都采用 increment 方法，Spring 会识别它们具体使用何种 Redis 命令，不需要我们了解底层。
- redisTemplate.opsForHash().values(key)方法相当于 hvals 命令，它会返回所有的值，并保存到一个 List 对象中；而 redisTemplate.opsForHash().keys(key)方法相当于 hkeys 命令，它会获取所有的键，保存到一个 Set 对象中。
- 在 Spring 中使用 redisTemplate.opsForHash().putAll(key, map)方法相当于执行了 hmset 命令，使用了 Map，由于 StringRedisTemplate 的序列化器为字符串类型，所以它也只会用字符串转化，这样才能执行对应的数值加法，如果使用其他序列化器，则后面的命令可能会抛出异常。
- 在使用大的哈希数据结构时，需要考虑返回数据的大小，以避免返回太多的数据，引发 JVM 内存溢出或者 Redis 的性能问题。

运行一下代码清单 20-5 的程序，可以得到这样的输出：

```
6
true
8
8.88
false
2
```

操作成功了，按照类似的代码就可以在 Spring 中顺利操作 Redis 的哈希数据结构了。

20.3 Redis 数据结构——链表

链表（linked-list）结构是 Redis 中一个常用的结构，它可以存储多个字符串，而且它是有序的，能够存储 $2^{32}-1$ 个节点。Redis 链表是双向的，因此既可以从左到右，也可以从右到左遍历它存储的节点，链表结构如图 20-6 所示。

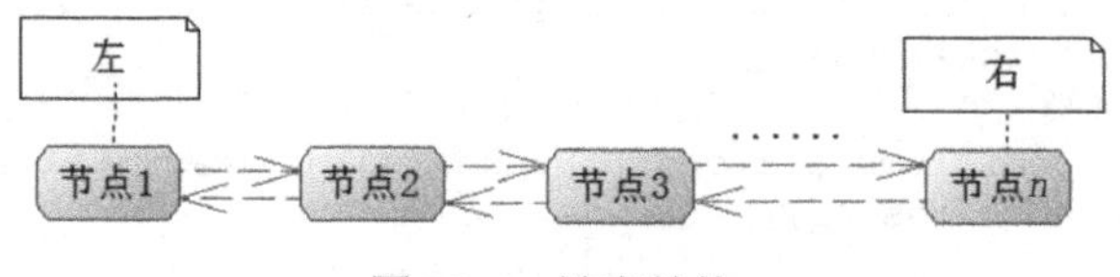

图 20-6　链表结构

由于是双向链表，所以只能从左到右，或者从右到左访问和操作链表里面的数据节点。使用链表结构就意味着读性能的丧失，如果要在大量数据中找到一个操作性能不佳的节点，那么只能从一个方向遍历所有节点，比如查找节点 10000，它需要按照节点 1、节点 2、节点 3……直至节点 10000，这样的顺序查找，然后把一个个节点和给出的值比对，才能确定节点的位置。如果这个链表有上百万个节点，那么可能需要遍历几十万次才能找到需要的节点，显然查找性能是不佳的。

链表结构的优势在于插入和删除的便利，因为链表的数据节点被分配在不同的内存区域，并不连续，只是根据上一个节点指向下一个节点的顺序来索引而已，无须移动节点。其插入和删除节点的操作如图 20-7 所示。

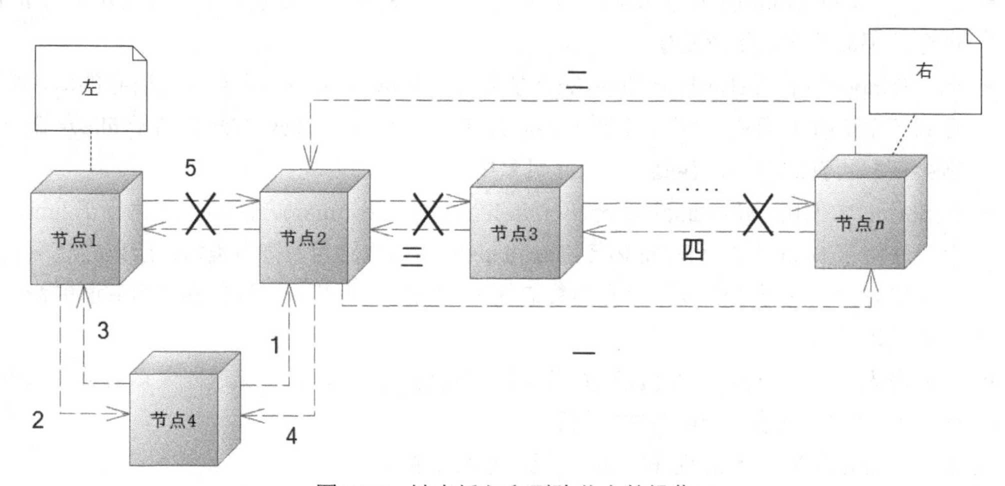

图 20-7　链表插入和删除节点的操作

图 20-7 的阿拉伯数字代表新增的步骤，而汉字数字代表删除的步骤。

- **插入节点**：插入图中的节点 4。先看从左到右的指向，让节点 4 指向节点 1 原来的下一个节点，也就是节点 2，然后让节点 1 指向节点 4，这样就完成了从左到右的指向修改；再看从右到左的指向，先让节点 4 指向节点 1，然后节点 2 指向节点 4，这个时候就完成了从右到左的指向，节点 1 和节点 2 之间的原有关联关系已经失效，这样就完成了在链表中新增节点 4 的操作。

- **删除节点**：删除图中的节点 3。首先让节点 2 从左到右指向后续节点，然后让后续节点指向节点 2，这样节点 3 就脱离了链表，也就是断绝了与节点 2 和后续节点的关联关系，然后对节点 3 进行内存回收，无须移动任何节点，就完成了删除。

由此可见，链表结构的使用是需要注意场景的，对于那些经常需要对数据进行插入和删除的列表数据使用它是十分方便的，因为它可以在不移动其他节点的情况下完成插入和删除。而对于需要经常查找的情况，使用它性能并不佳，它只能进行从左到右或者从右到左的查找和比对。

因为是双向链表结构，所以 Redis 链表命令分为左操作和右操作两种，左操作表示从左到右，右操作表示从右到左。Redis 关于链表的命令如表 20-5 所示。

表 20-5　Redis 关于链表的命令

命　令	说　明	备　注
lpush key node1 [node2].....	把节点 node1 加入链表最左边	如果是 node1、node2...node*n* 这样加入，那么链表开头从左到右的顺序是 node*n*...node2、node1
rpush key node1[node2]......	把节点 node1 加入链表最右边	如果是 node1、node2....node*n* 这样加入，那么链表结尾从右到左的顺序是 node1、node2，node3...node*n*
lindex key index	读取下标为 index 的节点	返回节点字符串，从 0 开始算
llen key	求链表的长度	返回链表节点数
lpop key	删除左边第一个节点，并将其返回	—
rpop key	删除右边第一个节点，并将其返回	—
linsert key before|after pivot node	插入一个节点 node，并且可以指定在值为 pivot 的节点的前面（before）或者后面（after）	如果 list 不存在，则报错；如果没有值为对应的 pivot，则插入失败返回“–1”
lpushx list node	如果存在 key 为 list 的链表，则插入节点 node，并且作为从左到右的第一个节点	如果 list 不存在，则失败
rpushx list node	如果存在 key 为 list 的链表，则插入节点 node，并且作为从左到右的最后一个节点	如果 list 不存在，则失败
lrange list start end	获取链表 list 从 start 下标到 end 下标的节点值	包含 start 和 end 下标的值
lrem list count value	如果 count 为 0，则删除所有值等于 value 的节点；如果 count 不为 0，则先对 count 取绝对值，假设记为 abs，然后从左到右删除不大于 abs 个等于 value 的节点	注意，count 为整数，如果是负数，则 Redis 会先求取其绝对值，然后传递到后台操作
lset key index node	设置列表下标为 index 的节点的值为 node	—
ltrim key start stop	修剪链表，只保留从 start 到 stop 的区间的节点，其余的都删除	包含 start 和 end 的下标的节点会被保留

表 20-5 所列举的是常用的链表命令，其中以“l”开头的代表左操作，以“r”开头的代表右操作。对于很多个节点同时操作的，需要考虑其花费的时间，链表数据结构不适合于大数据的查找，Redis 给出了比较灵活的关于链表的操作命令，如图 20-8 所示。

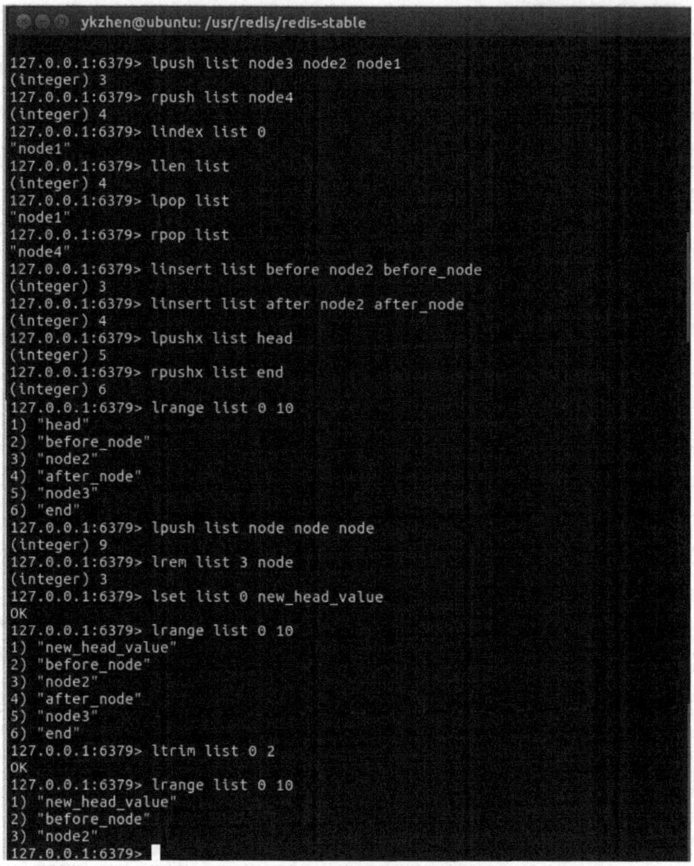

```
ykzhen@ubuntu: /usr/redis/redis-stable
127.0.0.1:6379> lpush list node3 node2 node1
(integer) 3
127.0.0.1:6379> rpush list node4
(integer) 4
127.0.0.1:6379> lindex list 0
"node1"
127.0.0.1:6379> llen list
(integer) 4
127.0.0.1:6379> lpop list
"node1"
127.0.0.1:6379> rpop list
"node4"
127.0.0.1:6379> linsert list before node2 before_node
(integer) 3
127.0.0.1:6379> linsert list after node2 after_node
(integer) 4
127.0.0.1:6379> lpushx list head
(integer) 5
127.0.0.1:6379> rpushx list end
(integer) 6
127.0.0.1:6379> lrange list 0 10
1) "head"
2) "before_node"
3) "node2"
4) "after_node"
5) "node3"
6) "end"
127.0.0.1:6379> lpush list node node node
(integer) 9
127.0.0.1:6379> lrem list 3 node
(integer) 3
127.0.0.1:6379> lset list 0 new_head_value
OK
127.0.0.1:6379> lrange list 0 10
1) "new_head_value"
2) "before_node"
3) "node2"
4) "after_node"
5) "node3"
6) "end"
127.0.0.1:6379> ltrim list 0 2
OK
127.0.0.1:6379> lrange list 0 10
1) "new_head_value"
2) "before_node"
3) "node2"
127.0.0.1:6379>
```

图 20-8　Redis 关于链表的操作命令

这里展示了 Redis 常用的链表命令，在有大量数据操作的时候，我们需要考虑插入和删除内容的大小，因为这是十分消耗性能的命令，会导致 Redis 服务器的卡顿。对于不允许卡顿的一些服务器，可以将大批量的命令分批执行，这样可以避免卡顿。

继续使用 StringRedisTemplate 测试，如代码清单 20-6 所示，它实现的是图 20-8 所示的命令功能，请读者仔细体会。

代码清单 20-6：使用 Spring 操作链表结构

```java
public static void testList() {
   AnnotationConfigApplicationContext applicationContext
         = new AnnotationConfigApplicationContext(RedisConfig.class);
   StringRedisTemplate redisTemplate
         = applicationContext.getBean(StringRedisTemplate.class);
   try {
      // 删除链表，以便我们可以反复测试
      redisTemplate.delete("list");
      List<String> nodeList = new ArrayList<String>();
      for (int i = 3; i >= 1; i--) {
         nodeList.add("node" + i);
      }
      // 相当于 lpush 把多个价值从左插入链表
      redisTemplate.opsForList().leftPushAll("list", nodeList);
      // 在右边插入一个节点
      redisTemplate.opsForList().rightPush("list", "node4");
```

```
        // 获取下标为 0 的节点
        String node1 = redisTemplate.opsForList().index("list", 0);
        // 获取链表长度
        long size = redisTemplate.opsForList().size("list");
        // 从左边弹出一个节点
        String lpop = redisTemplate.opsForList().leftPop("list");
        // 从右边弹出一个节点
        String rpop = redisTemplate.opsForList().rightPop("list");
        // 注意，需要使用更为底层的命令才能操作 linsert 命令
        // 使用 linsert 命令在 node2 前插入一个节点
        redisTemplate.getConnectionFactory().getConnection().lInsert(
              "list".getBytes("utf-8"), RedisListCommands.Position.BEFORE,
              "node2".getBytes("utf-8"), "before_node".getBytes("utf-8"));
        // 使用 linsert 命令在 node2 后插入一个节点
        redisTemplate.getConnectionFactory().getConnection().lInsert(
              "list".getBytes("utf-8"), RedisListCommands.Position.AFTER,
              "node2".getBytes("utf-8"), "after_node".getBytes("utf-8"));
        // 判断 list 是否存在，如果存在则在左边插入 head 节点
        redisTemplate.opsForList().leftPushIfPresent("list", "head");
        // 判断 list 是否存在，如果存在则在右边插入 end 节点
        redisTemplate.opsForList().rightPushIfPresent("list", "end");
        // 从左到右，或者下标从 0 到 10 的节点元素
        List<String> valueList
              = redisTemplate.opsForList().range("list", 0, 10);
        System.out.println(valueList);
        // 清空原有节点
        nodeList.clear();
        for (int i = 1; i <= 3; i++) {
           nodeList.add("node");
        }
        // 在链表左边插入三个值为 node 的节点
        redisTemplate.opsForList().leftPushAll("list", nodeList);
        // 从左到右删除至多三个 node 节点
        redisTemplate.opsForList().remove("list", 3, "node");
        // 给链表下标为 0 的节点设置新值
        redisTemplate.opsForList().set("list", 0, "new_head_value");
        // 打印链表数据
        printList(redisTemplate, "list");
        // 相当于 ltrim 命令
        redisTemplate.opsForList().trim("list", 0, 2);
     } catch (UnsupportedEncodingException ex) {
        ex.printStackTrace();
     } finally {
        // 打印链表数据
        printList(redisTemplate, "list");
        applicationContext.close();
     }
}

public static void printList(StringRedisTemplate redisTemplate, String key) {
   // 链表长度
   Long size = redisTemplate.opsForList().size(key);
   // 获取整个链表的值
   List<String> valueList = redisTemplate.opsForList().range(key, 0, size);
   // 打印
   System.out.println(valueList);
}
```

这里展示的是 RedisTemplate 对于 Redis 链表的操作，其中 left 代表左操作，right 代表右操作。对于有些 Spring 所提供的 RedisTemplate 并不能支持的命令，比如 linsert 命令，可以使用更为底层的方法操作，如代码中的这段：

```
// 注意，需要使用更为底层的命令才能操作 linsert 命令
// 使用 linsert 命令在 node2 前插入一个节点
redisTemplate.getConnectionFactory().getConnection().lInsert(
      "list".getBytes("utf-8"), RedisListCommands.Position.BEFORE,
      "node2".getBytes("utf-8"), "before_node".getBytes("utf-8"));
```

在多值操作的时候，往往会使用 list 进行封装，比如 leftPushAll 方法，对于很大的 list 的操作需要注意性能，比如 remove 这样的操作，在大的链表中会消耗 Redis 服务器很多的资源。

运行它可以得到这样的结果：

```
[head, before_node, node2, after_node, node3, end]
[new_head_value, before_node, node2, after_node, node3, end]
[new_head_value, before_node, node2]
```

需要指出的是，上述操作链表的命令都是进程不安全的。所谓的进程不安全指当我们操作这些命令的时候，其他 Redis 的客户端也可能在操作同一个链表，这样就会引起并发数据一致性的问题，尤其是当操作一个数据量不小的链表结构时，常常会遇到这样的问题。为了解决这些问题，Redis 提供了链表的阻塞命令，它们在运行的时候，会给链表加锁，以保证操作链表的命令安全性，如表 20-6 所示。

表 20-6　链表的阻塞命令

命　令	说　明	备　注
blpop key1 [key2 ...] timeout	移出并获取列表的第一个节点，如果列表没有节点，则阻塞列表直到等待超时或发现可弹出节点为止	相对于 lpop 命令，它的操作是进程安全的
brpop key [key2 ...] timeout	移出并获取列表的最后一个节点，如果列表没有节点，则阻塞列表直到等待超时或发现可弹出节点为止	相对于 rpop 命令，它的操作是进程安全的
rpoplpush src dest	按从左到右的顺序，将一个链表的最后一个节点移除，并插入目标链表最左边	不能设置超时时间
brpoplpush src dest timeout	按从左到右的顺序，将一个链表的最后一个节点移除，并插入目标链表最左边，并可以设置超时时间	可设置超时时间

当使用这些命令时，Redis 就会对对应的链表加锁，加锁的结果是其他客户端不能再读取或写入该链表，只能等待命令结束。加锁的好处是可以保证在多线程并发环境中数据的一致性，这对于一些重要数据，比如账户的金额、商品的数量就可以保证其一致性了。不过在保证这些的同时要付出其他线程等待、线程环境切换等代价，这将使得系统的并发能力下降，关于多线程并发锁，未来还会提及，这里先看 Redis 链表阻塞操作命令，如图 20-9 所示。

在实际的项目中，虽然阻塞可以有效保证数据的一致性，但是这意味着其他进程的等待，CPU 需要对其他线程进行挂起、恢复等操作，更多的时候我们希望的并不是阻塞的处理请求，所以这些命令在实际中使用得并不多。

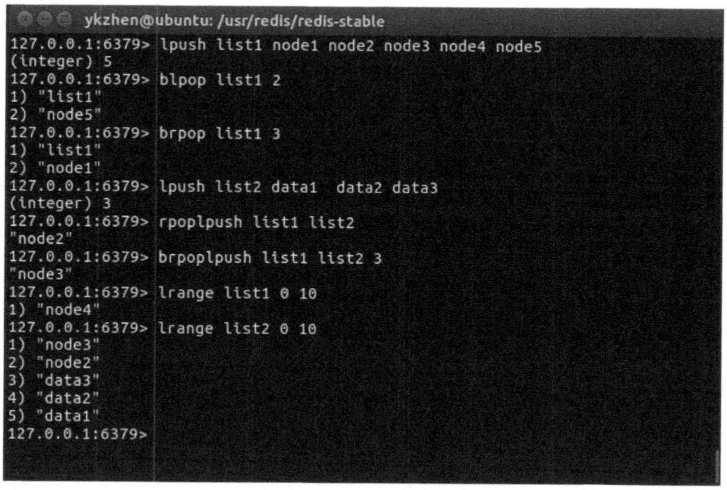

```
ykzhen@ubuntu: /usr/redis/redis-stable
127.0.0.1:6379> lpush list1 node1 node2 node3 node4 node5
(integer) 5
127.0.0.1:6379> blpop list1 2
1) "list1"
2) "node5"
127.0.0.1:6379> brpop list1 3
1) "list1"
2) "node1"
127.0.0.1:6379> lpush list2 data1  data2 data3
(integer) 3
127.0.0.1:6379> rpoplpush list1 list2
"node2"
127.0.0.1:6379> brpoplpush list1 list2 3
"node3"
127.0.0.1:6379> lrange list1 0 10
1) "node4"
127.0.0.1:6379> lrange list2 0 10
1) "node3"
2) "node2"
3) "data3"
4) "data2"
5) "data1"
127.0.0.1:6379>
```

图 20-9　Redis 链表阻塞操作命令

正如之前探讨的一样，Redis 还有对链表进行阻塞操作的命令，Spring 也给出了支持，如代码清单 20-7 所示。

代码清单 20-7：Spring 对 Redis 阻塞命令的操作

```
public static void testBlockList() {
   AnnotationConfigApplicationContext applicationContext
         = new AnnotationConfigApplicationContext(RedisConfig.class);
   StringRedisTemplate redisTemplate
         = applicationContext.getBean(StringRedisTemplate.class);
   try {
      // 清空数据，可以重复测试
      redisTemplate.delete("list1");
      redisTemplate.delete("list2");
      // 初始化链表 list1
      List<String> nodeList = new ArrayList<String>();
      for (int i = 1; i <= 5; i++) {
         nodeList.add("node" + i);
      }
      redisTemplate.opsForList().leftPushAll("list1", nodeList);
      // Spring 使用参数超时时间作为阻塞命令区分，等价于 blpop 命令，并且可以设置时间参数
      redisTemplate.opsForList().leftPop("list1", 2, TimeUnit.SECONDS);
      // Spring 使用参数超时时间作为阻塞命令区分，等价于 brpop 命令，并且可以设置时间参数
      redisTemplate.opsForList().rightPop("list1", 3, TimeUnit.SECONDS);
      nodeList.clear();
      // 初始化链表 list2
      for (int i = 1; i <= 3; i++) {
         nodeList.add("data" + i);
      }
      redisTemplate.opsForList().leftPushAll("list2", nodeList);
      // 相当于 rpoplpush 命令，弹出 list1 最右边的节点，插入 list2 最左边
      redisTemplate.opsForList().rightPopAndLeftPush("list1", "list2");
      // 相当于 brpoplpush 命令，注意在 Spring 中使用超时参数区分
      redisTemplate.opsForList().rightPopAndLeftPush(
            "list1", "list2", 1, TimeUnit.SECONDS);
   } finally {
      // 打印链表数据
      printList(redisTemplate, "list1");
      printList(redisTemplate, "list2");
      applicationContext.close();
```

```
    }
}
```

这里展示了 Redis 关于链表的阻塞命令，在 Spring 中它和非阻塞命令的方法是一致的，只是它会通过超时参数区分，我们还可以通过方法设置时间的单位，相当简单。注意，它是阻塞的命令，在多线程的环境中，它能在一定程度上保证数据的一致，但是性能不佳。运行它，可以打印出以下日志：

```
[node4]
[node3, node2, data3, data2, data1]
```

20.4 Redis 数据结构——集合

Redis 的集合不是一个线性结构，而是一个哈希表结构，它的内部会根据哈希（Hash）因子存储和查找数据，理论上一个集合可以存储 $2^{32}-1$（大约 42 亿）个成员，因为采用哈希表结构，所以对于 Redis 集合的插入、删除和查找的复杂度都是 O(1)，只是我们需要注意 3 点。

- 对于集合而言，它的每个成员都是不能重复的，否则当插入相同记录的时候会失败。
- 集合是无序的。
- 集合的每个成员都是 String 数据结构类型。

Redis 的集合可以对不同的集合进行操作，比如求出两个或以上集合的交集、差集和并集等。集合命令，如表 20-7 所示。

表 20-7　集合命令

命　令	说　明	备　注
sadd key member1 [member2 member3 ...]	给键为 key 的集合增加成员	可以同时增加多个
scard key	统计键为 key 的集合成员数	—
sdiff key1 [key2]	找出两个集合的差集	如果参数是单 key，那么 Redis 就返回这个 key 的所有成员
sdiffstore des key1 [key2]	先按 sdiff 命令的规则，找出 key1 和 key2 两个集合的差集，然后将其保存到 des 集合中。	—
sinter key1 [key2]	求 key1 和 key2 两个集合的交集。	参数如果是单 key，那么 Redis 就返回这个 key 的所有成员
sinterstore des key1 key2	先按 sinter 命令的规则，找出 key1 和 kye2 两个集合的交集，然后保存到 des 中	—
sismember key member	判断 member 是否是键为 key 的集合的成员	如果是则返回 1，否则返回 0
smembers key	返回集合所有成员	如果数据量大，则需要考虑迭代遍历的问题
smove src des member	将成员 member 从集合 src 迁移到集合 des 中	—
spop key	随机弹出集合的一个成员	注意其随机性，因为集合是无序的
srandmember key [count]	随机返回集合中一个或者多个成员，count 为限制返回总数，如果 count 为负数，则先求其绝对值	count 为整数，如果不填则默认为 1，如果 count 大于等于集合总数，则返回整个集合

续表

命　令	说　明	备　注
srem key member1 [member2 ...]	移除集合中的成员，可以是多个成员	对于很大的集合可以通过它删除部分成员，避免删除大量数据引发 Redis 停顿
sunion key1 [key2]	求两个集合的并集	参数如果是单 key，Redis 则返回这个 key 的所有成员
sunionstore des key1 key2	先执行 sunion 命令求出并集，然后保存到键为 des 的集合中	—

表 20-7 中命令的前缀中都包含了一个 s，用来表达这是集合的命令，集合是无序的，并且支持并集、交集和差集的运算，下面通过命令行客户端来演示这些命令，如图 20-10 和 20-11 所示。

```
ykzhen@ubuntu: /usr/redis/redis-stable

127.0.0.1:6379> sadd set1 v1 v2 v3 v4 v5 v6
(integer) 6
127.0.0.1:6379> sadd set2 v2 v4 v6 v8 v10
(integer) 5
127.0.0.1:6379> scard set1
(integer) 6
127.0.0.1:6379> sdiff set1 set2
1) "v3"
2) "v5"
3) "v1"
127.0.0.1:6379> sinter set1 set2
1) "v6"
2) "v4"
3) "v2"
127.0.0.1:6379> sismember set2 v1
(integer) 0
127.0.0.1:6379> sismember set1 v1
(integer) 1
127.0.0.1:6379> smembers set2
1) "v6"
2) "v4"
3) "v2"
4) "v8"
5) "v10"
127.0.0.1:6379>
```

图 20-10　集合命令 1

```
ykzhen@ubuntu: /usr/redis/redis-stable
127.0.0.1:6379> spop set1
"v3"
127.0.0.1:6379> smembers set1
1) "v6"
2) "v1"
3) "v4"
4) "v2"
5) "v5"
127.0.0.1:6379> srandmember set1 2
1) "v4"
2) "v2"
127.0.0.1:6379> srem set1 v1
(integer) 1
127.0.0.1:6379> smembers set1
1) "v6"
2) "v4"
3) "v2"
4) "v5"
127.0.0.1:6379> sunion set1 set2
1) "v6"
2) "v4"
3) "v2"
4) "v8"
5) "v5"
6) "v10"
127.0.0.1:6379>
```

图 20-11　集合命令 2

交集、并集和差集保存命令的用法，如图 20-12 所示。

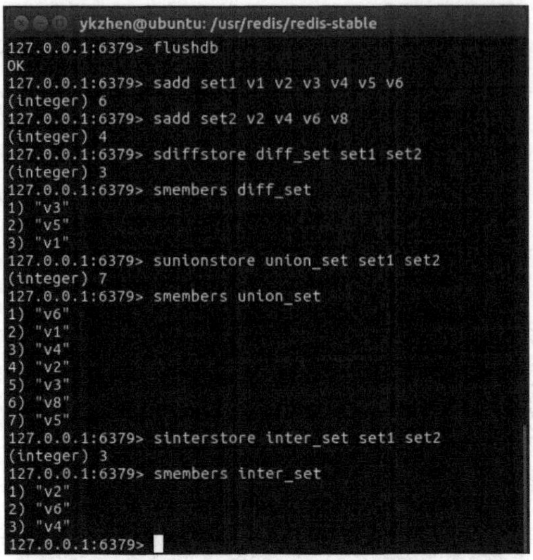

```
ykzhen@ubuntu: /usr/redis/redis-stable
127.0.0.1:6379> flushdb
OK
127.0.0.1:6379> sadd set1 v1 v2 v3 v4 v5 v6
(integer) 6
127.0.0.1:6379> sadd set2 v2 v4 v6 v8
(integer) 4
127.0.0.1:6379> sdiffstore diff_set set1 set2
(integer) 3
127.0.0.1:6379> smembers diff_set
1) "v3"
2) "v5"
3) "v1"
127.0.0.1:6379> sunionstore union_set set1 set2
(integer) 7
127.0.0.1:6379> smembers union_set
1) "v6"
2) "v1"
3) "v4"
4) "v2"
5) "v3"
6) "v8"
7) "v5"
127.0.0.1:6379> sinterstore inter_set set1 set2
(integer) 3
127.0.0.1:6379> smembers inter_set
1) "v2"
2) "v6"
3) "v4"
127.0.0.1:6379>
```

图 20-12　交集、并集和差集保存命令的用法

这里首先执行了 flushdb 命令清空 Redis 缓存，然后求差集、并集和交集，并保存到新的集合中，至此，已经展示了表 20-7 中的所有命令。下面将在 Spring 中操作它们，如代码清单 20-8 所示。

代码清单 20-8：Spring 对集合的操作

```
public static void testSet() {
    AnnotationConfigApplicationContext applicationContext
           = new AnnotationConfigApplicationContext(RedisConfig.class);
    StringRedisTemplate redisTemplate
           = applicationContext.getBean(StringRedisTemplate.class);
    Set<String> set = null;
    // 将成员加入列表
    redisTemplate.boundSetOps("set1").add( "v1", "v2", "v3", "v4", "v5", "v6");
    redisTemplate.boundSetOps("set2").add( "v2", "v4", "v6", "v8", "v10");
    // 求集合长度
    redisTemplate.opsForSet().size("set1");
    // 求差集
    set = redisTemplate.opsForSet().difference("set1", "set2");
    // 求并集
    set = redisTemplate.opsForSet().intersect("set1", "set2");
    // 判断是否是集合中的成员
    boolean exists = redisTemplate.opsForSet().isMember("set1", "v1");
    // 获取集合所有成员
    set = redisTemplate.opsForSet().members("set1");
    System.out.println(set);
    // 从集合中随机弹出一个成员
    String val = redisTemplate.opsForSet().pop("set1");
    // 随机获取一个集合的成员
    val = redisTemplate.opsForSet().randomMember("set1");
    // 随机获取两个集合的成员
    List<String> list = redisTemplate.opsForSet().randomMembers("set1", 2L);
    // 删除一个集合的成员，参数可以是多个
    redisTemplate.opsForSet().remove("set1", "v1");
    // 求两个集合的并集
redisTemplate.opsForSet().union("set1", "set2");
```

```
    /**************** 集合运算 ****************/
    // 清空两个集合
    redisTemplate.delete("set1");
    redisTemplate.delete("set2");
    // 将成员加入列表
    redisTemplate.boundSetOps("set1").add( "v1", "v2", "v3", "v4", "v5", "v6");
    redisTemplate.boundSetOps("set2").add( "v2", "v4", "v6", "v8");
    // 求两个集合的差集，并保存到集合 diff_set 中
    redisTemplate.opsForSet().differenceAndStore("set1", "set2", "diff_set");
    printSet(redisTemplate, "diff_set");
    // 求两个集合的交集，并保存到集合 inter_set 中
    redisTemplate.opsForSet().intersectAndStore("set1", "set2", "inter_set");
    printSet(redisTemplate, "inter_set");
    // 求两个集合的并集，并保存到集合 union_set 中
    redisTemplate.opsForSet().unionAndStore("set1", "set2", "union_set");
    printSet(redisTemplate, "union_set");
}

private static void printSet(StringRedisTemplate redisTemplate, String key) {
    Set<String> set = redisTemplate.opsForSet().members(key);
    System.out.println(set);
}
```

上面的注释已经较为详细地描述了代码的含义，这样我们就可以在实践中使用 Spring 操作 Redis 的集合了。

20.5　Redis 数据结构——有序集合

有序集合和集合类似，只不过它是有序的，它和无序集合的主要区别在于每个成员除了值，还会多一个分数（score）。分数是一个浮点数，在 Java 中是使用双精度表示的，根据分数，Redis 可以支持对分数从小到大或从大到小的排序。这里和无序集合一样，每个成员都是唯一的，但是对于不同的成员，它们的分数可以一样。成员也是 String 数据结构，也是一种基于 Hash 的存储结构。集合是通过哈希表实现的，所以添加、删除、查找的复杂度都是 O(1)。集合中的成员数最多为 2^{32}-1（40 多亿个成员），有序集合的数据结构如图 20-13 所示。

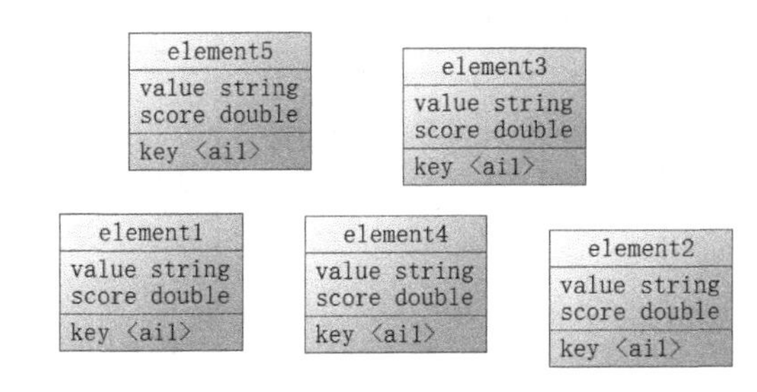

图 20-13　有序集合的数据结构

有序集合依赖 key 标示它属于哪个集合，依赖分数排序，所以值和分数是必须的。实际上不仅可以对分数排序，在满足一定的条件下，也可以对值排序。

20.5.1　Redis 基础命令

有序集合和无序集合的命令是接近的，只是在这些命令的基础上，有序集合会增加对于排

序的操作，这些是我们在使用的时候需要注意的细节。下面讲解这些常用的有序集合的部分命令。有些时候 Redis 借助数据区间的表示方法来表示包含或不包含，比如区间“[2,5)”，其中“[”表示包含 2，而“)”表示不包含 5。具体如表 20-8 所示。

表 20-8 Redis 有序集合的部分命令

命　令	说　明	备　注
zadd key score1 value1 [score2 value2 ...]	向有序集合的 key，增加一个或者多个成员	如果不存在对应的 key，则创建键为 key 的有序集合
zcard key	获取有序集合的成员数	—
zcount key min max	根据分数返回对应的成员列表	min 为最小值，max 为最大值，默认为包含 min 和 max 值，采用数学区间表示的方法，如果需要不包含，则在分数前面加入“(”，注意不支持“[”表示
zincrby key increment member	给有序集合成员值为 member 的分数增加 increment	—
zinterstore desKey numkeys key1 [key2 key3 ...]	求多个有序集合的交集，并且将结果保存到 desKey 中	numkeys 是一个整数，表示有序集合的数量
zlexcount key min max	求有序集合 key 成员值在 min 和 max 范围内的成员数	范围为 key 的成员值，Redis 借助数据区间的表示方法，“[”表示包含该值，“(”表示不包含该值
zrange key start stop [withscores]	按照分值的大小（从小到大）返回成员，加入 start 和 stop 参数可以截取某一段返回。如果输入可选项 withscores，则连同分数一起返回	这里记集合最大长度为 len，Redis 会将集合排序后，形成一个从 0 到 len-1 的下标，然后根据 start 和 stop 控制的下标（包含 start 和 stop）返回
zrank key member	求成员按从小到大有序集合的排名	排名第一的为 0，第二的为 1，以此类推
zrangebylex key min max [limit offset count]	根据值的大小，从小到大排序，min 为最小值，max 为最大值；limit 选项可选，当 Redis 求出范围集合后，会产生下标 0 到 n，然后根据偏移量 offset 和限定返回数 count，返回对应的成员	范围为 key 的成员值，Redis 借助数学区间的表示方法，“[”表示包含该值，“(”表示不包含该值
zrangebyscore key min max [withscores] [limit offset count]	根据分数大小，从小到大求取范围，选项 withscores 和 limit 请参考 zrange 命令和 zrangebylex 说明	根据分析求取集合的范围。这里默认包含 min 和 max，如果不想包含，则在参数前加入“(”，注意不支持“[”表示
zremrangebyscore key start stop	根据分数区间进行删除	按照 socre 进行排序，然后排除 0 到 len-1 的下标，根据 start 和 stop 进行删除，Redis 借助数学区间的表示方法，“[”表示包含该值，“(”表示不包含该值
zremrangebyrank key start stop	按照分数从小到大的排序删除，从 0 开始计算	—
zremrangebylex key min max	按照值的分布进行删除	—
zrevrange key start stop [withscores]	从大到小的按分数排序，参数请参见 zrange	与 zrange 相同，只是排序是从大到小

续表

命　　令	说　　明	备　　注
zrevrangebyscore key max min [withscores]	从大到小按分数排序，参数请参见 zrangebyscore	
zrevrank key member	求成员按从大到小有序集合的排名	排名第一的为 0，第二的为 1，以此类推
zscore key member	求成员 member 在有序集合的分数	
zunionstore desKey numKeys key1 [key2 key3 key4 ...]	求有序集合并集，并将其保存到有序集合 desKey 中	numKeys 表示有序集合的数量

在对有序集合、下标、区间的表示方法进行操作时，对命令需要十分小心，注意它是操作分数还是值，稍有不慎就会出现问题。

这里命令比较多，有些命令比较难使用，在使用的时候，务必要小心，不过好在使用 zset 的频率并不是太高。下面是测试结果——有序集合命令展示，如图 20-14、图 20-15 和图 20-16 所示。

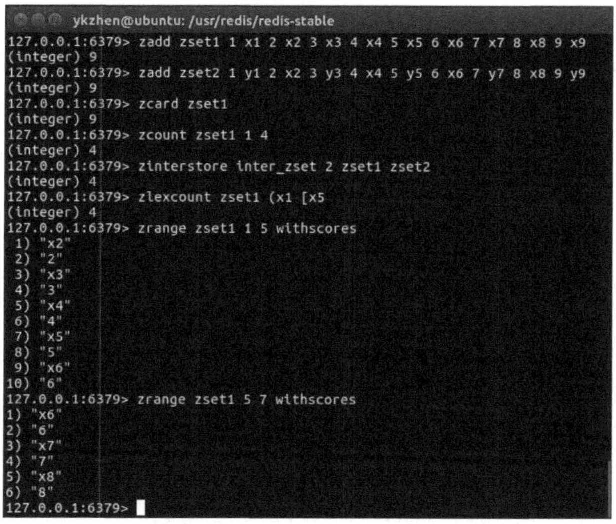

```
ykzhen@ubuntu: /usr/redis/redis-stable
127.0.0.1:6379> zadd zset1 1 x1 2 x2 3 x3 4 x4 5 x5 6 x6 7 x7 8 x8 9 x9
(integer) 9
127.0.0.1:6379> zadd zset2 1 y1 2 x2 3 y3 4 x4 5 y5 6 x6 7 y7 8 x8 9 y9
(integer) 9
127.0.0.1:6379> zcard zset1
(integer) 9
127.0.0.1:6379> zcount zset1 1 4
(integer) 4
127.0.0.1:6379> zinterstore inter_zset 2 zset1 zset2
(integer) 4
127.0.0.1:6379> zlexcount zset1 (x1 [x5
(integer) 4
127.0.0.1:6379> zrange zset1 1 5 withscores
 1) "x2"
 2) "2"
 3) "x3"
 4) "3"
 5) "x4"
 6) "4"
 7) "x5"
 8) "5"
 9) "x6"
10) "6"
127.0.0.1:6379> zrange zset1 5 7 withscores
1) "x6"
2) "6"
3) "x7"
4) "7"
5) "x8"
6) "8"
127.0.0.1:6379>
```

图 20-14　有序集合命令展示 1

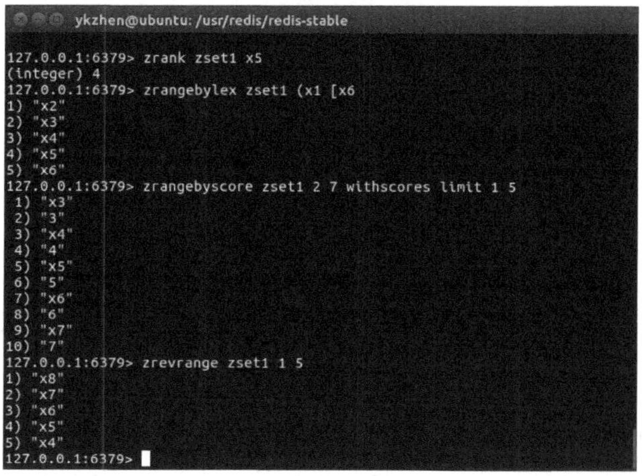

```
ykzhen@ubuntu: /usr/redis/redis-stable
127.0.0.1:6379> zrank zset1 x5
(integer) 4
127.0.0.1:6379> zrangebylex zset1 (x1 [x6
1) "x2"
2) "x3"
3) "x4"
4) "x5"
5) "x6"
127.0.0.1:6379> zrangebyscore zset1 2 7 withscores limit 1 5
 1) "x3"
 2) "3"
 3) "x4"
 4) "4"
 5) "x5"
 6) "5"
 7) "x6"
 8) "6"
 9) "x7"
10) "7"
127.0.0.1:6379> zrevrange zset1 1 5
1) "x8"
2) "x7"
3) "x6"
4) "x5"
5) "x4"
127.0.0.1:6379>
```

图 20-15　有序集合命令展示 2

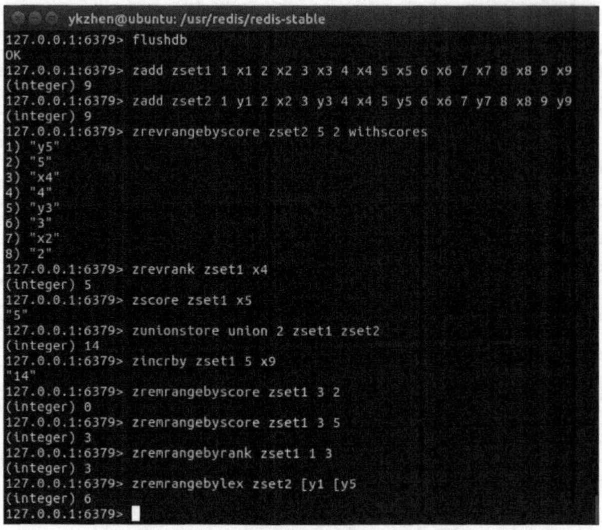

```
ykzhen@ubuntu: /usr/redis/redis-stable
127.0.0.1:6379> flushdb
OK
127.0.0.1:6379> zadd zset1 1 x1 2 x2 3 x3 4 x4 5 x5 6 x6 7 x7 8 x8 9 x9
(integer) 9
127.0.0.1:6379> zadd zset2 1 y1 2 x2 3 y3 4 x4 5 y5 6 x6 7 y7 8 x8 9 y9
(integer) 9
127.0.0.1:6379> zrevrangebyscore zset2 5 2 withscores
1) "y5"
2) "5"
3) "x4"
4) "4"
5) "y3"
6) "3"
7) "x2"
8) "2"
127.0.0.1:6379> zrevrank zset1 x4
(integer) 5
127.0.0.1:6379> zscore zset1 x5
"5"
127.0.0.1:6379> zunionstore union 2 zset1 zset2
(integer) 14
127.0.0.1:6379> zincrby zset1 5 x9
"14"
127.0.0.1:6379> zremrangebyscore zset1 3 2
(integer) 0
127.0.0.1:6379> zremrangebyscore zset1 3 5
(integer) 3
127.0.0.1:6379> zremrangebyrank zset1 1 3
(integer) 3
127.0.0.1:6379> zremrangebylex zset2 [y1 [y5
(integer) 6
127.0.0.1:6379>
```

图 20-16　有序集合命令展示 3

20.5.2　spring-data-redis 对有序集合的封装

在 Spring 中操作 Redis 的有序集合需要注意 Spring 对 Redis 有序集合的封装，主要包含三个类，它们是 TypedTuple、Range 和 Limit。其中 TypedTuple 是对成员的值和分数的封装；Range 是对取值范围的封装；Limit 是对取值的封装，比如偏移量和限制返回记录数等。

有序集合成员的封装的 TypedTuple 接口，不是一个普通的接口，而是一个 org.springframework.data.redis.core.ZSetOperations 接口的内部接口。它的源码如代码清单 20-9 所示。

代码清单 20-9：TypedTuple 源码

```
package org.springframework.data.redis.core;
/**** impors ****/
public interface ZSetOperations<K, V> {

    /**
     * Typed ZSet tuple.
     */
    interface TypedTuple<V> extends Comparable<TypedTuple<V>> {

        @Nullable
        V getValue(); // 获取成员值

        @Nullable
        Double getScore(); // 获取分数（score）
    }

    ......
}
```

这里的 getValue 方法是获取成员值，而 getScore 方法是获取分数，但它只是一个接口，而不是一个实现类。spring-data-redis 提供了一个默认的实现类——DefaultTypedTuple。在默认的情况下，Spring 会把带有分数的有序集合成员封装为这个类的对象，这样就可以通过这个类对象读取成员的值和分数了。

Spring 不仅对有序集合成员进行了封装，而且对范围也进行了封装，方便使用。它是使用接口 org.springframework.data.redis.connection.RedisZSetCommands 下的内部类 Range 进行封装的，它有一个静态的 range()方法，使用它可以生成一个 Range 对象。只是要清楚 Range 对象的几个方法才行，为此我们来看看下面的伪代码。

```
// 设置大于等于 min
public Range gte(Object min)
// 设置大于 min
public Range gt(Object min)
// 设置小于等于 max
public Range lte(Object max)
// 设置小于 max
public Range lt(Object max)
```

这 4 个方法就是最常用的范围方法。

下面讨论有序集合限制（Limit），它和 Range 接口一样，是接口 org.springframework.data.redis.connection.RedisZSetCommands 下的内部类。它是一个简单的 POJO，存在两个属性，它们的 getter 和 setter 方法，如下面的代码所示。

```
package org.springframework.data.redis.connection;

/**** imports ****/
public interface RedisZSetCommands {

    ......

    class Limit {
        // 无限制
        private static final Limit UNLIMITED = new Limit() {

            @Override
            public int getCount() {
                return -1;
            }

            @Override
            public int getOffset() {
                return super.getOffset();
            }
        };

        // 偏移量
        int offset;
        // 返回条数限制
        int count;

        /**** setters and getters ****/
    }

    ......
}
```

通过属性的名称很容易知道：offset 代表偏移量，即从第几个开始截取，而 count 代表限制返回的总数量。

20.5.3 使用 Spring 操作有序集合

在上节中，我们讨论了 spring-data-redis 项目对有序集合的封装，在此基础上，本节给出演示的例子，如代码清单 20-10 所示。

代码清单 20-10：通过 Spring 操作有序集合

```
public static void testZset() {
    AnnotationConfigApplicationContext applicationContext
          = new AnnotationConfigApplicationContext(RedisConfig.class);
    StringRedisTemplate redisTemplate
          = applicationContext.getBean(StringRedisTemplate.class);
    // 清空有序集合
    clearZset(redisTemplate);
    // Spring 提供接口 TypedTuple 操作有序集合
    Set<TypedTuple<String>> set1 = new HashSet<>();
    Set<TypedTuple<String>> set2 = new HashSet<>();
    int j = 9;
    for (int i = 1; i <= 9; i++) {
       j--;
       // 计算分数和值
       Double score1 = Double.valueOf(i);
       String value1 = "x" + i;
       Double score2 = Double.valueOf(j);
       String value2 = j % 2 == 1 ? "y" + j : "x" + j;
       // 使用 Spring 提供的 DefaultTypedTuple 创建成员
       TypedTuple<String> typedTuple1
             = new DefaultTypedTuple<>(value1, score1);
       set1.add(typedTuple1);
       TypedTuple<String> typedTuple2
             = new DefaultTypedTuple<>(value2, score2);
       set2.add(typedTuple2);
    }

    // 将成员插入有序集合
    redisTemplate.opsForZSet().add("zset1", set1);
    redisTemplate.opsForZSet().add("zset2", set2);
    // 统计总数
    Long size = null;
    size = redisTemplate.opsForZSet().zCard("zset1");
    // 计分数为 score，那么下面的方法就是求 1<=score<=4 的成员
    size = redisTemplate.opsForZSet().count("zset1", 1, 4);
    // 将 zset1 和 zset2 两个集合的交集放入集合 inter_zset
    size = redisTemplate.opsForZSet()
          .intersectAndStore("zset1", "zset2", "inter_zset");
    Set<String> set = null;
    Set<TypedTuple<String>> setMember = null;
    // 区间
    Range range = Range.range();
    range.gte("x1"); // 大于等于
    range.lt("x5"); // 小于
    // 返回值为区间["x1", "x5")的所有成员
    set = redisTemplate.opsForZSet().rangeByLex("zset1", range);
    // 截取集合所有成员，并且对集合按分数排序，
    // 返回分数,每个成员都是 TypedTuple<String>
    setMember = redisTemplate.opsForZSet().rangeWithScores("zset1", 1, 5);
```

```
    printTypedTuple(setMember);
    setMember = redisTemplate.opsForZSet().rangeWithScores("zset1", 5, 7);
    printTypedTuple(setMember);
    // 截取从下标 1 开始到下标 5 的成员，但不返回分数,每个成员都是 String
    set = redisTemplate.opsForZSet().range("zset1", 1, 5);
    printSet(set);
    // 求排行，排名第 1 返回 0，第 2 返回 1，以此类推
    Long rank = redisTemplate.opsForZSet().rank("zset1", "x5");
    System.out.println("rank = " + rank);
    printSet(set);
    range.gt("x1"); // 大于
    range.lte("x6"); // 小于等于
    // 返回区间为（x1, x6]的成员
    set = redisTemplate.opsForZSet().rangeByLex("zset1", range);
    printSet(set);
    // 求分数为区间(2, 7]内的成员，并限制返回至第 5 条
    set = redisTemplate.opsForZSet().rangeByScore("zset1", 2, 7, 1, 5);
    printSet(set);
    // 从大到小排序的成员，然后返回下标为 1 到 5 的成员
    set = redisTemplate.opsForZSet().reverseRange("zset1", 1, 5);
    printSet(set);

    // 清空有序集合
    clearZset(redisTemplate);
    // 将成员插入有序集合
    redisTemplate.opsForZSet().add("zset1", set1);
    redisTemplate.opsForZSet().add("zset2", set2);

    // 从大到小排序，并返回分数在区间[2, 5]的成员，返回时带分数
    setMember = redisTemplate.opsForZSet()
          .reverseRangeByScoreWithScores("zset2", 5, 2);
    printTypedTuple(setMember);
    // 求 x4 在有序集合 zset1 中从大到小的排行
    redisTemplate.opsForZSet().reverseRank("zset1", "x4");
    // 求 x5 在有序集合 zset1 中的分数
    redisTemplate.opsForZSet().score("zset1", "x5");
    // 求两个有序集合的交集，并将它们保存到新的有序集合 union 中
    redisTemplate.opsForZSet().unionAndStore("zset1", "zset2", "union");
    // 给集合中的一个成员的分数加上 5
    redisTemplate.opsForZSet().incrementScore("zset1", "x9", 5);
    // 根据分数区间[3, 2]，删除有序集合中的成员，实际不删除成员
    size = redisTemplate.opsForZSet().removeRangeByScore("zset1", 3, 2);
    System.out.println("delete1 = " + size);
    // 根据下标 1 到 3 删除成员
    size = redisTemplate.opsForZSet().removeRange("zset1", 1, 3);
    System.out.println("delete2 = " + size);
    // 根据成员值删除成员
    size = redisTemplate.opsForZSet().remove("zset1", "x5", "x6");
    System.out.println("delete3 = " + size);
    applicationContext.close();
}

// 清空有序集合
private static void clearZset(StringRedisTemplate redisTemplate) {
    redisTemplate.delete("zset1");
    redisTemplate.delete("zset2");
}

/**
```

```
 * 打印 TypedTuple 集合
 *
 * @param set -- Set<TypedTuple>
 */
private static void printTypedTuple(Set<TypedTuple<String>> set) {

   if (set != null && set.isEmpty()) {
      return;
   }
   Iterator<TypedTuple<String>> iterator = set.iterator();
   System.out.print("【");
   while (iterator.hasNext()) {
      TypedTuple<String> val = iterator.next();
      System.out.print("{value=" + val.getValue()
         + ", score =" + val.getScore() + "}\t");
   }
   System.out.println("】");
}

/**
 * 打印普通集合
 *
 * @param set 普通集合
 */
private static void printSet(Set set) {
   if (set != null && set.isEmpty()) {
      return;
   }
   Iterator iterator = set.iterator();
   System.out.print("【");
   while (iterator.hasNext()) {
      Object val = iterator.next();
      System.out.print(val + "\t");
   }
   System.out.println("】");
}
```

上面的代码演示了大部分 Spring 对有序集合的操作，笔者也给了比较清晰的注释，读者参考后一步步验证，就能熟悉如何通过 Spring 操作有序集合。

到这里我们对 Redis 的 5 种基础结构的探索就结束了，掌握数据结构的设计是掌握 Redis 应用和命令的金钥匙。其中字符串结构和哈希数据结构是最为常用的结构，所以需要大家重点熟悉它们。同时我们介绍了如何通过 spring-data-redis 项目所提供的模板（RedisTemplate 和 StringRedisTemplate）操作 Redis 的各类数据结构，这些就是本章的重点内容。

第 21 章

Redis 的一些常用技术

本章目标

1. 掌握 Redis 的基础事务和回滚机制
2. 掌握 Redis 的锁的机制和 watch、unwatch 命令
3. 掌握如何使用流水线提高 Redis 的命令性能
4. 掌握发布订阅模式
5. 掌握 Redis 的超时命令和垃圾回收策略
6. 掌握如何在 Redis 中使用 Lua 语言

和其他大部分的 NoSQL 不同，Redis 是存在事务的，尽管它没有数据库那么强大，但是它还是很有用的。尤其是在那些需要高并发的网站当中，使用 Redis 读/写数据要比数据库快得多，如果使用 Redis 事务在某种场景下替代数据库事务，则可以在保证数据一致性的同时，大幅度提高数据读/写的响应速度。细心的读者也许可以发现笔者一直都很强调性能，因为互联网和传统企业管理系统不一样，互联网系统面向的是公众，很多用户同时访问服务器的可能性很大，尤其在商品抢购、抢红包等场景下，对性能和数据的一致性有着很高的要求，而存储系统的读/写响应速度对于这类场景的性能提高是十分重要的。

Redis 还提供了许多有用的功能，它们包括流水线、发布订阅、超时机制和 Lua 语言支持等。我们之前将命令一条条发送给 Redis 服务器执行，而实际上由于网络延迟的原因，这个过程是缓慢的。在 Redis 的机制中，允许我们通过流水线一次性发给 Redis 服务器很多命令去执行，这样能够提高命令执行的效率并降低网络延迟。此外，它支持消息的发布订阅，从而支持消息的传播。有时候，缓存的数据得不到及时更新就会变为脏数据，为了解决这个问题，Redis 提供了超时的机制，也就是数据是有时效的，到了超时时间 Redis 就会使这些数据失效，从而避免脏数据。从客观的角度来说，Redis 的命令也是有时效的，为了更好地支持运算，Redis 支持 Lua 脚本，从而使得 Redis 更加灵活和强大。

21.1 Redis 事务

在 Redis 中存在多个客户端同时向 Redis 系统发送命令的并发可能性，因此同一个数据可能在不同的时刻被不同的客户端操纵，这样就出现了并发下的数据一致性问题。为了保证在多个客户端同时操作数据的一致性，Redis 提供了事务方案。Redis 的事务是使用 MULTI-EXEC 的命令组合，使用它可以提供两个重要的保证。

- 事务是一个被隔离的操作，事务中的方法都会被 Redis 序列化并按顺序执行，事务在执行的过程中不会被其他客户端的命令打断。
- 事务是一个原子性的操作，要么全部执行，要么什么都不执行。

在一个 Redis 的连接中，使用 RedisTemplate 并不能保证多个对 Redis 的操作是同一个连接完成的，所以更多的时候在使用 Spring 时会使用 SessionCallback 接口处理，在 Redis 中使用事务会经历 3 个阶段。

（1）开启事务。

（2）命令进入队列。

（3）执行事务。

为了更好地学习 Redis 事务，这里先学习 Redis 事务命令，如表 21-1 所示。

表 21-1　Redis 事务命令

命　令	说　明	备　注
multi	开启事务命令，之后的命令进入队列，而不会马上被执行	在事务生存期间，所有的 Redis 关于数据结构的命令都会被放入队列
watch key1 [key2 ...]	监听某些键，如果被监听的键在事务执行前被修改，则事务会被回滚	使用乐观锁
unwatch key1 [key2 ...]	取消监听某些键	—
exec	执行事务，如果被监听的键没有被修改，则采用执行命令，否则就回滚命令	在执行事务队列存储的命令前，Redis 会检测被监听的键值对有没有发生变化，如果没有则执行命令，如果有就回滚事务
discard	回滚事务	回滚进入队列的事务命令，之后就不能再用 exec 命令提交了

21.1.1　Redis 的基础事务

在 Redis 中开启事务使用的是 multi 命令，执行事务使用的是 exec 命令。Multi 和 exec 命令之间的 Redis 命令将采取进入队列的形式，直至 exec 命令出现，才会一次性发送队列里的命令去执行。在执行这些事务命令时，其他客户端不能再插入任何命令，这就是 Redis 的事务机制。Redis 命令执行事务的过程，如图 21-1 所示。

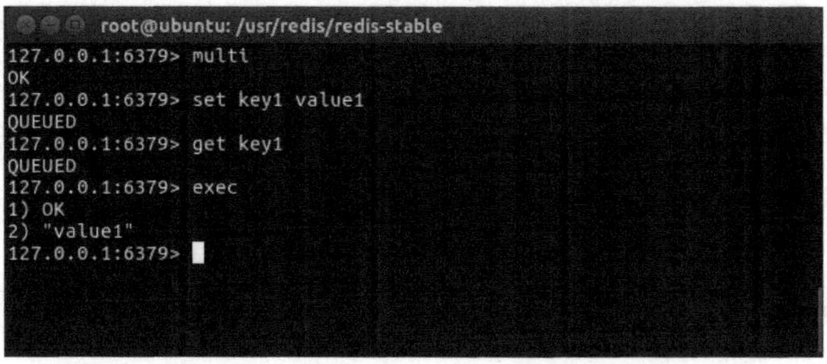

```
root@ubuntu: /usr/redis/redis-stable
127.0.0.1:6379> multi
OK
127.0.0.1:6379> set key1 value1
QUEUED
127.0.0.1:6379> get key1
QUEUED
127.0.0.1:6379> exec
1) OK
2) "value1"
127.0.0.1:6379>
```

图 21-1　Redis 命令执行事务的过程

从图 21-1 中可以看到，先使用 multi 启动了 Redis 的事务，因此进入了 set 和 get 命令，我们可以发现 Redis 服务器并未马上执行，而是返回一个“QUEUED”的结果。这说明 Redis 将其放入队列中，并不会马上执行，当命令执行到 exec 的时候，客户端才会把队列中的命令发送给 Redis 服务器，这样存储在队列中的命令就会被执行了，所以才会有“OK”和“value1”的输出返回。

如果回滚事务，则可以使用 discard 命令，它会进入在事务队列中的命令，这样事务中的方法就不会被执行了。使用 discard 命令取消事务，如图 21-2 所示。

```
root@ubuntu: /usr/redis/redis-stable
127.0.0.1:6379> multi
OK
127.0.0.1:6379> set key1 value1
QUEUED
127.0.0.1:6379> get key1
QUEUED
127.0.0.1:6379> discard
OK
127.0.0.1:6379> exec
(error) ERR EXEC without MULTI
127.0.0.1:6379>
```

图 21-2　使用 discard 命令取消事务

当我们使用了 discard 命令后，再使用 exec 命令时就会报错，因为 discard 命令已经取消了事务中的命令，而到了 exec 命令时，队列里面已经没有命令可以执行了，所以就出现了报错的情况。

在第 19 章我们讨论过在 Spring 中使用同一个连接操作 Redis 命令的场景，这个时候我们借助的是 Spring 提供的 SessionCallback 接口。采用 Spring 去实现本节的命令，如代码清单 21-1 所示。

代码清单 21-1：通过 Spring 操作有序集合

```
package com.learn.ssm.chapter21.main;

/**** imports ****/

public class Chapter21Main {
   public static void main(String[] args) {
      testTransaction() ;
   }

   public static void testTransaction() {
      AnnotationConfigApplicationContext applicationContext
            = new AnnotationConfigApplicationContext(RedisConfig.class);
      StringRedisTemplate redisTemplate
            = applicationContext.getBean(StringRedisTemplate.class);
      try {
         // Lambda 表达式创建 SessionCallback 对象
         SessionCallback session = (ops) -> {
            ops.multi(); // 开启事务
            // 命令放入队列
            ops.boundValueOps("key1").set("value1");
            // 注意：由于命令只是进入队列，而没有被执行
            // 所以此处采用 get 命令，而 value 返回 null
            String value = (String) ops.boundValueOps("key1").get();
            System.out.println("事务执行中，命令只入队，没被执行，所以：value="
                  + value);
            // 此时 list 会保存之前进入队列的所有命令的结果
            List list = ops.exec();// 执行事务
            // 事务结束后，获取 value1
            value = (String) redisTemplate.opsForValue().get("key1");
```

```
                System.out.println("key1->" + value);
                return value;
            };
            redisTemplate.execute(session);
        } finally {
            applicationContext.close();
        }
    }

}
```

这里采用了 Lambda 表达式（注意，Java 8 以后才引入 Lambda 表达式，否则只能使用匿名类的方式来实现）为 SessionCallBack 接口实现业务逻辑。从代码看，使用了 SessionCallBack 接口，从而保证所有的命令都是通过同一个 Redis 的连接操作的。在使用 multi 命令后，就开启了 Redis 事务，此时要特别注意的是，使用 get 等返回值的方法一律返回空，因为在 Redis 中它只是把命令缓存到队列中，而没有执行。使用 exec 后就会执行事务，执行完毕后，执行 get 命令就能正常返回结果了。

最后使用 redisTemplate.execute(callBack);执行我们在 SessionCallBack 接口定义的 Lambda 表达式的业务逻辑，并将获得其返回值。执行代码后可以看到这样的结果：

```
事务执行中，命令只入队，没被执行，所以：value=null
key1->value1
```

需要再强调的是：这里打印出来的是 value=null，这是因为在事务中，所有的方法都只会被缓存到 Redis 事务队列中，而没有立即执行。这是在 Java 中对 Redis 事务编程时，开发者极其容易犯错的地方，一定要十分注意才行。如果我们希望得到 Redis 执行事务各个命令的结果，可以用这行代码：

```
List list = ops.exec();// 执行事务
```

这段代码将返回之前在事务队列中所有命令的执行结果，并保存在一个 List 中，我们只要在 SessionCallback 接口的 execute 方法中将 list 返回，就可以在程序中获得各个命令执行的结果了。

21.1.2 探索 Redis 事务回滚

对于 Redis 而言，不单单需要注意其事务处理的过程，其回滚的能力也和数据库不太一样。这里存在一个需要特别注意的问题——Redis 事务遇到的命令格式正确而数据结构不匹配，如图 21-3 所示。

从图 21-3 中可知，我们将 key1 设置为字符串而非一个数字，使用命令 incr 对其自增，但是命令只会进入事务队列，而没有被执行，所以它不会发生任何错误，而是等待 exec 命令的执行。当 exec 命令执行后，之前进入队列的命令就依次执行，当遇到 incr 时，命令操作的数据结构发生错误，所以显示出了错误，而其之前和之后的命令都会被正常执行。请注意，在这里的事务中命令格式是正确的，导致错误的原因是数据结构无法支持命令。

```
root@ubuntu: /usr/redis/redis-stable
127.0.0.1:6379> multi
OK
127.0.0.1:6379> set key1 value1
QUEUED
127.0.0.1:6379> set key2 value2
QUEUED
127.0.0.1:6379> incr key1
QUEUED
127.0.0.1:6379> del key2
QUEUED
127.0.0.1:6379> exec
1) OK
2) OK
3) (error) ERR value is not an integer or out of range
4) (integer) 1
127.0.0.1:6379>
```

图 21-3　Redis 事务遇到的命令格式正确而数据结构不匹配

在事务中存在命令格式错误是另外一种场景，如图 21-4 所示。

```
root@ubuntu: /usr/redis/redis-stable
127.0.0.1:6379> flushdb
OK
127.0.0.1:6379> multi
OK
127.0.0.1:6379> set key1 value1
QUEUED
127.0.0.1:6379> incr
(error) ERR wrong number of arguments for 'incr' command
127.0.0.1:6379> set key2 value2
QUEUED
127.0.0.1:6379> exec
(error) EXECABORT Transaction discarded because of previous errors.
127.0.0.1:6379> get key1
(nil)
127.0.0.1:6379> get key2
(nil)
127.0.0.1:6379>
```

图 21-4　Redis 事务中存在命令格式错误

从图 21-4 中可以看到，使用的 incr 命令格式是错误的，这个时候 Redis 会立即检测出来并产生错误，而在此之前我们设置了 key1，在此之后我们设置了 key2。当事务执行后，我们发现 key1 和 key2 的值都为空，说明 Redis 将这个事务回滚了。

通过上面两个例子，可以看出在命令入队时，Redis 就会检测事务的命令是否正确，如果不正确则会产生错误，之前和之后的命令都会被事务回滚，就变成了什么都没有执行。当命令格式正确，而由于操作数据结构引起错误时，如果该命令执行出现错误，则其之前和之后的命令都会被正常执行。这点和数据库很不一样，这是需要读者注意的地方。对于一些重要的操作，我们必须通过程序去检测数据的正确性，以保证 Redis 事务的正确执行，避免出现数据不一致的情况。Redis 之所以保持这样简易的事务，完全是为了保证移动互联网的核心问题——性能。

21.1.3　使用 watch 命令监控事务

在 Redis 中使用 watch 命令可以决定事务是执行还是回滚。一般而言，可以在 multi 命令之前使用 watch 命令监控某些键值对，然后使用 multi 命令开启事务，执行各类对数据结构进行操作的命令，这个时候这些命令就会进入队列。当 Redis 使用 exec 命令执行事务时，首先会去比对被 watch 命令监控的键值对，如果没有发生变化，那么它会执行事务队列中的命令，提交事务；如果发生变化，那么它不会执行任何事务中的命令，而将事务回滚。无论事务是否回滚，Redis 都会取消执行事务前的 watch 命令，这个过程如图 21-5 所示。

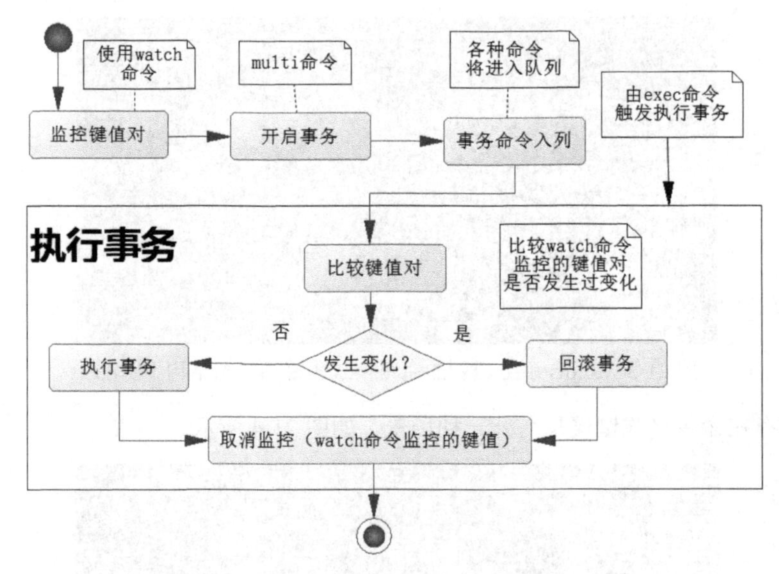

图 21-5　Redis 执行事务过程

Redis 参考了多线程中使用的比较与交换（Compare And Swap，CAS）的执行。在数据高并发环境的操作中，我们把这样的一个机制称为乐观锁。这句话比较抽象，不好理解，所以我们先简要论述其操作的过程。当一条线程去执行某些业务逻辑时，如果这些业务逻辑操作的数据被其他线程共享了，那么会引发多线程中数据不一致的情况。为了解决这个问题，首先，在线程开始时读取这些多线程共享的数据，并将其保存到当前线程的副本中，我们将这些数据称为旧值（old value），watch 命令就具备这样的功能。然后，开启线程业务逻辑，由 multi 命令提供这一功能。在执行更新前，比较当前线程副本保存的旧值和当前线程共享的值是否一致，如果不一致，那么说明该数据已经被其他线程操作过了，此次更新失败。为了保持一致，线程就不去更新任何值，而是将事务回滚。相反地，如果当前线程副本保存的值和当前线程共享的值一致，那么就认为它没有被其他线程操作过，执行对应的业务逻辑，exec 命令就是执行类似这样的一个功能。

注意，“类似”这个字眼表示不完全是，原因是 CAS 原理会产生 ABA 问题。所谓 ABA 问题来自 CAS 原理的一个设计缺陷，如表 21-2 所示。

表 21-2　ABA 问题

时间顺序	线 程 1	线 程 2	说　明
T1	X=A	—	线程 1 加入监控 X
T2	复杂运算开始	修改 X=B	线程 2 修改 X，此刻为 B
T3		处理简单业务	—
T4		修改 X=A	线程 2 修改 X，此刻又变回 A
T5		结束线程 2	线程 2 结束
T6	检测 X=A，验证通过，提交事务	—	因为和旧值保持一致，所以 CAS 原理检测通过

处理复杂运算耗时比较长，时间段 X 因为被线程 2 修改过，有可能导致线程 1 的运算出错，最后线程 2 将 X 的值修改为原来的旧值 A，那么到了线程 1 运算结束的时间顺序 T6，它将检测 X 的值是否发生变化，这时就会拿旧值 A 和当前的 X 的值 A 比对，结果是一致的，于是提交

事务。但是在复杂计算的过程中，X 被线程 2 修改过了，这可能导致线程 1 的运算出错。在这个过程中，对于线程 2 的操作使得 X 的值的变化轨迹为 A→B→A，所以 CAS 原理的这个设计缺陷被形象地称为"ABA 问题"。

仅仅记录一个旧值去比较是不够的，还要通过其他方法避免 ABA 问题。常见的方法是版本号，如 Hibernate 对缓存的持久对象（PO）加入字段 version 值，每操作一次该 PO，则 version=version+1，请注意即使是回退操作，也是 version 加一操作，这样在采用 CAS 原理探测线程值和其 version 字段时，就能在多线程的环境中，排除 ABA 问题，从而保证数据的一致性。

关于 CAS 和乐观锁的概念，本书还会从更深层次讨论它们，当讨论完 CAS 和乐观锁，读者再回头来看这个过程时，就会有更深的理解了。

从上面的分析可以看出，Redis 在执行事务的过程中，并不会阻塞其他连接的并发，而只是通过比较 watch 监控的键值对保证数据的一致性，所以 Redis 的多个事务完全可以在非阻塞的多线程环境中并发执行，而且 Redis 的机制是不会产生 ABA 问题的，这样就有利于在保证数据一致的前提下，提升高并发系统的数据读/写性能。

下面演示一个成功提交的事务，如表 21-3 所示。

表 21-3　事务检测

时　刻	客 户 端	说　明
T1	set key1 value1	初始化 key1
T2	watch key1	监控 key1 的键值对
T3	multi	开启事务
T4	set key2 value2	设置 key2 的值
T5	exec	提交事务，Redis 会在这个时间点检测 key1 的值在 T2 时刻后，有没有被其他命令修改过，如果没有，则提交事务去执行

这里，我们使用 watch 命令设置了一个 key1 的监控，然后开启事务设置 key2，直至 exec 命令去执行事务，这个过程如图 21-6 所示。

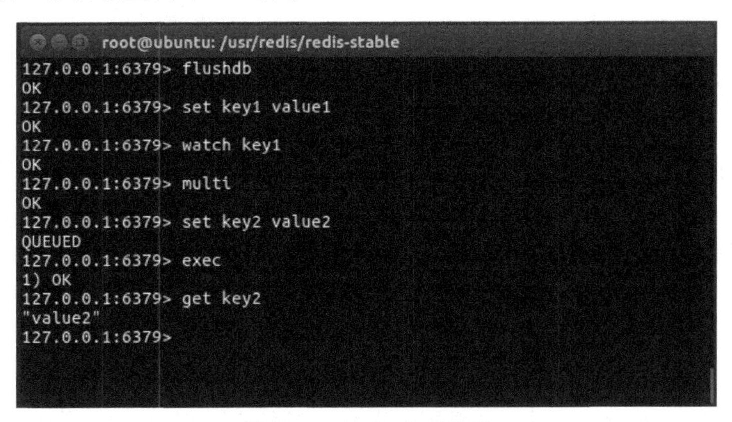

图 21-6　Redis 执行事务

这里看到了一个事务的过程，而 key2 也在事务中被成功设置。

下面将演示一个提交事务但是最终回滚的案例，如表 21-4 所示。

表 21-4　提交事务但回滚的案例

时刻	客户端 1	客户端 2	说　明
T1	set key1 value1		客户端 1：返回 OK
T2	**watch key1**		**客户端 1：监控 key1**
T3	multi		客户端 1：开启事务
T4	set key2 value2		客户端 1：事务命令入列
T5	—	**set key1 val1**	**客户端 2：修改 key1 的值**
T6	exec	—	客户端 1：执行事务，但是事务会先检查在 T2 时刻被监控的 key1 是否被其他命令修改过。因为客户端 2 被修改过，所以它会回滚事务，事实上如果客户端 2 执行的是 set key1 value1 命令，它也会认为 key1 被修改过，然后返回（nil），所以是不会产生 ABA 问题的

如图 21-7 所示，这是按表 21-4 的时刻顺序输入 Redis 命令产生的测试结果，我们可以看出客户端 1 的事务被回滚了。

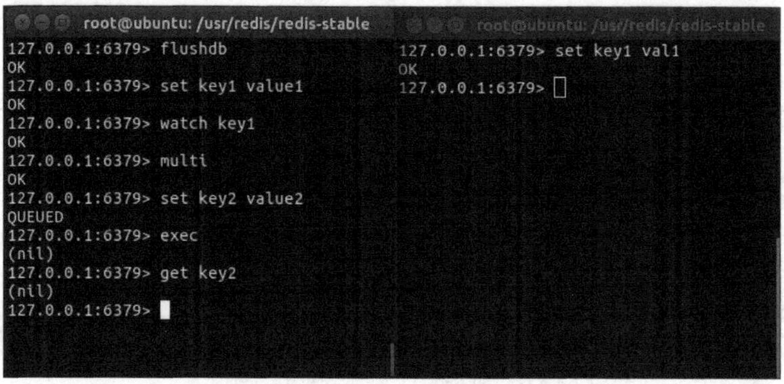

```
root@ubuntu: /usr/redis/redis-stable
127.0.0.1:6379> flushdb
OK
127.0.0.1:6379> set key1 value1
OK
127.0.0.1:6379> watch key1
OK
127.0.0.1:6379> multi
OK
127.0.0.1:6379> set key2 value2
QUEUED
127.0.0.1:6379> exec
(nil)
127.0.0.1:6379> get key2
(nil)
127.0.0.1:6379>
```

```
root@ubuntu: /usr/redis/redis-stable
127.0.0.1:6379> set key1 val1
OK
127.0.0.1:6379>
```

图 21-7　测试 Redis 事务回滚

在表 21-4 中有比较详尽的说明，注意 T2 和 T6 时刻命令的说明，使用 Redis 事务要掌握这些内容。

21.2　流水线

从 21.1 节到 21.3 节讨论了 Redis 事务的各类问题，在事务中，Redis 提供了队列，这是一个可以批量执行任务的队列，性能比较高，但是使用 multi...exec 事务命令是有系统开销的，它会检测对应的锁和序列化命令。有时候我们希望在没有任何附加条件的场景下使用队列批量执行一系列的命令，从而提高系统性能，这就是 Redis 的流水线（pipelined）技术。

在现实中 Redis 执行读/写速度十分快，而系统的瓶颈往往是网络通信中的延时，如图 21-8 所示。

在实际操作中，往往会发生这样的情况，当命令 1 在时刻 T1 被发送到 Redis 服务器后，服务器就很快执行完了命令 1，而命令 2 在 T2 时刻却没有通过网络送达 Redis 服务器，这样就变成了 Redis 服务器在等待命令 2 的到来；当命令 2 送达，被执行后，命令 3 又没有送达 Redis，Redis 又要继续等待，以此类推。这样 Redis 的等待时间就会很长，很多时候都处在空闲的状态，问题出在网络的延迟，而非 Redis 服务器执行缓慢。

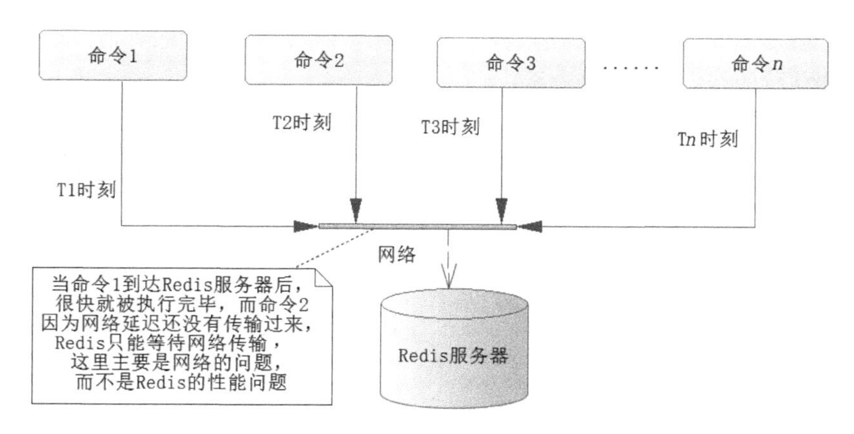

图 21-8　Redis 系统的瓶颈

为了解决这个问题，可以使用 Redis 的流水线，但是 Redis 的流水线是一种通信协议，没有办法通过客户端演示给读者，不过我们可以通过 Java API 或者 Spring 操作它，先使用 Java API 测试一下它的性能，如代码清单 21-2 所示。

代码清单 21-2：使用流水线操作 Redis 命令

```
public static void testPipeline() {
    // 连接 Redis
    Jedis jedis = new Jedis("192.168.80.128", 6379);
    // 如果需要密码则输入
    jedis.auth("abcdefg");
    try {
        long start = System.currentTimeMillis();
        // 开启流水线
        Pipeline pipeline = jedis.pipelined();
        // 测试 10 万条的读/写操作
        for (int i = 0; i < 100000; i++) {
            int j = i + 1;
            pipeline.set("pipeline_key_" + j, "pipeline_value_" + j);
            pipeline.get("pipeline_key_" + j);
        }
        // pipeline.sync();//这里只执行同步，不返回结果
        // pipeline.syncAndReturnAll();返回执行过的命令返回的 List 列表结果
        List result = pipeline.syncAndReturnAll();
        long end = System.currentTimeMillis();
        // 计算耗时
        System.err.println("耗时：" + (end - start) + "毫秒");
    } finally {// 关闭连接
        jedis.close();
    }
}
```

笔者在计算机上测试这段代码，它的耗时在 150ms 到 400ms 之间，也就是不到 1s 的时间就完成多了达 10 万次读/写，可见其性能远超数据库。代码清单 19-1 使用了非流水线，笔者的测试结果是每秒 2 万多次读/写，可见使用流水线后其性能提高了数倍，效果十分明显。执行过的命令的返回值都会放入一个 List 中。

注意，这里只是为了测试性能，而没有考虑实际的运行环境。当要执行很多的命令并返回结果时，需要考虑 List 对象的大小，因为它会“吃掉”服务器上许多的内存空间，严重时会导

致内存不足，引发 JVM 溢出异常，所以在工作环境中，需要读者自己去评估，此时可以考虑用多个命令分批执行的迭代方式去处理。

在 Spring 中，执行流水线和执行事务的方法如出一辙，都比较简单，使用 RedisTemplate 提供的 executePipelined 方法即可。下面将代码清单 21-2 修改为 Spring 的形式供大家参考，如代码清单 21-3 所示。

代码清单 21-3：使用 Spring 操作 Redis 流水线

```
public static void testRedisPipeline() {
   AnnotationConfigApplicationContext applicationContext
         = new AnnotationConfigApplicationContext(RedisConfig.class);
   StringRedisTemplate redisTemplate
         = applicationContext.getBean(StringRedisTemplate.class);
   // 使用 Java 8 的 Lambda 表达式创建 SessionCallback
   SessionCallback callBack = (ops) -> {
      for (int i = 0; i<100000; i++) {
         int j = i + 1;
         String key = "pipeline_key_" + j;
         String value = "pipeline_value_" + j;
         ops.boundValueOps(key).set(value);
         ops.boundValueOps(key).get();
      }
      return null;
   };
   long start = System.currentTimeMillis();
   // 执行 Redis 的流水线命令，并返回结果
   List resultList = redisTemplate.executePipelined(callBack);
   long end = System.currentTimeMillis();
   System.err.println(end - start);
}
```

应该说其速度慢于不用 RedisTemplate 的情况，在本地的 10 次测试中，其消耗的时间大约在 200ms 到 500ms 之间，也就是消耗的时间大约是使用 Jedis 原始连接的两倍，但也在完全可以接受的范围。同样，在执行很多命令时，需要考虑其对运行环境内存空间的开销，比如加粗的这行代码的 List 对象，其消耗的内存空间是较大的。

21.3 发布订阅

当使用银行卡消费的时候，银行往往会通过微信、短信或邮件通知用户这笔交易的情况，这便是一种发布订阅模式。这里的交易信息是银行记账系统发布的消息，订阅则是通过微信、短信和邮件等渠道发布。这在实际工作中十分常用，Redis 支持这样的模式。

发布订阅模式首先需要消息源，也就是要有消息被发布出来，例如上例中的银行通知。首先是银行的记账系统，在收到了交易的命令并成功记账后，就会把消息发布出来，这个时候，这些消息的订阅者就可以收到这个消息，观察者模式就是这个模式的典型应用。下面用图 21-9 描述这样的一个过程。

这里建立了一个消息渠道，短信系统、邮件系统和微信系统都在监听这个渠道，一旦记账系统把交易消息发布到消息渠道，监听这个渠道的各个系统就可以收到这个消息，这样就能处理各自的任务了。这有利于系统的拓展，比如现在新增一个彩信平台，只要让彩信平台去监听

这个消息渠道便能得到对应的消息。

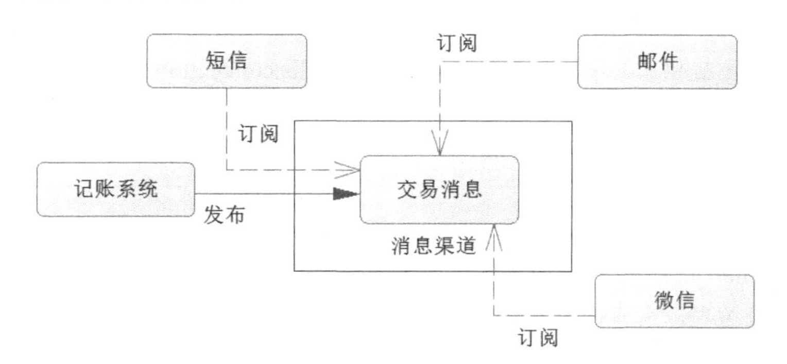

图 21-9　交易信息发布订阅机制

从上面的分析可以知道以下两点。

- 要有消息发布的渠道，让记账系统能够发布消息。
- 要有订阅者（短信、邮件、微信等系统）去监听这个发布消息的渠道。

Redis 也是如此。注册一个订阅的客户端，这个时候使用 subcribe 命令。如果监听一个叫 chat 的渠道，那么我们需要先打开一个客户端，这里记为客户端 1，然后输入命令：

```
subcribe chat
```

这个时候客户端 1 就订阅了一个叫 chat 的渠道的消息。之后打开另一个客户端，记为客户端 2，输入命令：

```
publish chat "let's go"
```

这个时候客户端 2 就向渠道 chat 发布消息：

```
"let's go"
```

我们观察客户端 1，发现它已经收到了消息，并将对应的信息打印出来。Redis 的发布订阅过程如图 21-10 所示。

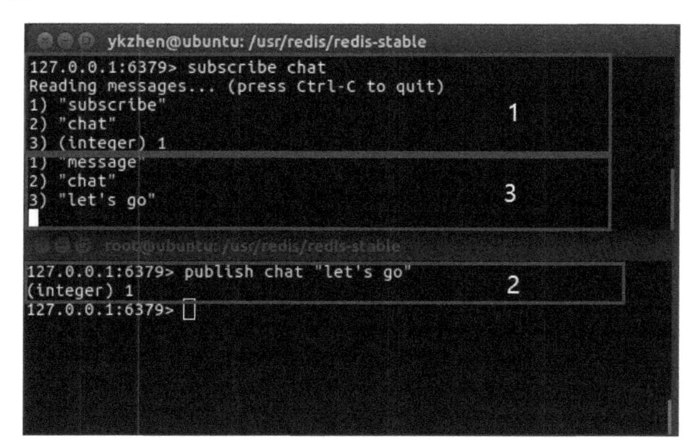

图 21-10　Redis 的发布订阅过程

图 21-10 中的数字表示其出现的先后顺序，当发布消息的时候，对应的客户端已经获取到

了这个信息。

下面在 Spring 的工作环境中展示如何使用 Redis 的发布订阅模式。我们需要提供 Redis 的消息监听者，Spring 提供了 org.springframework.data.redis.connection.MessageListener 接口，并且该接口定义了方法：

```
public void onMessage(Message message, byte[] pattern)
```

为了更好地管理 Redis 的消息源，Spring 还提供了 Redis 消息监听容器，对应的类为 RedisMessageListenerContainer。该容器中可以设置线程任务池大小，所以我们也要构建一个线程任务池。论述到这里，大家可以看到，在 Spring 中使用 Redis 的消息监听，需要构建三个对象：监听者（MessageListener）、线程任务池和监听容器（RedisMessageListenerContainer）。下面通过代码清单 21-4 举例说明。

代码清单 21-4：在 Spring 中实现 Redis 发布订阅功能

```
@Bean("redisMessageListener")
public MessageListener initRedisMessageListener(
      @Autowired StringRedisTemplate redisTemplate) {
   // 通过 Lambda 表达式创建 MessageListener 对象
   return (Message message, byte[] bytes) -> {
      // 获取 channel
      byte[] channel = message.getChannel();
      // 使用字符串序列化器转换
      String channelStr = new String(channel);
      System.out.println("渠道：" + channelStr);
      // 获取消息
      byte[] body = message.getBody();
      // 使用值序列化器转换
      String msgBody = new String(body);
      System.out.println("消息体：" + msgBody);
      // 渠道名称转换
      String bytesStr = new String(bytes);
      System.out.println("渠道名称：" + bytesStr);
   };
}

/**
 *  构建线程任务池
 * @return 线程任务池
 */
@Bean
public ThreadPoolTaskScheduler initTaskScheduler() {
   ThreadPoolTaskScheduler taskScheduler = new ThreadPoolTaskScheduler();
   // 设置线程任务池大小为 20
   taskScheduler.setPoolSize(20);
   return taskScheduler;
}

/**
 * 创建 Redis 消息监听容器
 * @param connectionFactory 连接工厂
 * @param taskScheduler 线程任务池
 * @param listener 监听器
 * @return Redis 消息监听容器
 */
```

```
@Bean
public RedisMessageListenerContainer initListenerContainer(
      @Autowired RedisConnectionFactory connectionFactory,
      @Autowired ThreadPoolTaskScheduler taskScheduler,
      @Autowired MessageListener listener) {
   // 创建消息监听容器
   RedisMessageListenerContainer container
         = new RedisMessageListenerContainer();
   // 设置 Redis 连接工厂
   container.setConnectionFactory(connectionFactory);
   // 设置线程任务池
   container.setTaskExecutor(taskScheduler);
   // 创建渠道
   Topic topic = new ChannelTopic("chat");
   // 让监听者和渠道绑定
   container.addMessageListener(listener, topic);
   return container;
}
```

这里的 initRedisMessageListener 方法是创建消息的监听者，它返回的是 MessageListener 接口对象，该对象使用 Lambda 表达式创建。initTaskScheduler 方法是创建线程任务池，这里设置了线程任务池的大小为 20。initListenerContainer 方法则是创建一个消息的监听容器，它绑定了 Redis 的连接工厂、线程任务池和监听器，同时绑定监听者订阅“chat”渠道，这样发布到“chat”渠道的消息就能通知到监听者了。

下面通过代码清单 21-5 测试上述代码。

代码清单 21-5：测试 Redis 发布订阅

```
public static void testMessageListener() {
   AnnotationConfigApplicationContext applicationContext
         = new AnnotationConfigApplicationContext(RedisConfig.class);
   StringRedisTemplate redisTemplate
         = applicationContext.getBean(StringRedisTemplate.class);
   try {
      // 渠道
      String channel = "chat";
      // 将消息发送到“chat”渠道
      redisTemplate.convertAndSend(channel, "let's go");
   } finally {
      applicationContext.close();
   }
}
```

RedisTemplate 的 convertAndSend 方法就是向渠道“chat”发送消息，当发送后，对应的监听者就能接收到消息了。运行它，后台就会打出对应的消息：

```
渠道：chat
消息体：let's go
渠道名称：chat
```

显然监听类已经监听到这个消息，并进行了处理。

21.4 超时命令

Java 虚拟机提供了垃圾回收（Garbage Collection，GC）的机制，来保证 Java 程序使用过且不再使用的 Java 对象能被及时销毁，从而回收内存的空间，保证内存持续可用。当程序编写不当或考虑欠缺时（比如读入大文件），内存就可能存储不下运行所需要的数据，那么 Java 虚拟机就会抛出内存溢出的异常而导致服务失败。同样，Redis 是基于内存运行的数据集合，也存在着对内存垃圾的回收和管理的问题。

Redis 基于内存，内存是系统最为宝贵的资源，它远远没有磁盘那么大，所以 Redis 的键值对的内存回收也是一个十分重要的问题，如果操作不当会产生 Redis 宕机的问题，使得系统性能低下。

和 Java 虚拟机一样，当内存不足时，Redis 会触发垃圾回收机制。在 Java 中程序员可以通过 System.gc()建议 Java 虚拟机执行一次垃圾回收机制，它将“可能”（注意，System.gc()并不一定会触发 JVM 执行回收，它仅仅是建议 JVM 回收）触发一次 Java 虚拟机回收机制，但是这样做可能导致 Java 虚拟机在执行垃圾回收机制时引发性能低下。

对于 Redis，del 命令可以删除一些键值对，所以 Redis 比 Java 虚拟机更灵活，允许删除一部分键值对。与此同时，当内存运行空间满了之后，它还会按照回收机制自动回收一些键值对，这和 Java 虚拟机又有相似之处，但是当回收时，又有可能引发系统停顿，因此选择适当的回收机制和时间将有利于系统性能的提高，这是我们需要学习的。

超时对于业务的意义也很重要，因为我们缓存的数据往往并非实时的，在过了一段时间后就可能和真实的不一致，这样的数据我们称为**脏数据**。如果设置了超时时间，那么一旦超时，系统就无法在 Redis 中读取了，这会触发系统再次访问最新数据源（一般是数据库），这样就可以解决缓存内容长期得不到更新的问题了。

在谈论 Redis 内存回收之前，首先要讨论的是键值对的超时命令，因为在大部分情况下，我们都想回收那些超时的键值对，而不是那些非超时的键值对。不过在此之前，我们需要学习 Redis 的超时命令，如表 21-5 所示。

表 21-5　Redis 的超时命令

命　　令	说　　明	备　　注
persist key	持久化 key，取消超时时间	移除 key 的超时时间
ttl key	查看 key 的超时时间	以 s 计算，“-1”代表永不超时，如果不存在 key 或者 key，则已经超时为“-2”
expire key seconds	设置超时时间戳	以 s 为单位
expireat key timestamp	设置超时时间点	用 uninx 时间戳确定
pptl key milliseconds	查看 key 的超时时间戳	以 sms 为单位
pexpire key milliseconds	设置键值超时的时间	以 ms 为单位
pexpireat key stamptimes	设置超时时间点	以 ms 为单位的 uninx 时间戳

下面展示这些命令在 Redis 客户端的使用，如图 21-11 所示。

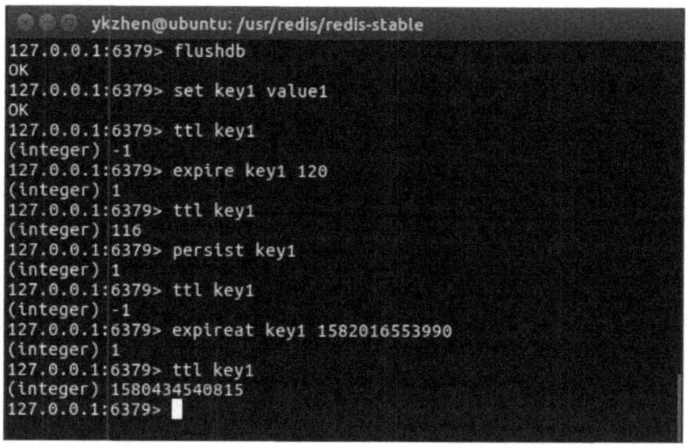

```
ykzhen@ubuntu: /usr/redis/redis-stable
127.0.0.1:6379> flushdb
OK
127.0.0.1:6379> set key1 value1
OK
127.0.0.1:6379> ttl key1
(integer) -1
127.0.0.1:6379> expire key1 120
(integer) 1
127.0.0.1:6379> ttl key1
(integer) 116
127.0.0.1:6379> persist key1
(integer) 1
127.0.0.1:6379> ttl key1
(integer) -1
127.0.0.1:6379> expireat key1 1582016553990
(integer) 1
127.0.0.1:6379> ttl key1
(integer) 1580434540815
127.0.0.1:6379>
```

图 21-11　超时命令在 Redis 客户端的使用

使用 Spring 也可以执行这样的过程，下面用 Spring 演示这个过程，如代码清单 21-6 所示。

代码清单 21-6：在 Spring 中使用 Redis 超时命令

```
public static void testExpire() {
   AnnotationConfigApplicationContext applicationContext
         = new AnnotationConfigApplicationContext(RedisConfig.class);
   StringRedisTemplate redisTemplate
         = applicationContext.getBean(StringRedisTemplate.class);
   SessionCallback session = (ops) -> {
      // 清空 key1
      ops.delete("key1");
      // 设置 key1
      ops.boundValueOps("key1").set("value1");
      String keyValue  = (String) ops.boundValueOps("key1").get();
      // 获取超时时间
      Long expSecond = ops.getExpire("key1");
      System.out.println(expSecond);
      boolean b =false;
      // 设置 120s 后超时
      b = ops.expire("key1", 120L, TimeUnit.SECONDS);
      Long l = 0L;
      // 获取超时时间
      l = ops.getExpire("key1");
      System.out.println(l);
      // 设置永不超时
      b = ops.persist("key1");
      Long now = System.currentTimeMillis();
      Date date = new Date();
      date.setTime(now + 120000);
      // 设置到达某一时间点超时
      ops.expireAt("key", date);
      return null;
   };
   redisTemplate.execute(session);
}
```

上面这段代码就是在 Spring 中使用 Redis 超时命令的一个过程，感兴趣的读者可以添加断点一步步验证这个过程。

这里有一个问题需要讨论：如果 key 超时了，那么 Redis 会回收 key 的存储空间吗？这也是面试时常常被问到的一个问题。

答案是不会。这里读者需要非常注意的是：**Redis 的 key 超时不会被其自动回收，它只会标识哪些键值对超时了。**这样做的一个好处在于，如果有一个很大的键值对超时，比如一个列表或者哈希数据结构，存在数以百万个成员，则回收它需要很长的时间。如果采用超时回收，则可能产生停顿。坏处也很明显，这些超时的键值对会浪费比较多的空间。

Redis 提供两种方式回收这些超时键值对，它们是定时回收和惰性回收。

- 定时回收是在确定的某个时间触发一段代码，按策略回收键值对。
- 惰性回收则是当一个超时的键被再次被访问，比如执行“get”命令访问时，才触发 Redis 将其从内存中回收。

定时回收可以完全回收那些超时的键值对，但是缺点也很明显，如果这些键值对比较多，则 Redis 需要运行较长的时间，从而导致停顿。所以系统设计者一般会选择在没有业务发生的时刻触发 Redis 的定时回收，以便清理超时的键值对。对于惰性回收，它的优点是可以指定回收超时的键值对，它的缺点是要执行一个莫名其妙的访问操作，或者在某些时候，我们也难以判断哪些键值对已经超时。

无论是定时回收还是惰性回收，都要依据自身的特点定制策略，如果一个键值对存储了数以万计的数据，那么使用 expire 命令使其到达一个时间超时，然后用 get 命令访问触发其回收，显然会付出停顿代价，这是现实中需要考虑的。

21.5 使用 Lua 语言

在 Redis 2.6（含）以上版本中，除了可以使用命令，还可以使用 Lua 语言操作 Redis。从前面的命令可以看出，Redis 命令的计算能力并不算很强大，使用 Lua 语言则在很大程度上弥补了 Redis 的这个不足。在 Redis 中，执行 Lua 语言是原子性的，也就说 Redis 执行 Lua 的时候是不会被中断的，具备原子性，这个特性有助于 Redis 对并发数据一致性的支持。

Redis 支持两种方法运行脚本，一种是直接输入 Lua 语言的程序代码；另外一种是将 Lua 语言编写成文件。在实际应用中，对于一些简单的脚本可以采取第一种方式，对于有一定逻辑的脚本一般采用第二种方式。对于采用简单脚本的，Redis 支持缓存脚本，它会使用 SHA-1 算法对脚本进行签名，然后将 SHA-1 标识返回，之后只要通过这个标识运行就可以了。

21.5.1 执行输入 Lua 程序代码

它的命令格式为：

```
eval lua-script  key-num  [key1 key2 key3 ...] [value1 value2 value3 ...]
```

其中：

- eval 代表执行 Lua 语言的命令。
- lua-script 代表 Lua 语言脚本。
- key-num 整数代表参数中有多少个 key，需要注意的是 Redis 中的 key 是从 1 开始的，如果没有 key 的参数，那么写 0。
- [key1key2key3 ...]是将 key 作为参数传递给 Lua 语言，当然这是可选参数，可以为空，这个时候就需要将 key-num 设置为 0 了。

- [value1 value2 value3 ...]这些参数传递给 Lua 语言，它们也是可选参数。

这里难理解的是 key-num 的意义，举例说明就能很快掌握它了，如图 21-12 所示。

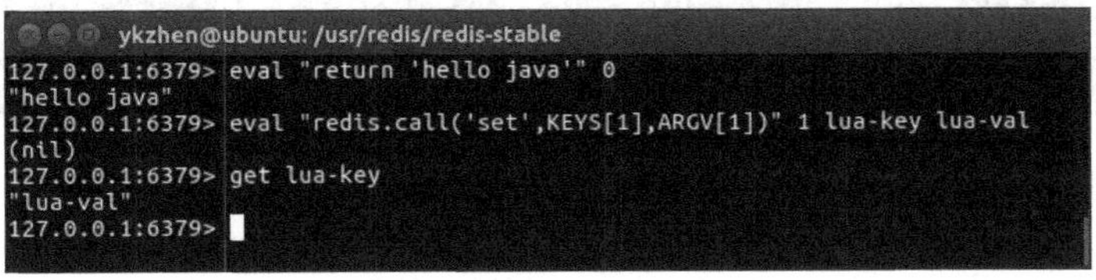

```
ykzhen@ubuntu: /usr/redis/redis-stable
127.0.0.1:6379> eval "return 'hello java'" 0
"hello java"
127.0.0.1:6379> eval "redis.call('set',KEYS[1],ARGV[1])" 1 lua-key lua-val
(nil)
127.0.0.1:6379> get lua-key
"lua-val"
127.0.0.1:6379>
```

图 21-12　Redis 执行 Lua 语言脚本

这里可以看到执行了两个 Lua 脚本。

```
eval "return 'hello java'" 0
```

这个脚本只是返回一个字符串，并不需要任何参数，所以 key-num 填写了 0，代表没有任何 key 参数。按照脚本的结果就是返回“hello java”，所以执行后 Redis 也是这样返回的。这个例子很简单，只是返回一个字符串。再看运行的第二个 eval 命令：

```
eval "redis.call('set',KEYS[1], ARGV[1])"  1  lua-key lua-value
```

它的作用是设置一个键值对，可以在 Lua 语言中采用“redis.call(command, key [, param1, param2...])”操作，其中，

- command 是命令，包括 set、get、del 等。
- key 是被操作的键。
- param1,param2...代表给 key 的参数，需要根据命令来确定。

脚本中的 KEYS[1]代表读取传递给 Lua 脚本的第一个 key 参数，ARGV[1]代表第一个非 key 参数。这里共有 1 个 key 参数，所以填写的 key-num 为 1，这样 Redis 就知道 key-value 是 key 参数，而 lua-value 是其他参数了，显然 key-num 起到的是辨别参数类型的作用。最后我们可以看到使用 get 命令获取数据是成功的，所以 Lua 脚本运行成功了。

有时可能需要多次执行同一段脚本，这个时候可以使用 Redis 缓存脚本的功能，在 Redis 中，脚本会通过 SHA-1 签名算法加密，然后返回一个标识字符串，可以通过这个字符串执行加密后的脚本。这样的好处在于，如果脚本很长，从客户端传输可能需要很长的时间，那么使用标识字符串，则只需要传递 32 位字符串，这样就能提高传输的效率，从而提高性能。

首先使用命令：

```
script load script
```

这个脚本的返回值是一个 SHA-1 签名字符串，我们这里把它记为 shastring。通过 shastring 可以使用命令执行签名后的脚本，命令的格式是：

```
evalsha shastring key-num [key1 key2 key3 ...] [param1 param2 param3...]
```

下面演示这样的一个过程，如图 21-13 所示。

```
ykzhen@ubuntu: /usr/redis/redis-stable
127.0.0.1:6379> script load "redis.call('set', KEYS[1], ARGV[1])"
"27d4ba7a9326bdcdabb271c0771037674735bec2"
127.0.0.1:6379> evalsha 27d4ba7a9326bdcdabb271c0771037674735bec2 1 key1 val1
(nil)
127.0.0.1:6379> get key1
"val1"
127.0.0.1:6379>
```

图 21-13　使用签名运行 Lua 脚本

图 21-13 中，首先缓存一个 Lua 脚本，然后返回 SHA-1 签名，接着就可以通过 SHA-1 签名，并传递参数运行缓存的脚本了。

如果是简单的 Redis 操作，笔者认为使用 Jedis 中的 API 会相对简单，所以这里采用 jedis 对象操作 Redis，如代码清单 21-7 所示。

代码清单 21-7：在 Java 中使用 Lua 脚本

```
public static void testEval() {
   AnnotationConfigApplicationContext applicationContext
      = new AnnotationConfigApplicationContext(RedisConfig.class);
   // 注意 StringRedisTemplate 是 RedisTemplate 的子类
   //使用名称获取 RedisTemplate 对象
   RedisTemplate<String, Object> redisTemplate
      = applicationContext.getBean("redisTemplate", RedisTemplate.class);
   // 使用原来的 Jedis 会简易些
   Jedis jedis = (Jedis) redisTemplate.getConnectionFactory()
         .getConnection().getNativeConnection();

   // 执行简单的 Lua 脚本
   String helloJava = (String) jedis.eval("return 'hello java'");
   System.out.println(helloJava);

   // 执行带参数的脚本
   jedis.eval("redis.call('set',KEYS[1], ARGV[1])",
         1, "lua-key", "lua-value");
   String luaValue = (String) jedis.get("lua-key");
   System.out.println(luaValue);

   // 缓存脚本，返回 SHA1 签名标识
   String sha1 = jedis.scriptLoad("redis.call('set',KEYS[1], ARGV[1])");
   // 通过标识执行脚本
   jedis.evalsha(sha1, 1, new String[] { "key1", "val1" });
   // 获取执行脚本后的数据
   String shaVal = jedis.get("key1");
   System.out.println(shaVal);

   // 关闭连接
   jedis.close();
   applicationContext.close();
}
```

上面演示的是简单字符串的存储，但现实中可能要存储对象，这个时候可以考虑使用 Spring 提供的 RedisScript 接口，它提供了一个实现类——DefaultRedisScript，让我们来了解它的使用方法。

定义一个可序列化的对象 Role，因为要序列化，所以需要实现 Serializable 接口，如代码清单 21-8 所示。

代码清单 21-8：可序列化的 Role 对象

```
package com.learn.ssm.chapter21.pojo;

import java.io.Serializable;

public class Role implements Serializable {

private static final long serialVersionUID = -8429547912187195696L;

private Long id;
private String roleName;
private String note;

   /**** setters and getters ****/
}
```

这个时候，可以通过 Spring 提供的 DefaultRedisScript 对象执行 Lua 脚本来操作对象，如代码清单 21-9 所示。

代码清单 21-9：使用 RedisScript 接口在 Redis 中操作 Java 对象

```
public static void testRedisScript() {
   AnnotationConfigApplicationContext applicationContext
      = new AnnotationConfigApplicationContext(RedisConfig.class);
   // 注意 StringRedisTemplate 是 RedisTemplate 的子类
   // 使用名称获取 RedisTemplate 对象
   RedisTemplate<String, Object> redisTemplate
      = applicationContext.getBean("redisTemplate", RedisTemplate.class);
   // 定义默认脚本封装类
   DefaultRedisScript<Role> redisScript = new DefaultRedisScript<>();
   // 设置脚本
   redisScript.setScriptText("redis.call('set',"
         + "KEYS[1], ARGV[1])  return redis.call('get', KEYS[1])");
   // 定义操作的 key 列表
   List<String> keyList = new ArrayList<String>();
   keyList.add("role1");
   // 需要序列化保存和读取的对象
   Role role = new Role();
   role.setId(1L);
   role.setRoleName("role_name_1");
   role.setNote("note_1");
   // 获得标识字符串
   String sha1 = redisScript.getSha1();
   System.out.println(sha1);
   // 设置返回结果类型，如果没有这行代码，则结果返回空
   redisScript.setResultType(Role.class);
   // 定义序列化器
   RedisSerializer serializer = RedisSerializer.java();
   // 执行脚本
   // 第一个参数是 RedisScript 接口对象，第二个参数是参数序列化器
   // 第三个参数是结果序列化器，第四个参数是 Reids 的 key 列表，最后是参数列表
   Role result = (Role) redisTemplate.execute(redisScript,
         serializer, serializer, keyList, role);
   // 打印结果
   System.out.println(result.getRoleName());
}
```

注意加粗的代码，两个序列化器中的第一个参数是参数序列化器，第二个参数是结果序列

化器。这里配置的是 Spring 提供的 JdkSerializationRedisSerializer，如果在 Spring 的 Redis 配置文件中将 RedisTemplate 的 valueSerializer 属性设置为 JdkSerializationRedisSerializer，那么使用默认的序列化器即可。

21.5.2 执行 Lua 文件

在 21.5.1 节中我们把 Lua 变为一个字符串传递给 Redis 执行，而有些时候要直接执行 Lua 文件，尤其是当 Lua 脚本存在较多逻辑的时候，就很有必要单独编写一个独立的 Lua 文件。如代码清单 21-10 所示。

代码清单 21-10：test.lua

```
redis.call('set', KEYS[1], ARGV[1])
redis.call('set', KEYS[2], ARGV[2])
local n1 = tonumber(redis.call('get', KEYS[1]))
local n2 = tonumber(redis.call('get', KEYS[2]))
if n1 > n2 then
   return 1
end
if n1 == n2 then
   return 0
end
if n1 < n2 then
   return 2
end
```

这是一个可以输入两个键和两个数字（记为 n1 和 n2）的脚本，其作用是先按键保存两个数字，然后比较这两个数字的大小。当 n1=n2 时，就返回 0；当 n1>n2 时，就返回 1；当 n1<n2 时，就返回 2，且把它以文件名 test.lua 保存。这个时候可以对其进行测试，只是执行前注意它的权限，如果是在 Linux 环境下，那么可以在 root 用户的权限下使用命令：

```
chmod 777 test.lua
```

赋予文件全部的权限。这样就可以执行下面的命令：

```
./src/redis-cli -a abcdefg --eval test.lua key1 key2 , 2 4
```

注意 redis-cli 的命令对应的路径，test.lua 文件也需要放在对应的文件夹下，才能看到效果，这里的参数“-a abcdefg”代表带密码执行，因为我们在 Redis 的配置文件 redis.conf 中配置了密码。其结果如图 21-14 所示。

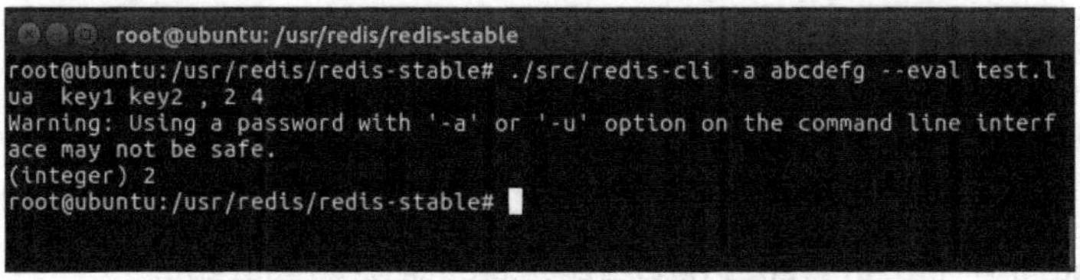

```
root@ubuntu: /usr/redis/redis-stable
root@ubuntu:/usr/redis/redis-stable# ./src/redis-cli -a abcdefg --eval test.l
ua  key1 key2 , 2 4
Warning: Using a password with '-a' or '-u' option on the command line interf
ace may not be safe.
(integer) 2
root@ubuntu:/usr/redis/redis-stable#
```

图 21-14　redis-cli 的命令执行 Lua 文件

看到结果就知道已经运行成功了。只是这里需要非常注意，执行的命令键和参数是使用逗号分隔的，而键之间用空格分开。在本例中，key2 和参数之间是用逗号分隔的，而这个逗号前后的空格是不能省略的，这是要非常注意的地方。拿其中的“ key2 , 2 ”这段命令字符串来说，一旦左边的空格被省略了，Redis 就会认为“key2,”是一个键，一旦右边的空格被省略了，Redis 就会认为“,2”是一个键。

在 Java 中没有办法执行这样的文件脚本，可以考虑使用 evalsha 命令，这里更多的时候我们会考虑 evalsha 而不是 eval，因为 evalsha 可以缓存脚本，并返回 32 位 sha1 标识，我们只需要传递这个标识和参数给 Redis 就可以了，这样的方式使得通过网络传递给 Redis 的内容较少，从而提高了性能。如果使用 eval 命令去执行文件里的字符串，那么一旦文件很大，就需要通过网络反复传递文件，Redis 的性能问题往往出现在网络延迟上，而不是 Redis 的执行效率上。参考上面的例子去执行，代码清单 21-11 模拟了这样的一个过程。

代码清单 21-11：通过 Java 代码执行 Lua 脚本

```
public static void testLuaFile() {
   AnnotationConfigApplicationContext applicationContext
      = new AnnotationConfigApplicationContext(RedisConfig.class);
   // 注意 StringRedisTemplate 是 RedisTemplate 的子类
   // 这里使用名称获取 RedisTemplate 对象
   RedisTemplate<String, Object> redisTemplate
      = applicationContext.getBean("redisTemplate", RedisTemplate.class);
   // 读入 Lua 文件流
   File file = new File("D:\\dev\\redis\\test.lua");
   byte[] bytes = getFileToByte(file);
   Jedis jedis = (Jedis) redisTemplate.getConnectionFactory()
         .getConnection().getNativeConnection();
   // 发送文件二进制给 Redis，这样 Redis 就会返回 SHA1 标识
   byte[] sha1 = jedis.scriptLoad(bytes);
   // 使用返回的标识执行，其中第二个参数是 2，表示使用两个键
   // 后面的字符串都转化为了二进制字节进行传输
   Object obj = jedis.evalsha(sha1, 2,
         "key1".getBytes(), "key2".getBytes(),
         "2".getBytes(), "4".getBytes());
   System.out.println(obj);
}

/**
 * 把文件转化为二进制数组
 *
 * @param file 文件
 * @return 二进制数组
 */
public static byte[] getFileToByte(File file) {
   byte[] by = new byte[(int) file.length()];
   try {
      InputStream is = new FileInputStream(file);
      ByteArrayOutputStream bytestream = new ByteArrayOutputStream();
      byte[] bb = new byte[2048];
      int ch;
      ch = is.read(bb);
      while (ch != -1) {
         bytestream.write(bb, 0, ch);
         ch = is.read(bb);
      }
      by = bytestream.toByteArray();
   } catch (Exception ex) {
      ex.printStackTrace();
   }
```

```
        return by;
    }
```

在代码中，我们将 sha1 这个二进制标识保存了下来，这样就可以通过这个标识反复执行脚本了。这里只需要传递 32 位标识和参数，无须多次传递脚本，这在脚本较多的情况下能压缩网络传输的内容。从对 Redis 的流水线的分析可知，系统性能不佳的问题往往并非只由于 Redis 服务器的执行速度慢，更多的是由于网络延迟，因此传递更少的内容，有利于系统性能的提高。

这里采用比较原始的 Java Redis 连接操作 Redis，还可以采用 Spring 提供的 RedisScript 操作文件，这样就可以通过序列化器直接操作对象了。

本章是 Redis 的重要内容之一，其中事务、流水线、超时命令和回收机制等内容更是 Redis 的核心技术。Lua 语言则是 Redis 重要的扩展，它赋予 Redis 更加灵活和更强大的运算能力。笔者从 Spring 的角度操作了它们，这是读者需要注意的地方。

第 22 章 Redis 配置

本章目标

1. 掌握 Redis 配置文件和相关的配置
2. 掌握 Redis 备份的特点
3. 掌握 Redis 内存回收策略
4. 掌握主从复制的配置方法和执行过程
5. 掌握哨兵模式的配置方法及其在 Java 中的用法
6. 掌握 Redis 集群的使用

前面几章我们介绍了 Redis 的使用，现在讨论 Redis 一些最常用的配置，包括备份、回收策略、主从复制、哨兵模式和集群，它们在企业中得到了大量运用。

22.1 Redis 配置文件

Redis 的配置文件放置在其安装目录下，如果是 Windows 系统，则默认的配置文件是 redis.window.conf；如果是 Linux 系统，则是 redis.conf。在大部分情况下，我们都会使用 Linux 系统，所以本章以 Linux 系统为主进行讲述，读者可以参考图 22-1 所示的文件目录找到对应的文件。

```
ykzhen@ubuntu: /usr/redis/redis-stable
ykzhen@ubuntu:/usr/redis/redis-stable$ ll
total 296
drwxr-xr-x  6 ykzhen ykzhen   4096 Feb 19 00:54 ./
drwxr-xr-x  3 root   root     4096 Feb 18 23:35 ../
-rw-r--r--  1 ykzhen ykzhen 115100 Nov 19 09:05 00-RELEASENOTES
-rw-r--r--  1 ykzhen ykzhen     53 Nov 19 09:05 BUGS
-rw-r--r--  1 ykzhen ykzhen   2381 Nov 19 09:05 CONTRIBUTING
-rw-r--r--  1 ykzhen ykzhen   1487 Nov 19 09:05 COPYING
drwxr-xr-x  6 ykzhen ykzhen   4096 Feb 18 23:35 deps/
-rw-r--r--  1 root   root      346 Feb 19 00:54 dump.rdb
-rw-r--r--  1 ykzhen ykzhen    376 Nov 19 09:05 .gitignore
-rw-r--r--  1 ykzhen ykzhen     11 Nov 19 09:05 INSTALL
-rw-r--r--  1 ykzhen ykzhen    151 Nov 19 09:05 Makefile
-rw-r--r--  1 ykzhen ykzhen   6888 Nov 19 09:05 MANIFESTO
-rw-r--r--  1 ykzhen ykzhen  20555 Nov 19 09:05 README.md
-rwxrwxrwx  1 ykzhen ykzhen  61791 Feb 18 23:38 redis.conf*
-rwxr-xr-x  1 ykzhen ykzhen    275 Nov 19 09:05 runtest*
-rwxr-xr-x  1 ykzhen ykzhen    280 Nov 19 09:05 runtest-cluster*
-rwxr-xr-x  1 ykzhen ykzhen    373 Nov 19 09:05 runtest-moduleapi*
-rwxr-xr-x  1 ykzhen ykzhen    281 Nov 19 09:05 runtest-sentinel*
-rw-r--r--  1 ykzhen ykzhen   9710 Nov 19 09:05 sentinel.conf
drwxr-xr-x  3 ykzhen ykzhen   4096 Feb 18 23:36 src/
-rwxrwxrwx  1 ykzhen ykzhen    268 Feb 19 00:25 test.lua*
drwxr-xr-x 11 ykzhen ykzhen   4096 Nov 19 09:05 tests/
drwxr-xr-x  8 ykzhen ykzhen   4096 Nov 19 09:05 utils/
ykzhen@ubuntu:/usr/redis/redis-stable$
```

图 22-1　Redis 配置文件

读者打开它就能看到所有的配置内容，在 Linux 中还需要注意权限的问题，如果遇到没有权限修改的文件，可以在 root 用户的权限下执行：

```
chmod 777 ./redis.conf
```

这样就赋予了这个文件读、写和运行这三种权限了，以后遇到权限上的问题都可以这样操作。而本章主要的任务就是讲解这个配置文件，还有相关 Redis 的配置。

22.2 Redis 备份（持久化）

在 Redis 中存在两种方式的备份：一种是快照（snapshotting），它是备份当前时间节点 Redis 在内存中的数据记录；另一种是只追加文件（Append-Only File，AOF），其作用就是当 Redis 执行写命令后，在一定的条件下将执行过的写命令依次保存在 Redis 的备份文件中，将来就可以依次执行那些被保存的命令恢复 Redis 的数据了。对于快照备份，如果当前 Redis 的数据量大，备份这个快照文件时可能造成 Redis 卡顿，但是它的优点是恢复和重启速度比较快；对于 AOF 备份，它只是追加写入命令，备份代价较小，所以备份一般不会造成 Redis 卡顿，但是恢复重启要执行更多的命令，备份文件可能也很大。两种备份的方式都有各自的优缺点，在 Redis 中快照备份是必备的，AOF 备份则是可选的，当然我们也可以同时使用快照备份和 AOF 备份。下面我们来详细讲解它们的内容。

22.2.1 快照备份

快照备份是 Redis 开启的备份方式。我们打开配置文件 redis.conf，可以看到以下默认配置段：

```
################ SNAPSHOTTING ################
# 在 900s（15 分钟）内存在 1 个 key 改变，则执行备份
save 900 1
# 在 300s（6 分钟）内存在 10 个 key 改变，则执行备份
save 300 10
# 在 60s（1 分钟）内存在 1000 个 key 改变，则执行备份
save 60 10000

# 后台备份运行出错时停止 Redis 的写入命令
stop-writes-on-bgsave-error yes

# 是否压缩备份的 RDB 文件
rdbcompression yes

# 快照备份文件名称
dbfilename dump.rdb

# 是否检验 RDB 备份文件
rdbchecksum yes

# 备份文件路径
dir ./
```

中文注释是笔者加的，这是为了便于读者理解它们。首先看 save 的三个配置：

```
save 900 1
save 300 10
save 60 10000
```

Redis 会在一定情况下备份数据，配置 save 后面的两个整数分别是时间（单位：s）和 key 的改变数量。这里要考虑的是触发备份的频率，如果太密集了，备份就多了，会影响到系统的性能；如果很少备份，就有可能丢失数据。这是大家在配置的时候需要注意的地方。

```
stop-writes-on-bgsave-error yes
```

这个配置项是让 Redis 在备份失败时，停止写入命令，这样就可以让运维或者开发者注意到发生的问题了。至于其他的配置，在注释中也交代得比较清晰了，这里不再赘述。

22.2.2 AOF 备份

AOF 备份并不是一个默认开启的方式，它以追加写入命令日志的方式备份，打开 redis.config 文件，可以看到如下内容：

```
################ APPEND ONLY MODE ################
# 是否使用 AOF 方式备份，默认为否（no），如果需要可以修改为 yes
appendonly no

# AOF 方式的备份文件名
appendfilename "appendonly.aof"

#### AOF 备份频率 ####
# 代表每次写入命令后立即追加到 AOF 文件中，该方式消耗资源最多，也最安全
# appendfsync always
# 代表以每秒执行 1 次 AOF 的方式备份，消耗资源较多，也有较低概率丢失数据
appendfsync everysec
# 将写入工作交给操作系统，由操作系统来判断缓冲区大小
# 统一写到 AOF 文件中（消耗资源少，但同步频率低，易丢数据）
# appendfsync no......

# 当进行 SNAPSHOTTING 备份数据时，是否执行 AOF 备份方式，若为 yes 则停止
no-appendfsync-on-rewrite no

# 当 AOF 文件扩展时，文件大小按什么百分比扩展
auto-aof-rewrite-percentage 100
# 默认 AOF 文件最小 64MB
auto-aof-rewrite-min-size 64mb

# 当通过 AOF 方式导入数据时，如果发现备份命令错误是否忽略
# 如果不忽略，遇到错误命令则停止恢复数据
aof-load-truncated yes

# 是否使用和 RDB 文件混合的方式备份，这是 Redis 4.0 以上版本拥有的方式
aof-use-rdb-preamble yes
```

上述的中文注释比较清楚，这里需要理解的是配置项 appendfsyn，它存在三个选置项：always、everysec 和 no，关于它们的解释注释中已经讲解清楚了。我们需要注意的是使用 always 会比较消耗资源，性能也较差，但是不会丢失数据，安全度高；everysec 则是每秒备份一次，

消耗的资源一般，性能过得去，还存在一定丢失数据的可能性，但是概率较低。所以请大家根据自己的情况进行选择，在大部分的情况下，都建议使用 everysec。

22.3 Redis 内存回收策略

Redis 会因为内存不足产生错误，也可能因为回收时间过久导致系统长期的停顿，因此掌握内存回收策略十分有必要。我们讲过在 Redis 的 key 超时的情况下，Redis 不会马上清除这些 key 的内容，它会通过定时回收和惰性回收清除 key，从而回收内存空间。一般来说定时回收是每 10 次定时完成任务，只是它并不会一次完全清除所有符合条件的 key，而是通过复杂的算法，分批次回收，此处就不再细谈这个过程了。惰性回收，是当我们再次访问超时 key 的时候，Redis 就会把 key 清除出内存。

但是上述并没有说明 Redis 以一个什么样的策略去鉴别并删除那些 key 以释放内存空间。为了了解这些，我们打开 redis.conf 文件，可以看到配置项 maxmemory-policy 中的 8 种策略淘汰键值说明，这里先看它们的英文描述：

```
volatile-lru -> Evict using approximated LRU among the keys with an expire set.
allkeys-lru -> Evict any key using approximated LRU.
volatile-lfu -> Evict using approximated LFU among the keys with an expire set.
allkeys-lfu -> Evict any key using approximated LFU.
volatile-random -> Remove a random key among the ones with an expire set.
allkeys-random -> Remove a random key, any key.
volatile-ttl -> Remove the key with the nearest expire time (minor TTL)
noeviction -> Don't evict anything, just return an error on write operations.

LRU means Least Recently Used
LFU means Least Frequently Used
```

更深一步地阐述它们的含义。

- volatile-lru：采用淘汰最近使用最少的策略，Redis 将回收那些超时的（仅仅是超时的）键值对，也就是只淘汰那些超时的键值对。
- allkeys-lru：采用淘汰最少使用的策略，Redis 将对所有的（不仅仅是超时的）键值对采用最近使用最少的淘汰策略。
- volatile-lfu：采用淘汰历史访问次数最少的策略，Redis 将回收那些超时的（仅仅是超时的）键值对，也就是只淘汰那些超时的键值对。
- allkeys-lfu：采用淘汰历史访问次数最少的策略，Redis 将回收所有的（不仅仅是超时的）键值对，也就是对所有的键值对有效。
- volatile-random：采用随机淘汰策略删除超时的（仅仅是超时的）键值对。
- allkeys-random：采用随机淘汰策略删除所有的（不仅仅是超时的）键值对，这个策略不常用。
- volatile-ttl：采用淘汰存活时间最短的键值对策略。
- noeviction：根本就不淘汰任何键值对，当内存已满时，如果做读操作，例如 get 命令，则正常工作，如果做写操作，则返回错误。也就是说，当 Redis 采用这个策略内存达到最大的时候，它就只能读而不能写了。

Redis 在默认情况下会采用 noeviction 策略，在这样的情况下，如果内存已满，则不再提供写操作，只提供读操作。显然这往往并不能满足我们的要求，对于互联网系统而言，常常会涉及数以百万计甚至更多的用户，往往需要设置回收策略。

这里需要指出的是：**LRU 算法或者 TTL 算法都不是很精确的算法，而是近似的算法。**Redis 不会通过对全部的键值对进行比较来确定最精确的时间值，从而确定删除哪个键值对，因为这将消耗太多的时间，导致回收垃圾执行的时间太长，造成服务停顿。而在 Redis 的默认配置文件中，存在参数 maxmemory-samples，它的默认值为 5，让我们去了解这样的一个回收过程，假设我们当前采取了 volatile-ttl 策略回收内存，而当前有 6 个即将超时的键值对，如表 22-1 所示。

表 22-1 volatile-ttl 策略

键 值 对	剩余超时秒数	备 注
A1	6	属于探测样本
A2	3	属于探测样本
A3	4	属于探测样本
A4	2	属于探测样本中的最短时间值，所以率先删除它
A5	9	属于探测样本
A6	1	最短值，但是它不属于探测样本，所以没有最先删除它

配置 maxmemory-samples 的值为 5，如果 Redis 按表中的顺序探测，那么它只会取到 5 个样本——A1、A2、A3、A4 和 A5，然后进行比较。因为 A4 过期剩余秒数最少，所以 A4 是最先被删除的。注意，此时即将过期且剩余超时秒数最短的 A6 还在内存中，这是因为它不属于探测样本，这就是 Redis 中采用的近似算法。设置的 maxmemory-samples 越大，Redis 删除的就越精确，但是与此同时带来的问题是，Redis 也需要更多的时间计算和匹配更为精确的值，使回收策略消耗的时间更长。

回收超时策略的缺点是必须指明超时的键值对，这会给程序开发带来一些设置超时的代码，无疑增加了开发者的工作量。对所有的键值对进行回收，有可能把正在使用的键值对删掉，增加了存储的不稳定性。垃圾回收策略还需要注意回收的时间，因为在 Redis 回收垃圾期间，会造成系统缓慢。因此，控制其回收时间有一定好处，只是这个时间不能过短或过长。过短会造成回收次数过于频繁，过长则导致系统单次垃圾回收停顿时间过长，都不利于系统的稳定，这些都需要设计者在实际的工作中思考。

22.4 复制

尽管 Redis 的性能很好，但是有时候依旧满足不了应用的需要，比如过多的用户进入主页，导致 Redis 被频繁访问，此时就存在大量的读操作。在一些热门网站，某个时刻（比如促销商品的时候）有每秒成千上万的请求是司空见惯的，这个时候大量的读操作会到达 Redis 服务器，触发许许多多的操作，显然靠一台 Redis 服务器是完全不够用的。一些服务网站对安全性有较高的要求，当主服务器不能正常工作时，需要从服务器代替原来的主服务器作为灾备，以保证系统可以继续正常工作。因此更多的时候我们希望可以读/写分离，读/写分离的前提是读操作远远比写操作频繁得多，如果把数据存放在多台服务器上，就可以从多台服务器中读取数据，从而减轻单台服务器的压力了，读/写分离的技术已经广泛用于数据库中。

22.4.1 主从同步基础概念

互联网系统一般以主从架构为基础，所谓主从架构设计的思路大概如下。

- 在多台数据服务器中，只有一台主服务器，而主服务器只负责写入数据，不负责让外部程序读取数据。
- 存在多台从服务器，从服务器不写入数据，只负责同步主服务器的数据，并让外部程序读取数据。
- 主服务器在写入数据后，即刻将写入数据的命令发送给从服务器，从而使得主从数据同步。
- 应用程序可以随机读取某一台从服务器的数据，这样就分摊了读数据的压力。
- 当从服务器不能工作的时候，整个系统将不受影响；当主服务器不能工作的时候，可以方便地从从服务器中选取一台来当主服务器。

请注意上面的思路，笔者用了"大概"这两个字，因为这只是一种大概的思路，每一种数据存储软件都会根据其自身的特点对上面的这几点思路加以改造，但是万变不离其宗，只要理解了这几点就很好理解 Redis 的复制机制。主从同步机制如图 22-2 所示。

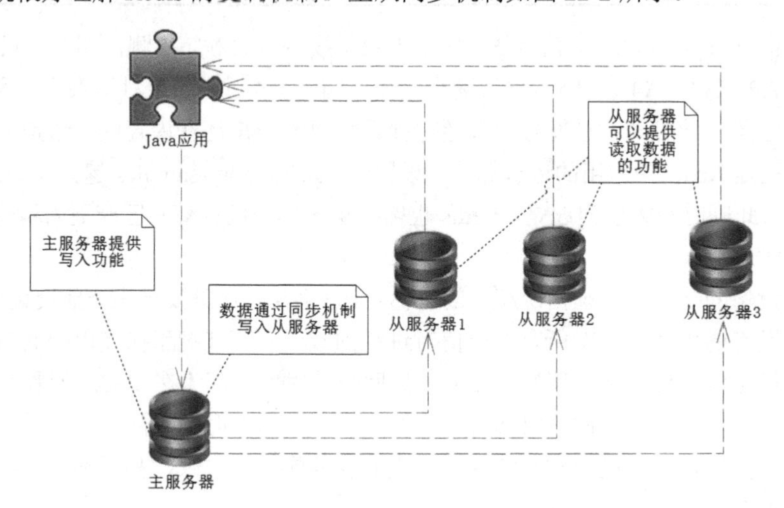

图 22-2　主从同步机制

这个时候读数据可以随机从从服务器上读取，当从服务器是多台的时候，单台服务器的压力就大大降低了，这十分有利于系统性能的提高，当主服务器出现不能工作的情况时，也可以切换为其中的一台从服务器继续让系统稳定运行，所以也有利于系统运行的安全。当然，由于 Redis 自身具备的特点，所以其也有实现主从同步的特殊方式。

22.4.2 Redis 主从同步配置

Redis 主从同步配置分为主机（主服务器）与从机（主服务器），主机是一台，从机可以是多台。

首先，明确主机，我们将从主机复制数据发往从机；其次，明确从机。有了这两点后，就可以进行进一步配置了；再次，看 redis.conf 文件，这里要关注的只有 replicaof 这个配置选项，它的配置格式是：

```
replicaof <masterip> <masterport>
```

其中，masterip 代表主机，masterport 代表端口。当从机 Redis 服务重启时，就会同步主机的数据。当不想让从机继续复制主机的数据时，可以在从机执行命令

```
replicaof no one
```

这样从机就不会再接收主机更新的数据了。又或者原来的主机已经无法工作了，需要复制新的主机，这个时候执行

```
replicaof <masterip> <masterport>
```

就能让从机复制另外一台主机的数据了。

在实际的 Linux 环境中，配置文件 redis.conf 中还有一个 bind 的配置，默认为“127.0.0.1”，也就是只允许本机访问，这里需要修改它，将其配置为“0.0.0.0”，这样其他的服务器就能够访问了。

上面的文字描述了如何进行 Redis 主从同步配置，有时候我们需要进一步了解 Redis 主从复制的过程，这些内容对于复制而言是很有必要的，也是很有趣的。

22.4.3 Redis 主从同步的过程

Redis 主从同步的过程如图 22-3 所示。

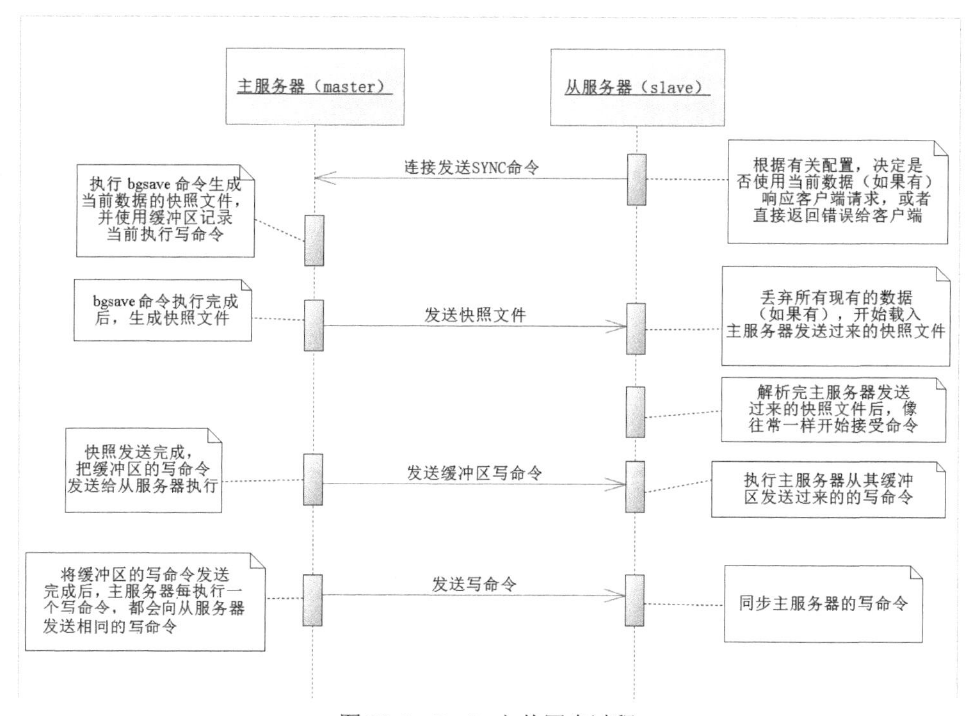

图 22-3　Redis 主从同步过程

图 22-3 中左边的流程是主服务器，右边的流程是从服务器，这里有必要进行更深层次的描述。

（1）无论如何要先保证主服务器开启，开启主服务器后，从服务器通过命令或者重启配置项可以同步到主服务器。

（2）当从服务器启动时，读取同步的配置，根据配置决定是否使用当前数据响应客户端，然后发送 SYNC 命令。当主服务器接收到同步命令时，就会执行 bgsave 命令备份数据，但是主服务器并不会拒绝客户端的读/写，而是将来自客户端的写命令写入缓冲区。从服务器未收到主服务器备份的快照文件时，会根据其配置决定使用现有数据响应或者拒绝客户端请求。

（3）当 bgsave 命令被主服务器执行完后，开始向从服务器发送备份文件，这个时候从服务器就会丢弃所有现有的数据，开始载入主服务器发送的快照文件。

（4）当主服务器发送完备份文件后，从服务器就会执行这些写入命令。此时就会把 bgsave 执行之后的缓存区内的写命令也发送给从服务器，从服务完成备份文件解析，就开始像往常一样，接收命令，等待命令写入。

（5）缓冲区的命令发送完成后，主服务器执行完一条写命令，就向从服务器发送同步写入命令，从服务器就和主服务器保持一致了。而此时当从服务器完成主服务器发送的缓冲区命令后，就开始等待主服务器的命令了。

以上 5 步就是 Redis 主从同步的过程。

在主服务器同步到从服务器的过程中，需要备份文件，所以在配置的时候一般需要预留一些内存空间给主服务器，用以执行备份命令。一般来说主服务器使用 50%~65%的内存空间，以为主从复制留下可用的内存空间。

多从机同步机制，如图 22-4 所示。

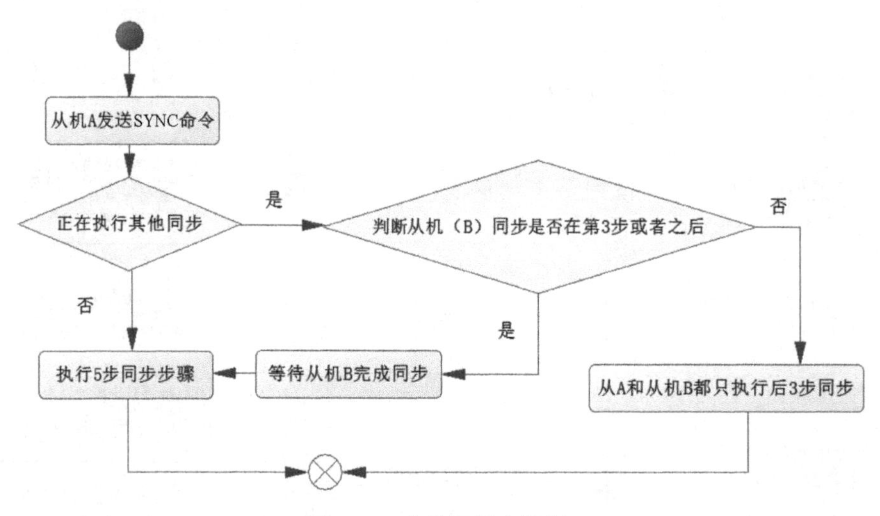

图 22-4　多从机同步机制

如果出现多台同步，那么可能出现频繁等待和操作 bgsave 命令的情况，导致主机在较长时间里性能不佳，这个时候我们会考虑主从链同步的机制，以减少这种可能。

22.5　哨兵模式

主从切换技术的方法是：当主服务器宕机后，需要手动把一台从服务器切换为主服务器，这就需要人工干预，既费时费力，还会造成一段时间内服务不可用，因此笔者没有介绍主从切换技术。在 Redis 中我们可以考虑使用哨兵（Sentinel）模式来达到这样的效果。

22.5.1　哨兵模式概述

Redis 可以存在多台服务器，并且实现了主从复制的功能。哨兵模式是一种特殊的模式，在 Redis 中哨兵是一个独立的进程。其原理是哨兵通过发送命令，等待 Redis 服务器响应，从而监控运行的多个 Redis 实例是否可以正常工作，如图 22-5 所示。

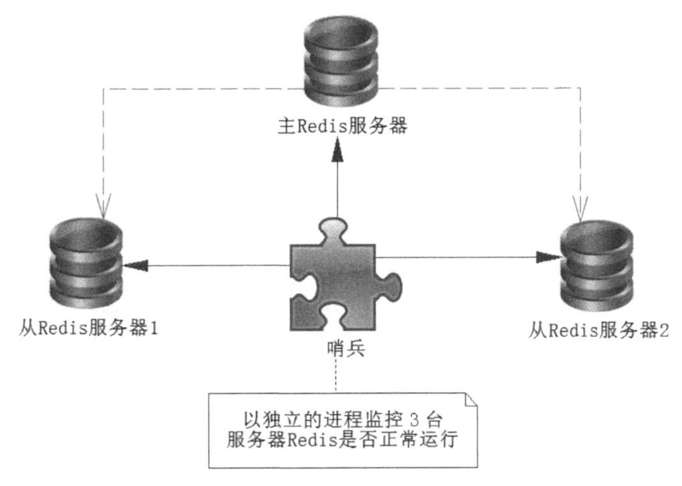

图 22-5　Redis 哨兵

这里的哨兵有以下两个作用。

- 通过发送命令，让 Redis 服务器返回其运行状态，包括主服务器和从服务器。
- 当哨兵监测到主机出现故障后，会自动将其中一台从服务器切换成主服务器，然后通过发布订阅模式通知其他的从服务器，修改配置文件，让它们切换新的主服务器。

但是在现实中，一个哨兵进程监控 Redis 服务器，也可能出现问题，因为这个哨兵进程本身也可能出现故障。为了处理这个问题，可以使用多个哨兵监控，而各个哨兵之间还会相互监控，这样就变为了多个哨兵模式。除了监控各个 Redis 主从服务器，各个哨兵之间还会互相监控，看看哨兵们是否还“活”着。其关系如图 22-6 所示。

论述一下故障切换（failover）的过程：假设主服务器宕机，哨兵 1 先监测到这个结果，当时系统并不会马上进行 failover 操作，而仅仅是哨兵 1 主观地认为主服务器已经不可用，这个现象被称为**主观下线**。当后面的哨兵也监测到了主服务器不可用，并且有了一定数量的哨兵认为主服务器不可用后，哨兵之间就会形成一次投票。通过哨兵之间的投票机制，选出新的主服务器后，就会通过发布订阅方式，让各个哨兵对自己监控的服务器进行切换主服务器操作，这个过程被称为**客观下线**。这样对于 Redis 客户端而言，一切都是透明的。

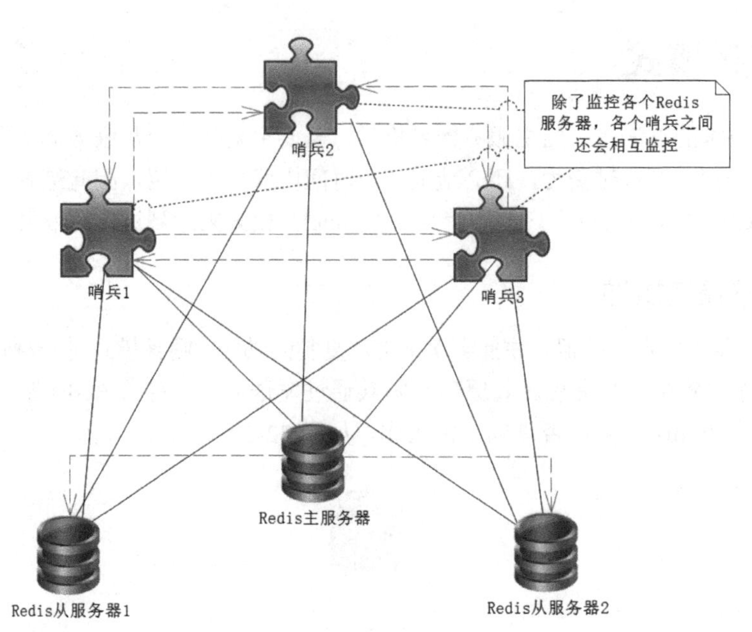

图 22-6　多哨兵监控 Redis

22.5.2　搭建哨兵模式

我们通过配置 3 个哨兵和 1 主 2 从的 Redis 服务器来演示这个过程。机器的分配，如表 22-2 所示：

表 22-2　机器分配

服务类型	是否主服务器	IP 地 址	端　口
Redis	是	192.168.80.130	6379
Redis	否	192.168.80.131	6379
Redis	否	192.168.80.132	6379
Sentinel	—	192.168.80.130	26379
Sentinel	—	192.168.80.131	26379
Sentinel	—	192.168.80.132	26379

结构如图 22-6 所示，下面进行配置，需要注意下面的配置内容，我们仅仅展示需修改的内容。首先配置 Redis 的主服务器的 redis.conf 文件，如下：

```
# 禁用保护模式
protected-mode no
# #使得 Redis 服务器可以跨网络访问
bind 0.0.0.0
# 设置 Redis 密码
requirepass abcdefg
```

这和之前的配置是一样的，接下来，需要配置 2 台从服务器的 redis.conf 文件，如下：

```
# 禁用保护模式
protected-mode no
# 修改可以访问的 IP，0.0.0.0 代表可以跨域访问
bind 0.0.0.0
```

```
# 设置 Redis 服务密码
requirepass abcdefg
# 配置从哪里复制数据（也就是配置主 Redis 服务器）
replicaof 192.168.224.131 6379
# 配置主 Redis 服务器密码
masterauth abcdefg
```

上述内容主要是配置 Redis 服务器，从服务器比主服务器多 replicaof 和 masterauth 两项配置，replicaof 配置的是主服务器的地址和端口，masterauth 则配置主服务器的访问密码。到这里三台 Redis 服务器就配置好了，下面配置三个哨兵。

每个哨兵的配置都是一样的，在 Redis 安装目录下可以找到 sentinel.conf 文件，然后对其进行修改。下面对 3 个哨兵的文件作出修改，如下所示：

```
# 禁止保护模式
protected-mode no

# 配置监听的主服务器，这里 sentinel monitor 代表监控，
# mymaster 代表服务器名称，可以自定义该名称
# 192.168.224.130 代表监控的主服务器
# 6379 代表主服务器端口
# 2 代表只有在 2 个或者 2 个以上的哨兵认为主服务器不可用的时候，才客观下线
sentinel monitor mymaster 192.168.224.130 6379 2

# sentinel auth-pass 定义服务的密码
# mymaster 服务器名称
# 123456 Redis 服务器密码
sentinel auth-pass mymaster abcdefg
```

上述操作关闭了保护模式，以便测试。sentinel monitor 是配置一个哨兵的主要内容，首先自定义服务名称 mymaster，然后配置主服务器的 IP 和端口，最后的 2 代表当存在两个或者两个以上的哨兵投票认可当前主服务器不可用后，才会进行故障切换，这样可以降低因出错而切换主服务器的概率。sentinel auth-pass 用于配置主服务器的名称及密码。

有了上述的修改，我们可以进入三台主从服务器的 Redis 安装目录，通过以下命令启动 Redis 服务器和哨兵，如下所示：

```
#启动 Redis 服务器进程
./src/redis-server ./redis.conf

#启动哨兵进程
./src/redis-sentinel ./sentinel.conf
```

只是这里要注意服务器启动的顺序，首先是主服务器（192.168.80.130）的 Redis 服务进程，然后启动从服务器的 Redis 服务进程，最后再启动 3 个哨兵的服务进程。这里可以从哨兵启动的输出窗口看一下哨兵监控信息，如图 22-7 所示。

从图 22-7 加框的地方，我们看到了其他哨兵加入的信息。也许读者会好奇，我们的哨兵只是配置了监控主服务器（192.168.80.130）的 Redis，为什么它也可以发现从服务器呢？这是因为 Redis 支持发布订阅，从服务器复制主服务器的信息会通过发布订阅告知哨兵，所以哨兵也能监控从服务器。

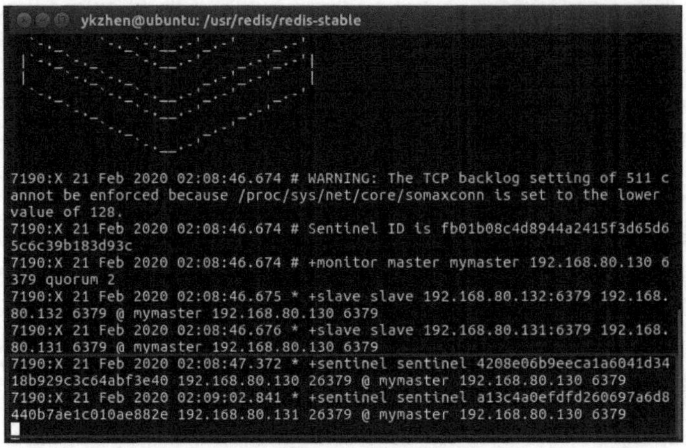

```
7190:X 21 Feb 2020 02:08:46.674 # WARNING: The TCP backlog setting of 511 c
annot be enforced because /proc/sys/net/core/somaxconn is set to the lower
value of 128.
7190:X 21 Feb 2020 02:08:46.674 # Sentinel ID is fb01b08c4d8944a2415f3d65d6
5c6c39b183d93c
7190:X 21 Feb 2020 02:08:46.674 # +monitor master mymaster 192.168.80.130 6
379 quorum 2
7190:X 21 Feb 2020 02:08:46.675 * +slave slave 192.168.80.132:6379 192.168.
80.132 6379 @ mymaster 192.168.80.130 6379
7190:X 21 Feb 2020 02:08:46.676 * +slave slave 192.168.80.131:6379 192.168.
80.131 6379 @ mymaster 192.168.80.130 6379
7190:X 21 Feb 2020 02:08:47.372 * +sentinel sentinel 4208e06b9eeca1a6041d34
18b929c3c64abf3e40 192.168.80.130 26379 @ mymaster 192.168.80.130 6379
7190:X 21 Feb 2020 02:09:02.841 * +sentinel sentinel a13c4a0efdfd260697a6d8
440b7ae1c010ae882e 192.168.80.131 26379 @ mymaster 192.168.80.130 6379
```

图 22-7　哨兵监控信息

22.5.3　在 Java 中使用哨兵模式

在 Java 中使用哨兵模式，加入关于哨兵的信息即可，非常简单，代码清单 22-1 展示了在 Jedis 客户端中使用哨兵的过程。

代码清单 22-1：在 Jedis 客户端中使用哨兵

```
public static void testJedisSentinel() {
    // 连接池配置
    JedisPoolConfig jedisPoolConfig = new JedisPoolConfig();
    jedisPoolConfig.setMaxTotal(10);
    jedisPoolConfig.setMaxIdle(5);
    jedisPoolConfig.setMinIdle(5);
    // 哨兵服务器 IP 和端口
    Set<String> sentinels = new HashSet<>(
       Arrays.asList(
          "192.168.80.130:26379",
          "192.168.80.131:26379",
          "192.168.80.132:26379"
    ));
    // 创建连接池
    // mymaster 是我们配置给哨兵的服务名称
    // sentinels 是哨兵信息
    // jedisPoolConfig 是连接池配置
    // abcdefg 是连接 Redis 服务器的密码
    JedisSentinelPool pool = new JedisSentinelPool(
          "mymaster", sentinels, jedisPoolConfig, "abcdefg");
    // 获取客户端
    Jedis jedis = pool.getResource();
    // 执行两个命令
    jedis.set("sentinel-key", "sentinel-value");
    String value = jedis.get("sentinel-key");
    // 打印信息
    System.out.println(value);
}
```

通过上述代码就能够连接 Redis 服务器了，这个时候将启用主服务器（192.168.80.130）提供服务。为了验证哨兵的作用，我们可以把主机上的 Redis 服务器关闭，马上运行，就可以发现报错，输出日志如下：

```
......
Caused by: redis.clients.jedis.exceptions.JedisConnectionException: Failed
connecting to host 192.168.80.130:6379
at redis.clients.jedis.Connection.connect(Connection.java:204)
at redis.clients.jedis.BinaryClient.connect(BinaryClient.java:100)
at redis.clients.jedis.BinaryJedis.connect(BinaryJedis.java:1894)
at redis.clients.jedis.JedisFactory.makeObject(JedisFactory.java:117)
at
org.apache.commons.pool2.impl.GenericObjectPool.create(GenericObjectPool.java:8
89)
at
org.apache.commons.pool2.impl.GenericObjectPool.borrowObject(GenericObjectPool.
java:424)
at
org.apache.commons.pool2.impl.GenericObjectPool.borrowObject(GenericObjectPool.
java:349)
at redis.clients.jedis.util.Pool.getResource(Pool.java:50)
... 3 more
......
```

从加粗的日志可以看到主服务器（192.168.80.130）已经不可用了。出现异常不是因为哨兵失效，而是因为 Redis 哨兵默认超时 3 分钟后才会投票切换主机，等超过 3 分钟后再测试，我们就可以得到正确的结果了。三个哨兵做了投票，并且做了切换主机的操作，使得 Redis 能够继续对外提供服务。

在 Spring 中使用哨兵的这些功能，需要先配置 Redis，如代码清单 22-2 所示。

代码清单 22-2：在 Spring 中使用 Redis 哨兵模式

```
package com.learn.ssm.chapter22.config;
/**** imports ****/

@Configuration
public class RedisSentinelConfig {

   /**
    * Redis 连接池配置
    * @return 连接池
    */
   @Bean("redisPoolConfig")
   public JedisPoolConfig poolConfig() {
      JedisPoolConfig poolCfg = new JedisPoolConfig();
      // 最大空闲数
      poolCfg.setMaxIdle(50);
      // 最大连接数
      poolCfg.setMaxTotal(100);
      // 最大等待毫秒数
      poolCfg.setMaxWaitMillis(20000);
      return poolCfg;
   }

   @Bean("sentinelConfig")
   public RedisSentinelConfiguration sentinelConfig() {
      // 主机名
      String master = "mymaster";
      // 哨兵 IP 和端口集合
      Set<String> sentinels = new HashSet<>(Arrays.asList(
         "192.168.80.130:26379",
```

```
            "192.168.80.131:26379",
            "192.168.80.132:26379"
        ));
        // 创建 RedisSentinelConfiguration 对象
        RedisSentinelConfiguration config = new RedisSentinelConfiguration(
              master, sentinels);
        // 设置密码
        config.setPassword("abcdefg");
        return config;
    }

    /**
     * 创建 Jedis 连接工厂
     *
     * @param jedisPoolConfig
     * @return 连接工厂
     */
    @Bean("redisConnectionFactory")
    public RedisConnectionFactory redisConnectionFactory(
          @Autowired RedisSentinelConfiguration sentinelConfig,
          @Autowired JedisPoolConfig jedisPoolConfig) {
        // 获得默认的连接池构造器
        JedisClientConfigurationBuilder jpcb
              = JedisClientConfiguration.builder();
        // 设置 Redis 连接池
        jpcb.usePooling().poolConfig(jedisPoolConfig);
        // 获取构建器
        JedisClientConfiguration jcc = jpcb.build();
        // 使用 RedisSentinelConfiguration 创建连接工厂
        return new JedisConnectionFactory(sentinelConfig, jcc);
    }

    /**
     * 创建 StringRedisTemplate
     *
     * @param connectionFactory 连接工厂
     * @return StringRedisTemplate 对象
     */
    @Bean("stringRedisTemplate")
    public StringRedisTemplate stringRedisTemplate(
          @Autowired RedisConnectionFactory connectionFactory) {
        // 创建 StringRedisTemplate 对象
        StringRedisTemplate stringRedisTemplate = new StringRedisTemplate();
        // 设置连接工厂
        stringRedisTemplate.setConnectionFactory(connectionFactory);
        return stringRedisTemplate;
    }
}
```

代码中需要注意的是 sentinelConfig 方法，它是在创建一个 RedisSentinelConfiguration 对象，而在 redisConnectionFactory 方法中，我们使用它来创建 JedisConnectionFactory 对象。这样就配置好了哨兵和其他的内容，下面使用代码清单 22-3 对其进行测试。

代码清单 22-3：使用 Spring 测试哨兵

```
public static void testSentinel() {
    AnnotationConfigApplicationContext applicationContext
        = new AnnotationConfigApplicationContext(RedisSentinelConfig.class);
    StringRedisTemplate redisTemplate
```

```
        = applicationContext.getBean(StringRedisTemplate.class);
    redisTemplate.opsForValue().set("sentinel-key", "sentinel-value");
    String value = redisTemplate.opsForValue().get("sentinel-key");
    System.out.println(value);
}
```

运行这段代码就可以得到以下日志：

```
sentinel-value
```

显然测试成功了，这样在实际的项目中，就可以使用哨兵模式来提高系统的可用性和稳定了。

22.5.4　哨兵模式的其他配置项

上述以最简单的配置实现了哨兵模式。但是我们需要等待 3 分钟后，Redis 哨兵进程才会做故障切换，有时候我们希望这个时间短一些，下面再对哨兵模式的配置项进行一些介绍，如表 22-3 所示。

表 22-3　哨兵模式的其他配置项

配　置　项	参数类型	作　　用
port	整数	启动哨兵进程端口
dir	文件夹目录	哨兵进程服务临时文件夹，默认为/tmp，要保证有可写入的权限
sentinel down-after-milliseconds	<服务名称><毫秒数（整数）>	指定哨兵在监测 Redis 服务时，当 Redis 服务在一个毫秒数内无法回答时，单个哨兵认为的主观下线时间，默认为 30000ms（30s）
sentinel parallel-syncs	<服务名称><服务器数（整数）>	指定可以有多少 Redis 服务同步新的主服务器，一般而言，这个数字越小同步时间就越长，越大对网络资源要求越高
sentinel failover-timeout	<服务名称><毫秒数（整数）>	指定故障切换允许的毫秒数，当超过这个毫秒数时，就认为切换故障失败，默认为 3min
sentinel notification-script	<服务名称><脚本路径>	指定 sentinel 检测到该监控的 redis 实例指向的实例异常时，调用的报警脚本。该配置项可选，比较常用

sentinel down-after-milliseconds 配置项只是让一个哨兵在超过其指定的毫秒数依旧没有得到回答消息后，会认为主服务器不可用，而其他哨兵不会认为主服务器不可用。哨兵会记录这个消息，当认为主服务器不可用的哨兵数达到 sentinel monitor 设置的数量的时候，就会发起一次新的投票，然后切换主服务器，此时哨兵会重写 Redis 的哨兵配置文件，以适应切换主服务器的需要。

22.6　Redis 集群

除了可以使用哨兵模式，我们还可以使用 Redis 集群（cluster）技术来实现高可用，不过 Redis 集群是 3.0（含）版本之后才提供的，所以在使用集群前，请注意 Redis 的版本。

22.6.1　概述

在学习 Redis 集群前，我们需要了解哈希槽（slot）的概念，如图 22-8 所示。

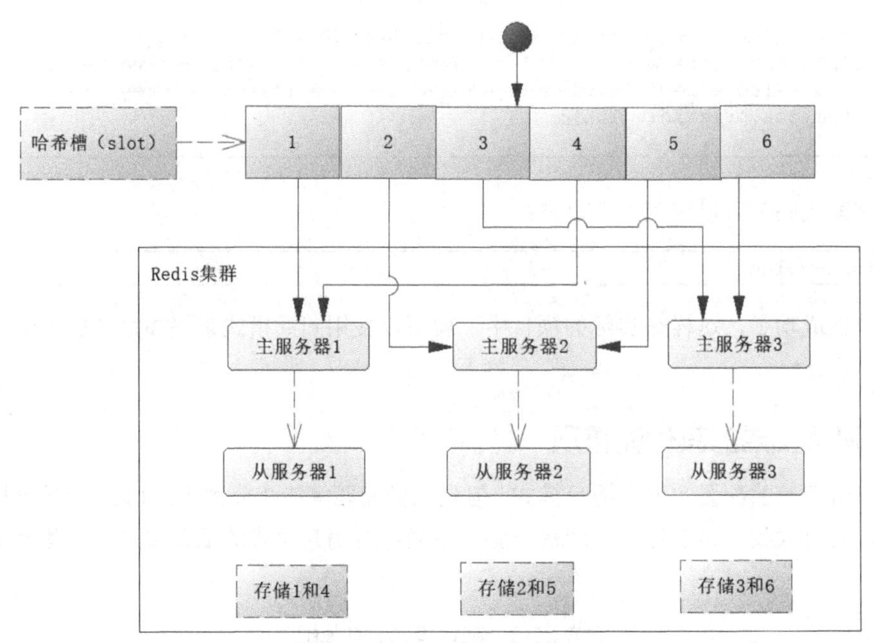

图 22-8　哈希槽

在图 22-8 中，哈希槽拥有 6 个数字，从 1 到 6，这个数字将决定 Redis 路由到哪台主服务器。当这个数字为 1 或者 4 时就会路由到主服务器 1；当数字为 2 或者 5 时就路由到主服务器 2；当数字为 3 或者 6 时，就路由到主服务器 3。还需要注意每一台主服务器都拥有一台从服务器进行复制，以保证系统的高可用性。有了哈希槽的概念，下面我们来讲述 Redis 集群的原理。

Redis 是一个 key-value 内存数据库，假如通过某种算法，我们可以计算出 key 的哈希值，得到一个整数，这里记为 hashcode。那么此时执行：

```
n = hashcode % 6 + 1
```

得到的 n 就是一个 1 到 6 之间的整数，然后通过哈希槽就能找到对应的服务器。例如，n=2 时就会找到主服务器 2 存储数据，而从服务器会对其同步。

在 Redis 集群中，大体也是通过相同的机制定位服务器的，只是 Redis 集群的哈希槽大小为（2^{14}=16 384），也就是取值范围为区间[0, 16383]，最多能够支持 16 384 个 Redis 节点，Redis 设计师认为这个节点数已经足够了。对于 key 哈希值的计算，采用的是 CRC16 算法，关于这个算法，这里就不再讨论了，感兴趣的读者可以自行查阅其他资料了解。当集群获得 key 后它就会这样计算出哈希值（hashcode）：

```
# key 为 Redis 的键，通过 CRC16 算法求哈希值
hashcode = CRC16(key); # 一个整数
# 求余得到哈希槽中的数字，从而找到对应的 Redis 服务器
n = hashcode % 16384; # 取模
```

这样 hashcode 就是一个在区间[0, 16383]的整数，经过哈希槽就能够找到对应的 Redis 主服务器去找数据。下面，我们还是以 3 个 Redis 主服务器和 3 个从服务器为例讲解，图 22-9 所示为 Redis 集群路由原理。

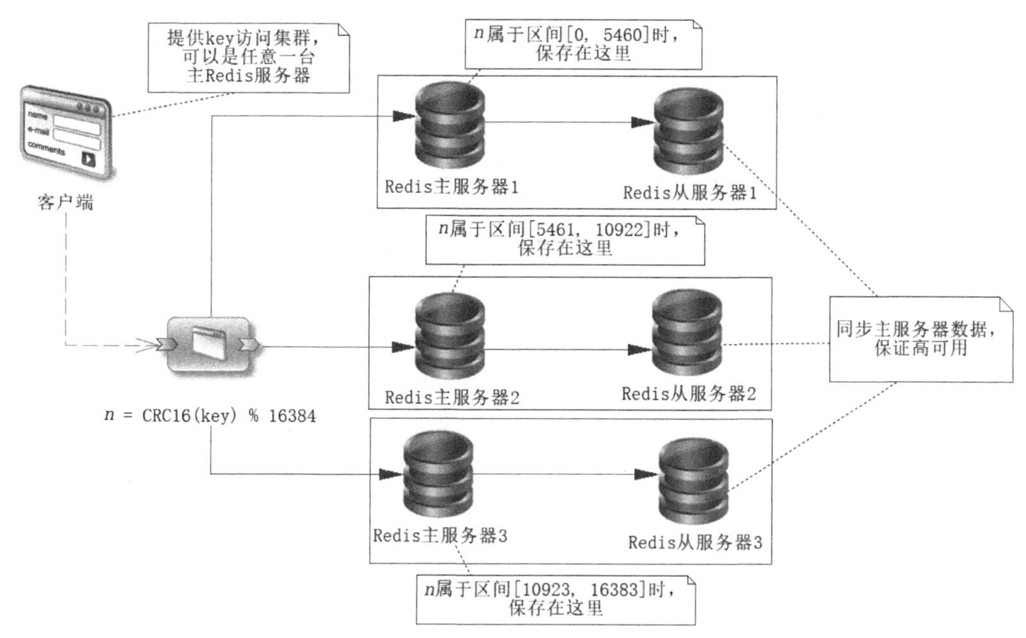

图 22-9　Redis 集群路由原理

首先 Redis 客户端访问 Redis 集群会提供 key，接着通过 CRC16 算法可以得到 n，n 是一个在区间[0, 16383]的整数。而区间[0, 16383]可以看作一个哈希槽，从图 22-9 中可以看出这个区间会划分到每个 Redis 主服务器中，分别是：

- Redis 主服务器 1：当 n 落入区间[0, 5460]时，就存储在这里；
- Redis 主服务器 2：当 n 落入区间[5461, 10922]时，就存储在这里；
- Redis 主服务器 3：当 n 落入区间[10923, 16383]时，就存储在这里。

这里需要注意的还有两点：一是由 Redis 主服务器 1、2 和 3 组成的区间正好完整覆盖 Redis 所定义的哈希槽[0, 16383]；二是每台 Redis 主服务器都有一台从服务器来确保高可用性。

Redis 客户端可以连接任意一台 Redis 主服务器，而在集群中的 Redis 主服务器是通过网络连接的，它们连接的方式是 PING-PONG 机制，并且内部使用了二进制协议优化传输速度和带宽，如图 22-10 所示。

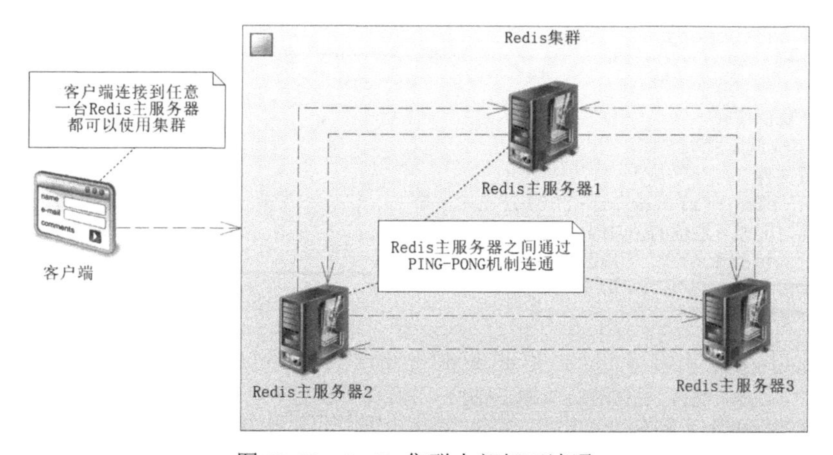

图 22-10　Redis 集群内部相互连通

从图 22-10 中可以知道，Redis 内部的节点是相互连通的，一般在使用时只需要连接到某台可用的主服务器就可以了。在 Redis 集群中，当出现故障，需要判定某个主节点不可用时，各个主节点就会投票，假如半数以上主节点认为该节点已经不可用，那么就会把该节点剔除出集群，由其从节点代替，这样集群就可以容错了。因为这个投票机制需要半数以上节点通过，所以一般来说，要求节点数大于 3，且为单数，这是因为假如节点为双数，如 6，投票结果可能会为 3:3，从而陷入僵局。这是某节点不可用的情况，事实上，还可能发生集群不可用的情况，如果产生以下两种情况，那么将导致集群不可用。

- 如果 Redis 主节点不能构建完整的哈希槽区间[0, 16383]，那么此时集群将不可用，比如在图 22-9 中，如果主服务器 1 和从服务器 1 都不可用，而又没有其他的 Redis 服务器覆盖区间[0, 5460]，那么就不能构建完整的哈希槽区间[0, 16383]，集群机制就会认为此时集群不可用。
- 如果原有半数以上的主节点发生故障，那么无论是否存在可代替的从节点，都认为该集群不可用。

Redis 集群是通过网络连接的，而网络必然会存在延迟和故障，产生数据一致性的问题，Redis 集群是不保证数据一致性的，所以可能产生丢失数据的现象，因此在应用上将它作为缓存会更加合理。

22.6.2 搭建 Redis 集群

有了上述 Redis 集群原理的知识，下面我们来配置图 22-9 所展示的 Redis 集群。首先我们按 19.2.2 节的讲解在 Linux 系统下安装好 Redis，按着找到 Redis 的配置文件（/<Redis 安装目录>/redis.conf），我们打开并修改其中的配置，如下（注意这里只展示修改的内容，其余配置均不改变）。

```
# 关闭保护模式
protected-mode no
# 允许外部网络访问
bind 0.0.0.0
# 主服务器密码，可以让从服务器复制数据
masterauth abcdefg
# Redis 密码
requirepass abcdefg
# 端口 7001
port 7001
# 是否开启集群模式
cluster-enabled yes
# 集群配置文件
cluster-config-file nodes-7001.conf
# 集群节点之间相互通信的超时时间
cluster-node-timeout 5000
Dbfilename dump-7001.rdb
# 采用 AOF 模式备份
appendonly yes
# AOF 备份文件名称
appendfilename "appendonly-7001.aof"
# 采用后台运行 Redis 服务
daemonize yes
# PID 命令文件
```

```
pidfile /var/run/redis_7001.pid
```

这个文件的注释也写得比较清楚，请读者自行参考。这只是一个配置文件，将在端口 7001 启动 Redis 服务，而在图 22-9 中应该存在 6 个 Redis 服务器，包含 3 个主服务器和 3 个从服务器，所以一共需要 6 个配置文件。为此我们先来创建这些文件并且赋予它们权限，在 Linux 下执行以下命令：

```
# 进入安装目录
cd /usr/redis/redis-stable

# 创建文件夹 cluster 和其子目录
mkdir cluster
cd ./cluster
mkdir 7001 7002 7003 7004 7005 7006
# 复制文件
cp ../redis.conf ./7001
cp ../redis.conf ./7002
cp ../redis.conf ./7003
cp ../redis.conf ./7004
cp ../redis.conf ./7005
cp ../redis.conf ./7006

# 赋予目录下所有文件全部权限
chmod -R 777 ./
```

这样从 7001 到 7006 的目录下都存在一个 Redis 的启动配置文件，接下来还需要修改它们，具体的修改办法比较简单，比如对于 7002 目录的配置文件，将所有的“7001”字符都替换为“7002”即可。7003、7004、7005 和 7006 目录下的配置文件都做类似修改。这样就存在 6 份配置文件，它们分别使用 7001 到 7006 端口启动 Redis 服务。

有了这些配置文件还不行，我们可以看到 Redisde 安装目录下存在这样的子文件目录 /utils/create-cluster（笔者本机系统全路径为/usr/redis/redis-stable/utils/create-cluster），这个目录下存在一个文件——create-cluster.sh（如果无权限，可以先赋予其修改权限）。我们打开它，然后做一定的修改，如下：

```
#!/bin/bash

# Settings
# 端口，从 7000 开始，SHELL 会自动加 1 后，找到 7001 到 7006 的 Redis 服务实例
PORT=7000
# 创建超时时间
TIMEOUT=2000
# Redis 节点数
NODES=6
# 每台主服务器的从服务器数
REPLICAS=1 # ①
# 密码，和我们配置的一致
PASSWORD=abcdefg

......
#### 以下给 redis-cli 命令添加配置的密码 ####
if [ "$1" == "create" ]
then
   HOSTS=""
```

```
    while [ $((PORT < ENDPORT)) != "0" ]; do
        PORT=$((PORT+1))
        HOSTS="$HOSTS 192.168.80.133:$PORT"
    done
    ../../src/redis-cli --cluster create $HOSTS -a $PASSWORD --cluster-replicas
$REPLICAS
    exit 0
fi

if [ "$1" == "stop" ]
then
    while [ $((PORT < ENDPORT)) != "0" ]; do
        PORT=$((PORT+1))
        echo "Stopping $PORT"
        ../../src/redis-cli -p $PORT -a $PASSWORD shutdown nosave
    done
    exit 0
fi

if [ "$1" == "watch" ]
then
    PORT=$((PORT+1))
    while [ 1 ]; do
        clear
        date
        ../../src/redis-cli -p $PORT -a $PASSWORD cluster nodes | head -30
        sleep 1
    done
    exit 0
fi
......
if [ "$1" == "call" ]
then
    while [ $((PORT < ENDPORT)) != "0" ]; do
        PORT=$((PORT+1))
        ../../src/redis-cli -p $PORT -a $PASSWORD $2 $3 $4 $5 $6 $7 $8 $9
    done
    exit 0
fi
......
```

这个文件看起来比较复杂，笔者修改了加粗的地方，大部分沿用原有的配置。这里配置的端口从 7000 开始，并且限制节点数为 6，这样就可以通过循环从 7001 遍历到 7006，找到具体的服务器了。再看 redis-cli 命令，其中加入了配置的密码，并且将 IP 修改为“192.168.80.133”，这里请大家注意，不要修改为“localhost”“127.0.0.1”这种指向本机的路径，尽量用网络中具体的 IP 地址，否则会引发后续关于 IP 的错误。到这里就配置好了这个文件。

为了方便我们创建、停止和启动集群。先用 root 用户登录 Linux，然后执行以下命令：

```
# 进入集群目录
cd /usr/redis/redis-stable/cluster
# 创建 3 个脚本文件
touch create.sh start.sh shutdown.sh
# 赋予脚本文件全部权限
chmod 777 *.sh
```

按着我们修改创建好的 create.sh 文件，编写其内容如下：

```
# 启动 6 个 Redis 服务器
/usr/redis/redis-stable/src/redis-server
/usr/redis/redis-stable/cluster/7001/redis.conf

/usr/redis/redis-stable/src/redis-server
/usr/redis/redis-stable/cluster/7002/redis.conf

/usr/redis/redis-stable/src/redis-server
/usr/redis/redis-stable/cluster/7003/redis.conf

/usr/redis/redis-stable/src/redis-server
/usr/redis/redis-stable/cluster/7004/redis.conf

/usr/redis/redis-stable/src/redis-server
/usr/redis/redis-stable/cluster/7005/redis.conf

/usr/redis/redis-stable/src/redis-server
/usr/redis/redis-stable/cluster/7006/redis.conf

# 创建集群
cd /usr/redis/redis-stable/utils/create-cluster
./create-cluster create
```

这个文件包含两步：第一步是启用 Redis 服务器，每个服务器的启动命令都指向对应的配置文件；第二步是使用 create-cluster.sh 文件创建集群。接着我们执行如下命令：

```
# 创建集群
cd /usr/redis/redis-stable/
./cluster/create.sh
```

这样就可以看到图 22-11 了。

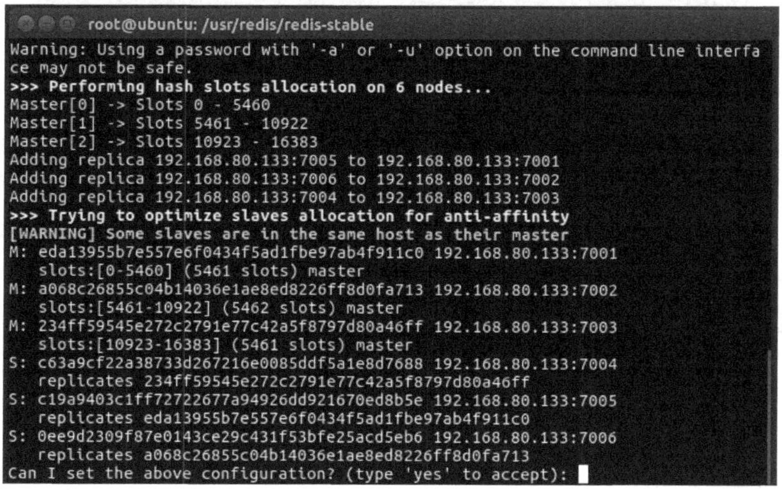

```
root@ubuntu: /usr/redis/redis-stable
Warning: Using a password with '-a' or '-u' option on the command line interfa
ce may not be safe.
>>> Performing hash slots allocation on 6 nodes...
Master[0] -> Slots 0 - 5460
Master[1] -> Slots 5461 - 10922
Master[2] -> Slots 10923 - 16383
Adding replica 192.168.80.133:7005 to 192.168.80.133:7001
Adding replica 192.168.80.133:7006 to 192.168.80.133:7002
Adding replica 192.168.80.133:7004 to 192.168.80.133:7003
>>> Trying to optimize slaves allocation for anti-affinity
[WARNING] Some slaves are in the same host as their master
M: eda13955b7e557e6f0434f5ad1fbe97ab4f911c0 192.168.80.133:7001
   slots:[0-5460] (5461 slots) master
M: a068c26855c04b14036e1ae8ed8226ff8d0fa713 192.168.80.133:7002
   slots:[5461-10922] (5462 slots) master
M: 234ff59545e272c2791e77c42a5f8797d80a46ff 192.168.80.133:7003
   slots:[10923-16383] (5461 slots) master
S: c63a9cf22a38733d267216e0085ddf5a1e8d7688 192.168.80.133:7004
   replicates 234ff59545e272c2791e77c42a5f8797d80a46ff
S: c19a9403c1ff72722677a94926dd921670ed8b5e 192.168.80.133:7005
   replicates eda13955b7e557e6f0434f5ad1fbe97ab4f911c0
S: 0ee9d2309f87e0143ce29c431f53bfe25acd5eb6 192.168.80.133:7006
   replicates a068c26855c04b14036e1ae8ed8226ff8d0fa713
Can I set the above configuration? (type 'yes' to accept):
```

图 22-11　Redis 集群配置信息

图 22-11 包含两层信息，第一层是哈希槽分配的情况；第二层是主从节点配置和从属关系。感兴趣的读者可以结合图 22-9 的哈希槽去看这些，相信会有更深的认知。最后它还会询问我们是否接受这样的配置，只要我们输入“yes”，然后回车，稍等片刻，就可以看到创建好了集群。

到此我们创建好了集群，接下来可以启动 Redis 的客户端去访问集群，按之前讨论的，我们可以连接任意 Redis 主机，这样就可以使用以下命令登录了。

```
# 进入 Redis 安装目录
cd /usr/redis/redis-stable

# 登录 Redis 集群：
# -c 代表以集群形式进行登录
# -p 设置登录端口
# -a 登录 Redis 集群密码
./src/redis-cli -c -p 7001 -a abcdefg
```

然后执行以下命令：

```
set key1 value1
set key2 value2
set key3 value3
set key4 value4
set key5 value5
set key6 value6
```

图 22-12 就是笔者测试这些命令的结果。

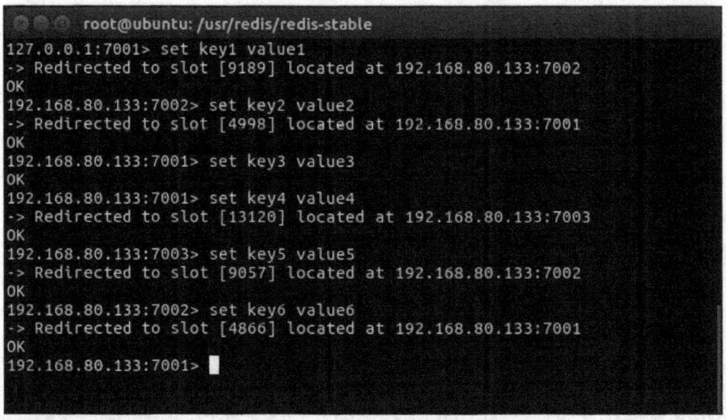

```
root@ubuntu: /usr/redis/redis-stable
127.0.0.1:7001> set key1 value1
-> Redirected to slot [9189] located at 192.168.80.133:7002
OK
192.168.80.133:7002> set key2 value2
-> Redirected to slot [4998] located at 192.168.80.133:7001
OK
192.168.80.133:7001> set key3 value3
OK
192.168.80.133:7001> set key4 value4
-> Redirected to slot [13120] located at 192.168.80.133:7003
OK
192.168.80.133:7003> set key5 value5
-> Redirected to slot [9057] located at 192.168.80.133:7002
OK
192.168.80.133:7002> set key6 value6
-> Redirected to slot [4866] located at 192.168.80.133:7001
OK
192.168.80.133:7001>
```

图 22-12　测试 Redis 集群

从图 22-12 中可以看到，在每次执行命令后，客户端都会打出哈希码（hashcode），然后再转到具体的服务器和端口的 Redis 服务上。这些都是 Redis 集群自己完成的，对于客户端来说都是透明的。到这里，我们可以看到 Redis 集群已经搭建成功了。不过还要配置启动和关闭集群的命令，为此我们需要修改 start.sh 和 shutdow.sh 两个文件。其中启动文件 start.sh 内容如下：

```
# 进入命令目录
cd /usr/redis/redis-stable/utils/create-cluster

# 启动 Redis 集群
./create-cluster start
```

而关闭文件如下：

```
# 进入命令目录
cd /usr/redis/redis-stable/utils/create-cluster

# 关闭 Redis 集群
./create-cluster stop
```

这样就配置好了创建、启动和关闭 Redis 集群的命令了。

22.6.3　在 Spring 中使用 Redis 集群

下面，我们通过 Spring 来使用 Redis 集群，我们需要先配置 Redis，如代码清单 22-4 所示。

代码清单 22-4：在 Spring 中配置 Redis 集群

```
package com.learn.ssm.chapter22.config;

/**** imports ****/
@Configuration
public class RedisClusterConfig {

   /**
    * Redis 连接池配置
    * @return 连接池
    */
   @Bean("redisPoolConfig")
   public JedisPoolConfig poolConfig() {
      JedisPoolConfig poolCfg = new JedisPoolConfig();
      // 最大空闲数
      poolCfg.setMaxIdle(50);
      // 最大连接数
      poolCfg.setMaxTotal(100);
      // 最大等待毫秒数
      poolCfg.setMaxWaitMillis(20000);
      return poolCfg;
   }

   @Bean("clusterConfig")
   public RedisClusterConfiguration clusterConfig() {
      // 集群节点
      Set<String> nodes = new HashSet<>(Arrays.asList(
            "192.168.80.133:7001",
            "192.168.80.133:7002",
            "192.168.80.133:7003",
            "192.168.80.133:7004",
            "192.168.80.133:7005",
            "192.168.80.133:7006"
      ));
      // 创建 RedisClusterConfiguration 对象
      RedisClusterConfiguration config
            = new RedisClusterConfiguration(nodes);
      // 设置密码
      config.setPassword("abcdefg");
      return config;
   }

   /**
    * 创建 Jedis 连接工厂
    * @param clusterConfig 集群配置
    * @param jedisPoolConfig 连接池配置
    * @return 连接工厂
    */
   @Bean("redisConnectionFactory")
   public RedisConnectionFactory redisConnectionFactory(
         @Autowired RedisClusterConfiguration clusterConfig,
         @Autowired JedisPoolConfig jedisPoolConfig) {
      // 获得默认的连接池构造器
      JedisClientConfigurationBuilder jpcb
            = JedisClientConfiguration.builder();
```

```
        // 设置 Redis 连接池
        jpcb.usePooling().poolConfig(jedisPoolConfig);
        // 获取构建器
        JedisClientConfiguration jcc = jpcb.build();
        // 使用 RedisClusterConfiguration 创建连接工厂
        return new JedisConnectionFactory(clusterConfig, jcc);
    }

    /**
     * 创建 StringRedisTemplate
     *
     * @param connectionFactory 连接工厂
     * @return StringRedisTemplate 对象
     */
    @Bean("stringRedisTemplate")
    public StringRedisTemplate stringRedisTemplate(
            @Autowired RedisConnectionFactory connectionFactory) {
        // 创建 StringRedisTemplate 对象
        StringRedisTemplate stringRedisTemplate = new StringRedisTemplate();
        // 设置连接工厂
        stringRedisTemplate.setConnectionFactory(connectionFactory);
        return stringRedisTemplate;
    }
}
```

代码中关于 Redis 集群的配置使用的是 clusterConfig 方法，它创建了一个配置类 RedisClusterConfiguration 的对象，通过它来配置集群信息。它配置了 Redis 集群的节点和密码。而在 redisConnectionFactory 方法中，我们使用 RedisClusterConfiguration 对象创建了 Redis 的连接工厂，这样就可以使用集群了。

有了代码清单 22-4 的 Redis 配置，我们可以进行测试，如代码清单 22-5 所示。

代码清单 22-5：测试集群

```
public static void testCluster() {
    // 创建 IoC 容器
    AnnotationConfigApplicationContext applicationContext
        = new AnnotationConfigApplicationContext(RedisClusterConfig.class);
    StringRedisTemplate redisTemplate
        = applicationContext.getBean(StringRedisTemplate.class);
    // 设置值
    redisTemplate.opsForValue().set("key1", "value1");
    redisTemplate.opsForValue().set("key2", "value2");
    redisTemplate.opsForValue().set("key3", "value3");
    redisTemplate.opsForValue().set("key4", "value4");
    redisTemplate.opsForValue().set("key5", "value5");
    redisTemplate.opsForValue().set("key6", "value6");
    // 获取值并打印
    String value = redisTemplate.opsForValue().get("key1");
    System.out.println(value);
}
```

这样就可以测试它了，运行它就可以知道集群已经可用了。

第23章

Spring缓存机制和Redis的结合

本章目标

1. 掌握 Redis 如何和数据库结合
2. 掌握如何将 Redis 整合到 Spring 框架之中
3. 掌握如何通过 Spring 去处理 Redis 的各类场景

前面以如何在 Spring 中使用 Redis 为主线，结合 Java 语言讨论了许多关于 Redis 的常用知识。本章将会把 Spring 和 Redis 整合到一起，这是在 Java 互联网项目和实际开发中常常用到的。

本章首先讨论在应用中使用 Redis 的注意事项，然后讨论如何通过 Spring 缓存注解简化我们的开发，最后举例说明 RestTemplate 的使用方法。

23.1 Redis 和数据库的结合

使用 Redis 可以优化性能，但是存在 Redis 的数据和数据库同步的问题，这是我们需要关注的。假设两个业务逻辑在操作数据库的同一条记录，而 Redis 和数据库不一致，如图 23-1 所示。

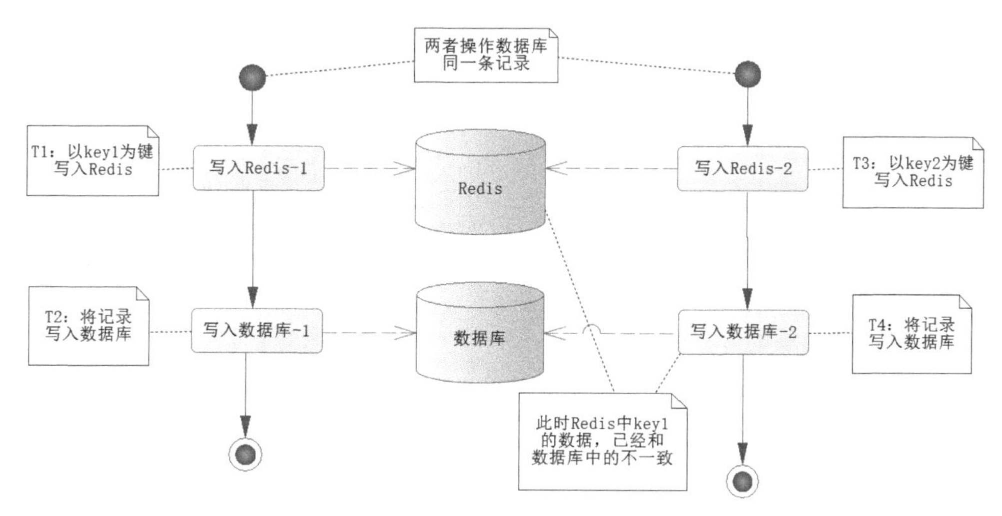

图 23-1　Redis 和数据库不一致的场景

在图 23-1 中，在 T1 时刻以键 key1 保存数据到 Redis，在 T2 时刻刷新进入数据库，在 T3 时刻发生了其他业务，需要改变数据库同一条记录的数据，此时采用了 key2 保存到 Redis 中，然后将更新数据写入数据库中，此时 Redis 中 key1 的数据是脏数据，和数据库的数据不一致。

而图 23-1 只是一个可能造成数据不一致的原因，在实际中可能存在多种情况，比如数据库的事务是完善的，而通过对 Redis 事务的学习，我们应该清楚它并不是那么严格，如果发生异常回滚的事件，那么 Redis 的数据可能就和数据库不太一致了，所以要保持数据的一致性是相当困难的。

但是不用沮丧，因为互联网系统显示给用户的信息往往并不需要完全是“最新的”，有些数据允许延迟。举个例子，一个购物网站会有一个用户购买排名榜，如果做成实时的，每一笔投资都会引发重新计算，那么网站就存在极大的压力，但是这个排名榜没有太大的意义。同样，商品的总数有时候只需要一个非实时的数据，这些在互联网系统中也是十分常见的。一般来说，可以按一个时间间隔（比如一个小时）刷新，排出这段时间的最新排名，这就是延迟性的更新。也有一些内容需要其信息是最新的，尤其是当前用户的交易记录、购买时商品的数量等，这些信息是企业和用户重要的记录，需要实时处理，以避免数据的不一致。对这些数据，我们会考虑以数据库的最新记录为主进行读/写，并且同步写入 Redis，这样数据就能保持一致了。对于一些常用的只需要显示的数据，则以查询 Redis 为主。这样网站的性能就很高了，毕竟写入的次数远比查询的次数要少得多得多。下面先对数据库的读/写操作进行基本阐述。

从业务的角度来说，缓存应该不是永久性的，因为这样极其容易产生脏数据，使得数据失真，Redis 也需要将垃圾数据回收，为新的缓存数据腾出空间。所以一般来说，我们应该加入一个超时时间，这样一旦数据超时，系统就会从数据库中读取最新的数据，再去刷新缓存的数据。从 Redis 的角度来说，也可以让 Redis 及时清理缓存，以释放内存空间。

23.1.1 Redis 和数据库读操作

数据缓存往往会在 Redis 上设置超时时间，当设置 Redis 的数据超时后，Redis 就没法读出数据了，这个时候就会触发程序读取数据库，然后将读取的数据库数据写入 Redis（此时会给 Redis 重设超时时间），这样程序在读取的过程中就能按一定的时间间隔刷新数据了，读取数据的流程如图 23-2 所示。

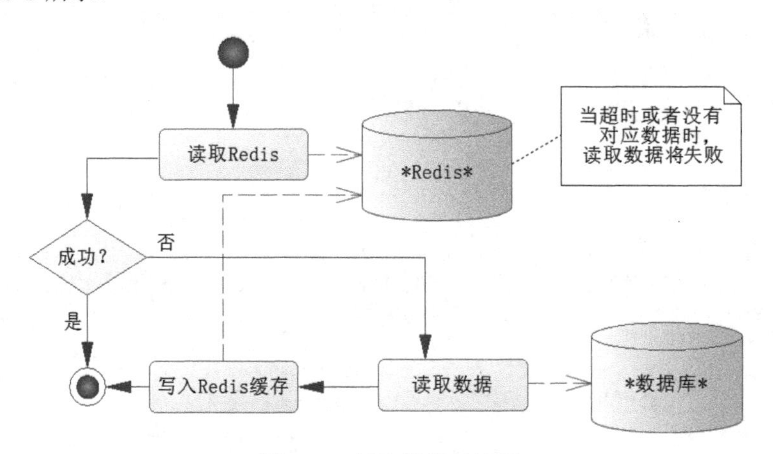

图 23-2　读取数据的流程

下面写出这个流程的伪代码：

```
public DataObject readMethod(args) {
    // 尝试从 Redis 中读取数据
```

```
        DataObject data = getFromRedis(key);
        // 从 Redis 读入成功，直接返回
        if (data != null) {
            return data;
        }
        // 从 Redis 读入不成功，从数据库获取数据
        data = getFromDataBase();
        // 写入 Redis，以便以后读出
        writeRedis(key, data);
        // 设置 key 的超时时间为 5 分钟
        setRedisExpire(key, 5);
        return data;
    }
```

上面的伪代码完成了图 23-2 所描述的过程。这样当读取 Redis 数据超过 5 分钟后，Redis 就不能读到超时数据了，只能重新从数据库中读取，保证了一定的实时性，也避免了多次访问数据库造成的系统性能低下的问题。

23.1.2　Redis 和数据库写操作

写操作要考虑数据一致的问题，尤其是对那些重要的业务数据，所以首先应该考虑从数据库中读取最新的数据，然后对数据进行操作，最后把数据写入 Redis 缓存中，如图 23-3 所示。

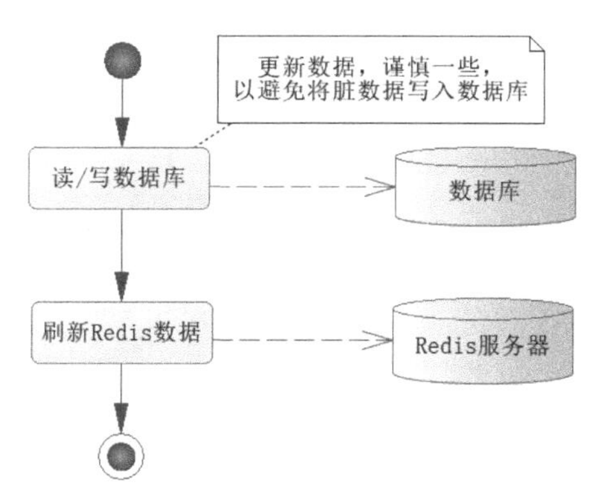

图 23-3　写入业务数据的流程

在写入业务数据时，先从数据库中读取最新数据（尽量不要相信缓存），然后进行业务操作，更新业务数据到数据库后，再将数据刷新到 Redis 缓存中，这样就完成了一次写操作。这样的操作能避免将脏数据写入数据库中，这类问题在操作时要注意。

下面写出这个流程的伪代码：

```
public DataObject writeMethod(args) {
    //从数据库里读取最新数据
    DataObject dataObject = getFromDataBase(args);
    //执行业务逻辑
    execLogic(dataObject);
    //更新数据库数据
    updateDataBase(dataObject);
    //刷新 Redis 缓存
    updateRedisData(key, dataObject);
    // 设置 key 的超时时间为 5 分钟
    setRedisExpire(key, 5);
```

```
}
```

上面的伪代码完成了图 23-3 所描述的过程。首先，从数据库中读取最新的数据，以规避缓存中的脏数据问题，执行逻辑，修改部分业务数据。然后，把这些数据保存到数据库中，最后，刷新这些数据到 Redis 中，并且重新设置超时时间。

23.2 使用 Spring 缓存机制整合 Redis

在数据库事务中，我们通过@Transactional 操作数据库事务，Spring 提供了缓存的管理器和相关的注解支持类似于 Redis 的键值对缓存。不过在此之前，我们需要先准备测试环境。

23.2.1 准备测试环境

首先，定义一个简单的角色 POJO，如代码清单 23-1 所示。

代码清单 23-1：定义角色 POJO

```java
package com.learn.ssm.chapter23.pojo;

import java.io.Serializable;

import org.apache.ibatis.type.Alias;

// MyBatis 别名
@Alias(value = "role")
public class Role implements Serializable {
   // 序列号
   private static final long serialVersionUID = 5107424510097186591L;

   private Long id;
   private String roleName;
   private String note;

   /**** setter and getter ****/

}
```

注意，该类实现了 Serializable 接口，说明这个类支持序列化，可以通过 Spring 的序列化器，将其保存为对应的编码，缓存到 Redis 中，也可以通过 Redis 读回那些编码，反序列化为对应的 Java 对象。此外，这个类标注了注解@Alias，可以通过 MyBatis 的扫描机制进行扫描别名的操作。

接下来是配置数据库的开发环境，这样我们就可以操作数据库了。首先创建 RoleMapper.xml，并且将它放到工程/resources/com/learn/ssm/chapter23/mapper 目录下，其内容如代码清单 23-2 所示。

代码清单 23-2：创建 RoleMapper.xml

```xml
<?xml version="1.0" encoding="UTF-8" ?>
<!DOCTYPE mapper
  PUBLIC "-//mybatis.org//DTD Mapper 3.0//EN"
  "http://mybatis.org/dtd/mybatis-3-mapper.dtd">
<mapper namespace="com.learn.ssm.chapter23.dao.RoleDao">
```

```
    <select id="getRole" resultType="role">
        select id, role_name as
        roleName, note from t_role where id = #{id}
    </select>

    <delete id="deleteRole">
        delete from t_role where id=#{id}
    </delete>

    <insert id="insertRole" parameterType="role"
            useGeneratedKeys="true" keyProperty="id">
        insert into t_role (role_name, note) values(#{roleName}, #{note})
    </insert>

    <update id="updateRole" parameterType="role">
        update t_role set role_name = #{roleName}, note = #{note}
        where id = #{id}
    </update>

    <select id="findRoles" resultType="role">
        select id, role_name as roleName, note from t_role
        <where>
            <if test="roleName != null">
                role_name like concat('%', #{roleName}, '%')
            </if>
            <if test="note != null">
                note like concat('%', #{note}, '%')
            </if>
        </where>
    </select>

</mapper>
```

然后，需要一个 MyBatis 角色接口，以便使用这样的映射文件，如代码清单 23-3 所示。

代码清单 23-3：MyBatis 角色接口

```
package com.learn.ssm.chapter23.dao;

/****imports****/

@Mapper
public interface RoleDao {
    public Role getRole(Long id);

    public int deleteRole(Long id);

    public int insertRole(Role role);

    public int updateRole(Role role);

    public List<Role> findRoles(
            @Param("roleName") String roleName, @Param("note") String note);
}
```

注解@Mapper 表示它是一个持久层的接口，未来可以通过 MyBatis 扫描机制将其装配到 Spring IoC 容器中，至此，DAO 层就完成了开发。接下来定义角色服务接口（RoleService），如代码清单 23-4 所示，服务接口实现类会放到后面再谈，因为它需要加入 Spring 缓存注解，以驱动不同的行为。

代码清单 23-4：定义角色服务接口

```
package com.learn.ssm.chapter23.service;

import java.util.List;
import com.learn.ssm.chapter23.pojo.Role;

public interface RoleService {
   public Role getRole(Long id);

   public int deleteRole(Long id);

   public Role insertRole(Role role);

   public Role updateRole(Role role);

   public List<Role> findRoles(String roleName, String note);
}
```

接下来就要配置数据库和 MyBatis 的相关内容了。下面通过代码清单 23-5 来完成。

代码清单 23-5：通过 Java 配置定义数据库和相关的扫描内容

```
package com.learn.ssm.chapter23.config;

/****imports****/

@ComponentScan("com.learn.ssm.chapter23")
// 配置 MyBatis 映射器扫描规则
@MapperScan(
   basePackages = "com.learn.ssm.chapter23",
   annotationClass = Mapper.class,
   sqlSessionFactoryRef = "sqlSessionFactory"
)
//使用事务驱动管理器
@EnableTransactionManagement
public class DataBaseConfig implements TransactionManagementConfigurer {

   DataSource dataSource = null;
   /**
    * 配置数据库
    *
    * @return 数据连接池
    */
   @Bean(name = "dataSource")
   public DataSource initDataSource() {
      if (dataSource != null) {
         return dataSource;
      }
      Properties props = new Properties();
      props.setProperty("driverClassName", "com.mysql.jdbc.Driver");
      props.setProperty("url", "jdbc:mysql://localhost:3306/ssm");
      props.setProperty("username", "root");
      props.setProperty("password", "a123456");
      try {
         dataSource = BasicDataSourceFactory.createDataSource(props);
      } catch (Exception e) {
         e.printStackTrace();
      }
      return dataSource;
   }
```

```
    /**
     * * 配置 SqlSessionFactoryBean
     *
     * @return SqlSessionFactoryBean
     */
    @Bean(name = "sqlSessionFactory")
    public SqlSessionFactoryBean initSqlSessionFactory(
            @Autowired DataSource dataSource) {
        SqlSessionFactoryBean sqlSessionFactory = new SqlSessionFactoryBean();
        sqlSessionFactory.setDataSource(dataSource);
        // 配置 MyBatis 配置文件
        Resource resource = new ClassPathResource("mybatis-config.xml");
        sqlSessionFactory.setConfigLocation(resource);
        return sqlSessionFactory;
    }

    /**
     * 实现接口方法，注册注解事务，当@Transactional 使用的时候产生数据库事务
     */
    @Override
    @Bean(name = "annotationDrivenTransactionManager")
    public PlatformTransactionManager annotationDrivenTransactionManager() {
        DataSourceTransactionManager transactionManager
                = new DataSourceTransactionManager();
        transactionManager.setDataSource(initDataSource());
        return transactionManager;
    }

}
```

在 initSqlSessionFactory 方法中，通过 SqlSessionFactoryBean 引入 MyBatis 的配置文件 mybatis-config.xml，我们把它放在工程目录/resources 下。这个配置文件的作用是引入 RoleMapper.xml 和定义别名，其内容如代码清单 23-6 所示。

代码清单 23-6：mybatis-config.xml

```xml
<?xml version="1.0" encoding="UTF-8" ?>
<!DOCTYPE configuration
  PUBLIC "-//mybatis.org//DTD Config 3.0//EN"
  "http://mybatis.org/dtd/mybatis-3-config.dtd">
<configuration>

    <!-- 定义别名 -->
    <typeAliases>
        <package name="com.learn.ssm.chapter23.pojo"/>
    </typeAliases>

    <!-- 引入映射文件 -->
    <mappers>
        <mapper resource="com/learn/ssm/chapter23/mapper/RoleMapper.xml" />
    </mappers>

</configuration>
```

这样测试只要再提供一个 RoleService 实现类即可，这个类的实现就是我们后面要讨论的主要内容，不过在此之前需要先了解 Spring 的缓存管理器。

23.2.2 Spring 的缓存管理器

在 Spring 中，提供了接口 CacheManager 定义缓存管理器，这样各个不同的缓存可以通过实现它来提供管理器的功能。在 spring-data-redis.jar 包中实现 CacheManager 接口的是类 RedisCacheManager，因此我们需要在 Spring IoC 容器中装配它的实例，不过在 Spring 5 中，这个实例建议通过构建模式（Builder）创建。如代码清单 23-7 所示。

代码清单 23-7：创建 RedisCacheManager 实例

```
package com.learn.ssm.chapter23.config;

/**** imports ****/

@Configuration
// 驱动缓存工作
@EnableCaching
public class RedisConfig {

   @Bean("redisPoolConfig")
   public JedisPoolConfig poolConfig() {
      JedisPoolConfig poolCfg = new JedisPoolConfig();
      // 最大空闲数
      poolCfg.setMaxIdle(50);
      // 最大连接数
      poolCfg.setMaxTotal(100);
      // 最大等待毫秒数
      poolCfg.setMaxWaitMillis(20000);
      return poolCfg;
   }

   /**
    * 创建 Jedis 连接工厂
    *
    * @param jedisPoolConfig
    * @return 连接工厂
    */
   @Bean("redisConnectionFactory")
   public RedisConnectionFactory redisConnectionFactory(
         @Autowired JedisPoolConfig jedisPoolConfig) {
      // 独立 Jedis 配置
      RedisStandaloneConfiguration rsc = new RedisStandaloneConfiguration();
      // 设置 Redis 服务器
      rsc.setHostName("192.168.80.130");
      // 如需要密码，则设置密码
      rsc.setPassword("abcdefg");
      // 端口
      rsc.setPort(6379);
      // 获得默认的连接池构造器
      JedisClientConfigurationBuilder jpcb
            = JedisClientConfiguration.builder();
      // 设置 Redis 连接池
      jpcb.usePooling().poolConfig(jedisPoolConfig);
      // 获取构建器
      JedisClientConfiguration jedisClientConfiguration = jpcb.build();
      // 创建连接工厂
      return new JedisConnectionFactory(rsc, jedisClientConfiguration);
   }

   /**
```

```
     * 创建 RedisTemplate
     * @param connectionFactory Redis 连接工厂
     * @return RedisTemplate 对象
     */
    @Bean("redisTemplate")
    public RedisTemplate<String, Object> redisTemplate(
          @Autowired RedisConnectionFactory connectionFactory) {
       // 创建 RedisTemplate
       RedisTemplate<String, Object> redisTemplate = new RedisTemplate<>();
       // 字符串和 JDK 序列化器
       RedisSerializer<String> strSerializer = RedisSerializer.string();
       RedisSerializer<Object> jdkSerializer = RedisSerializer.java();
       // 设置键值序列化器
       redisTemplate.setKeySerializer(strSerializer);
       redisTemplate.setValueSerializer(jdkSerializer);
       // 设置哈希字段和值序列化器
       redisTemplate.setHashKeySerializer(strSerializer);
       redisTemplate.setHashValueSerializer(jdkSerializer);
       // 给 RedisTemplate 设置连接工厂
       redisTemplate.setConnectionFactory(connectionFactory);
       return redisTemplate;
    }

    /**
     * 创建 StringRedisTemplate
     * @param connectionFactory 连接工厂
     * @return StringRedisTemplate 对象
     */
    @Bean("stringRedisTemplate")
    public StringRedisTemplate  stringRedisTemplate(
          @Autowired RedisConnectionFactory connectionFactory) {
       // 创建 StringRedisTemplate 对象
       StringRedisTemplate stringRedisTemplate = new StringRedisTemplate();
       // 设置连接工厂
       stringRedisTemplate.setConnectionFactory(connectionFactory);
       return stringRedisTemplate;
    }

    @Bean(name = "redisCacheManager")
    public CacheManager initRedisCacheManager(
          @Autowired RedisConnectionFactory redisConnectionFactory) {
       // 获取 Redis 缓存默认配置
       RedisCacheConfiguration config
             = RedisCacheConfiguration.defaultCacheConfig();
       // 构建 Redis 缓存管理器
       RedisCacheManager cacheManager =
          RedisCacheManagerBuilder
             .fromConnectionFactory(redisConnectionFactory)
             // 定义缓存管理器名称和配置，以便后续引用
             .withCacheConfiguration("redisCacheManager", config)
             .build();
       return cacheManager;
    }
}
```

这里的代码内容有点多，不过大部分的 Redis 组件我们之前已经讨论过了，这里只讨论代码中加粗的注解@EnableCaching 和 initRedisCacheManager 方法。注解@EnableCaching 表示将启动 Spring 缓存机制。initRedisCacheManager 方法则定义缓存管理器，这里首先获取默认的

RedisCacheConfiguration 对象，它是一个默认的配置，接着使用构建类 RedisCacheManagerBuilder 创建 RedisCacheManager 对象，这里设置的缓存管理器名称为“redisCacheManager”，后续可以通过引用这个名称来使用缓存管理器。

23.2.3 缓存注解简介

配置了缓存管理器之后，Spring 就允许用注解的方式使用缓存了，这里的注解有 4 个。XML 也可以使用缓存管理器，但是用得不多，所以这里就不再介绍了。先简单介绍缓存注解的作用，如表 23-1 所示。

表 23-1 缓存注解的作用

注 解	描 述
@Cacheable	表明在进入方法之前，Spring 会先去缓存服务器中查找对应 key 的缓存值，如果找到缓存值，那么 Spring 将不会再调用方法，而是将缓存值读出，返回给调用者；如果没有找到缓存值，那么 Spring 就会执行方法，将最后的结果通过 key 保存到缓存服务器中
@CachePut	Spring 会将该方法返回的值缓存到缓存服务器中，这里需要注意的是，Spring 不会事先去缓存服务器中查找，而是直接执行方法，然后缓存。换句话说，该方法始终会被 Spring 调用
@CacheEvict	移除缓存对应的 key 值
@Caching	这是一个分组注解，它能够同时应用于其他缓存的注解

注解@Cacheable 和@CachePut 都可以保存缓存键值对，只是它们的方式略有不同，请注意二者的区别，它们只能运用于有返回值的方法中，删除缓存 key 的@CacheEvict 则可以用在 void 的方法上，因为它并不需要保存任何值。

上述注解都能被标注到类或者方法上，如果被标注到类上，则对所有的方法都有效；如果被标注到方法上，则只对方法有效。在大部分情况下，它们会被标注到方法上。因为注解@Cacheable 和@CachePut 可以配置的属性接近，所以把它们归为一类介绍，而注解@Caching 因为不常用，所以就不介绍了。一般而言，对于查询，我们会考虑使用注解@Cacheable；对于插入和修改，我们会考虑使用注解@CachePut；对于删除，我们会考虑使用注解@CacheEvict。

23.2.4 注解@Cacheable 和@CachePut

因为@Cacheable 和@CachePut 两个注解的配置项比较接近，所以这里我们就将这两个注解的属性一起介绍了，如表 23-2 所示。

表 23-2 注解@Cacheable 和@CachePut 的配置属性

属 性	配置类型	描 述
value	String[]	使用缓存的名称
condition	String	Spring 表达式，如果表达式返回值为 false，则不会将缓存应用到方法上，如果返回值为 true 则会
key	String	Spring 表达式，可以通过它来计算对应缓存的 key
unless	String	Spring 表达式，如果表达式返回值为 true，则不会将方法的结果放到缓存上

因为 value 和 key 这两个属性使用得最多，所以先来讨论这两个属性。value 是一个数组，可以引用多个缓存管理器，比如代码清单 23-7 中定义的 RedisCacheManager，我们可以通过它

的名称“redisCacheManager”引用它。key 则是缓存中的键，它支持 Spring 表达式，通过 Spring 表达式可以自定义缓存的 key。为了自定义 key，这里先了解一些 Spring 表达式和缓存注解之间的约定，通过这些约定引用方法的参数和返回值的内容，使其能够注入 key 定义的 Spring 表达式的结果中，表达式值的引用如表 23-3 所示。

表 23-3　表达式值的引用

表 达 式	描　　述	备　　注
#root.args	定义传递给缓存方法的参数	不常用，不予讨论
#root.caches	该方法执行对应的缓存名称，是一个数组	同上
#root.target	执行缓存的目标对象	同上
#root.targetClass	目标对象的类，是#root.target.class 的缩写	同上
#root.method	缓存方法	同上
#root.methodName	缓存方法的名称，是#root.method.name 的缩写	同上
#result	方法返回结果值，还可以使用 Spring 表达式进一步读取其属性	请注意该表达式不能用于注解@Cacheable，因为该注解的方法可能不会被执行，这样返回值就无从谈起了
#Argument	任意方法的参数，可以通过方法本身的名称或者下标定义	比如 getRole(Long id)方法想读取 id 这个参数，可以写为#id、#a0 或者#p0，笔者建议写为#id，这样可读性高

这样就能方便使用对应的参数或者返回值作为缓存的 key 了。

到了这里，我们就可以编写 RoleService 接口的实现类——RoleServiceImpl 了，它有 3 种方法，使用这个缓存可以启动缓存管理器来保存数据，如代码清单 23-8 所示。

代码清单 23-8：RoleServiceImpl 类

```
package com.learn.ssm.chapter23.service.impl;

/**** imports ****/

@Service
public class RoleServiceImpl implements RoleService {

    // 角色 DAO，方便执行 SQL
    @Autowired
    private RoleDao roleDao = null;

    /**
     * 使用注解@Cacheable 定义缓存策略，如果缓存中有值，则返回缓存数据，
     * 否则访问方法得到数据，通过 value 引用缓存管理器，通过 key 定义键
     *
     * @param id 角色编号
     * @return 角色
     */
    @Override
    @Transactional(isolation = Isolation.READ_COMMITTED,
          propagation = Propagation.REQUIRED)
    @Cacheable(value = "redisCacheManager", key = "'redis_role_'+#id")
    public Role getRole(Long id) {
        return roleDao.getRole(id);
    }
```

```
    /**
     * 使用注解@CachePut 表示无论如何都会执行方法，最后将方法的返回值再保存到缓存中
     * 使用在插入数据的地方，表示在保存到数据库的同时，插入 Redis 缓存
     *
     * @param role 角色对象
     * @return 角色对象（会回填主键）
     */
    @Override
    @Transactional(isolation = Isolation.READ_COMMITTED,
            propagation = Propagation.REQUIRED)
    @CachePut(value = "redisCacheManager", key = "'redis_role_'+#result.id")
    public Role insertRole(Role role) {
        roleDao.insertRole(role);
        return role;
    }

    /**
     * 使用注解@CachePut，表示在更新数据库数据的同时更新缓存
     *
     * @param role 角色对象
     * @return 影响条数
     */
    @Override
    @Transactional(isolation = Isolation.READ_COMMITTED,
            propagation = Propagation.REQUIRED)
    @CachePut(value = "redisCacheManager", key = "'redis_role_'+#role.id")
    public Role updateRole(Role role) {
        roleDao.updateRole(role);
        return role;
    }

    @Override
    public int deleteRole(Long id) {
        return 0;
    }

    @Override
    public List<Role> findRoles(String roleName, String note) {
        return null;
    }

}
```

注意到代码中加粗的地方，分别是三个缓存注解，而 deleteRole 和 findRoles 方法目前还是空实现，在未来我们会讨论到它们。下面我们分别讨论这三个已经实现的方法。

- getRole 方法：因为它是一个查询方法，所以使用注解@Cacheable，这样在 Spring 的调用中，就会先查询 Redis，看看是否存在对应的值，那么采用什么 key 查询呢？这里由注解中的 key 属性定义，它配置的是'redis_role_'+#id，Spring EL 会计算返回一个 key。下面以参数 id 为 1L 为例讲解，此时 key 计算结果为“redis_role_1”，可以以它为 key 访问 Redis。如果 Redis 存在数据，那么就返回，不再执行 getRole 方法，否则就继续执行 getRole 方法，最后返回值，再以“redis_role_1”为 key 保存到 Redis 中，以后可以通过这个 key 去访问 Redis 的缓存。
- insertRole 方法：这里需要先执行方法，最后才能把返回的信息保存到 Redis 中，所以采用的是注解@CachePut。由于主键由数据库生成，所以无法从参数中读取，但是可以从结果中读取，#result.id 的写法就是获取方法返回的角色 id。而这个角色 id 是通过数据库

生成，然后由 MyBatis 回填得到的，这样就可以在 Redis 中新增一个 key，然后保存对应的对象了。

- updateRole 方法：采用注解@CachePut，由于对象有所更新，所以要在方法之后更新 Redis 的数据，以保证数据的一致性。直接读取参数的 id，表达式写为#role.id，可以引入角色参数的 id。在方法结束后，它会更新 Redis 对应的 key 的值。

为了更好地测试缓存注解的应用，我们可以在工程的 resources 目录下提供一个 log4j.properties 文件，这样可以有效打印日志，从而观察结果，其配置如下：

```
log4j.rootLogger=DEBUG , stdout
log4j.logger.org.springframework=DEBUG
log4j.appender.stdout=org.apache.log4j.ConsoleAppender
log4j.appender.stdout.layout=org.apache.log4j.PatternLayout
log4j.appender.stdout.layout.ConversionPattern=%5p %d %C: %m%n
```

通过代码清单 23-9 测试缓存注解。

代码清单 23-9：测试缓存注解

```
public static void testCache1() {
   // 使用注解方式创建 Spring IoC 容器
   ApplicationContext ctx = new AnnotationConfigApplicationContext(
         DataBaseConfig.class, RedisConfig.class);
   // 获取角色服务类
   RoleService roleService = ctx.getBean(RoleService.class);
   Role role = new Role();
   role.setRoleName("role_name_1");
   role.setNote("role_note_1");
   // 插入角色
   roleService.insertRole(role);
   // 获取角色
   Role getRole = roleService.getRole(role.getId());
   getRole.setNote("role_note_1_update");
   // 更新角色
   roleService.updateRole(getRole);
   System.out.println("id = " + getRole.getId());
}
```

这里将关于数据库和 Redis 的相关配置通过 AnnotationConfigApplicationContext 加载进来，这样就可以用 Spring 操作这些资源了。然后在方法中执行插入、获取和更新角色的方法，运行这段代码后可以得到如下日志：

```
......
org.mybatis.logging.Logger: Creating a new SqlSession
org.mybatis.logging.Logger: Registering transaction synchronization for SqlSession
[org.apache.ibatis.session.defaults.DefaultSqlSession@af3295f]
org.mybatis.logging.Logger: JDBC Connection [193020660,
URL=jdbc:mysql://localhost:3306/ssm, UserName=root@localhost, MySQL Connector Java]
will be managed by Spring
org.apache.ibatis.logging.jdbc.BaseJdbcLogger: ==>  Preparing: insert into t_role
(role_name, note) values(?, ?)
org.apache.ibatis.logging.jdbc.BaseJdbcLogger: ==> Parameters:
role_name_1(String), role_note_1(String)
org.apache.ibatis.logging.jdbc.BaseJdbcLogger: <==    Updates: 1
org.mybatis.logging.Logger: Releasing transactional SqlSession
[org.apache.ibatis.session.defaults.DefaultSqlSession@af3295f]
```

```
org.mybatis.logging.Logger: Transaction synchronization committing SqlSession
[org.apache.ibatis.session.defaults.DefaultSqlSession@af3295f]
org.mybatis.logging.Logger: Transaction synchronization deregistering SqlSession
[org.apache.ibatis.session.defaults.DefaultSqlSession@af3295f]
org.mybatis.logging.Logger: Transaction synchronization closing SqlSession
[org.apache.ibatis.session.defaults.DefaultSqlSession@af3295f]
org.mybatis.logging.Logger: Creating a new SqlSession
org.mybatis.logging.Logger: Registering transaction synchronization for SqlSession
[org.apache.ibatis.session.defaults.DefaultSqlSession@18ca9277]
org.mybatis.logging.Logger: JDBC Connection [768028708,
URL=jdbc:mysql://localhost:3306/ssm, UserName=root@localhost, MySQL Connector Java]
will be managed by Spring
org.apache.ibatis.logging.jdbc.BaseJdbcLogger: ==> Preparing: update t_role set
role_name = ?, note = ? where id = ?
org.apache.ibatis.logging.jdbc.BaseJdbcLogger: ==> Parameters:
role_name_1(String), role_note_1_update(String), 1(Long)
org.apache.ibatis.logging.jdbc.BaseJdbcLogger: <==   Updates: 1
org.mybatis.logging.Logger: Releasing transactional SqlSession
[org.apache.ibatis.session.defaults.DefaultSqlSession@18ca9277]
......
```

关于日志里的 SQL 语句，笔者进行了加粗。从日志中可以看到，因为先插入了一个角色对象，所以执行了 insert 语句，这样 Spring 就会将值保存到 Redis 中。执行 getRole 方法时，可以看到并没有执行 SQL 语句，因为在使用注解@Cacheable 后，它先在 Redis 上查找，找到数据就返回，所以不会执行 SQL 语句。对于 updateRole 方法，则先执行 SQL 语句，更新数据后，再执行 Redis 的命令，从而将 Redis 和数据库同步。

23.2.5 注解@CacheEvict

注解@CacheEvict 主要用于删除缓存对应的键值对，先来了解它们存在哪些属性，如表 23-4 所示。

表 23-4 注解@CacheEvict 的属性

属 性	类 型	描 述
value	String[]	要使用缓存的名称
key	String	指定 Spring 表达式返回缓存的 key
condition	String	指定 Spring 表达式，如果返回 true，则删除缓存，否则不执行
allEntries	boolean	如果为 true，则删除特定缓存的所有键值对，默认值为 false，请注意它将删除所有缓存服务器的缓存，所以这个属性需要慎用
beforeInvocation	boolean	指定在方法前后删除缓存，如果指定为 true，则在方法前删除缓存；如果为 false，则在方法调用后删除缓存，默认值为 false

value 和 key 与之前的注解@Cacheable 和@CachePut 是一致的，所以这里就不再讨论了。而属性 allEntries 要求删除缓存服务器中所有的缓存，这个时候指定的 key 将不会生效，所以这个属性要慎用。beforeInvocation 属性指定在方法前或者方法后删除缓存。beforeInvocation 的名字暴露了 Spring 的实现方式——反射方法，它是通过 AOP 实现的，数据库事务的方式也是如此。下面我们使用注解@CacheEvict 删除缓存，如代码清单 23-10 所示。

代码清单 23-10：使用注解@CacheEvict 删除缓存

```
/**
```

```
 * 使用注解@CacheEvict 删除缓存对应的 key
 * @param id 角色编号
 * @return  返回删除记录数
 */
@Override
@Transactional(isolation = Isolation.READ_COMMITTED,
      propagation = Propagation.REQUIRED)
@CacheEvict(value = "redisCacheManager", key = "'redis_role_'+#id")
public int deleteRole(Long id) {
   return roleDao.deleteRole(id);
}
```

这段代码需要注意的是，它是在方法执行完成后删除缓存的，也就是说，它还可以从方法内读取到缓存服务器中的数据。如果我们将注解@CacheEvict 的属性 beforeInvocation 声明为 true，则在方法前删除缓存数据，这样就不能在方法中读取缓存数据了，只是这个属性的默认值为 false，所以在默认的情况下只会在方法后删除缓存。

23.2.6　不适用缓存的方法

23.2.5 节使用注解操作 Redis 缓存，但是对类 RoleServiceImpl，还有一个方法没有实现，它就是 findRoles，先给出它的实现，如代码清单 23-11 所示。

代码清单 23-11：findRoles 方法

```
@Override
@Transactional(isolation = Isolation.READ_COMMITTED,
      propagation = Propagation.REQUIRED)
public List<Role> findRoles(String roleName, String note) {
   return roleDao.findRoles(roleName, note);
}
```

请注意，笔者并没有使用任何缓存注解标注在这个方法上。因为缺乏命中率，所以它并不具备使用缓存的前提。由于这里根据角色名称和备注查找角色信息，所以该方法的返回值具有不确定性，并且命中率低下，对于这样的场景，使用缓存并不能有效提高其性能，因此不再使用缓存。此外，如果返回的结果写的概率大于读的概率也没有必要使用缓存。最后，如果方法返回对象严重消耗内存，也需要考虑是否使用缓存。

23.2.7　自调用失效问题

看到自调用失效问题，读者是否想起了我们在数据库事务中谈到的自调用失败的问题呢？下面在 RoleService 上加入一个新的方法 insertRoles，然后在其实现类 RoleServiceImpl 实现它，如代码清单 23-12 所示。

代码清单 23-12：自调用失效问题

```
@Override
@Transactional(isolation = Isolation.READ_COMMITTED,
      propagation = Propagation.REQUIRED)
public int insertRoles(List<Role> roleList) {
   for (Role role : roleList) {
      // 同一类方法调用自己的方法，产生自调用失效问题
      this.insertRole(role);
   }
```

```
        return roleList.size();
    }
```

在 insertRoles 方法中调用了同一个类中带有注解@CachePut 的 insertRole 方法，然而悲剧发生了，当方法执行后，Spring 并没有把对应新增的角色保存到 Redis 中，也就是缓存注解失效了，为什么？

我们在数据库事务的章节中讨论过类似的问题，这是因为缓存注解也是基于 Spring AOP 实现的，而 Spring AOP 的基础是动态代理技术，也就是只有被代理对象调用，AOP 才有拦截的功能，才能执行缓存注解提供的功能。而这里的自调用是没有代理对象存在的，所以其注解功能也就失效了，这是一个很容易掉进去的陷阱，和数据库事务一样，在实际的工作中要注意避免这样的场景发生。

23.2.8 Redis 缓存管理器的配置——RedisCacheConfiguration

在代码清单 23-7 中，我们使用默认的配置来创建 RedisCacheConfiguration，那么就存在这样的一些问题，例如缓存管理器的 key 和 value 采用了什么序列化器？超时时间如何设置？我们不妨在 Redis 客户端去查看。下面在 Redis 客户端执行以下命令：

```
keys *
get redisCacheManager::redis_role_1
ttl redisCacheManager::redis_role_1
```

在上述的命令中，也许读者会存在疑问："redisCacheManager::redis_role_1" 这样的字符串是怎么来的？这里不妨看看笔者执行命令的过程，如图 23-4 所示。

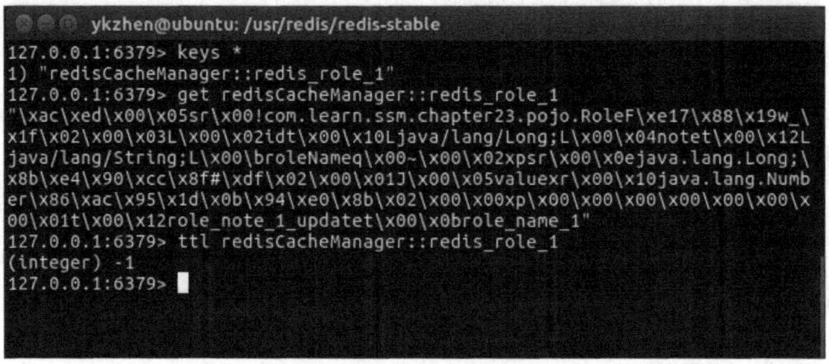

```
ykzhen@ubuntu: /usr/redis/redis-stable
127.0.0.1:6379> keys *
1) "redisCacheManager::redis_role_1"
127.0.0.1:6379> get redisCacheManager::redis_role_1
"\xac\xed\x00\x05sr\x00!com.learn.ssm.chapter23.pojo.RoleF\xe17\x88\x19w_\
x1f\x02\x00\x03L\x00\x02idt\x00\x10Ljava/lang/Long;L\x00\x04notet\x00\x12L
java/lang/String;L\x00\broleNameq\x00~\x00\x02xpsr\x00\x0ejava.lang.Long;\
x8b\xe4\x90\xcc\x8f#\xdf\x02\x00\x01J\x00\x05valuexr\x00\x10java.lang.Numb
er\x86\xac\x95\x1d\x0b\x94\xe0\x8b\x02\x00\x00xp\x00\x00\x00\x00\x00\x00\x
00\x01t\x00\x12role_note_1_updatet\x00\x0brole_name_1"
127.0.0.1:6379> ttl redisCacheManager::redis_role_1
(integer) -1
127.0.0.1:6379>
```

图 23-4　查看缓存数据

从图 23-4 中，大家可以看到"redisCacheManager::redis_role_1"是执行"keys"命令返回的结果，这个字符串是以"::"分隔的，前面的"redisCacheManager"是缓存管理器名称，后面的"redis_role_1"则是我们缓存注解定义的 key。从字面来看，key 采用的是字符串序列化器，而 value 采用的是 JDK 序列化器。通过"ttl"命令来看，没有设置超时时间。于是就产生了以下三个问题。

- 如何修改前缀。
- 如何自定义序列化器。
- 如何设置超时时间。

下面我们针对这三个问题进行讨论。在创建缓存管理器时，需要使用配置类

RedisCacheConfiguration，因为在代码清单 23-7 中我们使用的是默认的配置，所以才得到以上的结果。如果我们不采用默认的配置，则可以解决之前提出的三个问题，所以有必要对配置类 RedisCacheConfiguration 进行研究。为此我们不妨看看它的构造方法，如下：

```
/**
* RedisCacheConfiguration 构造方法
* @param ttl 超时时间
* @param cacheNullValues 是否存储空值
* @param usePrefix 是否使用前缀
* @param keyPrefix 前缀
* @param keySerializationPair key 序列化器
* @param valueSerializationPair value 序列化器
* @param conversionService 转换服务类
*/
private RedisCacheConfiguration(Duration ttl, Boolean cacheNullValues,
      Boolean usePrefix, CacheKeyPrefix keyPrefix,
      SerializationPair<String> keySerializationPair,
      SerializationPair<?> valueSerializationPair,
      ConversionService conversionService) {
   this.ttl = ttl;
   this.cacheNullValues = cacheNullValues;
   this.usePrefix = usePrefix;
   this.keyPrefix = keyPrefix;
   this.keySerializationPair = keySerializationPair;
   this.valueSerializationPair
        = (SerializationPair<Object>) valueSerializationPair;
   this.conversionService = conversionService;
}
```

请注意这个构造方法的参数，笔者已经用注释进行了说明，这些就是我们能够配置的内容。这里需要注意的是，构造方法使用的修饰关键字是 private，这意味着我们不能用 new 创建对象。为了方便用户使用，RedisCacheConfiguration 提供了一系列的静态（static）方法，让我们通过实例来了解它们的用法。使用代码清单 23-13 代替代码清单 23-7 中的 initRedisCacheManager 方法。

代码清单 23-13：配置 RedisCacheConfiguration 实例

```
@Bean(name = "redisCacheManager")
public CacheManager initRedisCacheManager(
      @Autowired RedisConnectionFactory redisConnectionFactory) {
   // 创建两个序列化器对
   SerializationPair<String> strSerializer
        = SerializationPair.fromSerializer(RedisSerializer.string());
   SerializationPair<Object> jdkSerializer
        = SerializationPair.fromSerializer(RedisSerializer.java());
   RedisCacheConfiguration config = RedisCacheConfiguration
         // 获取默认配置
         .defaultCacheConfig()
         // 设置超时时间
         .entryTtl(Duration.ofMinutes(30L))
         // 禁用前缀
         .disableKeyPrefix()
         // 自定义前缀
         // .prefixKeysWith("prefix")
         // 设置 key 序列化器
         .serializeKeysWith(strSerializer)
```

```
            // 设置 value 序列化器
            .serializeValuesWith(jdkSerializer)
            // 不缓冲空值
            .disableCachingNullValues();
        // 构建 Redis 缓存管理器
        RedisCacheManager cacheManager
            = RedisCacheManagerBuilder
                .fromConnectionFactory(redisConnectionFactory)
                // 定义缓存管理器名称和配置，方便后续引用
                .withCacheConfiguration("redisCacheManager", config)
                .build();
        return cacheManager;
    }
```

加粗的地方调用了很多方法，就是一条方法链，对于每个方法的作用笔者都加入了注释，请大家参考。运行代码清单 23-9，就可以在 Redis 客户端查看缓存数据了，如图 23-5 所示。

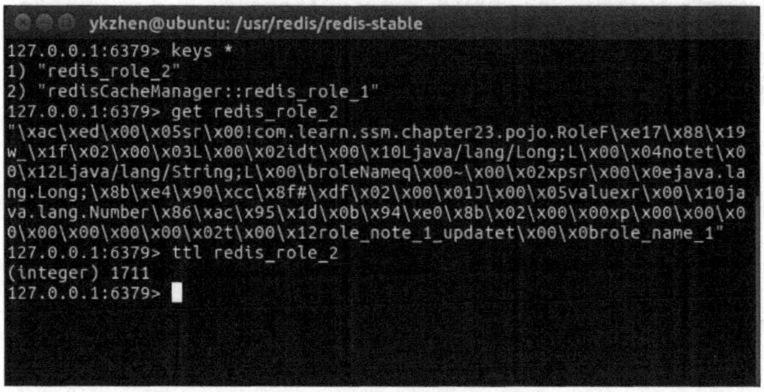

```
ykzhen@ubuntu: /usr/redis/redis-stable
127.0.0.1:6379> keys *
1) "redis_role_2"
2) "redisCacheManager::redis_role_1"
127.0.0.1:6379> get redis_role_2
"\xac\xed\x00\x05sr\x00!com.learn.ssm.chapter23.pojo.RoleF\xe17\x88\x19w_\x1f\x02\x00\x03L\x00\x02idt\x00\x10Ljava/lang/Long;L\x00\x04notet\x00\x12Ljava/lang/String;L\x00\broleNameq\x00~\x00\x02xpsr\x00\x0ejava.lang.Long;\x8b\xe4\x90\xcc\x8f#\xdf\x02\x00\x01J\x00\x05valuexr\x00\x10java.lang.Number\x86\xac\x95\x1d\x0b\x94\xe0\x8b\x02\x00\x00xp\x00\x00\x00\x00\x00\x00\x00\x02t\x00\x12role_note_1_updatet\x00\x0brole_name_1"
127.0.0.1:6379> ttl redis_role_2
(integer) 1711
127.0.0.1:6379>
```

图 23-5　查看缓存数据

从数据来看，key 的前缀已经没有了，因为我们将其禁止了，而超时时间也被设置好了。这样就可以解决本节提出的三个问题了。

23.3　RedisTemplate 的实例

在很多时候，我们需要使用一些更为高级的缓存服务器的 API，如 Redis 的流水线、事务和 Lua 语言等，也许会使用到 RedisTemplate。这里再多介绍几个实例帮助大家加深对 RedisTemplate 使用的理解。定义 RedisTemplateService 的接口，如代码清单 23-14 所示。

代码清单 23-14：配置 RedisCacheConfiguration 实例

```
package com.learn.ssm.chapter23.service;

public interface RedisTemplateService {
    /**
     * 执行多个命令
     */
    public void execMultiCommand();

    /**
     * 执行 Redis 事务
     */
    public void execTransaction();
```

```
    /**
     * 执行 Redis 流水线
     */
    public void execPipeline();
}
```

这样就可以提供一个实现类来展示如何使用这些方法了，如代码清单 23-15 所示。

代码清单 23-15：使用 RedisTemplate 实现 Redis 的各种操作

```
package com.learn.ssm.chapter23.service.impl;

/**** imports ****/

@Service
public class RedisTemplateServiceImpl implements RedisTemplateService {

    @Autowired
    private StringRedisTemplate redisTemplate = null;

    /**
     * 使用 SessionCallback 接口实现多个命令在一个 Redis 连接中执行
     */
    @Override
    public void execMultiCommand() {
        // 使用 Java 8 lambda 表达式
        SessionCallback session = ops -> {
            ops.boundValueOps("key1").set("abc");
            ops.boundHashOps("hash").put("hash-key-1", "hash-value-1");
            return ops.boundValueOps("key1").get();
        };

        String value = (String) redisTemplate.execute(session);
        System.out.println(value);
    }

    /**
     * 使用 SessionCallback 接口实现事务在一个 Redis 连接中执行
     */
    @Override
    public void execTransaction() {
        // 使用 Java 8 lambda 表达式
        SessionCallback session = ops -> {
            // 监控
            ops.watch("key1");
            // 开启事务
            ops.multi();
            // 注意，命令不会被马上执行，只会放到 Redis 的队列中，返回 null
            ops.boundValueOps("key1").set("abc");
            ops.boundHashOps("hash").put("hash-key-1", "hash-value-1");
            ops.opsForValue().get("key1");
            // 执行 exec 方法后会触发事务执行，返回结果，存放到 list 中
            List result = ops.exec();
            return result;
        };
        List list = (List) redisTemplate.execute(session);
        System.out.println(list);
    }
```

```
    /**
     * 执行流水线，将多个命令一次性发送给 Redis 服务器
     */
    @Override
    public void execPipeline() {
        // 使用匿名类实现
        SessionCallback session = new SessionCallback() {
            @Override
            public Object execute(RedisOperations ops)
                    throws DataAccessException {
                // 在流水线下，命令不会马上返回结果，结果是一次性被执行后返回的
                ops.opsForValue().set("key1", "value1");
                ops.opsForHash().put("hash", "key-hash-1", "value-hash-1");
                ops.opsForValue().get("key1");
                return null;
            };
        };
        List list = redisTemplate.executePipelined(session);
        System.out.println(list);
    }

}
```

执行多个命令会用到 SessionCallback 接口，这里可以使用 Java 8 的 Lambda 表达式或者 SessionCallback 接口的匿名类，也可以使用 RedisCallback 接口，但是它会涉及底层的 API，使用起来不够友好。

因此，在大多数情况下，笔者建议优先使用 SessionCallback 接口操作，它会提供高级 API，简化编程。RedisTemplate 每执行一个方法，就意味着从 Redis 连接池中获取一条连接，使用 SessionCallBack 接口后，就意味着所有的操作都来自同一条 Redis 连接，避免了命令在不同连接上执行。因为事务或者流水线执行命令都先缓存到一个队列里，所以在执行方法后并不会马上返回结果，结果是通过最后的一次性执行返回的，这点在使用的时候要注意。

在需要保证数据一致性的情况下，要使用事务。在需要执行多个命令时，可以使用流水线，它让命令缓存到一个队列，然后一次性发给 Redis 服务器执行，从而提高性能。

第 6 部分

Spring 微服务基础

第 24 章　Spring Boot 入门

第 25 章　Spring Boot 开发

第 26 章　Spring Boot 部署、测试和监控

第 27 章　Spring Cloud 微服务入门

第 24 章

Spring Boot 入门

本章目标

1．了解什么是 Spring Boot

2．掌握如何搭建 Spring Boot 开发环境

3．掌握如何开发 Spring Boot 项目

在上面的章节中，我们详细介绍了 Spring 的各种知识，我们也可以称上述章节对 Spring 的用法为“传统”用法，请注意“传统”这个词是相对于 Spring Boot 而言的。如果读者问笔者愿意使用传统的 Spring，还是 Spring Boot，那么笔者会告诉读者更愿意使用 Spring Boot。而事实上，Spring Boot 已经成为当前主流的 Spring 框架，因为它更为简单、方便和快速，也更加友好。本章将回答两个问题：一是什么是 Spring Boot，二是为什么要用 Spring Boot。

24.1　Spring Boot 的概念

这节主要介绍一些概念性的东西，可能比较抽象，也不易懂，不过不要紧，这里不需要弄清楚那些生涩的概念，只需要大致了解它们就好。后面会再通过实例让读者体验 Spring Boot 开发方式和传统方式的异同，到时候读者将对 Spring Boot 有新的认知。

24.1.1　什么是 Spring Boot?

Spring Boot 是由 Pivotal 团队提供的全新框架，它用来简化新 Spring 应用程序的搭建、开发、测试和部署过程。该框架使用了特定的方式进行配置，从而使开发人员不再需要定义样板化的配置。Spring Boot 致力于在蓬勃发展的快速应用开发领域(Rapid Application Development)成为领导者。请注意，Spring Boot 不是为了取代 Spring 应用程序，而是通过约定配置的方式，使得我们更好和更快地开发、测试和部署 Spring 应用程序。

Spring Boot 具有以下特点。

1. 能够创建独立的 Spring 应用程序。

2. 内嵌 Tomcat、Jetty 或 Undertow（不需要部署 WAR 文件）。

3. 提供自定义的启动器（starter），通过它依赖一些常用的包，简化我们的配置，可以使用 Maven 或者 Gradle。

4. 尽可能自动配置 Spring 应用程序和第三方库。

5. 提供生产就绪功能，如度量、运行状况检查和外部化配置。

6. 完全没有代码生成，也不需要 XML 配置。

第 1 个特点告诉大家，Spring Boot 的最大特点，就是为了创建 Spring 应用程序而存在。第 2 个特点告诉大家，读者可以使用内嵌的 Tomcat、Jetty 等服务器，不再需要使用 WAR 文件，这样更方便我们部署和运行，工作量将大大减少。第 3 个特点将提供启动器（starter）的方式进行依赖，它可以简化很多依赖配置，比如可以通过 spring-boot-starter-web 包依赖上 Spring 基础包、Spring MVC 包和常用的包，比如 JSON 依赖，可以减少大量的配置。第 4 个特点告诉我们，Spring Boot 会尽量配置好 Spring 应用程序，采用默认的配置也可以直接开发项目，而我们可以使用配置文件的方式进行自定义，减少代码的开发。第 5 个特点说明 Spring Boot 还提供了部署、度量和检查运行情况的功能，使得我们能监控自己开发的应用的情况。第 6 个特点说明 Spring Boot 只需要使用 Java 代码，并且坚持以注解为主的开发方式。

24.1.2 为什么要使用 Spring Boot?

在上述传统 Spring 应用程序中，我们需要大量地配置 Bean，无论是通过 XML 还是注解都是如此，所以业界对 Spring 框架有一个很不好听的称呼，那就是“配置地狱”。而 Spring Boot 终结了这段历史，正因如此，Spring Boot 已经成为使用 Spring 应用程序的主要方式。

从开发的角度看，如果我们需要使用一个功能，那么几乎需要从头配置到尾，显然这样很不适合快速开发。而 Spring Boot 终结了这种情况，Spring Boot 的出现使得我们可以快速开发 Spring 应用程序，减少很多没有必要的创建 Bean 的过程。从部署来说，Spring Boot 可以内嵌服务器，从而更快地测试和部署。从测试的角度看，Spring Boot 良好的封装使得测试人员可以更加便利和快速地测试。从运维的角度看，Spring Boot 提供了度量，使得运维可以随时监控应用的运行情况。

正因为这些优点，Spring Boot 已经成为使用 Spring 框架的主要方式，未来越来越多的项目将以 Spring Boot 的形式开发。当前 Spring Boot 的更新十分快速，同时保持了很高的热度。随着微服务架构的兴起，Pivotal 团队选择了当前流行的微服务（分布式）组件，并且将它们用 Spring Boot 的形式进行了封装，从而形成了 Spring Cloud 的各种组件，通过这些组件就能够快速、简单和有效地开发微服务，构建大型网站。

24.1.3 为什么需要学习传统 Spring 应用程序?

很多读者经常抱怨，为什么要学习传统的 Spring 应用程序，直接学习 Spring Boot 不可以吗？笔者认为，学好传统 Spring 应用程序是用好 Spring Boot 的基础。正如之前谈到的，Spring Boot 只是最大程度方便我们进行配置，即使这样，我们仍需要进行自定义，以适应项目的需求。同时，如果我们不了解 Spring 应用程序的原理，那么我们也将无法了解 Spring Boot 的原理，一旦出现问题，也将难以定位和解决问题。因此学习传统 Spring 应用程序不但有利于 Spring Boot 的学习，也有利于更好地解决实际遇到的问题。

24.2 搭建 Spring Boot 开发环境

为了更好地使用 Spring Boot，我们介绍两种 IDE。一种是 Eclipse 的 STS 插件，另外一种是 IntelliJ IDEA。从本章起，笔者会以 IntelliJ IDEA 作为开发的主要 IDE。

24.2.1 使用 Eclipse 开发 Spring Boot 项目

使用 Eclipse 开发 Spring Boot 项目，可以使用 STS 插件，安装 STS 插件的方法如下。打开“Help”菜单，单击“Eclipse Marketplace”选项，可以看到一个对话框，在搜索框内输入“STS”，如图 24-1 所示。

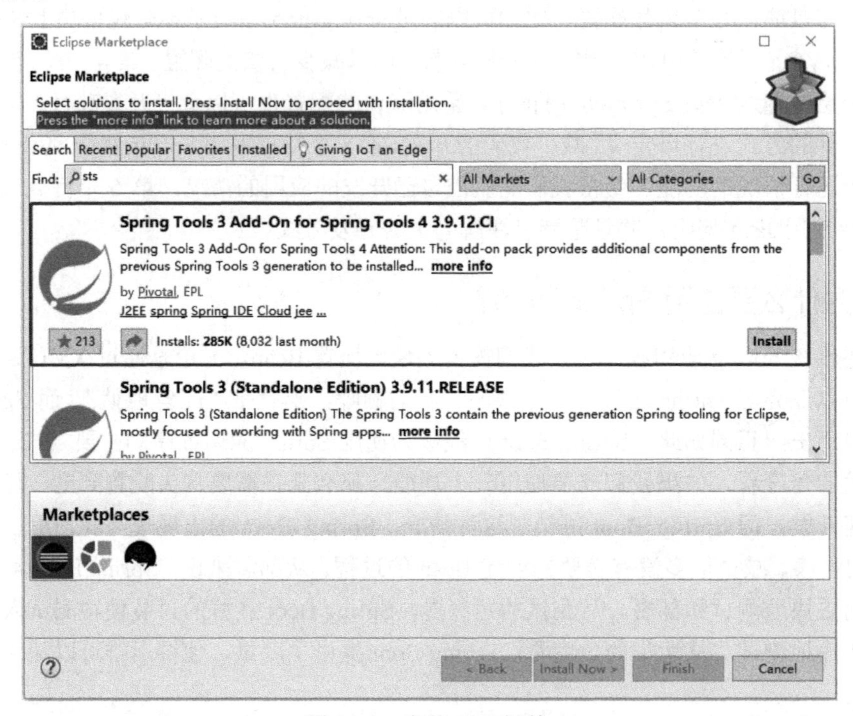

图 24-1　安装 STS 插件

单击对应的版本进行安装，安装后重启 Eclipse。接着单击“New Project”菜单，在弹出的对话框中选择“Spring Stater Project”，如图 24-2 所示。

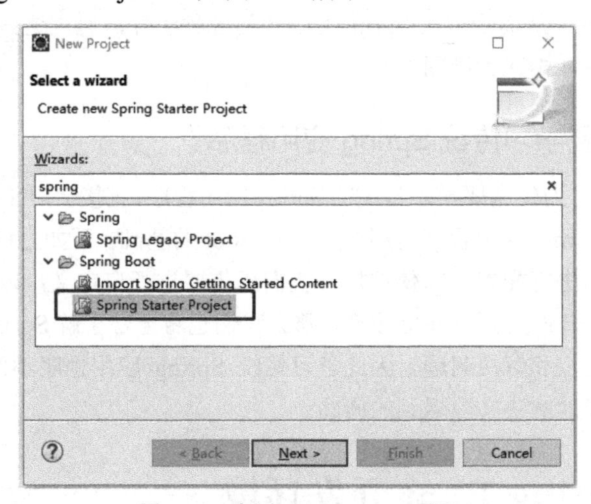

图 24-2　创建 Spring Boot 项目

单击“Next”按钮，可以看到图 24-3 所示的对话框。

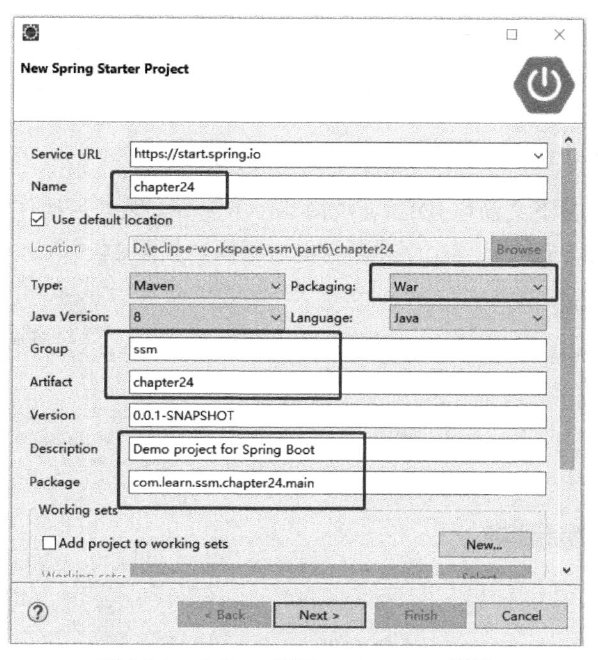

图 24-3　Eclipse 配置 Spring Boot 项目

图 24-3 中加框的地方是笔者根据需要修改过的地方，单击“Next”按钮，可以看到图 24-4 所示的对话框。

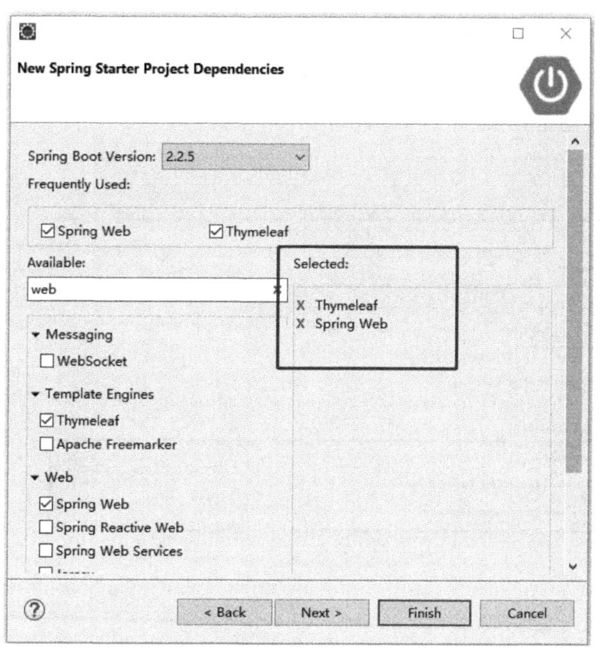

图 24-4　选择依赖

这个对话框是让我们选择依赖的具体启动器（Starter）的，这里选择了 Thymeleaf 和 Spring Web，其中，Thymeleaf 是一种视图模板技术，是 Spring Boot 官方推荐使用的，目前还不是市场的主流技术，所以本书对它的介绍也是点到为止；而 Spring Web 支持 Spring MVC 的开发，它不但会依赖 Spring 基础包、Spring MVC 和其常用的包，还会在依赖上内嵌 Tomcat，所以我们只要直接运行 Java 程序就能启动 Web 了。最后单击“创建项目”，Eclipse 就创建好了。

24.2.2 使用 IntelliJ IDEA 开发 Spring Boot 项目

使用 IntelliJ IDEA（下文简称 IDEA）很简单，不需要安装任何插件。首先，在“File”菜单下单击“New Project”选项，弹出新建项目的对话框，如图 24-5 所示.

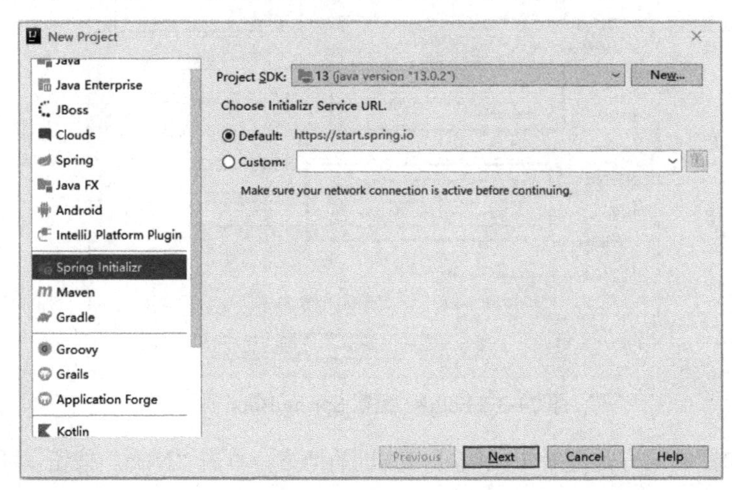

图 24-5 使用 IDEA 创建 Spring Boot 项目

接着单击“Spring Initializr”选项，可以看到右边的对话框，在大部分情况下，我们只需要选中默认（Default）的 URL，即 https://start.spring.io 创建 Spring Boot 项目。然后单击“Next”按钮，弹出项目信息对话框，如图 24-6 所示。

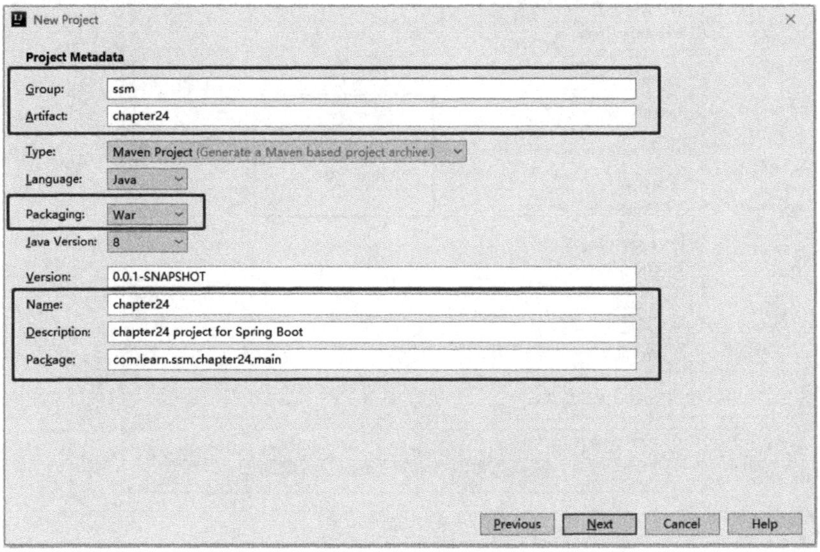

图 24-6 使用 IDEA 配置 Spring Boot 项目

图 24-6 中加框的地方是笔者根据自己的需要进行的修改，其他的都没有变化。接下来单击“Next”按钮，弹出选择依赖的对话框，如图 24-7 所示。

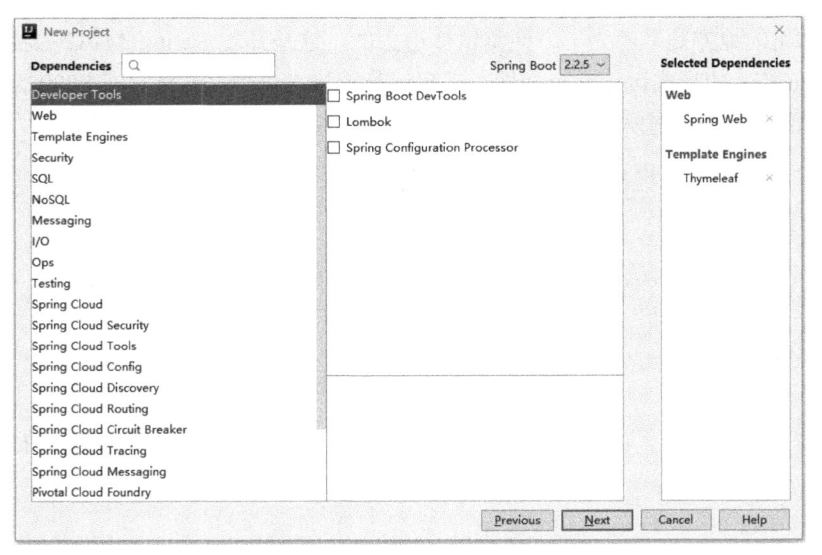

图 24-7　引入对应的 Starter

在最右边的选中依赖里出现了已经选择的“Web”和“Thymeleaf”，最后单击“Next”按钮，就可以选择对应的项目路径创建项目了。

24.2.3　运行 Spring Boot 项目

前面已经创建了 Spring Boot 项目，接着就要考虑运行它了。为了方便测试，我们修改项目的入口文件 Chapter24Application.java（这个 IDE 文件是自动创建的）的内容，如代码清单 24-1 所示。

代码清单 24-1：修改运行文件

```
package com.learn.ssm.chapter24.main;

/**** imports ****/

// 标注为 Spring Boot 应用程序
@SpringBootApplication
// REST 风格控制器
@RestController
public class Chapter24Application {

    // 简单测试
    @GetMapping("/test")
    public Map<String, String> test() {
        Map<String, String> map = new HashMap<>();
        map.put("success", "true");
        map.put("message", "我的第一个 Spring Boot 程序");
        return map;
    }

    public static void main(String[] args) {
        SpringApplication.run(Chapter24Application.class, args);
    }

}
```

代码中加粗的地方是笔者为了方便测试加进去的，这是开发 Spring MVC 的控制器。我们以 Java Application 的形式运行这个文件，观察运行的日志，可以看到它在 8080 端口运行起来了。然后我们在浏览器中输入网址 http://localhost:8080/test，结果如图 24-8 所示。

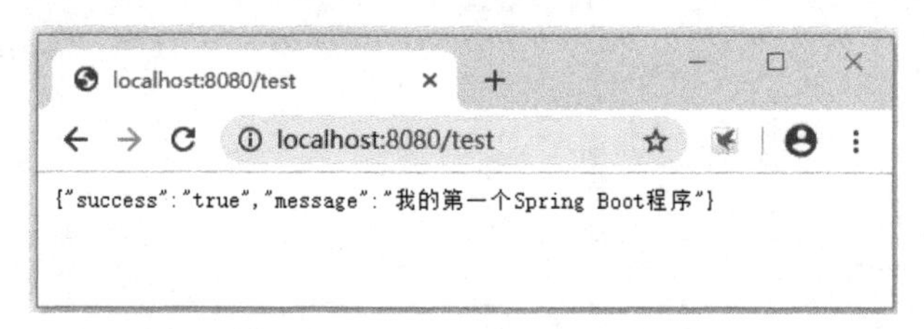

图 24-8　测试 Spring Boot 项目

从图 24-7 中可以看出，项目已经运行成功了，从开发的代码来看，这比传统的 Spring 开发要快捷得多，也方便得多。

24.3　认识 Spring Boot 项目和开发

上述代码非常简练，完全没有传统 Spring 开发方式的烦琐。但是我们也必须要问两个问题：一是 Spring Boot 项目是如何运行的；二是如何根据需求做自定义的开发。下面我们简单地讨论这两个问题。

24.3.1　Spring Boot 项目是如何运行的

pom.xml 文件如代码清单 24-2 所示。

代码清单 24-2：pom.xml

```
<?xml version="1.0" encoding="UTF-8"?>
<project xmlns="http://maven.apache.org/POM/4.0.0"
xmlns:xsi="http://www.w3.org/2001/XMLSchema-instance"
       xsi:schemaLocation="http://maven.apache.org/POM/4.0.0
https://maven.apache.org/xsd/maven-4.0.0.xsd">
   <modelVersion>4.0.0</modelVersion>
   <parent>
      <groupId>org.springframework.boot</groupId>
      <artifactId>spring-boot-starter-parent</artifactId>
      <version>2.2.6.RELEASE</version>
      <relativePath/> <!-- lookup parent from repository -->
   </parent>
   <groupId>ssm</groupId>
   <artifactId>chapter24</artifactId>
   <version>0.0.1-SNAPSHOT</version>
   <packaging>war</packaging>
   <name>chapter24</name>
   <description>chapter24 project for Spring Boot</description>

   <properties>
      <java.version>1.8</java.version>
   </properties>

   <dependencies>
      <!-- 依赖 Thymeleaf 模板 -->
      <dependency>
         <groupId>org.springframework.boot</groupId>
```

```
            <artifactId>spring-boot-starter-thymeleaf</artifactId>
        </dependency>
        <!-- 依赖 Spring Web Starter 模板 -->
        <dependency>
            <groupId>org.springframework.boot</groupId>
            <artifactId>spring-boot-starter-web</artifactId>
        </dependency>

        <!--- 依赖内嵌 Tomcat -->
        <dependency>
            <groupId>org.springframework.boot</groupId>
            <artifactId>spring-boot-starter-tomcat</artifactId>
            <scope>provided</scope>
        </dependency>

        <!--- 依赖测试包 -->
        <dependency>
            <groupId>org.springframework.boot</groupId>
            <artifactId>spring-boot-starter-test</artifactId>
            <scope>test</scope>
            <exclusions>
                <exclusion>
                    <groupId>org.junit.vintage</groupId>
                    <artifactId>junit-vintage-engine</artifactId>
                </exclusion>
            </exclusions>
        </dependency>
    </dependencies>
    <!-- Spring Boot 插件 -->
    <build>
        <plugins>
            <plugin>
                <groupId>org.springframework.boot</groupId>
                <artifactId>spring-boot-maven-plugin</artifactId>
            </plugin>
        </plugins>
    </build>

</project>
```

<dependencies>元素代表引入依赖，从代码来看，它并没有引入太多依赖，因为每个 Spring Boot 的启动器（starter）都会引入其必须和常用的包，所以就不再需要一个个引入了。这里还可以看到对 spring-boot-starter-tomcat 的依赖，也就是内嵌的 Tomcat 服务器，有了它，不需要额外部署 Tomcat 就可以运行 Spring Boot 项目。严格来说，即使这里笔者删除对 spring-boot-starter-tomcat 的引入，也可以运行项目，这是因为 spring-boot-starter-web 包也会依赖它。这样就解决了服务器和部署的问题。那么这个内嵌的 Tomcat 又是如何识别我们的 Spring Boot 项目的呢？

这里看到另一个 IDE 生成的类——ServletInitializer，从名称看它是用于初始化 Servlet 运行环境的。我们先看它的源码，以便于解释后续的内容，如代码清单 24-3 所示。

代码清单 24-3：ServletInitializer.java

```
package com.learn.ssm.chapter24.main;

/**** imports ****/
```

```
public class ServletInitializer extends SpringBootServletInitializer {

   @Override
   protected SpringApplicationBuilder configure(
         SpringApplicationBuilder application) {
      return application.sources(Chapter24Application.class);
   }

}
```

显然，它继承了 SpringBootServletInitializer，我们再看相关的继承关系，如图 24-9 所示。

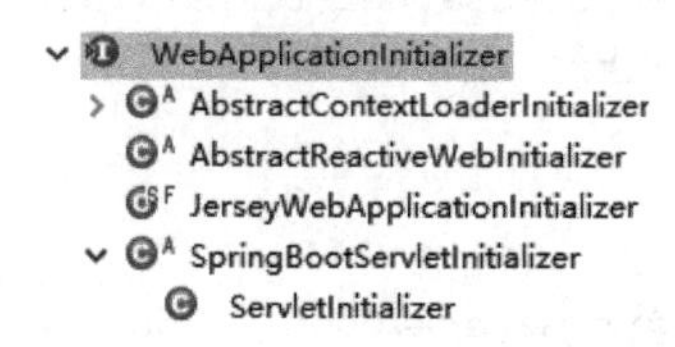

图 24-9　ServletInitializer 的继承关系

从继承图来看，SpringBootServletInitializer 实现了 WebApplicationInitializer 接口。在 15.2.3 节中，我们知道只要实现了 WebApplicationInitializer 接口，这个类就会被 Spring MVC 提供的 SpringServletContainerInitializer 加载，用于生成 Spring IoC 容器。而对于 SpringServletContainerInitializer 来说，它实现了 Servlet 3.0 规范的 ServletContainerInitializer 接口，这样在内嵌的 Tomcat 容器中就会被发现并且自动运行了，进而可以运行 SpringBootServletInitializer。通过这样的关系，内嵌的 Tomcat 就可以将 Spring Boot 的 Spring IoC 容器创建出来，从而将项目运行起来。

24.3.2　在 Spring Boot 项目中如何进行自定义开发

为了方便后续的阐述，我们先来了解 IDE 生成的 Spring Boot 项目的目录和文件，如图 24-10 所示。

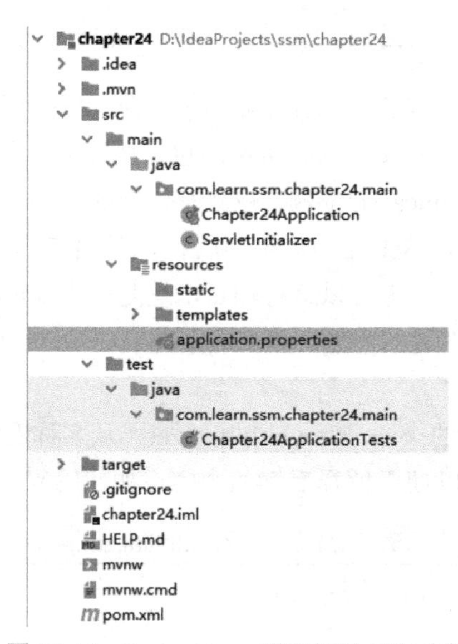

图 24-10　Spring Boot 项目的目录和文件

下面通过表 24-1 对项目的目录和文件进行说明。

表 24-1 Spring Boot 项目的目录和文件说明

文件/目录	说 明	备 注
Chapter24Application.java	IDE 生成的主类（含有 main 方法），它是运行 Spring Boot 项目的入口	以 Java Application 方式运行
ServletInitializer.java	Servlet 初始化器，通过它来加载 Spring Boot 的 IoC 容器	将项目打包成的 war 包放到外部服务器时，通过它初始化项目的 Spring IoC 容器
static 目录	静态资源目录	如果是 Web 项目，那么可以放置 HTML、JavaScript 和 CSS 等静态文件
templates 目录	Spring Boot 默认配置的动态模板路径	默认使用 Thymeleaf 模板作为动态页面
application.properties	Spring Boot 配置文件	一个常用且重要的配置文件，只是在微服务（分布式）开发中常常使用 application.yml 代替它，本书也是
Chapter24ApplicationTests.java	Spring Boot 测试类	可用于测试 Spring Boot 项目的内容
pom.xml	Maven 配置文件	

这里可以看到一个文件 application.properties，在微服务开发中更常用的是 YAML 文件，所以我们将其名称修改为 application.yml，本书后面的例子也是如此。通过它可以修改一些重要的配置，比如端口和拦截路径，于是我们可以这样修改它，如代码清单 24-4 所示。

代码清单 24-4：application.yml 配置文件

```
server:
  servlet:
    # 修改项目基础路径
    context-path: /chapter24
  # 修改 Tomcat 启动端口
  port: 8001
```

这里的配置是将项目的基础路径修改为“/chapter24”，同时修改 Tomcat 启动端口为 8001，然后我们重启项目，在浏览器中输入 http://localhost:8001/chapter24/test，于是可以看到图 24-11 所示的结果。

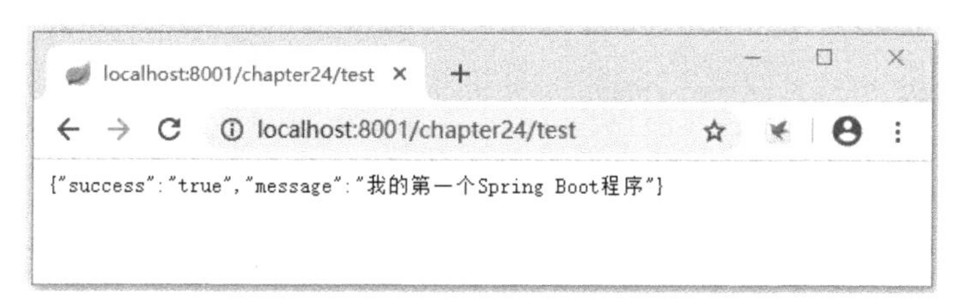

图 24-11 测试配置文件是否生效

经过测试，请求路径多了“/chapter24”，而服务器的端口是使用 8001 进行连接的。这就是 Spring Boot 的一种特殊的开发方式，使用配置文件来创建用户的所需，在未来，使用数据库、Redis 和 MyBatis 等都可以只通过配置就创建很多 Spring 所需要的 Bean。而事实上，在大部分情况下，Spring Boot 都会为用户自动创建很多 Bean，比如这里的端口是 8080，项目基础路径为“/”，都是它的默认值，我们只需要通过配置文件修改它们即可。

配置文件的配置项都是由 Spring Boot 的 starter 提供的，它采用的核心思想是“约定优于配置”，在默认的情况下，我们可以直接启动项目，在需要改变的时候，可以根据配置项进行修改，这就是Spring Boot的开发方式。如果需要修改，那么读者就必须理解Spring的原理和Spring Boot给我们的约定。

在引入依赖的时候，我们除了引入 spring-boot-starter-web，还引入了 spring-boot-starter-thymeleaf，这是因为我们即将使用视图模板 Thymeleaf，这也是 Spring Boot 官方推荐的，但目前它还不是主流技术。为了进行测试，我们先开发一个 HTML 文件——hello.html，并将其放在/resources/templates 目录下，其内容如代码清单 24-5 所示。

代码清单 24-5：Thymeleaf 模板 hello.html

```
<!DOCTYPE html>
<html xmlns:th="http://www.thymeleaf.org">
<head>
   <meta http-equiv="Content-Type" content="text/html; charset=UTF-8"/>
   <title>Thymeleaf 模板</title>
</head>
<body>
<!-- 使用标签读取数据模型 -->
<p th:text="${name} + ',hello world!! '"></p>
</body>
</html>
```

注意到加粗的地方，这是一个 Spring 表达式，其中“${name}”的意思为从数据模型中读取以“name”为名的属性。为了打开这个页面，我们开发一个控制器，如代码清单 24-6 所示。

如代码清单 24-6：开发控制器——HelloController

```
package com.learn.ssm.chapter24.controller;
/**** imports ****/
// REST 风格控制器
@RestController
public class HelloController {

   /**
    * 控制器方法
    * @param name 姓名
    * @return 视图和模型，视图名称指向 Thymeleaf 模板
    */
   @GetMapping("/hello/{name}")
   public ModelAndView sayHello(@PathVariable("name") String name) {
      ModelAndView mav = new ModelAndView("hello");
      mav.addObject("name", name);
      return mav;
   }
}
```

代码中返回一个名为“hello”的视图，并且绑定了对应的数据模型，视图名称会去映射Thymeleaf模板，这是 Spring Boot 的默认配置，它对应的是在/resources/templates 目录下的 HTML 文件，只要名称为“hello”，就可以找到代码清单 24-5 开发的 HTML 文件了。

但是请注意，Spring Boot 的入口文件 Chapter24Application 和我们开发的 HelloController 并不在同一个包下，这就意味着我们需要进行配置才可以扫描。当然，按照传统的 Spring 方法使

用@ComponentScan 也是可行的。而笔者认为更好的方法是使用注解@SpringBootApplication 的 scanBasePackages 配置项，如代码清单 24-7 所示。

代码清单 24-7：配置扫描控制器

```
package com.learn.ssm.chapter24.main;

/**** imports ****/

// 标注为 Spring Boot 应用程序
@SpringBootApplication(scanBasePackages = "com.learn.ssm.chapter24")
// REST 风格控制器
@RestController
public class Chapter24Application {

    ......

}
```

@SpringBootApplication 是一个 Spring Boot 的注解，它表示的是 Spring Boot 应用程序的入口。通过这样的配置，就可以让 IoC 容器装配我们开发的控制器了。接着运行它，在浏览器中输入 http://localhost:8001/chapter24/hello/zhangsan，可以看到图 24-12 所示的结果。

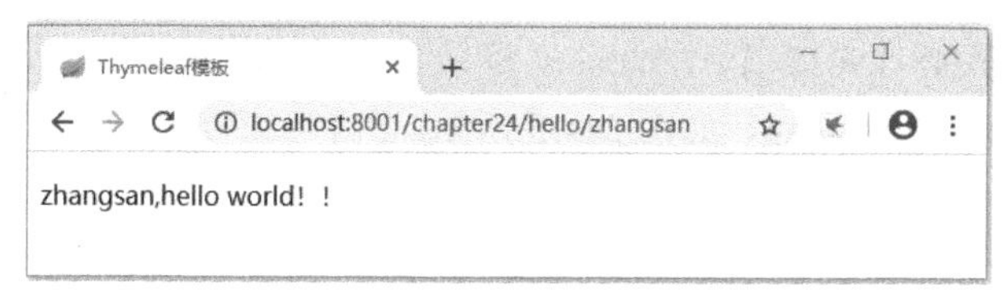

图 24-12　测试 Thymeleaf 模板

显然测试成功了，这样我们就认识了 Spring Boot 项目的开发模式。

24.3.3　使用 JSP 视图

前面讲述的是使用 Thymeleaf 模板，但是有时候我们并不想使用它，而是使用传统的 JSP。这时需要先注释掉 spring-boot-starter-thymeleaf 的引入，然后引入 JSP 方面的依赖，如下：

```
<!-- 依赖 Thymeleaf 模板 -->
<!--
<dependency>
    <groupId>org.springframework.boot</groupId>
    <artifactId>spring-boot-starter-thymeleaf</artifactId>
</dependency>
-->

......

<!-- Tomcat 对 JSP 的依赖 -->
<dependency>
    <groupId>org.apache.tomcat.embed</groupId>
    <artifactId>tomcat-embed-jasper</artifactId>
</dependency>
<!-- Servlet 环境支持 -->
<dependency>
    <groupId>javax.servlet</groupId>
```

```
    <artifactId>javax.servlet-api</artifactId>
    <scope>provided</scope>
</dependency>
```

这里需要注意的是，spring-boot-starter-tomcat 只是内嵌 Tomcat 容器，不包含对 JSP 解析的支持，所以我们还是把 tomcat-embed-jasper 和 javax.servlet-api 引入项目。然后编写自己的控制器，如代码清单 24-8 所示。

代码清单 24-8：编写控制器

```
package com.learn.ssm.chapter24.controller;
/**** imports ****/
@Controller
@RequestMapping("/jsp")
public class JspPageController {

    @GetMapping("/welcome/{name}")
    public ModelAndView welcome(@PathVariable("name") String name) {
        ModelAndView mav = new ModelAndView("index");
        mav.addObject("name", name);
        return mav;
    }
}
```

为了存放 JSP，我们首先在项目的 main 目录下创建 wcbapp 目录，接着创建其子目录 /WEB-INF/jsp，然后创建 index.jsp，如图 24-13 所示。

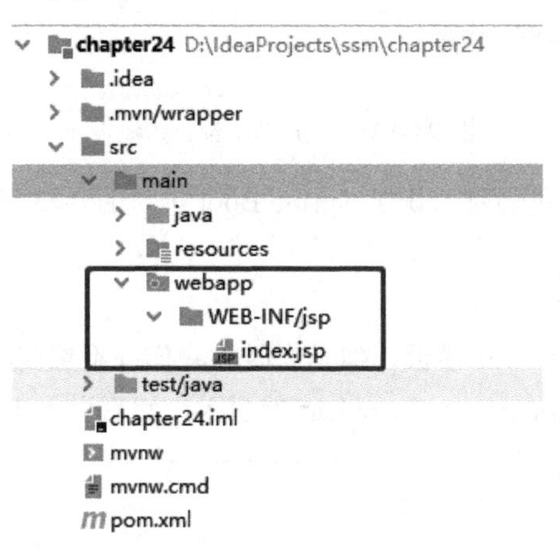

图 24-13 创建存放 JSP 的目录

最后编写 index.jsp 的内容，如代码清单 24-9 所示。

代码清单 24-9：index.jsp

```
<%@page contentType="text/html" pageEncoding="UTF-8"%>
<!DOCTYPE HTML PUBLIC "-//W3C//DTD HTML 4.01 Transitional//EN"
    "http://www.w3.org/TR/html4/loose.dtd">
<html>
    <head>
        <meta http-equiv="Content-Type" content="text/html; charset=UTF-8">
        <title>在 Spring Boot 中使用 JSP</title>
    </head>
    <body>
        <h1><%=request.getAttribute("name")%>, 欢迎来到 Spring Boot 的世界</h1>
```

```
  </body>
</html>
```

有了控制器和视图页面，下一步就要考虑配置视图解析器了，在 Spring 传统开发中，我们需要自己开发创建视图解析器，但是在 Spring Boot 中，我们仅仅进行配置即可，无须自己编写代码。下面我们在 application.yml 文件中，加入代码清单 24-10。

代码清单 24-10：在 Spring Boot 中配置视图

```
spring:
 mvc:
   # 配置视图
   view:
     # 视图解析器前缀
     prefix: /WEB-INF/jsp/
     # 视图解析器后缀
     suffix: .jsp
```

从内容中就可以知道这是配置 Spring MVC 视图解析器的前缀和后缀，这样就配置好了视图解析器。

重新启动项目，在浏览器中输入网址 http://localhost:8001/chapter24/jsp/welcome/zhangsan，可以看到图 24-14 所示的结果。

图 24-14　在 Spring Boot 下使用 JSP 视图

显然测试成功了，通过这样我们就可以在 Spring Boot 中使用 JSP 视图了。

通过上面的学习，我们可以清楚地看到 Spring Boot 的特点。内嵌的服务器、简易的依赖和快速的开发，都是它的特点。在当前流行的 Java 微服务架构中，Spring Boot 是基石，Pivotal 团队基于 Spring Boot 的形式封装了许多微服务的组件，使得我们可以轻易地构建微服务架构。

第 25 章

Spring Boot 开发

本章目标

1. 掌握在 Spring Boot 中如何使用数据库及其事务
2. 掌握在 Spring Boot 中如何使用 Spring MVC
3. 掌握在 Spring Boot 中如何使用 Redis

上一章讨论了 Spring Boot 的基本知识和特点。为了更好地使用 Spring Boot，本章会讨论如何通过 Spring Boot 整合数据库（MyBatis）、Spring MVC 和 Redis。关于它们的使用之前的章节已经有了比较详细的介绍，所以本章主要讲解如何使用 Spring Boot 快速搭建环境进行开发，不再对细节做更多的介绍。

25.1 使用 Spring Boot 开发数据库

使用数据库首先要配置好数据源，所以我们以配置数据源作为本章的开始。

25.1.1 配置数据源

使用数据库编程首先需要引入对应的 Maven 依赖，如代码清单 25-1 所示。

代码清单 25-1：引入关于数据库的依赖

```
<!-- Spring Web MVC包-->
<dependency>
   <groupId>org.springframework.boot</groupId>
   <artifactId>spring-boot-starter-web</artifactId>
</dependency>
<!-- JDBC包-->
<dependency>
   <groupId>org.springframework.boot</groupId>
   <artifactId>spring-boot-starter-jdbc</artifactId>
</dependency>

<!-- 引入内存数据库 H2 -->
<dependency>
   <groupId>com.h2database</groupId>
   <artifactId>h2</artifactId>
   <scope>runtime</scope>
</dependency>
```

这里除了引入 Spring MVC，还引入了 spring-boot-starter-jdbc，它主要支持数据库的开发，此外还会引入 H2 内存数据库。如果引入了 spring-boot-starter-jdbc，而没有对应的可用数据源，那么当运行 Spring Boot 时会出现异常，这是因为 spring-boot-starter-jdbc 内部会自动配置一个数据源（DataSource），如果不能连接就会引发异常。用户可以取消 Spring Boot 默认数据源的创建，如代码清单 25-2 所示。

代码清单 25-2：取消 Spring Boot 默认数据源

```
package com.learn.ssm.chapter25.main;

/**** imports ****/
@SpringBootApplication(exclude = DataSourceAutoConfiguration.class)
public class Chapter25Application {

   public static void main(String[] args) {
      SpringApplication.run(Chapter25Application.class, args);
   }

}
```

注意加粗的代码，这里的 exclude 不再使用 DataSourceAutoConfiguration 作为配置类，运行时就不再发生异常。这其实也说明了 Spring Boot 的配置理念，使用配置类来生成对应的 Bean，而 Bean 的属性可以通过配置文件自定义。

但是在更多的时候，我们喜欢使用自定义的数据库类型和连接，比如 MySQL 和 Oracle 等，这时需要怎么办呢？下面我们以 MySQL 为例，引入 MySQL 的依赖，并注释掉对 H2 数据库的依赖，如代码清单 25-3 所示。

代码清单 25-3：引入 MySQL 的依赖

```
<!-- 引入内存数据库 H2 -->
<!--
<dependency>
   <groupId>com.h2database</groupId>
   <artifactId>h2</artifactId>
   <scope>runtime</scope>
</dependency>
-->
<!-- MySQL 驱动包 -->
<dependency>
   <groupId>mysql</groupId>
   <artifactId>mysql-connector-java</artifactId>
   <version>5.1.48</version>
</dependency>
```

在引入 MySQL 的驱动后，就可以进行配置了，我们继续使用 application.yml 文件，将其修改为如代码清单 25-4 所示。

代码清单 25-4：配置数据源

```
# 配置数据源
spring:
  datasource:
    # 驱动类
    driver-class-name: com.mysql.jdbc.Driver
    # 数据库连接
    url: jdbc:mysql://localhost:3306/ssm?characterEncoding=utf8&useSSL=false
```

```
    # 用户名
    username: root
    # 密码
    password: a123456

server:
  servlet:
    # 基础路径
    context-path: /chapter25
  # 启动端口
  port: 8001
```

这样就配置好了数据源，这个过程并不需要我们编写任何代码，只需要配置就可以了。这里的配置最终会被读取到 DataSourceAutoConfiguration 中，然后再去创建数据源，我们不妨看看这个类的部分源码，如下：

```
package org.springframework.boot.autoconfigure.jdbc;

/**** imports ****/
@Configuration(proxyBeanMethods = false) // 不进行代理
// 该配置类的启用条件是存在类 DataSource 或者 EmbeddedDatabaseType
@ConditionalOnClass({ DataSource.class, EmbeddedDatabaseType.class })
// 属性配置类，允许在 YAML 文件或者 Properties 文件上配置
@EnableConfigurationProperties(DataSourceProperties.class) // ①
// 加载其他类
@Import({ DataSourcePoolMetadataProvidersConfiguration.class,
        DataSourceInitializationConfiguration.class })
public class DataSourceAutoConfiguration {
    // 初始化绑定数据库连接，比如 H2、DERBY、HSQL 等
    @Configuration(proxyBeanMethods = false)
    @Conditional(EmbeddedDatabaseCondition.class)
    @ConditionalOnMissingBean({ DataSource.class, XADataSource.class })
    @Import(EmbeddedDataSourceConfiguration.class)
    protected static class EmbeddedDatabaseConfiguration {

    }

    // 初始化第三方数据库连接池
    @Configuration(proxyBeanMethods = false)
    @Conditional(PooledDataSourceCondition.class)
    @ConditionalOnMissingBean({ DataSource.class, XADataSource.class })
    // 加载各种第三方数据库配置类
    @Import({
            DataSourceConfiguration.Hikari.class, // Hikari 数据源 // ②
            DataSourceConfiguration.Tomcat.class, // Tomcat 数据源
            DataSourceConfiguration.Dbcp2.class, // DBCP2 数据源
            DataSourceConfiguration.Generic.class, // Generic 数据源
            DataSourceJmxConfiguration.class // JMX 数据源
    })
    protected static class PooledDataSourceConfiguration {

    }

    /**** 其他代码 ****/

}
```

请注意到在①处加载了配置类 DataSourceProperties，这是 Spring Boot 暴露给我们配置的，我们再看它的部分源码：

```
package org.springframework.boot.autoconfigure.jdbc;

/**** imports ****/
// 以"spring.datasource"开头
@ConfigurationProperties(prefix = "spring.datasource")
public class DataSourceProperties
      implements BeanClassLoaderAware, InitializingBean {

   ......

   // 数据库连接池，可以不填，它会自动探测数据库连接池
   private Class<? extends DataSource> type;

   // 数据库连接驱动类
   private String driverClassName;

   // JDBC URL
   private String url;

   // 数据库用户名
   private String username;

   // 数据库密码
   private String password;

   /**** 其他属性和方法 ****/
}
```

这里可以看到，加粗的代码要求对应的配置项以“spring.datasource”开头，所以代码清单 25-4 中的配置就会被读到这里。接着我们再看 DataSourceAutoConfiguration 源码加粗的②处，它加入了 DataSourceConfiguration.Hikari 类装配数据源，源码如下：

```
@Configuration(proxyBeanMethods = false)
// 存在 HikariDataSource 类，则启用该类
@ConditionalOnClass(HikariDataSource.class)
// 不存在类型为 DataSource 的 Bean，则启用该类
@ConditionalOnMissingBean(DataSource.class)
// 存在对应的配置，则启用该类
@ConditionalOnProperty(name = "spring.datasource.type",
   havingValue = "com.zaxxer.hikari.HikariDataSource",
   matchIfMissing = true)
static class Hikari {

   @Bean
   // 配置项前缀
   @ConfigurationProperties(prefix = "spring.datasource.hikari")
   // 创建数据源
   HikariDataSource dataSource(DataSourceProperties properties) {
      HikariDataSource dataSource
            = createDataSource(properties, HikariDataSource.class);
      if (StringUtils.hasText(properties.getName())) {
         dataSource.setPoolName(properties.getName());
      }
      return dataSource;
```

```
    }

}
```

这样，Spring Boot 就可以通过我们的配置，将数据源（DataSource）创建出来了，其他的开发，比如 Spring MVC、Redis 等也是类似的。

为了进行测试，我们编写一个控制器，如代码清单 25-5 所示。

代码清单 25-5：配置数据源

```
package com.learn.ssm.chapter25.controller.db;

/**** imports ****/

@RestController
@RequestMapping("/role")
public class DataSourceController {

   // 注入 JdbcTemplate，它由 Spring Boot 自动创建，不需要我们干预
   @Autowired
   private JdbcTemplate jdbcTemplate = null;

   /**
    * 获取角色
    * @param id 角色编号
    * @return 角色信息
    */
   @GetMapping("/info/{id}")
   public Map<String, Object> getRole(@PathVariable("id") Long id) {
      System.out.println("DataSource 类型："
            + jdbcTemplate.getDataSource().getClass().getName());
      Map<String, Object> roleMap = null;
      String sql = "select id, role_name, note from t_role where id = ?";
      roleMap = jdbcTemplate.queryForMap(sql, id);
      return roleMap;
   }
}
```

我们先注入 JdbcTemplate，这是 Spring Boot 根据我们的配置自动生成的。getRole 方法是获取一个角色的信息。开发好了控制器，还需要修改启动文件，以便把控制器扫描进来，同时注释掉之前的 exclude 配置项，如代码清单 25-6 所示。

代码清单 25-6：配置扫描路径

```
package com.learn.ssm.chapter25.main;
/**** imports ****/
@SpringBootApplication(
      // 定义扫描的包
      scanBasePackages = "com.learn.ssm.chapter25"
      // 排除原有的配置类
      // , exclude = DataSourceAutoConfiguration.class
)
public class Chapter25Application {

   public static void main(String[] args) {
      SpringApplication.run(Chapter25Application.class, args);
   }
```

```
}
```

启动项目，在浏览器中输入地址http://localhost:8001/chapter25/role/info/1，就可以看到图25-1所示的结果了。

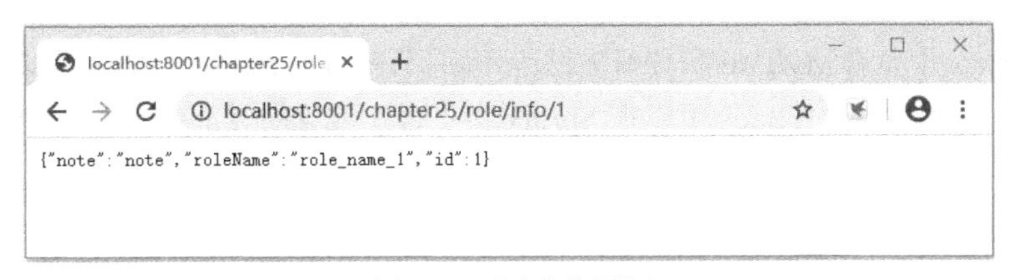

图 25-1　测试数据源

从图 25-1 中可以看到，我们已经成功地连接了数据库，配置成功。在控制器中，我们打印了数据源的类型，参考日志可以看到：

```
DataSource类型：com.zaxxer.hikari.HikariDataSource
```

Spring Boot 默认使用 Hikari 数据源，有时候我们想切换不同的数据源，也是被允许的。比如如果采用 DBCP2 数据源，那么首先引入相关的依赖，如下：

```
<dependency>
   <groupId>org.apache.commons</groupId>
   <artifactId>commons-dbcp2</artifactId>
   <version>2.7.0</version>
</dependency>
```

接着修改 application.yml 的关于数据库部分的配置，如下：

```
# 配置数据源
spring:
  datasource:
    # 驱动类
    driver-class-name: com.mysql.jdbc.Driver
    # 数据库连接
    url: jdbc:mysql://localhost:3306/ssm?characterEncoding=utf8&useSSL=false
    # 用户名
    username: root
    # 密码
    password: a123456
    # 数据源类
    type: org.apache.commons.dbcp2.BasicDataSource
    # 配置其他属性
    dbcp2:
      # 最大空闲连接数
      max-idle: 20
      # 最大等待时间
      max-wait-millis: 5000
      # 最大连接数
      max-total: 50
      # 最小空闲连接数
      min-idle: 10
```

请参考配置中的注释，其中最重要的是配置项 spring.datasource.type，我们可以指定相关的实现类，从而达到切换数据库连接池类型的目的。当然，在大部分的情况下，笔者都建议使用 Hikari 数据源，因为它是一个被实践证明为很优秀的数据库源类库。

25.1.2 整合 MyBatis

在 Spring Boot 中整合 MyBatis 和传统方法差不多，只是部分 MyBatis 组件可以在 Spring Boot 配置文件中进行配置，且 MyBatis 可以在 Spring 中整合，常见的类都会自动初始化，不需要我们编写。

为了方便测试，我们首先创建用户表（t_user），执行以下 SQL 语句。

```
CREATE TABLE T_USER
(
 id             INT(12) NOT NULL AUTO_INCREMENT COMMENT '主键',
 user_name       VARCHAR(60) NOT NULL  COMMENT '用户名称',
 sex            INT(3)  NOT NULL DEFAULT 0  COMMENT '性别，0-男，1-女',
 note           VARCHAR(256) COMMENT '备注',
 PRIMARY KEY (id),
 CHECK (sex IN (0, 1))
);

INSERT INTO t_user(user_name, sex, note) VALUES('user_name_1', 0, 'note_1');
INSERT INTO t_user(user_name, sex, note) VALUES('user_name_2', 1, 'note_2');
```

然后编写一个 POJO 映射用户表的记录，如代码清单 25-7 所示。

代码清单 25-7：POJO 映射用户表

```
package com.learn.ssm.chapter25.po;
/**** imports ****/
@Alias("user") // MyBatis 别名
public class User implements Serializable {
   private static final long serialVersionUID = 2386785787854557L;
   private Long id;
   private String userName;
   private SexEnum sex;
   private String note;

   /**** setters and getters ****/
}
```

注意到该类存在一个属性，其类型为 SexEnum，它是一个枚举类，下面给出它的源码，如代码清单 25-8 所示。

代码清单 25-8：SexEnum 枚举

```
package com.learn.ssm.chapter25.dic;

public enum SexEnum {

   MALE(0, "男"),
   FEMALE(1, "女");

   private Integer id;
   private String value;
   SexEnum(Integer id, String value) {
      this.id = id;
```

```
        this.value = value;
    }

    /**
     * 根据编号获取性别枚举
     * @param id 编号
     * @return 枚举
     */
    public static SexEnum getSexEnum(Integer id) {
        for (SexEnum sex : SexEnum.values()) {
            if (sex.getId().equals(id)) {
                return sex;
            }
        }
        return null;
    }

    /**** setters and getters ****/
}
```

接着可以开发映射文件 UserMapper.xml，保存在项目目录/resources/com/learn/ssm/chapter25/mapper 下，其内容如代码清单 25-9 所示。

代码清单 25-9：用户映射文件

```
<?xml version="1.0" encoding="UTF-8" ?>
<!DOCTYPE mapper
        PUBLIC "-//mybatis.org//DTD Mapper 3.0//EN"
        "http://mybatis.org/dtd/mybatis-3-mapper.dtd">
<mapper namespace="com.learn.ssm.chapter25.dao.UserDao">
    <select id="getUser" parameterType="long" resultType="user">
      select id, user_name as userName, sex, note from t_user where id = #{id}
</select>
</mapper>
```

接下来就要定义 DAO 接口层了，如代码清单 25-10 所示。

代码清单 25-10：定义 DAO 接口层

```
package com.learn.ssm.chapter25.dao;

import com.learn.ssm.chapter25.po.User;
import org.apache.ibatis.annotations.Mapper;

@Mapper
public interface UserDao {

    public User getUser(Long id);
}
```

用户的属性性别是一个枚举，为了顺利使用，最后我们需要编写一个 MyBatis 的 TypeHandler，如代码清单 25-11 所示。

代码清单 25-11：性别 TypeHandler

```
package com.learn.ssm.chapter25.type.handler;

/**** imports ****/
```

```
// 定义 JDBC 类型
@MappedJdbcTypes(JdbcType.INTEGER)
// 定义 Java 类型
@MappedTypes({SexEnum.class})
public class SexTypeHandler extends BaseTypeHandler<SexEnum> {


    @Override
    public void setNonNullParameter(
            PreparedStatement ps, int idx, SexEnum sex,
            JdbcType jdbcType) throws SQLException {
        ps.setInt(idx, sex.getId());
    }

    @Override
    public SexEnum getNullableResult(ResultSet rs,
            String columnName) throws SQLException {
        Integer id = rs.getInt(columnName);
        return SexEnum.getSexEnum(id);
    }

    @Override
    public SexEnum getNullableResult(ResultSet rs, int idx)
            throws SQLException {
        Integer id = rs.getInt(idx);
        return SexEnum.getSexEnum(id);
    }

    @Override
    public SexEnum getNullableResult(CallableStatement cs, int idx)
            throws SQLException {
        Integer id = cs.getInt(idx);
        return SexEnum.getSexEnum(id);
    }
}
```

通过它就可以将枚举类型（SexEnum）和数据库类型（INT）相互转换了。在传统的 MyBatis 开发中，我们还需要 XML 配置文件，然而在 Spring Boot 中，通过配置项也可以配置关于 MyBatis 的内容，比如我们现在在 application.yml 文件中加入代码清单 25-12 的内容。

代码清单 25-12：通过 Spring Boot 配置 MyBatis

```
#定义 Mapper 的 XML 路径
mybatis:
  # 映射文件路径
  mapper-locations: classpath:com/learn/ssm/chapter25/mapper/*.xml
  # TypeHandler 扫描包
  type-handlers-package: com.learn.ssm.chapter25.type.handler
  # 扫描别名
  type-aliases-package: com.learn.ssm.chapter25.po

logging:
  level:
    # 日志级别
    root: DEBUG
```

关于这里的配置项，注释中已经进行了说明，请自行参考。注意 mybatis.mapper-locations 配置的是一个正则式，可以加载多个 XML 映射文件，并且将日志级别配置为 DEBUG，这样就可以看到详细的日志信息了。

到这里就可以开发业务（Service）层了，我们先定义用户接口，如代码清单 25-13 所示。

代码清单 25-13：定义用户接口

```
package com.learn.ssm.chapter25.service;
import com.learn.ssm.chapter25.po.User;
public interface UserService {

   public User getUser(Long id);
}
```

接下来实现它，如代码清单 25-14 所示。

代码清单 25-14：实现用户接口

```
package com.learn.ssm.chapter25.service.impl;

/**** imports ****/

@Service
public class UserServiceImpl implements UserService {

   @Autowired
   private UserDao userDao  = null;

   @Override
   public User getUser(Long id) {
      return userDao.getUser(id);
   }

}
```

这样 Service 层也开发好了，然后就可以开发用户控制器了，如代码清单 25-15 所示。

代码清单 25-15：用户控制器

```
package com.learn.ssm.chapter25.controller;
/**** imports ****/
@RestController // REST 风格网站
@RequestMapping("/user")
public class UserController {
   // 用户服务接口
   @Autowired
   private UserService userService = null;

   /**
    * 获取用户信息
    * @param id 用户编号
    * @return 用户信息
    */
   @GetMapping("/info/{id}")
   public User getUser(@PathVariable("id") Long id) {
      User user = userService.getUser(id);
      return user;
   }
}
```

到这里，控制器也开发好了，就剩下将 DAO 层的接口装配到 Spring IoC 容器了。为了使

DAO 层的接口可以装配进来，我们可以在 Spring Boot 入口文件中使用注解@MapperScan 进行定制扫描，如代码清单 25-16 所示。

代码清单 25-16：使用注解@MapperScan 定制扫描装配 DAO 层接口

```
package com.learn.ssm.chapter25.main;

/**** imports ****/

@SpringBootApplication(
      // 定义扫描的包
      scanBasePackages = "com.learn.ssm.chapter25"
)
@MapperScan(
      // MyBatis 映射接口扫描包
      basePackages = "com.learn.ssm.chapter25"
      // 限制只扫描注解@Mapper 的接口
      , annotationClass = Mapper.class
      // 配置 sqlSessionFactory，优先级低于 sqlSessionTemplate
       , sqlSessionFactoryRef = "sqlSessionFactory"
      // 配置 sqlSessionTemplate，优先级高于 sqlSessionFactory
       , sqlSessionTemplateRef = "sqlSessionTemplate"
)
public class Chapter25Application {

      public static void main(String[] args) {
      SpringApplication.run(Chapter25Application.class, args);
   }

}
```

注意到加粗的字，即配置 SqlSessionFactory 和 SqlSessionTemplate，这里是可以删除它们的，因为在项目中不存在多个 SqlSessionFactory 和 SqlSessionTemplate。也许读者会有疑问：从头到尾我们都没装配 SqlSessionFactory 和 SqlSessionTemplate，为何我们能够在这里引用呢？那是因为当我们配置了数据源（javax.sql.DataSource）后，Spring Boot 就会自动创建数据源的 Bean，并且将它装配到 Spring IoC 容器中，而这个过程并不需要开发，这也体现了 Spring Boot 的特色——尽可能全面地配置 Spring。

有时候，MyBatis 会比较复杂，比如可能需要开发插件来监控执行查询 SQL 消耗的时间，其内容如代码清单 25-17 所示。

代码清单 25-17：打印查询 SQL 耗时插件

```
package com.learn.ssm.chapter25.plugin;

/**** imports ****/

// 定义拦截签名
@Intercepts(
   @Signature(
      type = Executor.class,
      method = "query",
      args = {
         MappedStatement.class, Object.class,
         RowBounds.class, ResultHandler.class
      }
   )
```

```
)
public class ConsumptionTimePlugin implements Interceptor {
   @Override
   public Object intercept(Invocation invocation) throws Throwable {
      long start = System.currentTimeMillis();
      Object returnObj = invocation.proceed();
      long end = System.currentTimeMillis();
      System.out.println("耗时【" + (end - start)+"】毫秒");
      return returnObj;
   }

   @Override
   public Object plugin(Object target) {
      return Plugin.wrap(target, this);
   }

   @Override
   public void setProperties(Properties properties) {
   }
}
```

这个时候配置可能会趋于复杂，使用 MyBatis 自身的配置文件会简单一些，为此，我们可以在 resources 目录下创建 mybatis-config.xml 文件用来配置插件，其内容如代码清单 25-18 所示。

代码清单 25-18：通过 mybatis-config.xml 文件配置插件

```
<?xml version="1.0" encoding="UTF-8" ?>
<!DOCTYPE configuration
      PUBLIC "-//mybatis.org//DTD Config 3.0//EN"
      "http://mybatis.org/dtd/mybatis-3-config.dtd">
<configuration>
   <plugins>
      <plugin interceptor="com.learn.ssm.chapter25.plugin.ConsumptionTimePlugin" />
   </plugins>
</configuration>
```

到这里就要考虑如何将这个配置文件配置到项目中去了。在代码清单 25-12 中，我们使用了几个 Spring Boot 提供的配置项，而实际上还有很多配置项，下面这些都是比较常用的。

```
# mybatis 配置项
mybatis:
  # 映射文件路径
  mapper-locations: ......
  # TypeHandler 扫描包
  type-handlers-package: ......
  # 扫描别名
  type-aliases-package: ......
  # MyBatis 配置文件路径
  config-location: ......
  # 配置
  configuration:
    # MyBatis 插件
    interceptors: ......
    # 级联延迟加载属性配置
    aggressive-lazy-loading: ......
  # 配置 Executor 类型，可选项：SIMPLE、 REUSE、 BATCH，默认为 SIMPLE
  executor-type: ......
```

提供加粗的配置项可以装配 MyBatis 的配置文件，为此让我们在 application.yml 关于 MyBatis 的配置中加入它，如下：

```
# mybatis 配置项
mybatis:
  # 映射文件路径
  mapper-locations: classpath:com/learn/ssm/chapter25/mapper/*.xml
  # TypeHandler 扫描包
  type-handlers-package: com.learn.ssm.chapter25.type.handler
  # 扫描别名
  type-aliases-package: com.learn.ssm.chapter25.po
  # MyBatis 配置文件路径
  config-location: classpath:mybatis-config.xml
```

这样就可以将 MyBatis 的配置文件也配置到项目中，从而启动插件了。

25.1.3 数据库事务

在 Spring Boot 初始化数据源的时候，会同时初始化对应的数据库事务管理器，因此不需要配置任何数据库事务的内容即可使用。比如下面的代码：

```
@Override
// 事务管理器由 Spring Boot 自动装配，无须自己配置
@Transactional(isolation = Isolation.READ_COMMITTED)
public Integer insertUser(User user) {
    return userDao.insertUser(user);
}
```

为了使用方便，Spring Boot 还提供了默认隔离级别的配置，如下：

```
# 配置数据源
spring:
  datasource:
    ######## 其他数据源配置 ########
    hikari: # 使用 Hikari 数据源连接池
      # -1：默认隔离级别
      # 1：未提交读
      # 2：提交读
      # 4、可重复读
      # 8、序列化
      transaction-isolation: 2
    dbcp2: # 使用 DBCP2 数据源连接池
      default-transaction-isolation: 2
    tomcat: # 使用 TOMCAT 数据源连接池
      default-transaction-isolation: 2
```

25.2 使用 Spring MVC

在大部分情况下，在 Spring Boot 中使用 Spring MVC 的方法和传统 Spring MVC 并无太大的不同。所以这里只讲述一些 Spring Boot 的特殊用法。

25.2.1　使用 WebMvcConfigurer 接口

在一般情况下，我们可以通过实现 WebMvcConfigurer 接口来自定义 Spring MVC 的组件。比如现在需要开发一个用户拦截器，如代码清单 25-19 所示。

代码清单 25-19：用户拦截器

```
package com.learn.ssm.chapter18.interceptor;

/**** imports ****/

public class RoleInterceptor implements HandlerInterceptor {

   @Override
   public boolean preHandle(HttpServletRequest request,
         HttpServletResponse response, Object handler)
         throws Exception {
      System.out.println("preHandle");
      return true;
   }

   @Override
   public void postHandle(HttpServletRequest request,
         HttpServletResponse response, Object handler,
         ModelAndView modelAndView) throws Exception {
      System.out.println("postHandle");
   }

   @Override
   public void afterCompletion(HttpServletRequest request,
         HttpServletResponse response, Object handler, Exception ex)
         throws Exception {
      System.out.println("afterCompletion");
   }
}
```

接着我们编写配置类实现 WebMvcConfigurer 接口，从而配置拦截器，如代码清单 25-20 所示。

代码清单 25-20：配置拦截器

```
package com.learn.ssm.chapter25.config;

/**** imports ****/
@Configuration
public class WebConfig implements WebMvcConfigurer {

   public void addInterceptors(InterceptorRegistry registry) {
      registry
         // 添加自定义拦截器
         .addInterceptor(new UserInterceptor())
         // 配置拦截匹配路径
         .addPathPatterns("/user/**");
   }
}
```

这样就可以配置各类 Spring MVC 组件了。

25.2.2 使用 Spring Boot 的 Spring MVC 配置

为了更方便，Spring Boot 还给了用户一些其他的配置，下面选举一些常见的配置进行说明，如下：

```
spring:
  mvc:
    # 配置 DispatcherServlet
    servlet:
      # 拦截路径
      path: /user
      # 启动顺序
      load-on-startup: 1
    # 视图解析器
view:
  # 后缀
    suffix: .jsp
  # 前缀
    prefix: /WEB-INF/jsp
// 格式化器
   date-format: yyyy-MM-dd
# 视图解析器
   locale-resolver: fixed
# 国际化
locale: zh_CN
```

关于 Spring MVC 的更多配置，可以参考配置类 WebMvcProperties。

25.2.3 使用转换器

除此以外，还可以定义转换器，比如对于用户 POJO（User 类），我们可以约定浏览器提交的格式为{id}-{userName}-{sex}-{note}。可以使用 Converter 机制处理，如代码清单 25-21 所示。

代码清单 25-21：用户转换器

```
package com.learn.ssm.chapter25.converter;
/**** imports ****/
@Component
public class UserConverter implements Converter<String, User> {
    /**
     * 约定提交格式“{id}-{userName}-{sex}-{note}”
     * @param source 源字符串
     * @return 用户对象
     */
    @Override
    public User convert(String source) {
        if (source == null) {
            return null;
        }
        String []arr = source.split("-");
        if (arr.length != 4) { // 不符合格式
            return null;
        }
        User user = new User();
        user.setId(Long.parseLong(arr[0]));
        user.setUserName(arr[1]);
        user.setSex(SexEnum.getSexEnum(Integer.parseInt(arr[2])));
```

```
        user.setNote(arr[3]);
        return user;
    }
}
```

请注意这里标注了@Component，这意味着它将被扫描装配到 Spring IoC 容器中。接着我们通过在控制器 UserController 中加入方法来测试这个用户转换器，如代码清单 25-22 所示。

代码清单 25-22：使用控制器测试用户转换器

```
@GetMapping("/print/{user}")
public User print(User user) {
    return user;
}
```

在浏览器中输入网址 http://localhost:8001/chapter25/user/print/1-username-0-note，这样就可以看到图 25-2 所示的结果了。

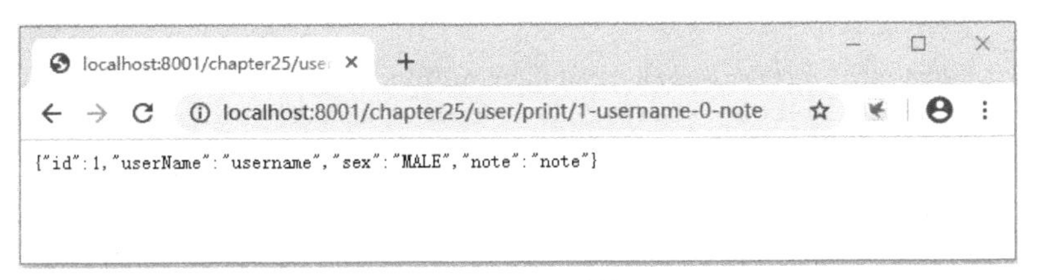

图 25-2　测试转换器

这里存在这样一个问题，那就是我们并没有给 Spring MVC 注册 UserConverter，为何 Spring MVC 会懂得使用 UserConverter 去转换我们的参数呢？这是因为 Spring Boot 已经为用户注册了它们，但是前提条件是用户需要将它们装配到 Spring IoC 容器中。在 Spring MVC 的配置类 WebMvcAutoConfiguration 中调用了 ApplicationConversionService 的静态 addBeans 方法，我们不妨看它的源码，如下：

```
public static void addBeans(FormatterRegistry registry,
        ListableBeanFactory beanFactory) {
    Set<Object> beans = new LinkedHashSet<>();
    // 获取数组、列表转换器
    beans.addAll(beanFactory
        .getBeansOfType(GenericConverter.class).values());
    // 获取类型转换器
    beans.addAll(beanFactory.getBeansOfType(Converter.class).values());
    // 获取格式化转换器
    beans.addAll(beanFactory.getBeansOfType(Printer.class).values());
    // 获取解析转换器
    beans.addAll(beanFactory.getBeansOfType(Parser.class).values());
    for (Object bean : beans) { // 获取注册各类转换器到 Spring MVC 中
        if (bean instanceof GenericConverter) {
            registry.addConverter((GenericConverter) bean);
        }
        else if (bean instanceof Converter) {
            registry.addConverter((Converter<?, ?>) bean);
        }
        else if (bean instanceof Formatter) {
            registry.addFormatter((Formatter<?>) bean);
        }
        else if (bean instanceof Printer) {
```

```
            registry.addPrinter((Printer<?>) bean);
        }
        else if (bean instanceof Parser) {
            registry.addParser((Parser<?>) bean);
        }
    }
}
```

可见，Spring Boot 会将所有在 Spring IoC 容器中的 Converter、GenericConverter 和 Formatter 都注册到 Spring MVC 的转换机制中。这就是即使我们不注册，Spring MVC 也能发现我们自定义的转换器的原因。

25.3 使用 Redis

要在 Spring Boot 中使用 Redis 首先需要引入对应的依赖，如下：

```
<dependency>
   <groupId>org.springframework.boot</groupId>
   <artifactId>spring-boot-starter-data-redis</artifactId>
   <exclusions>
      <!--不依赖 Redis 的异步客户端 lettuce-->
      <exclusion>
         <groupId>io.lettuce</groupId>
         <artifactId>lettuce-core</artifactId>
      </exclusion>
   </exclusions>
</dependency>
<!--引入 Redis 的客户端驱动 jedis-->
<dependency>
   <groupId>redis.clients</groupId>
   <artifactId>jedis</artifactId>
</dependency>
```

这里引入了 spring-boot-starter-data-redis，请注意，Spring Boot 默认依赖 Lettuce 客户端，但是这里排除了它。因为 Lettuce 是一个可伸缩线程安全的 Redis 客户端，多个线程可以共享一个 Redis 连接，所以会牺牲一部分的性能。但是一般来说，缓存对线程安全的需求并不高，而更注重性能，Jedis 是一种多线程非安全的客户端，具备更高的性能，因此企业往往还是以使用它为主。

25.3.1 配置和使用 Redis

Spring Boot 给出了 Redis 连接的配置项，直接配置即可，如代码清单 25-23 所示。

代码清单 25-23：在 Spring Boot 中配置 Redis

```
spring:
  redis:
    # 单机服务器
    host: 192.168.80.130
    # 登录密码
    password: abcdefg
    # 端口
    port: 6379
```

```
   # jedis 客户端配置
   jedis:
     pool:
       # 最大连接数
       max-active: 20
       # 最大等待时间
       max-wait: 2000ms
       # 最大空闲连接数
       max-idle: 10
       # 最小空闲等待连接数
       min-idle: 5
#    # 哨兵模式配置
#    sentinel:
#      # 主服务器节点
#      master: 192.168.80.130:26379
#      # 节点
#      nodes: 192.168.80.131:26379, 192.168.80.132:26379
#    # 集群配置
#    cluster:
#      # 集群节点
#      nodes: 192.168.80.133:7001, 192.168.80.133:7002, 192.168.80.133:7003,
192.168.80.133:7004, 192.168.80.133:7005, 192.168.80.133:7006
#      # 单一连接最大转向次数
#      max-redirects: 10
```

这里的配置项注释已经进行了说明，配置采用了单机模式，而哨兵模式配置和集群配置已经在注释中给出了，请读者自行参考。在 Spring Boot 中自动配置类为 RedisAutoConfiguration，属性类则为 RedisProperties，阅读它们的源码则可以获得更多的认识。

有了这个配置就可以测试 Redis 的应用了，接下来，我们编写类 RedisController 进行测试，如代码清单 25-24 所示。

代码清单 25-24：测试 Redis 的应用

```
package com.learn.ssm.chapter25.controller;

/**** imports ****/

@RestController
@RequestMapping("/redis")
public class RedisController {
   /**
    StringRedisTemplate 是 RedisTemplate 的子类，但属性名为 redisTemplate，
    和 Bean 名保持一致，因此可用@Autowired 注入，
    如属性名不为 redisTemplate，则注入失败，抛出异常
    */
   @Autowired
   private RedisTemplate<Object, Object> redisTemplate = null;

   // 注入 StringRedisTemplate
   @Autowired
   private StringRedisTemplate stringRedisTemplate = null;

   // 测试字符串
   @GetMapping("/string/{key}/{value}")
   public Map<String, String> string(@PathVariable("key") String key,
            @PathVariable("value") String value) {
      stringRedisTemplate.opsForValue().set(key, value);
```

```
        Map<String, String> result = new HashMap<>();
        result.put(key, value);
        return result;
    }

    // 测试对象
    @GetMapping("/object/{id}")
    public User object(@PathVariable("id") Long id){
        User user = new User();
        user.setId(id);
        user.setUserName("user_name" + id);
        user.setNote("note_" + id);
        user.setSex(SexEnum.getSexEnum(id.intValue() % 2));
        redisTemplate.opsForValue().set("user_" + id, user);
        return user;
    }

}
```

Spring Boot 会自动配置 RedisTemplate 和 StringRedisTemplate 对象，不需要我们进行任何配置。这里需要注意的是 RestTemplate 的注入，如果我们将属性名写为 redisTmpl，那么就会注入失败，因为@Autowired 是根据类型注入的，而 StringRedisTemplate 是 RedisTemplate 的子类，所以根据类型会找到两个对象，无法判别使用哪个对象注入。在这样的情况下，@Autowired 还会按照属性名称再寻找一次，此时如果属性名称为 redisTemplate，就能找到 Spring Boot 配置的 RedisTemplate 对象，否则会抛出异常，导致服务失败。string 方法是测试字符串，而 object 方法是测试对象，为此，在我们启动服务后，在浏览器中访问这两个地址：

http://localhost:8001/chapter25/redis/string/key1/value1

http://localhost:8001/chapter25/redis/object/1

这样就能够请求到控制器的两个方法了。接下来，我们打开 Redis 的命令行客户端，查看数据，如 25-3 所示。

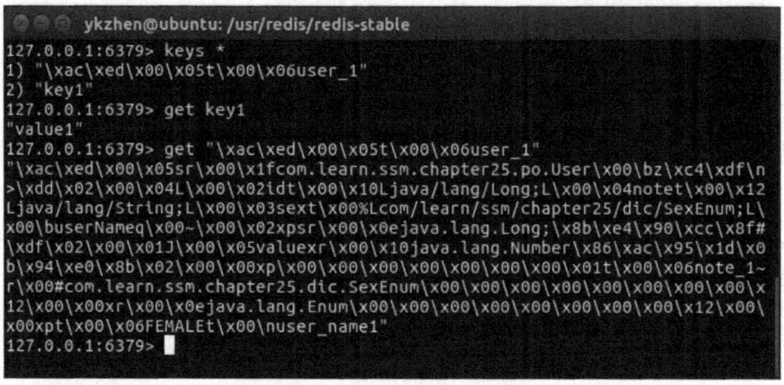

```
ykzhen@ubuntu: /usr/redis/redis-stable
127.0.0.1:6379> keys *
1) "\xac\xed\x00\x05t\x00\x06user_1"
2) "key1"
127.0.0.1:6379> get key1
"value1"
127.0.0.1:6379> get "\xac\xed\x00\x05t\x00\x06user_1"
"\xac\xed\x00\x05sr\x00\x1fcom.learn.ssm.chapter25.po.User\x00\bz\xc4\xdf\n
>\xdd\x02\x00\x04L\x00\x02idt\x00\x10Ljava/lang/Long;L\x00\x04notet\x00\x12
Ljava/lang/String;L\x00\x03sext\x00%Lcom/learn/ssm/chapter25/dic/SexEnum;L\
x00\buserNameq\x00~\x00\x02xpsr\x00\x0ejava.lang.Long;\x8b\xe4\x90\xcc\x8f#
\xdf\x02\x00\x01J\x00\x05valuexr\x00\x10java.lang.Number\x86\xac\x95\x1d\x0
b\x94\xe0\x8b\x02\x00\x00xp\x00\x00\x00\x00\x00\x00\x00\x01t\x00\x06note_1~
r\x00#com.learn.ssm.chapter25.dic.SexEnum\x00\x00\x00\x00\x00\x00\x00\x00\x
12\x00\x00xr\x00\x0ejava.lang.Enum\x00\x00\x00\x00\x00\x00\x00\x00\x12\x00\
x00xpt\x00\x06FEMALEt\x00\nuser_name1"
127.0.0.1:6379>
```

图 25-3　查看 Redis 数据

从图 25-3 中可以看到，对于 RedisTemplate 来说，key 和 value 的序列化器都是 JdkSerializationRedisSerializer，当然我们可以修改这个配置，比如在启动类 Chapter25Application 中加入代码清单 25-25。

代码清单 25-25：自定义 RedisTemplate

```
// 注入 Redis 连接工厂
@Autowired
```

```
    private RedisConnectionFactory redisConnectionFactory = null;

    // 自定义 RedisTemplate
    @Bean("redisTemplate")
    public RedisTemplate<String, Object> redisTemplate() {
       RedisTemplate<String, Object> redisTemplate = new RedisTemplate<>();
       redisTemplate.setConnectionFactory(redisConnectionFactory);
       // 默认为 JDK 序列化器
       redisTemplate.setDefaultSerializer(RedisSerializer.java());
       // key 采用字符串序列化器
       redisTemplate.setKeySerializer(RedisSerializer.string());
       // value 采用 JDK 序列化器
       redisTemplate.setValueSerializer(RedisSerializer.java());
       // 哈希结构 key 字段采用字符串序列化器
       redisTemplate.setHashKeySerializer(RedisSerializer.string());
       // 哈希结构 value 字段采用 JDK 序列化器
       redisTemplate.setHashValueSerializer(RedisSerializer.java());
       return redisTemplate;
    }
```

代码中的 RedisConnectionFactory 对象是 Spring Boot 创建的，所以可以直接注入。接着通过 redisTemplate 方法自定义了 RedisTemplate，这样 Spring Boot 就不会创建 RedisTemplate 对象了。由于这里的 RedisTemplate 的泛型为<String, Object>，所以我们需要把代码清单 25-24 中的 RedisTemplate 的泛型进行统一，如下：

```
     /**
     StringRedisTemplate 是 RedisTemplate 的子类，但属性名为 redisTemplate，
     和 Bean 名一致，因此可用@Autowired 注入，
     如属性名不为 redisTemplate，则注入失败，抛出异常
     */
    @Autowired
    private RedisTemplate<String, Object> redisTemplate = null;
```

重新在浏览器中输入地址 http://localhost:8001/chapter25/redis/object/1，然后再次打开 Redis 的命令行客户端，结果如图 25-4 所示。

```
ykzhen@ubuntu: /usr/redis/redis-stable
127.0.0.1:6379> keys *
1) "\xac\xed\x00\x05t\x00\x06user_1"
2) "key1"
3) "user_1"
127.0.0.1:6379> get user_1
"\xac\xed\x00\x05sr\x00\x1fcom.learn.ssm.chapter25.po.User\x00\bz\xc4\xdf\n
>\xdd\x02\x00\x04L\x00\x02idt\x00\x10Ljava/lang/Long;L\x00\x04notet\x00\x12
Ljava/lang/String;L\x00\x03sext\x00%Lcom/learn/ssm/chapter25/dic/SexEnum;L\
x00\buserNameq\x00~\x00\x02xpsr\x00\x0ejava.lang.Long;\x8b\xe4\x90\xcc\x8f#
\xdf\x02\x00\x01J\x00\x05valuexr\x00\x10java.lang.Number\x86\xac\x95\x1d\x0
b\x94\xe0\x8b\x02\x00\x00xp\x00\x00\x00\x00\x00\x00\x00\x01t\x00\x06note_1~
r\x00#com.learn.ssm.chapter25.dic.SexEnum\x00\x00\x00\x00\x00\x00\x00\x00\x
12\x00\x00xr\x00\x0ejava.lang.Enum\x00\x00\x00\x00\x00\x00\x00\x00\x12\x00\
x00xpt\x00\x06FEMALEt\x00\nuser_name1"
127.0.0.1:6379>
```

图 25-4　再次查看 Redis 数据

从图 25-4 中可以看到 key 已经成为字符串，而 value 还是 JDK 序列编码，这样就成功修改了 RedisTemplate 的序列化器。

25.3.2 使用缓存管理器

除了 RedisTemplate，在 23 章中，我们还通过缓存注解来使用 Redis，不过在此之前需要先配置缓存管理器。对于缓存管理器的配置，Spring Boot 也进行了支持。下面我们通过配置认识它们，如代码清单 25-26 所示。

代码清单 25-26：配置 Redis 缓存管理器

```
spring:
  # 缓存管理器配置
  cache:
    # 缓存管理器名称
    cache-names: redisCache
    # 缓存管理器类型，可不配置，Spring Boot 会自动探测
    # type: redis
    redis:
      #超时时间 10 分钟，配置为 0 则永不超时
      time-to-live: 600s
      # 缓存空值
      cache-null-values: true
      # 缓存 key 前缀
      key-prefix: 'chapter25::'
      # key 是否使用前缀
      use-key-prefix: true
```

上述的配置项注释已经进行了说明，请自行参考。配置项 spring.cache.type 是可配可不配的，如果不配，Spring Boot 则会自己发现对应的类型。它的配置类为 CacheAutoConfiguration，而属性类为 CacheProperties，有兴趣的读者可以阅读它的源码。

接着我们修改 UserServiceImpl 的 getUser 方法，如下：

```
@Override
@Cacheable(value="redisCache", key="'redis_user_'+#id")
public User getUser(Long id) {
    return userDao.getUser(id);
}
```

注意加粗的代码就是缓存注解，接下来在控制器 RedisController 中加入一个新的方法用来测试缓存注解，如代码清单 25-27 所示。

代码清单 25-27：通过控制器测试缓存注解

```
@Autowired
private UserService userService = null;

@GetMapping("/user/{id}")
public User getUser(@PathVariable("id") Long id) {
    return userService.getUser(id);
}
```

然后就可以测试了，在浏览器中输入地址 http://localhost:8001/chapter25/redis/user/1，再到 Redis 命令行客户端中查看数据，如图 25-5 所示。

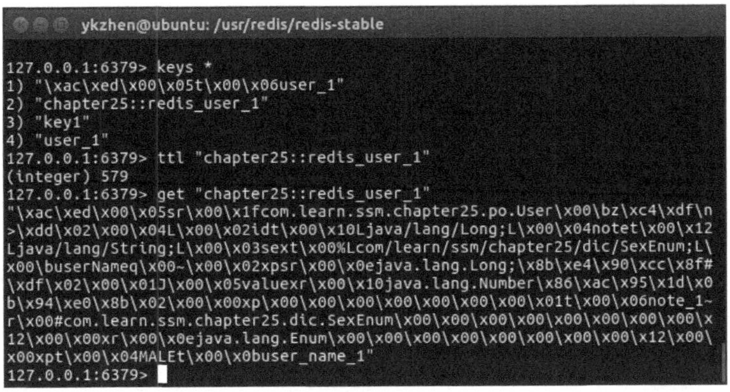

```
ykzhen@ubuntu: /usr/redis/redis-stable
127.0.0.1:6379> keys *
1) "\xac\xed\x00\x05t\x00\x06user_1"
2) "chapter25::redis_user_1"
3) "key1"
4) "user_1"
127.0.0.1:6379> ttl "chapter25::redis_user_1"
(integer) 579
127.0.0.1:6379> get "chapter25::redis_user_1"
"\xac\xed\x00\x05sr\x00\x1fcom.learn.ssm.chapter25.po.User\x00\bz\xc4\xdf\n
>\xdd\x02\x00\x04L\x00\x02idt\x00\x10Ljava/lang/Long;L\x00\x04notet\x00\x12
Ljava/lang/String;L\x00\x03sext\x00%Lcom/learn/ssm/chapter25/dic/SexEnum;L\
x00\buserNameq\x00~\x00\x02xpsr\x00\x0ejava.lang.Long;\x8b\xe4\x90\xcc\x8f#
\xdf\x02\x00\x01J\x00\x05valuexr\x00\x10java.lang.Number\x86\xac\x95\x1d\x0
b\x94\xe0\x8b\x02\x00\x00xp\x00\x00\x00\x00\x00\x00\x00\x01t\x00\x06note_1~
r\x00#com.learn.ssm.chapter25.dic.SexEnum\x00\x00\x00\x00\x00\x00\x00\x00\x
12\x00\x00xr\x00\x0ejava.lang.Enum\x00\x00\x00\x00\x00\x00\x00\x00\x12\x00\
x00xpt\x00\x04MALEt\x00\x0buser_name_1"
127.0.0.1:6379>
```

图 25-5　查看缓存注解结果

显然注解已经生效了，并且 key 采用了字符串序列化器，而 value 采用了 JDK 序列化器。

第 26 章 Spring Boot 部署、测试和监控

本章目标

1. 掌握如何打包、运行 Spring Boot 项目和环境变量
2. 掌握 Spring Boot Actuator
3. 掌握在 Spring Boot 中如何测试

在前面的章节，我们详细讨论了 Spring 和 Spring Boot 的应用，下面我们讨论一下，如何打包、部署和运行 Spring Boot 项目，以及如何测试和监控 Spring Boot 项目。为了方便我们讲解，这里创建一个名为 chapter26 的项目，依赖 spring-boot-starter-web 包，配置 application.yml 文件如下：

```
server:
  # 启动端口
  port: 8001

spring:
  mvc:
    servlet:
      # DispatcherServlet 拦截路径
      path: /chapter26
  application:
    # 应用名称
    name: chapter26
```

修改 Spring Boot 启动类，如代码清单 26-1 所示。

代码清单 26-1：修改 Spring Boot 启动类

```java
package com.learn.ssm.chapter26.main;

/**** imports ****/

@SpringBootApplication(scanBasePackages = "com.learn.ssm.chapter26")
@RestController // REST 控制器
public class Chapter26Application {

    @GetMapping("/test") // 测试方法
    public String test(HttpServletRequest request) {
        return "test";
    }

    public static void main(String[] args) {
        SpringApplication.run(Chapter26Application.class, args);
```

```
    }
}
```

这个例子的逻辑比较简单，只是添加了一个测试方法，下面让我们开始本章的学习。

26.1　打包、部署和运行 Spring Boot 项目

下面我们先谈如何打包 Spring Boot 项目，然后才是部署和运行 Spring Boot 项目。

26.1.1　打包 Spring Boot 项目

假设我们已经安装好了 Maven，并且配置好了环境变量，那么我们除了可以使用 IDE 打包，也可以使用 Maven 命令打包。首先进入命令行，然后从命令行进入项目路径，最后执行命令

```
mvn clean package
```

就可以打包了，如图 26-1 所示。

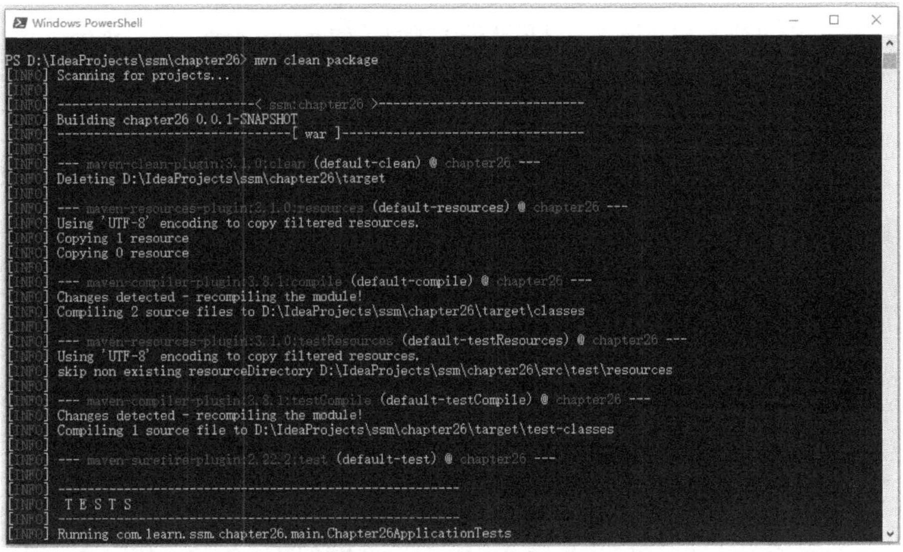

图 26-1　打包 Spring Boot 项目

接着打开项目下的 target 目录，就可以看到 war 包了，如图 26-2 所示。

图 26-2　查看 target 目录

这样就打包成功了。这里之所以是 war 包，而不是 jar 包，是因为我们的 pom.xml 文件配置如下。

```
......
<modelVersion>4.0.0</modelVersion>
<parent>
   <groupId>org.springframework.boot</groupId>
   <artifactId>spring-boot-starter-parent</artifactId>
   <version>2.2.6.RELEASE</version>
   <relativePath/> <!-- lookup parent from repository -->
</parent>
<groupId>ssm</groupId>
<artifactId>chapter26</artifactId>
<version>0.0.1-SNAPSHOT</version>
<packaging>war</packaging>
<name>chapter26</name>
<description>chapter26 project for Spring Boot</description>
......
```

26.1.2 运行 Spring Boot 项目

运行 Spring Boot 项目相当简单，只需要进入项目下的 target 目录，然后执行命令

```
java -jar xxx.war
```

即可。比如运行 chapter26 项目，如图 26-3 所示。

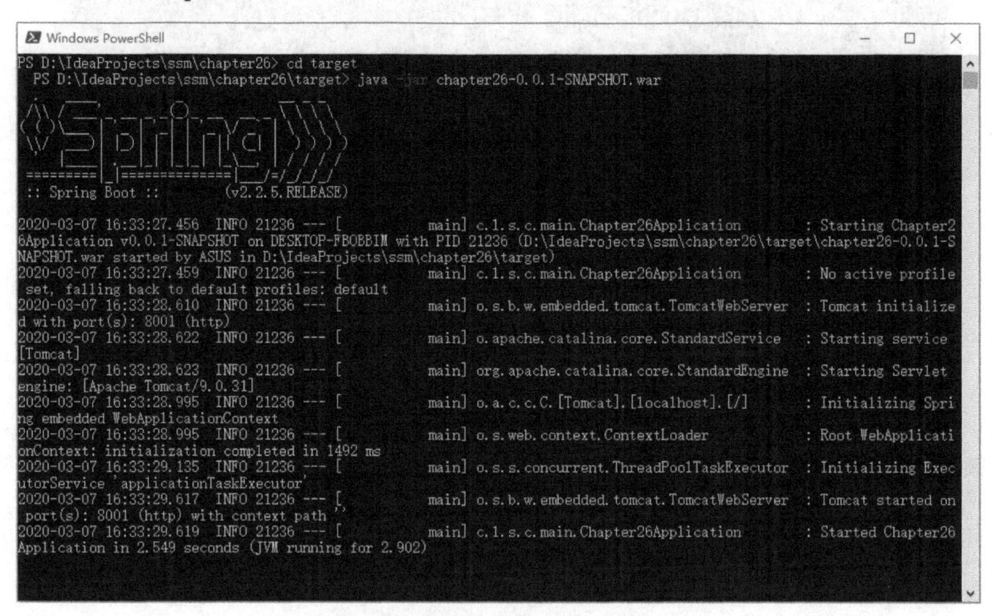

图 26-3　运行 Spring Boot 项目

有时候，我们想将 Spring Boot 项目部署到第三方服务器中，这时只需要将 chapter26-0.0.1-SNAPSHOT.war 文件放置到对应的部署目录即可。下面以 Tomcat 为例，我们将 war 包放到 Tomcat 的 webapps 目录下，然后启动 Tomcat（使用 8080 端口），在浏览器输入地址 http://localhost:8080/chapter26-0.0.1-SNAPSHOT/chapter26/test，就可以看到图 26-4 所示的结果了。

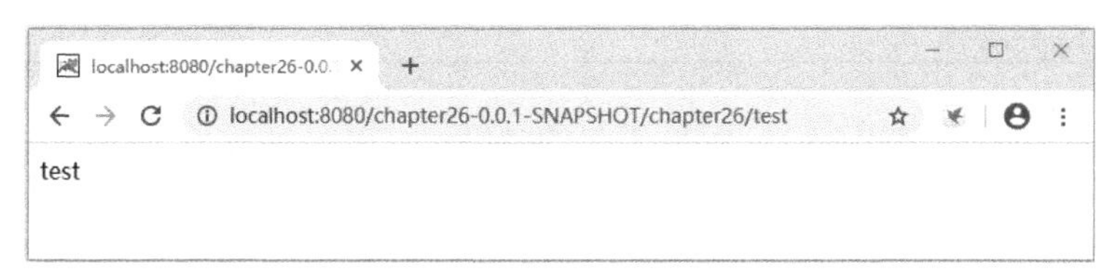

图 26-4　使用外部服务器部署 Spring Boot 项目

可见，无论是启用内嵌服务器还是部署到外部服务器，使用 Spring Boot 都是很方便的。

26.1.3　修改 Spring Boot 项目的配置

在打包的过程中，我们会将 Spring Boot 项目的配置文件 application.yml 压缩到 war 文件中，因此修改它是不容易的。为了方便我们修改，Spring Boot 配置会以如下优先级进行加载：

- 命令行参数；
- 来自 java:comp/env 的 JNDI 属性；
- Java 系统属性（System.getProperties()）；
- 操作系统环境变量；
- RandomValuePropertySource 配置的 random.*属性值；
- jar 包外部的 application.properties 或 application.yml 配置文件；
- jar 包内部的 application-{profile}.properties 或 application-{profile}.yml（带 spring.profile）配置文件；
- jar 包外部的 application.properties 或 application.yml（不带 spring.profile）配置文件；
- jar 包内部的 application.properties 或 application.yml（不带 spring.profile）配置文件；
- @Configuration 注解类上的@PropertySource；
- 通过 SpringApplication.setDefaultProperties 指定的默认属性。

从这个顺序中我们看到，可以通过命令行参数修改 Spring Boot 启动配置项，比如我们使用如下命令修改启动端口：

```
java -jar chapter26-0.0.1-SNAPSHOT.war --server.port=8002
```

这样项目就会在 8002 端口启动了。

当然这只是一种方法，实际上，我们可能会修改很多配置项，如果都使用命令行参数修改就会相当麻烦。根据顺序，我们也可以使用外部的 application.yml 文件修改。我们在 war 包的同一目录下新建 application.yml 文件，然后修改其配置，如代码清单 26-2 所示。

代码清单 26-2：新建 Spring Boot 外部配置文件（application.yml 文件）

```
server:
  # 启动端口
  port: 8002

spring:
  mvc:
    servlet:
      # DispatcherServlet 拦截路径
      path: /chapter26
  application:
    # 应用名称
```

```
    name: chapter26
```

这样，使用如下命令运行 Spring Boot 项目的时候，

```
java -jar chapter26-0.0.1-SNAPSHOT.war
```

它也会在 8002 端口启动了。

26.2 Spring Boot Actuator

Spring Boot Actuator（下文简称为 Actuator）是一种度量，可以让我们实时监控 Spring Boot 项目的健康情况，通过请求 Actuator 的端点，我们可以查看到项目运行时不同的信息，比如 JVM 运行情况、项目是否正常、项目的配置和 Spring IoC 容器的内容。我们需要引入对应的依赖，如下：

```
<dependency>
   <groupId>org.springframework.boot</groupId>
   <artifactId>spring-boot-starter-actuator</artifactId>
</dependency>
```

当我们引入这个包后，Spring Boot 就会提供对应的端点让我们查看项目运行的情况，然后在 application.yml 文件中加入如下配置：

```
info:
   application-name: chapter26
```

启动 Spring Boot 项目，在浏览器中输入地址 http://localhost:8001/chapter26/actuator/info 和 http://localhost:8001/chapter26/actuator/health，可以看到图 26-5 所示的结果。

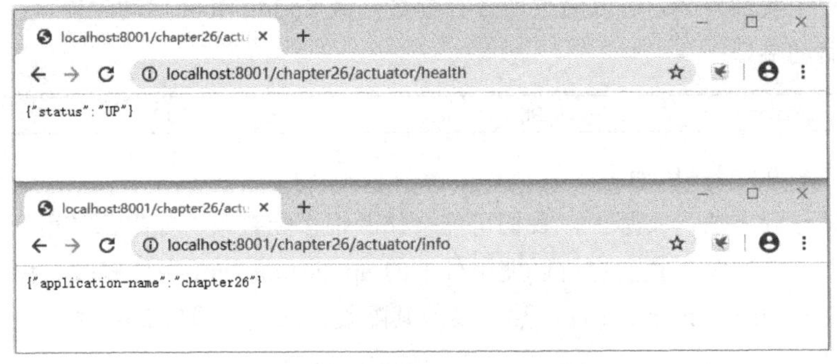

图 26-5　查看 Actuator 端点

关于 Actuator 端点还有其他内容，下面我们进行详细的讨论。

26.2.1 Actuator 端点简介

Actuator 的端点会以 ANT 风格的路径“/actuator/{端点 ID}”提供，Actuator 提供了许多的端点，如表 26-1 所示。

表 26-1　Actuator 端点说明

端点 ID	描　述	是否默认启用
auditevents	公开当前应用程序的审查事件信息	否
beans	显示 Spring IoC 容器关于 Bean 的信息	否
conditions	显示自动配置类的评估和配置条件，并且显示他们匹配或者不匹配的原因	否
configprops	显示当前项目的属性配置信息（通过@ConfigurationProperties 配置）	否
env	显示当前 Spring 应用环境配置属性（ConfigurableEnvironment）	否
flyway	显示已经应用于 flyway 数据库迁移的信息	否
health	**显示当前应用健康状态**	**是**
httptrace	显示最新追踪信息（默认为最新 100 次 HTTP 请求）	否
info	**显示当前应用信息**	**是**
integrationgraph	显示 Spring 的继承图，不过需要依赖 spring-integration-core 包	否
loggers	显示并修改应用程序中记录器的配置	否
liquibase	显示已经应用于 liquibase 数据库迁移的信息	否
metrics	显示当前配置的各项“度量”指标	否
mappings	显示由@RequestMapping（@GetMapping 和@PostMapping 等）配置的映射路径信息	否
scheduledtasks	显示当前应用的任务计划	否
sessions	允许从 Spring 会话支持的会话存储库检索和删除用户会话，只是 Spring 会话暂时不能支持响应式 Web 应用	否
shutdown	允许当前应用被优雅地关闭（在默认的情况下不启用这个端点）	否
threaddump	显示线程泵	否

请大家注意，Actuator 在默认的情况下只会暴露 health 和 info 两个端点，也就是说很多端点是不暴露出来的，比如 beans 端点。下面我们在浏览器中访问 beans 端点，如图 26-6 所示。

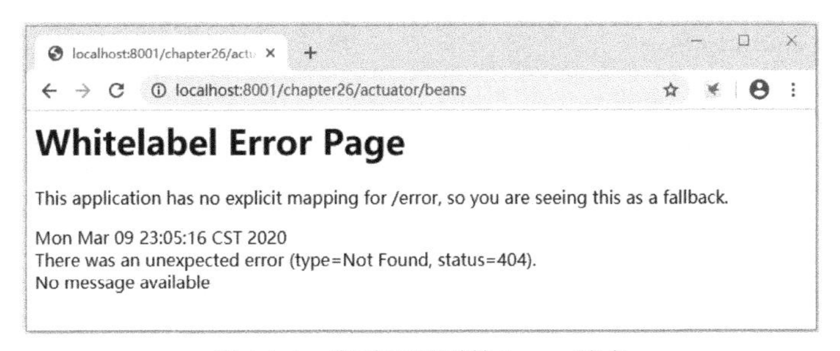

图 26-6　查看不暴露的 beans 端点

访问失败了。为了暴露 beans 端点，我们可以在 application.yml 文件中这样设置：

```
management:
  endpoints:
    web:
      exposure:
        # 设置暴露的端点
        include: beans, configprops, env
```

这样就将 beans、configprops 和 env 三个端点暴露出来了，重启项目，就可以查看已经暴露的 beans 端点了，如图 26-7 所示。

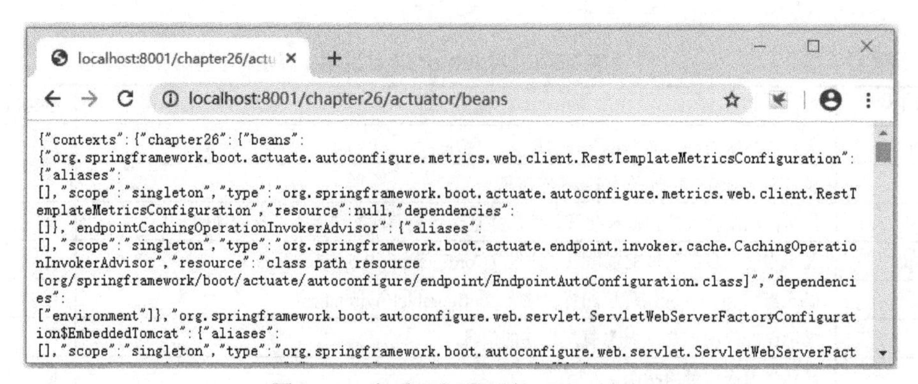

图 26-7　查看已经暴露的 beans 端点

有时候我们希望暴露更多 Actuator 端点，如果此时需要暴露 Actuator 中除 env 外的所有端点，那么我们可以这样配置。

```
management:
  endpoints:
    web:
      exposure:
        # 暴露所有断点
        include: '*'
        # 不暴露 env 端点
        exclude: env
```

26.2.2　保护 Actuator 端点

有时候，这些端点的信息不应该随意暴露给别人查看，为了保护我们的端点，可以考虑使用 Spring Security，为此我们需要在 Maven 中先引入对应的包，如下：

```
<!-- Spring Security 包-->
<dependency>
    <groupId>org.springframework.boot</groupId>
    <artifactId>spring-boot-starter-security</artifactId>
</dependency>
<!-- Tomcat 对 JSP 的依赖 -->
<dependency>
    <groupId>org.apache.tomcat.embed</groupId>
    <artifactId>tomcat-embed-jasper</artifactId>
</dependency>
<!-- Servlet 环境支持 -->
<dependency>
    <groupId>javax.servlet</groupId>
    <artifactId>javax.servlet-api</artifactId>
    <scope>provided</scope>
</dependency>
```

请注意，因为 spring-boot-starter-security 依赖于 JSP，所以这里也会引入 JSP 的支持包。接着要编写一个安全认证类来限定请求的权限，如代码清单 26-3 所示。

代码清单 26-3：配置 Spring Security 保护 Actuator 端点

```
package com.learn.ssm.chapter26.config;
```

```
/**** imports ****/

@Configuration
public class SecurityConfig extends WebSecurityConfigurerAdapter {

   private PasswordEncoder passwordEncoder = new BCryptPasswordEncoder();

   @Bean // 密码编码器
   public PasswordEncoder passwordEncoder() {
      return passwordEncoder;
   }

   @Override
   protected void configure(AuthenticationManagerBuilder auth)
         throws Exception {
      // 使用内存存储
      auth.inMemoryAuthentication()
            // 设置密码编码器
            .passwordEncoder(passwordEncoder)
            // 注册用户 admin，密码为 abc，并赋予其 USER 和 ADMIN 的角色权限
            .withUser("admin")
            // 可通过 passwordEncoder.encode("abc")得到密码
            .password(passwordEncoder.encode("a123456"))
            // 赋予角色 ROLE_USER 和 ROLE_ADMIN 权限
            .roles("ADMIN");
   }
   @Override
   protected void configure(HttpSecurity http) throws Exception {
      // 限定签名后的权限
      http.
         authorizeRequests()
         // 限定"/chapter26/actuator/**"和"/chapter26/admin/**"
         // 将请求的权限赋予角色"ADMIN"
         .antMatchers("/chapter26/actuator/**", "/chapter26/admin/**")
            .hasAnyRole("ADMIN")
         // 签名后允许访问其他路径
         .anyRequest().permitAll()
         .and().anonymous()
         .and().formLogin();
   }
}
```

这个类继承了 WebSecurityConfigurerAdapter，并且覆盖了两个方法，分别是 configure(AuthenticationManagerBuilder)方法和 configure(HttpSecurity)方法。其中第一个方法是配置用户认证的，这里配置了一个用户 admin，密码为 a123456，并且赋予了它 ADMIN 的角色权限；第二个方法则是配置拦截路径的权限的，这里配置的是 ANT 风格的路径“/chapter26/actuator/**”和“/chapter26/admin/**”，也就拦截了所有的 Actuator 端点，要求其拥有 ADMIN 权限才能访问。这样，当访问 Actuator 端点时需要先认证，才能查看，Spring Security 就能够有效地保护端点了。

26.2.3 配置项

除了上述的配置，实际上 Actuator 还提供了许多的配置项，如代码清单 26-4 所示。

代码清单 26-4：Actuator 端点的配置项

```
management:
  endpoints:
    web:
      exposure:
        # 暴露所有端点
        include: '*'
        # 不暴露的端点
        exclude: "env"
      # 端点前缀，默认为 "/actuator"，如果改动，则 Spring Security 权限控制也需修改
      base-path: /admin
      # 修改端点
      path-mapping:
        # 将 mappings 端点修改为 paths
        mappings: /paths
    # 默认端点都不可用
    enabled-by-default: false
  # 具体端点配置
  endpoint:
    # 启用 info 端点
    info:
      enabled: true
    # 启用 beans 端点
    beans:
      enabled: true
    # 启用 configprops 端点
    configprops:
      enabled: true
    # 启用 health 端点
    health:
      enabled: true
    mappings:
      enabled: true
  # 管理服务器配置
#  server:
#    # 使用新的端口
#    port: 8000
```

上述的配置，注释也写得比较清楚了，请大家自行参考。其中配置项 management.endpoints.web.base-path 的配置为"/admin"，它符合代码清单 26-4 中配置的拦截路径，所以 Spring Security 的代码并不需要改变。接着启动项目，在浏览器中访问 http://localhost:8001/chapter26/admin/info，如图 26-8 所示。

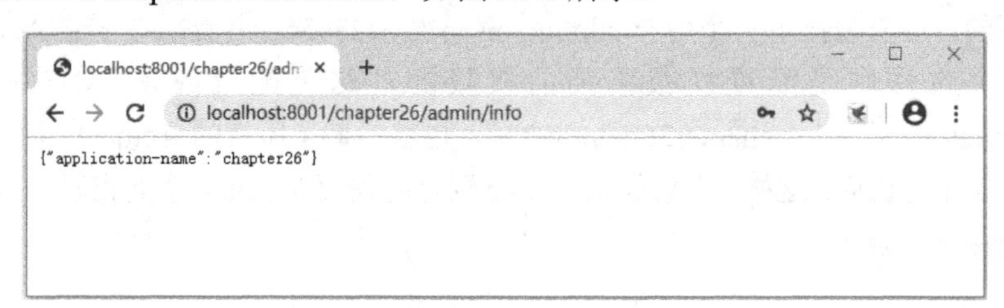

图 26-8　配置后的 Actuator 端点

请注意这里的前缀，由于我们配置了 management.endpoints.web.base-path 为"/admin"，所以路径中的"/actuator"也替换为了"/admin"。我们再查看 paths 端点，如图 26-9 所示。

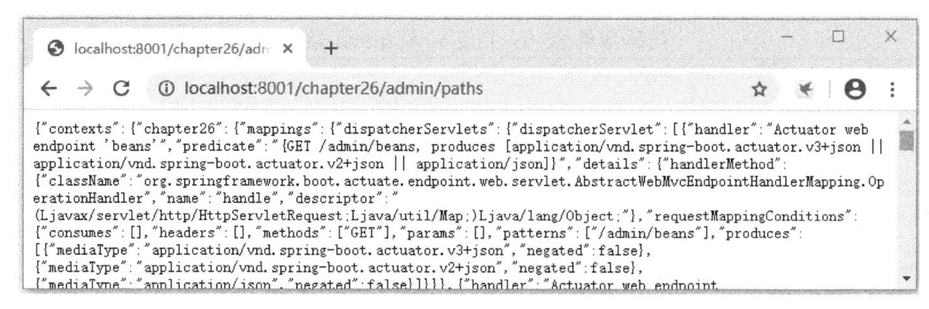

图 26-9　查看 paths 端点

注意 paths 端点在表 26-1 中并不存在，也就说 paths 端点在默认情况下是不存在的，这里可以查看到这个端点，是因为我们在文件 application.yml 中进行了设置，management.endpoints.web.path-mapping.mappings 为 paths，它的意思是将原来的 mappings 端点用 paths 端点代替。这里存在特定的格式 management.endpoints.web.path-mapping.<id>配置项，只要配置它就可以将表 26-1 中的端点修改为自定义的端点了。

此外在 application.yml 文件中，配置项 management.endpoints.enabled-by-default 被设置为 false，意思是在默认的情况下，将所有的端点设置为不可用。然后再通过 management.endpoint.info.enabled 设置 info 端点为可用，这里存在一个格式 management.endpoint.<id>.enabled，通过这个格式可以将自己想要的端点开启。

26.2.4　自定义端点

上述只讨论了 Actuator 自定义的端点，但是有时候我们也需要加入自己的端点，比如我们希望有一个 datasource 端点，用来监控数据库的健康情况。

为了配置数据库，我们需要先配置数据库所需的依赖包，如下：

```xml
<!-- MySQL 驱动包 -->
<dependency>
   <groupId>mysql</groupId>
   <artifactId>mysql-connector-java</artifactId>
   <version>5.1.48</version>
</dependency>
<!-- Spring Boot JDBC -->
<dependency>
   <groupId>org.springframework.boot</groupId>
   <artifactId>spring-boot-starter-actuator</artifactId>
</dependency>
```

接下来就需要我们开发自己的端点了。在 Actuator 中，会使用到注解@Endpoint、@ReadOperation、@WriteOperation 和@DeleteOperation，它们的作用如下。

注解@Endpoint：声明该类为 Actuator 的一个端点。

注解@ReadOperation：该端点为读取端点，对应 HTTP 的 GET 请求。

注解@WriteOperation：该端点为写入端点，对应 HTTP 的 POST 请求。

注解@DeleteOperation：该端点为删除端点，对应 HTTP 的 DELETE 请求。

下面我们通过实例学习如何通过这些注解创建自己的端点，如代码清单 26-5 所示。

代码清单 26-5：自定义 Actuator 端点

```
package com.learn.ssm.chapter26.endpoint;

/**** imports ****/

// 装配进 Spring IoC 容器
@Component
// 定义端点
@Endpoint(
      // 端点 id
      id = "database",
      // 是否在默认情况下启用端点
      enableByDefault = true)
public class DatabaseEndpoint {

   @Value("${spring.datasource.driver-class-name}")
   private String driverClassName = null;;

   @Value("${spring.datasource.url}")
   private String url = null;

   @Value("${spring.datasource.username}")
   private String username = null;

   @Value("${spring.datasource.password}")
   private String password = null;

   // 测试 SQL
   private static final String TEST_SQL = "select 1 from dual";

   // 一个端点只能存在一个@ReadOperation 标注的方法
   // 它代表的是 HTTP 的 GET 请求
   @ReadOperation
   public Map<String, Object> testConnection() {
      Connection conn = null;
      Map<String, Object> msgMap = new HashMap<>();
      try {
         Class.forName(driverClassName);
         conn = DriverManager.getConnection(url, username, password);
         // 执行测试 SQL
         conn.createStatement().executeQuery(TEST_SQL);
         msgMap.put("success", true);
         msgMap.put("message", "测试数据库连接成功");
      } catch (Exception ex) {
         msgMap.put("success", false);
         msgMap.put("message", ex.getMessage());
      } finally {
         if (conn != null) {
            try {
               conn.close(); // 关闭数据库连接
            } catch (SQLException e) {
               e.printStackTrace();
            }
         }
      }
      return msgMap;
   }
}
```

这里需要注意的是加粗的两个注解@Endpoint 和@ReadOperation。先看注解@Endpoint，用来配置端点的 id 和 enableByDefault。其中 id 为 database，这是我们自定义的一个端点 ID；而 enableByDefault 为 true，代表默认开启。注解@ReadOperation 代表一个 GET 请求，用来响应对端点的 HTTP 的 GET 请求。在 testConnection 方法中，先连接数据库，然后执行测试 SQL 语句，从而监控数据库是否连通。

有了这个端点，还需要进行配置，才能测试，这里的配置包括两部分，一部分是数据库，另一部分是端点，如代码清单 26-6 所示。

代码清单 26-6：配置自定义 Actuator 端点

```
# 配置数据源
spring:
  datasource:
    # 驱动类
    driver-class-name: com.mysql.jdbc.Driver
    # 数据库连接
    url: jdbc:mysql://localhost:3306/ssm?characterEncoding=utf8&useSSL=false
    # 用户名
    username: root
    # 密码
    password: a123456
# Actuator 端点配置
management:
  endpoints:
    web:
      exposure:
        # 暴露所有端点
        include: '*'
      # 端点前缀，默认为 “/actuator”,如果改动它，则 Spring Security 也需要作出对应的修改
      base-path: /admin
    # 默认端点都不可用
    enabled-by-default: false
  # 具体端点配置
  endpoint:
    # 启用 info 端点
    info:
      enabled: true
    # 启用 beans 端点
    beans:
      enabled: true
    # 自定义的 database 端点
    database:
      enabled: true
    # 启用 configprops 端点
    configprops:
      enabled: true
    # 启用 health 端点
    health:
      enabled: true
    mappings:
      enabled: true
```

注意加粗的代码，这是一个我们自定义的端点配置，这里启用它。启动 Spring Boot 项目，访问 http://localhost:8001/chapter26/admin/database，可以看到图 26-10 所示的结果。

图 26-10　查看自定义的 Actuator 端点

可见，我们自定义的端点成功了，通过这样的方法就可以自定义 Actuator 的端点了。

26.2.5　健康指标项

这里让我们回到图 26-5 中的 health 端点，它只显示了服务器依旧启动，而实际可以更加详尽。在默认的情况下，health 端点只显示服务器的状态，如果需要显示更多的指标项，我们可以修改配置项 management.endpoint.health.show-details，该配置项存在三个选项。

- never：从不显示指标项，这是默认值。
- always：显示所有指标项。
- when-authorized：认证通过显示指标项。

由于该配置项默认值为 never，所以只会显示服务器的状况，其他的指标项都不会显示。这里假设我们使用了 Spring Security 保护端点，那么我们可以在 application.yml 文件中这样配置：

```
management:
  endpoint:
    health:
      # 启用端点
      enabled: true
      # 验证通过
      show-details: when_authorized
      # 赋予何种角色权限
      roles: ADMIN
```

注意，这个端点赋予了 ADMIN 角色，这样只要我们用对应权限的用户登录就可以访问并显示指标项了，假如不配置 management.endpoint.health.roles，那么赋予所有认证通过的用户权限。启动服务后，访问 http://localhost:8001/chapter26/admin/health，登录后，可以看到图 26-11 所示的结果。

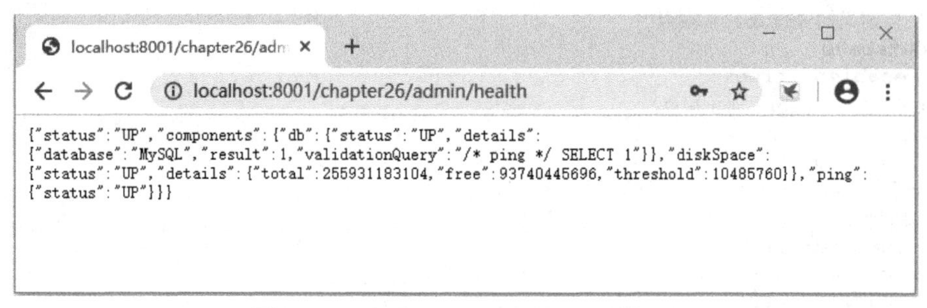

图 26-11　查看 health 端点的监控指标项

从图 26-11 中可以看出，端点已经展示了更多的指标项，包括上节我们配置的数据源（db）、磁盘（diskSpace）和 ping。注意每个指标项下面会有两个属性：一个是“status”，表示指标项监控的状态；另一个是 details，给出指标项具体的信息。状态在指标项中是一个枚举，对应的枚举类是 org.springframework.boot.actuate.health.Status，在默认的情况下它存在四个状态。

- UNKNOWN：未知，对于一些难以判定的指标会采用这个规则，比如分布式路由数据库。
- UP：表示被监测服务正常启动。
- DOWN：表示监测的服务下线，不能再提供服务。
- OUT_OF_SERVICE：表示监测的服务出现问题，不能再提供服务。

那么 health 端点有哪些指标项呢？下面通过表 26-2 进行说明。

表 26-2　health 端点指标项

指标项名称	说　　明
CassandraHealthIndicator	检查 Cassandra 数据库是否启动
CouchbaseHealthIndicator	检查 Couchbase 数据库是否启动
DiskSpaceHealthIndicator	检查服务器磁盘空间
ElasticSearchRestHealthContributorAutoConfiguration	查看 Elasticsearch 集群健康情况
HazelcastHealthIndicator	检查 Hazelcast（一种内存缓存）服务器是否启动
InfluxDbHealthIndicator	检查 InfluxDb 服务器是否启动
JmsHealthIndicator	检查 JMS 管道是否可用
LdapHealthIndicator	检查 LDAP（一种认证服务器）服务器是否可用
MailHealthIndicator	检查邮件服务器是否可用
MongoHealthIndicator	检查 MongoDB 服务器是否可用
Neo4jHealthIndicator	检查 Neo4j 服务器是否可用
PingHealthIndicator	常规返回“UP”，代表当前 Spring Boot 项目服务器可用
RabbitHealthIndicator	检查 Rabbit 消息服务器是否可用
RedisHealthIndicator	检查 Redis 服务器是否可用
SolrHealthIndicator	检查 Solr（一种搜索服务器）服务器是否使用

只有引入了对应的 Spring Boot 启动器（starter），做了对应的配置，相应的指标项才会自动启用。

有时候我们并不想启用所有的指标项，而是有选择地启动，这个时候可以使用配置项 management.health.<id>.enabled 来启用或者不启用指标项。比如不启用数据源的指标项就可以配置为

```
management:
  health:
    defaults:
      # 默认全部指标项启用，默认值为true
      enabled: true
    # 数据库指标项
    db:
      # 不启用数据源指标项
      enabled: false
```

其中配置项 management.health.defaults.enabled 配置所有指标项是否默认启用，而 management.health.db.enabled 配置数据源是否启用，由于我们设置为了 false，所以数据源的指标项就不会启用和显示了。

有时候我们还可能需要配置自己的指标项，这也是被允许的。下面我们来配置一个指标项，用来监测服务器是否连通互联网。要实现指标项的开发可以通过 HealthIndicator 接口或者继承抽象类 AbstractHealthIndicator，而实际上 AbstractHealthIndicator 也实现了 HealthIndicator 接口。这里让我们通过代码来学习如何自定义指标项，如代码清单 26-7 所示。

代码清单 26-7：自定义指标项，监测服务器是否连通互联网

```
package com.learn.ssm.chapter26.indicator;

/**** imports ****/

// 当配置项 management.health.www.enabled 为 true 时才展示指标项
@ConditionalOnEnabledHealthIndicator("www")

/**
 * 指标项名称，根据 Bean 名称决定
 * 如果 Bean 名称为 xxxHealthIndicator，那么指标项名称为 xxx
 * 本例使用默认的类名为 Bean，指标项名称为 internet
 * 重新定义 Bean 名称为 wwwHealthIndicator，则指标项为名称为 www
*/
@Component(value="wwwHealthIndicator")
public class InternetHealthIndicator extends AbstractHealthIndicator {

    // 通过监测腾讯服务器，看能否访问互联网
    private final static String QQ_HOST = "www.qq.com";
    // 超时时间为 5s
    private final static int TIMEOUT = 5000;

    @Override
    protected void doHealthCheck(Health.Builder builder) throws Exception {
        // 监测腾讯服务器
        boolean status = ping();
        if (status) {
            // 健康指标为可用状态，并添加一个消息项
            builder.withDetail("message", "当前服务器可以访问万维网。").up();
        } else {
            // 健康指标为不再提供服务，并添加一个消息项
            builder.withDetail("message", "当前无法访问万维网").outOfService();
        }
    }

    // 探测腾讯服务器是否能够访问，以确定是否连上万维网
    private boolean ping() throws Exception {
        try {
            // 如果返回值为 true，则说明 host 可用，如果返回值为 false 则不可用
            return InetAddress.getByName(QQ_HOST).isReachable(TIMEOUT);
        } catch (Exception ex) {
            return false;
        }
    }
}
```

这里注意代码中标注在类上的两个注解：其中注解@ConditionalOnEnabledHealthIndicator 表示在什么时候启用该指标项，这里配置的是 www，表示当配置项 management.health.www.enabled 为 true 时，该指标项才会启用，当然，在默认的情况下，指标项是会启用的，

除非用户将其设置为不启用；接着是注解@Component，它表示将这个指标项扫描装配到 Spring IoC 容器中，这个时候 health 端点会自动识别它，如果没有将其设置为 wwwHealthIndicator，那么默认的 Bean 名称是 internetHealthIndicator，此时对应的指标项名称也是 internet，如果设置为 wwwHealthIndicator，那么指标项的名称为 www。再看 doHealthCheck 方法中的参数（buidler）的使用，这里的 withDetail 方法，表示写入的详情信息，up 和 outOfService 则表示指标项的状态。

重启项目，并访问 http://localhost:8001/chapter26/admin/health，就可以看到图 26-12 所示的结果了。

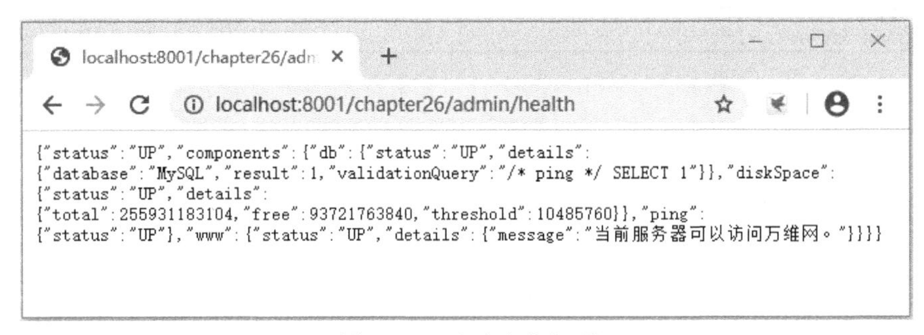

图 26-12　自定义指标项

从图中可以看到自定义的指标项 www 已经显示出来了。当然我们也可以设置它不启用，比如采用下面的配置。

```
management:
  health:
    defaults:
      # 默认全部指标项启用，默认值为true
      enabled: true
    # 数据库指标项
    db:
      # 启用数据源指标项
      enabled: true
    # 自定义的指标项
    www:
      # 不启用 www 指标项
      enabled: false
```

这个时候代码清单 26-8 中的注解@ConditionalOnEnabledHealthIndicator（www）会启用，不再把它列为健康指标项。

26.3　测试

在使用 IDEA 或者 Eclipse 创建 Spring Boot 项目时，它会为我们自动引入 spring-boot-starter-test 包，但是在 IDEA 中仅仅引入这个包还不行，我们还需要引入 junit-platform-launcher 包，引入包的情况如下：

```
<dependency>
   <groupId>org.springframework.boot</groupId>
   <artifactId>spring-boot-starter-test</artifactId>
   <scope>test</scope>
```

```
        <exclusions>
            <exclusion>
                <groupId>org.junit.vintage</groupId>
                <artifactId>junit-vintage-engine</artifactId>
            </exclusion>
        </exclusions>
    </dependency>
    <!-- 如果用户需要使用 IDEA 进行测试则需要引入这个包 -->
    <dependency>
        <groupId>org.junit.platform</groupId>
        <artifactId>junit-platform-launcher</artifactId>
        <scope>test</scope>
    </dependency>
```

26.3.1 基本测试

在 Spring Boot 2.2.6 版本中，spring-boot-starter-test 依赖的是 JUnit 5。为了进行测试，我们先编写一个控制器，如代码清单 26-8 所示。

代码清单 26-8：待测试控制器

```
package com.learn.ssm.chapter26.controller;

/**** imports ****/

@RestController
@RequestMapping("/test")
public class TestController {

    @GetMapping("/hello/{name}")
    public String hello(@PathVariable("name") String name) {
        return "hello " + name + "!!";
    }

}
```

下面我们针对这个类进行测试。编写的测试类如代码清单 26-9 所示。

代码清单 26-9：测试控制器

```
package com.learn.ssm.chapter26.controller;

/**** imports ****/

// 驱动 Spring Boot Test 工作，并指向 Spring Boot 项目的启动类
@SpringBootTest(classes = Chapter26Application.class)
public class TestControllerTest {

    // 注入控制器
    @Autowired
    private TestController testController = null;

    // 测试方法
    @Test
    public void testHello() {
        String result = testController.hello("Jim");
        System.out.println(result);
        Assert.notNull(result, "判定结果为空（null）");
```

```
    }
}
```

注意到加粗的两个注解，注解@SpringBootTest 标明该类采用 Spring Boot 的方式进行 JUnit 测试，并指明 Spring Boot 的入口类 Chapter26Application，这样它就会以 Chapter26Application 为入口进行测试。而在 testHello 方法上，标注了注解@Test，这样 JUnit 就会知道这个是我们的测试方法。我们运行它就可以看到控制台的输出，如图 26-13 所示。

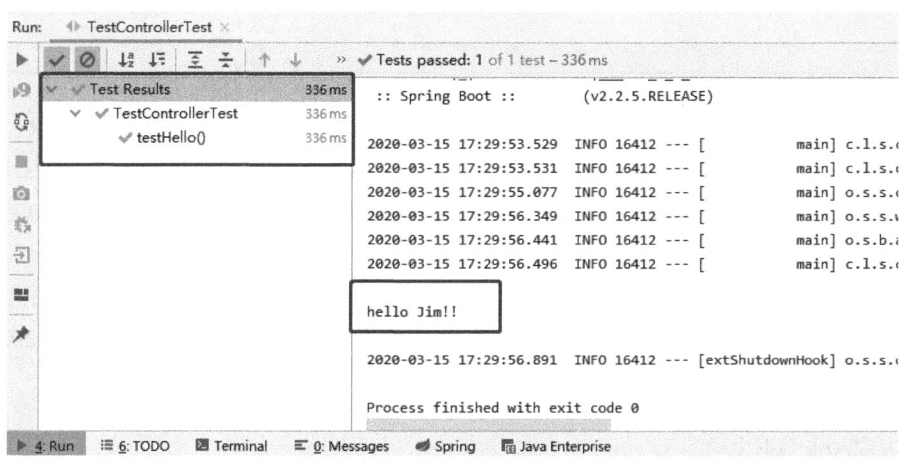

图 26-13　通过控制台输出 JUnit 测试结果

先看左边加框的地方，这里在类和方法上都打了“✔”，说明测试通过了;再看输出的日志，可以看到 Spring Boot 项目已经启动，并对方法进行了测试，打出了日志“Hello Jim”。

26.3.2　使用随机端口测试 REST 风格的请求

有时候，我们需要进行 REST 风格的测试，这个时候可以使用随机端口进行处理。可以使用注解@SpringBootTest 中的配置项 webEnvironment，它是一个可以设置 Web 应用环境的配置项。接下来让我们通过改造测试类 TestControllerTest 启用随机端口进行测试，如代码清单 26-10 所示。

代码清单 26-10：进行 REST 风格的测试

```
package com.learn.ssm.chapter26.controller;

/**** imports ****/

// 驱动 Spring Boot Test 工作，并指明启动类
@SpringBootTest(
        // 入口类
        classes = Chapter26Application.class,
        // 使用随机端口
        webEnvironment = SpringBootTest.WebEnvironment.RANDOM_PORT)
public class TestControllerTest {

    // ......其他代码......

    // 注入 TestRestTemplate 对象
    @Autowired
    private TestRestTemplate restTemplate = null;
```

```
    // 测试方法
    @Test
    public void testRestHello() {
        // 简写的 URL，无须写出服务器 IP 和端口
        String url = "/chapter26/test/hello/{name}";
        // 通过 REST 风格请求获取结果
        String result = restTemplate.getForObject(url, String.class, "Jim");
        System.out.println(result);
        Assert.notNull(result, "判定结果为空（null）");
    }
}
```

这个类注解@SpringBootTest 的配置项 webEnvironment 被设置为 RANDOM_PORT，这时候它就会使用随机端口启动 Spring Boot 项目。与此同时，Spring Boot 会自动装配 TestRestTemplate 对象，它的使用和 RestTemplate 如出一辙，所以我们可以采用直接注入的方式获取它。再看 testRestHello 方法，这里给出了不带服务器地址和端口的 URL，因为 TestRestTemplate 已经帮我们设置好了基础的路径，所以不需要自己给出。接下来就是通过 REST 风格的请求获取最后的结果。选中 testRestHello 方法名，然后单击右键，在弹出的快捷菜单中选择“Run testRestHello()”选项就可以单独运行该方法了。

26.3.3 Mock 测试

在实际中存在各种不能测试的场景，比如我们准备和第三方服务对接，但是第三方服务没有完成，这个时候就不能调用第三方服务测试本地的代码了；又如本地有一个模块由于内容比较多，所以未能和其他模块同步完成，而其他模块与它存在依赖关系，这样也会造成无法测试。为了解决这些问题，Spring 还提供了 Mock 测试。Mock 测试指在测试过程中，对于某些不容易构造或者不容易获取的对象，用一个虚拟结果对象来创建便于测试的方法。我们给出一个会抛出异常的控制器，如代码清单 26-11 所示。

代码清单 26-11：编写 Mock 测试控制类

```
package com.learn.ssm.chapter26.controller;

/**** imports ****/

@RestController
@RequestMapping("/mock")
public class MockController {

    /**
     * 方法未完成，会抛出异常
     * @param value 参数
     * @return 目前未支持，方法会抛出异常
     */
    @GetMapping("/unsupport/{value}")
    public String unsupport(@PathVariable("value") String value) {
        throw new UnsupportedOperationException("该方法未开发，有待后续完善");
    }
}
```

这个控制器很简单，只有一个 unsupport 方法，且该方法会抛出异常，在正常的情况下，我们测试它会发生异常，这个时候我们可以使用 Mock 测试代替它。下面我们编写 Mock 测试所需要的类，如代码清单 26-12 所示。

代码清单 26-12：编写 Mock 测试控制类

```
package com.learn.ssm.chapter26.controller;

/**** imports ****/

// 驱动 Spring Boot Test 工作，并指明启动类
@SpringBootTest(
      // 入口类
      classes = Chapter26Application.class,
      // 使用随机端口
      webEnvironment = SpringBootTest.WebEnvironment.RANDOM_PORT)
public class MockControllerTest {

   // 注入 TestRestTemplate 对象
   @Autowired
   // 标注为 Mock 测试的对象
   @MockBean
   private TestRestTemplate restTemplate = null;

   @Test
   public void testMock() {
      // 简写的 URL，无须写出服务器 IP 和端口
      String url = "/chapter26/mock/unsupport/{value}";
      // 虚拟结果对象
      String mockResult = "该方法未实现，有待后续再测";
      // 参数
      String value = "mock";
      // 对 Mock 对象声明调用的方法和参数
      BDDMockito.given(restTemplate.getForObject(url, String.class, value))
            // 使用自定义的虚拟对象，取代方法返回的结果
            .willReturn(mockResult);
      // 通过 REST 风格请求获取结果（会被虚拟结果对象取代）
      String result = restTemplate.getForObject(url, String.class, value);
      System.out.println(result); // ①
      Assert.notNull(result, "判定结果为空（null）");
   }
}
```

这里需要注意代码清单加粗的两个地方：一是注解@MockBean 标明对什么对象进行 Mock 测试，这里标注了 TestRestTemplate 对象，说明对它进行 Mock 测试；二是 testMock 方法中加粗的地方，这里的 given 方法说明调用 restTemplate 对象的 getForObject 方法，当符合这些参数时采用 Mock 测试，会使用我们自己构建的虚拟结果对象取代该方法的返回。为了方便我们的测试，这里在代码①处设置断点，然后采用调试（Debug）的模式测试 testMock 方法，结果如图 26-14 所示。

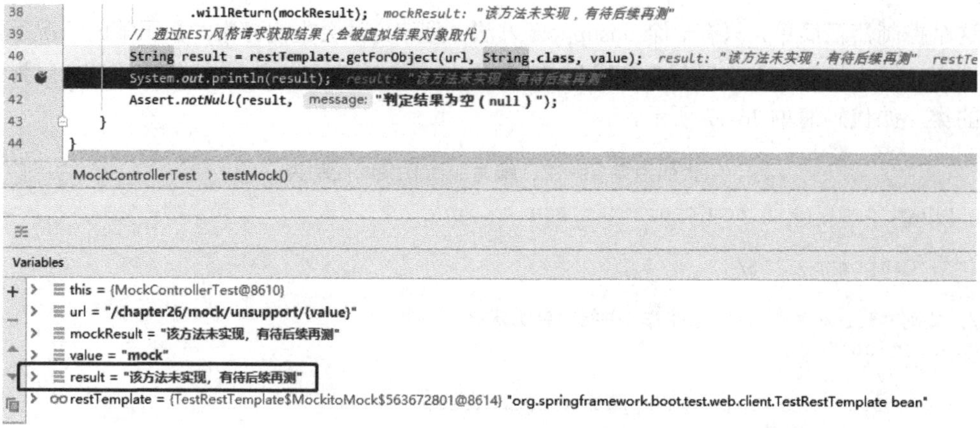

```
38              .willReturn(mockResult);  mockResult: "该方法未实现，有待后续再测"
39          // 通过REST风格请求获取结果（会被虚拟结果对象取代）
40          String result = restTemplate.getForObject(url, String.class, value);  result: "该方法未实现，有待后续再测"  restTe
41          System.out.println(result);  result: "该方法未实现，有待后续再测"
42          Assert.notNull(result,  message: "判定结果为空（null）");
43      }
44  }
    MockControllerTest › testMock()

Variables
> this = {MockControllerTest@8610}
> url = "/chapter26/mock/unsupport/{value}"
> mockResult = "该方法未实现，有待后续再测"
> value = "mock"
> result = "该方法未实现，有待后续再测"
> restTemplate = {TestRestTemplate$MockitoMock$563672801@8614} "org.springframework.boot.test.web.client.TestRestTemplate bean"
```

图 26-14

从图 26-14 中可以看出，TestRestTemplate 对象调用的结果已经被我们定义的虚拟结果对象取代，显然这里的 Mock 测试是成功的。

第 27 章 Spring Cloud 微服务入门

本章目标

1. 了解什么是微服务架构
2. 了解 Spring Cloud 的基础构成
3. 了解服务治理中心（Spring Cloud NetFlix Eureka）的使用
4. 了解服务调用（Spring Cloud NetFlix Ribbon 和 Spring Cloud OpenFeign）的使用
5. 了解断路器（Spring Cloud NetFlix Hystrix 和 Resilience4j）的使用
6. 了解 API 网关（Spring Cloud NetFlix Zuul 和 Spring Cloud Gateway）的使用

近几年，作为 Java 程序员，如果不懂得什么是微服务，似乎就跟不上时代节奏了，微服务架构已经兴起，将成为现在和未来数年企业的主流架构。这里需要回答三个问题：一是什么是微服务架构；二是为何要采用微服务架构；三是如何开发微服务架构。

27.1 微服务架构的概念

和 REST 风格一样，微服务架构也没有严格的定义。它是科学家马丁•福勒（Martin Fowler）在其论文中提出来的开发风格，在他的论文中，总共谈到了 9 种风格，只要符合这些风格的架构设计都可以称为微服务架构。

在谈这 9 种风格之前，我们先来了解单体系统和其缺陷。一个单体系统，一般包括用户接口（User Interface，UI）、服务端应用（比如 Java Web 后端）和数据源（比如 MySQL），它们是一个整体。但是这样的整体会造成以下问题：在开发方面，所有的应用会聚集在单体系统，随着企业业务的发展，单体系统会越来越复杂，最终复杂度超过开发者可承受的范围；在维护方面，随着缺陷被修复和业务调整或扩展，单体系统内部各个模块之间将不断耦合在一起，无法保持原有的模块化的设计，最终导致服务之间的依赖异常复杂，成本越来越高；在部署方面，如果修复某个地方，那么当用户完成修复后，只能整体重新部署，不能做到部分部署；在团队方面，如果单体系统出现问题，那么可能涉及整个团队，而不是部分团队，显然团队也会存在责任不清的情况。正因为这些弊端，引发了人们对于架构的思考，而微服务架构就是为了解决这些问题而产生的。

27.1.1 微服务的风格

显然，以上谈论的单体系统产生问题会造成软件的各类问题，业务和模块也会日趋耦合，最终难以维护。为了解决以上问题，马丁・福勒在其论文中提出了微服务架构的 9 种风格，下面让我们来讨论一下这些风格。

1. 组件化（Componentization）与服务（Services）

将单体系统拆分为多个组件，让每个组件都有独立的功能，并且都是能够独立运行、替换和升级的软件单元。但是业务往往需要组件之间相互协作才能完成，所以需要暴露对应的服务来实现各个组件的交互。请注意，所有服务都是组件暴露出来给其他外部组件调用的，可以是远程过程调用（RPC）接口，也可以是 REST 风格的端点，但是并不是以类似 jar 包的依赖形式存在的。

2. 围绕业务功能的组织

上述谈到了对单体系统的拆分，那么就必须清楚如何对系统进行拆分。在通常情况下，可以按团队、业务、数据和技能拆分，比如按技能拆分可以分为前端工程师、后端工程师、数据库工程师和运维人员。但是在微服务中建议按业务拆分，因为微服务设计者认为，跨团队的协作必然产生沟通成本，严重时甚至会出现内耗，这会极大地增加系统的维护成本。比如按技能拆分，任何一个改动都可能涉及前后端工程师、数据库工程师和运维人员，这显然涉及的范围太大了，成本也会增加。但是如果按业务来分，那么只需要对应的业务开发人员参与就可以了，无须涉及全部成员。当然，业务功能的拆分难点是边界的界定，有时候边界并不清晰，此时就需要深入理解业务的开发人员进行界定了。

3. 产品不是项目

在微服务中，每个组件都是一个独立的产品，而不是项目。在传统的软件开发中，一个项目结束了，它的开发团队也会解散，有时候只留下极少数的人进行维护。微服务架构的理念认为这样的方式是不可取的，只要产品存在，就需要不断地维护和扩展，而由原来的开发团队继续维护和扩展是最佳的，所以开发团队不应该在产品存在期内解散，而应该继续提供服务。这样将有利于开发者专注在某一个领域，不断地完善产品，提高产品的质量。

4. 强化终端及弱化通道

微服务组件之间会存在交互，通过协作完成各种业务功能。因为需要交互，所以必须遵循一定的通信协议，常见的通信协议有远程过程调用（RPC）、Web Service 和 HTTP 等。在微服务的构建中，建议弱化通信协议的复杂性，因此推荐采用以下两种方式。

- 轻量级的 HTTP 的请求—响应和轻量级消息通信协议，当前流行的是轻量级的 HTTP 的请求-响应，比如 REST 风格请求。
- 用轻量级消息总线来发布消息，比如使用 RabbitMQ 或者 ZeroMQ 等。

微服务推荐的两种方式并不比其他通信协议高效或者稳定，我们还可以使用其他的通信方式，比如阿里巴巴的 Dubbo 或者 Apache Thrift 等。但是微服务架构的理念认为在复杂的环境中引入一些简单易用的方式去保证可读性和后续的扩展，会比引入那些复杂但性能优越的方式更佳。

5. 分散治理

之前我们谈过，微服务的组件可以独立运行，仅暴露对应的服务给其他组件调用，而每个组件都可以使用自己的开发语言，比如 C++适合做快速的逻辑运算、MATLAB 适合做项目计算、Python 可以做网络爬虫和数据分析等。微服务的组件不限制任何一种语言的使用，只需要它们能够按照一定的通信协议交互起来，比如常见的 HTTP 的 REST 风格的请求。

6. 分散数据管理

单体系统被拆分后，对应的数据存储和管理也会变得分散，在微服务中，每个组件都应该有自己的数据库和缓存（比如 Redis、MongoDB 等）。这些数据是独立的，只为一个组件的业务提供读写，不存在组件之间的交互读写问题。这样就可以简化数据模型，使得存储更加合理。

但是上述分散也会带来两个问题。

一是数据分散后，无法保证单数据库数据的一致性，需要通过分布式数据库协议或者其他的方式实现，但是这会引入大量的锁和协议，导致服务变得更加复杂，性能也会下降。

二是难以完成大量的跨组件的统计分析，数据分散后，如果需要做跨组件的统计分析，组件间就要大量地通过网络交互数据，这显然是很难完成的。

对于第一个问题，微服务推荐放弃数据库的一致性，而由弱一致性手段去保证数据的一致性。所谓弱一致性指在分布式系统中，更新数据后，不保证所有节点可以读到的数据都是真实和一致的，分布式系统会在后续通过某种手段修复数据，使得数据最终一致。最终一致性相对简单，它允许我们不引入复杂的通信协议，通过各种手段在后续修复数据，甚至通过人工干预实现数据的最终一致性，同时保证系统的性能。对于第二个问题，在微服务架构的理念中，一般不建议跨组件进行统计分析，如果必须这样，那么可以考虑抽取数据到统计系统，再由统计系统完成对应的功能，毕竟统计往往并不需要是实时的。

7. 基础设施自动化

当我们对单体系统进行拆分时，也必然将测试和部署等操作复杂化，随着业务不断发展，系统和数据不断膨胀，这必将是测试和部署人员的噩梦。但是随着软件行业的发展，目前已经开发出了许多有利于部署和测试的工具，比如 Docker 容器。同时，测试开发在稳步推进，常见的如使用 Python、JavaScript 语言编写的测试案例等。微服务应该通过这些，不断简化构建难度。

8. 容错性设计

单体系统被拆分后，部署在不同的环境中，有时候会出现各种组件问题，常见的问题有两大类。

- 硬件故障，比如网络中断、断电、磁盘故障等，导致服务不可用。
- 某个组件当前过于忙碌，导致运行极其缓慢，而另外的组件调用其提供的服务会超时，进而出现线程积压，导致自己的服务也不可用，如果这样的情况继续蔓延，那么会导致一系列服务不可用，这就是我们说的雪崩现象。

一方面，我们可以通过服务发现来监控那些出现故障的组件，并将其剔除，或者对其进行维护；另一方面，可以隔离一些出现故障、执行缓慢的组件。为了让大家能够理解隔离执行缓慢的组件，有必要举例说明。例如当前产品组件繁忙，无法对外提供服务调用，如果此时用户组件调用它，那么用户组件自身就会出现调用线程积压，积压的线程多了，就会导致自身繁忙和不可用，此时通过容错的工具（比如后续我们将介绍的 Hystrix 和 Resilience4j），就可以将繁忙的产品组件隔离，这样就不会由于服务调用的线程积压导致用户组件不可用了。

9. 设计改进

微服务的设计是以业务功能组织的，但是正如之前说的，业务功能的界定往往是不清晰的，有时候一开始的设计会出现问题，又或者随着业务的发展也会导致数据的膨胀，各类业务的复杂化。比如一个电商，有时候会将产品分为家电、食品、生鲜、教育等类别，而在业务量较小的情况下，这些分类的业务量并不大，可以只使用一个组件来处理它们。但是随着业务量的增加，这些分类就有了各自的明细需求，产品会日趋复杂化和个性化，这时就有必要将产品组件拆分为家电组件、食品组件、生鲜组件和教育组件进行分类开发和维护了。所以微服务设计并不是一成不变的，而是随着业务的发展和需求不断改进的。经过长时间的改进，那些核心架构的组件往往会相对稳定下来，从而成为微服务的核心组件。而那些需要经常变化的组件，则需要不断地进行维护和改进，来满足业务的发展需要。

27.1.2 微服务架构总结

微服务架构是分布式系统架构的一种，它的目的并不是处理分布式系统所有的问题，而是给予开发者和架构者一种思路去设计自己的系统，并且建议尽量追求高可用、可读和简单，而轻视数据的一致性和性能。分布式系统的一系列问题依旧会在微服务架构中出现，比如分布式机器之间的数据不一致，机器之间协作顺序错乱等，但是微服务架构的理念认为能将分布式系统简单化就很不错了，这就是“两害相权取其轻”的思想。

所以微服务架构并不是金科玉律，我们需要根据业务和系统的需要来设计，一些特殊的业务，比如高并发系统，就不太适合使用微服务架构推荐的服务交互方式——REST 风格的请求，因为这是缓慢的，这个时候就需要我们自己考虑替代方案了。同时实现微服务架构需要的成本也会增加，需要增加硬件和开发人员，有时候我们并没有足够的开发人员去实施微服务架构，比如我们现有 8 个核心组件，而开发人员却只有 24 位，也就是一个组件平均只有 3 位开发人员，这时候可以将团队划分为 4 组，每组 6 人，让每个组负责维护两个组件，但是每个组也应该有明确的边界。

应该说，微服务架构所谈的风格不是一定要遵循的，我们只能根据自己业务的需要来确定自己的方案。方法是死的，而人是活的，我们需要根据业务需求解决问题。

27.2 Spring Cloud 基础架构和概念

应该说构建微服务架构所需的组件是很复杂的，很多企业，甚至一些大型企业都不具备自己构建微服务架构的能力。不过我们并不沮丧，因为我们可以站在巨人的肩膀上，市场上有很多成熟且久经考验的组件可以让我们使用，典型的比如 Spring Cloud 和 Dubbo 等。当前最流行的当属 Spring Cloud，这也是我们本章学习的核心内容。

27.2.1　Spring Cloud 概述

Spring Cloud 是一组构建微服务架构的组件，它是由 Pivotal 团队维护的。只是 Pivotal 团队并没有自己开发很多组件，也就是并没有自己“发明轮子”，而是采用当前其他企业在长期实践中经过考验的优秀的分布式产品，将这些产品以 Spring Boot 的形式进行了封装，使得我们的学习和使用成本进一步降低，所以学习 Spring Cloud 的基础是 Spring Boot。在 Spring Cloud 封装的分布式产品中，是以 Netflix（网飞公司）为核心的，Netflix 曾经多次被评为顾客最满意的网站，有着大量分布式的经验，同时有很多优秀的产品。不过随着时代的发展，网飞公司的产品也渐渐定型，而一些组件更新缓慢，甚至停止了更新，比如 Netflix Zuul 的 2.0 版本就一直没有按时间发布，更新缓慢；又如 Netflix Hystrix 当前停止了更新，进入了缺陷修复状态。在这种情况下，Pivotal 团队开始了从 Spring Cloud 中去除 Netflix 组件的工作，只是这个工作量比较大，需要花费很长的时间，截至 2020 年 8 月，也没有完成，所以本书还是介绍那些已经被广泛使用的 Netflix 组件。虽然使用的组件不同，但是包含的思想却是接近的，学习好 Netflix 组件，明确它们的设计思想和应用场景，再学其他的分布式组件也就事半功倍了。

Spring Cloud 会融入很多的组件，而这些组件是由各个公司进行开发和维护的，版本十分凌乱。为了对这些组件进行统一管理，Pivotal 团队决定使用伦敦地铁站点的名称作为版本名。先将这些站点名称进行罗列，然后按顺序使用。Spring Cloud 发布的历史版本如表 27-1 所示。

表 27-1　Spring Cloud 版本说明

Spring Cloud 版本号	Spring Boot 版本号	备　注	当前状态
Angle	1.2.x	不兼容 1.3	终止
Brixton	1.3.x	1.4.x	终止
Camden	1.4.x	1.5.x	启用
Dalston	1.5.x	不支持 2.x	启用
Edgware	1.5.x	不支持 2.x	启用
Finchley	2.x	不支持 1.5.x	启用
Greenwich	2.1.x	不支持 1.5.x	启用
Hoxton	2.2.x	不支持 1.5.x	启用

笔者采用的 Spring Cloud 版本是 Hoxton.SR3，而 Spring Boot 的版本是 2.2.6。其中，SR3 是 Service Releases 3 的简写，指发布 Hoxton 版本后的第三个修正的版本。

27.2.2　Spring Cloud 的架构、组件和基础概念

学习 Spring Cloud 最重要的是学习其架构和组件，当然架构是大的方向，而组件是细节。我们需要先从大的方向去把握它，所以需要了解 Spring Cloud 的主要架构、组件和概念，这对于后续学习是十分重要的，也是学习 Spring Cloud 的基础。为了搞清楚这些，我们先看图 27-1。

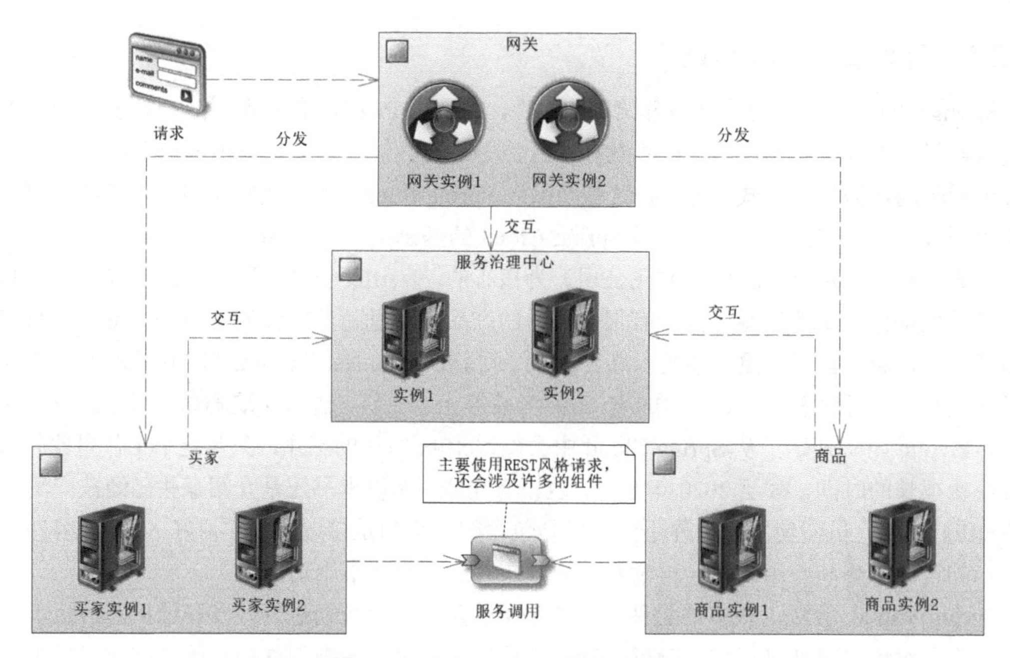

图 27-1 Spring Cloud 的基础框图

请注意，图 27-1 只是画出了 Spring Cloud 最核心的组件，并未将全部组件画出。学习时应该先学习主干，然后才能开枝散叶，那些枝叶会在后续陆续给大家介绍。这里需要先明确服务、服务实例和服务调用的概念，这些是学习 Spring Cloud 的基础。

- **服务**：图 27-1 中每个框都代表一种服务，我们之前介绍过，微服务是以业务功能拆分单体系统的，每个框都是一种业务功能，比如网关就是率先得到请求进行路由分发的服务，买家则是管理买家的服务，商品就是管理商品的服务。
- **服务实例**：简称实例，它是服务下的一个节点，一个服务可以有多个实例。比如在图 27-1 中，网关、服务治理中心、买家和商品各有两个实例，它们会有相同的业务或者功能逻辑。
- **服务调用**：在介绍微服务的概念时，我们说过服务并不是孤立的，它们需要相互交互才能共同完成业务，而服务之间的相互调用，我们称之为服务调用。在 Spring Cloud 中，主要以 HTTP 的 REST 风格的请求为主。

上述介绍了三个基本的概念，接着就要介绍这些服务的功能了，这些组件按照功能分为三大类。

- **服务治理中心**：服务治理中心是微服务的核心组件，它主要负责赋予各个服务实例注册、发现和管理的功能，值得注意的是服务治理中心并不会主动维护实例，而是实例通过各种请求去维持和服务治理中心的交互。
- **网关**：网关是第一个得到请求的组件，一般来说，它具有两个主要的功能。第一，可以过滤请求，比如拦截黑名单用户请求；第二，将路由分发到具体的服务。同样，它的实例会注册到服务治理中心，让服务治理中心进行管理。
- **具体服务**：具体服务指具体的业务组件，它是开发者根据自身业务设计、开发和维护的。比如图 27-1 中的买家和商品，就是具体服务。同样，具体服务的实例会注册到服务治理中心，让服务治理中心进行管理。

这里还需要注意具体服务之间的协作是需要相互调用的，在 Spring Cloud 中，主要以 REST 风格请求为主，但是不要认为这很简单，因为服务调用会产生许多的问题，这些后面也会进行讨论。Spring Cloud 的内容很多，有些也很复杂，限于篇幅，本章只介绍最常用和核心的组件及其功能，其他内容需要读者自己阅读相关的资料进行学习。

27.3 服务治理和服务发现

在 Spring Cloud 中，服务治理一般是通过 Netflix Eureka 完成的。为了让开发者能够简单地使用 Netflix Eureka，Pivotal 团队还会将它通过 Spring Boot 的形式封装为 Spring Cloud Netflix Eureka（为了简化，在没有歧义的情况下，本书简称为 Eureka），这样就可以快速和简易地使用它了。

为了测试 Eureka，笔者在 IDEA 中创建了项目 chapter27，并且新增了四个模块，其目录如图 27-2 所示。

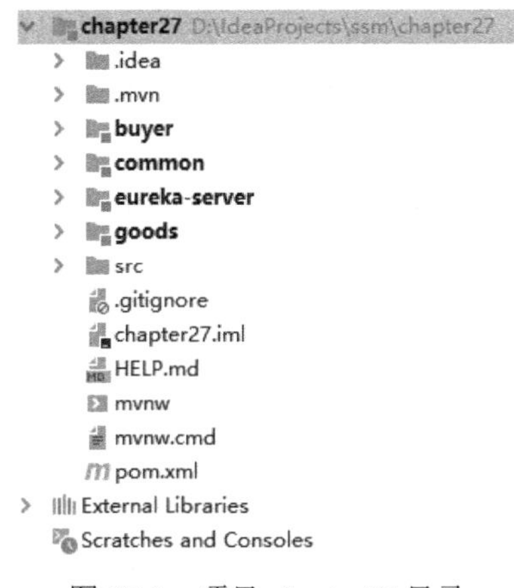

图 27-2 项目 chapter27 目录

其中，chapter27 是项目名；buyer 是买家模块；common 是公共模块包；eureka-server 是 Eureka 服务治理中心模块；goods 是商品模块。

27.3.1 服务治理中心——Eureka

我们先看 eureka-server 模块，在创建它的时候可以选中 Web 和 Eureka Server（这是 Eureka 服务器，注意不要选中依赖 Eureka Client）的依赖。然后查看 pom.xml，就可以看到对 Eureka 的依赖了，如代码清单 27-1 所示。

代码清单 27-1：引入 Eureka 服务器

```
<dependency>
   <groupId>org.springframework.boot</groupId>
   <artifactId>spring-boot-starter-web</artifactId>
</dependency>
<dependency>
<groupId>org.springframework.cloud</groupId>
<artifactId>spring-cloud-starter-netflix-eureka-server</artifactId>
</dependency>
```

因为 Eureka 服务治理中心需要在 Web 环境下运行，所以会引入 spring-boot-starter-web。接着改造其启动类，如代码清单 27-2 所示。

代码清单 27-2：驱动 Eureka 运行

```
package com.learn.ssm.chapter27.eureka.server.main;

/**** imports ****/

@SpringBootApplication
// 驱动 Eureka 服务治理中心
@EnableEurekaServer
public class EurekaServerApplication {

    public static void main(String[] args) {
        SpringApplication.run(EurekaServerApplication.class, args);
    }

}
```

这里值得注意的是注解@EnableEurekaServer，它代表启动模块时将启动 Eureka 服务器。接下来需要配置 Eureka 服务器，application.yml 配置如代码清单 27-3 所示。

代码清单 27-3：配置 Eureka 服务器

```
# 定义 Spring 应用名称，它是一个服务的名称，一个服务可拥有多个实例
spring:
  application:
    name: eureka-server

# 启动端口
server:
  port: 1001

eureka:
  client:
    # 服务自身就是治理中心，这里设置为 false，取消注册
    register-with-eureka: false
    # 取消服务获取（后续会讨论服务获取）
    fetch-registry: false
  instance:
    # 服务治理中心服务器 IP 地址
    hostname: 192.168.80.1
```

这里的 spring.application.name 配置项是一个服务名称，之前讲过，一个服务存在多个实例。修改启动的端口为 1001，接着配置 eureka.client.register-with-eureka 为 false。eureka-server 模块本身也是一个服务，它会自动寻找自己的服务治理中心进行注册，而它本身就是服务治理中心，所以这里配置为 false。配置项 eureka.client.fetch-registry 配置的是服务获取，关于服务获取，后续我们会谈，这里先放放。eureka.instance.hostname 配置的是服务器的 IP 地址，也可以配置机器的映射名，不要出现 localhost 和 127.0.0.1 这样映射本机的地址，否则在其他机器访问 Eureka 控制台时会出现一些问题。

启动 eureka-server 模块，接着访问 http://localhost:1001/，就可以看到如图 27-3 所示的结果了。

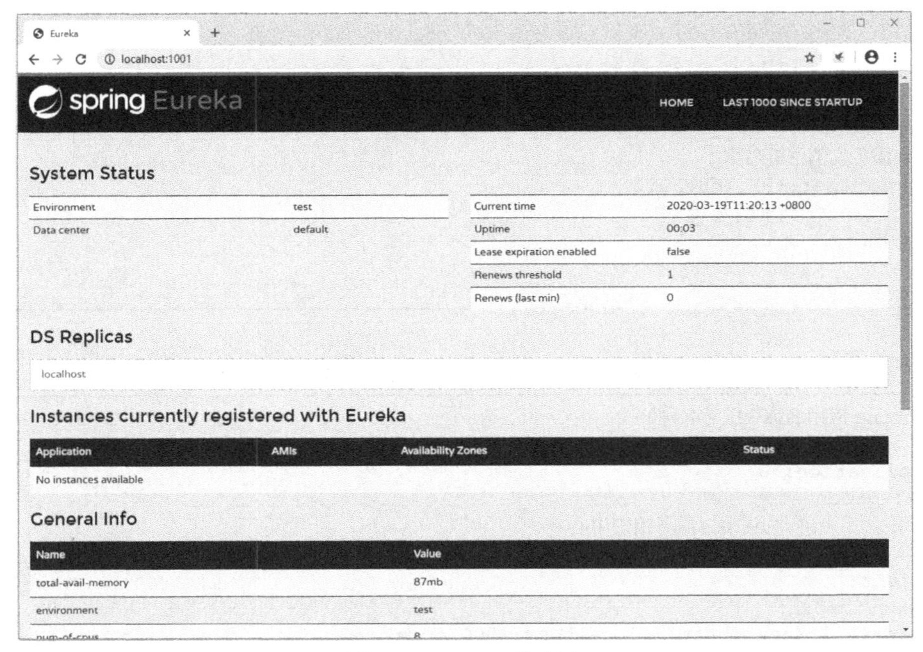

图 27-3　Eureka 控制台

看到这个图，说明 Eureka 已经启动好了。接下来就要考虑如何将具体的服务实例注册给 Eureka 服务治理中心了。

27.3.2　服务发现

Eureka 服务治理中心是不会主动发现服务的，具体的服务实例会通过自己发送 REST 请求去 Eureka 服务治理中心进行注册、续约和下线等操作。

接下来将 buyer 和 goods 模块注册给 Eureka 服务治理中心。首先引入 Eureka 客户端依赖包 spring-cloud-starter-netflix-eureka-client，如下：

```
<dependency>
    <groupId>org.springframework.cloud</groupId>
    <artifactId>spring-cloud-starter-netflix-eureka-client</artifactId>
</dependency>
```

请注意，这里的包名带有“eureka-client”，可以翻译为“Eureka 客户端”，这个客户端是针对 Eureka 服务治理中心来谈的，指具体的服务实例，有时我们也把 Eureka 服务治理中心称为 Eureka 服务端。Eureka 服务端和客户端是通过 Eureka 客户端发送 REST 请求到服务端来维护彼此关系的。

接着分别配置 buyer 和 goods 模块的 application.yml 文件，如代码清单 27-4 和 27-5 所示。

代码清单 27-4：配置 buyer 模块

```
# Spring 应用名称（服务名称）
spring:
  application:
    name: buyer

# 请求 URL，指向 Eureka 服务治理中心
```

```
eureka:
  client:
    serviceUrl:
      defaultZone: http://localhost:1001/eureka/
  instance:
    # 服务实例主机名称
    hostname: 192.168.80.1

# 服务端口
server:
  port: 3001
```

代码清单 27-5：配置 goods 模块

```
# Spring 应用名称（服务名称）
spring:
  application:
name: goods
# 请求 URL，指向 Eureka 服务治理中心
eureka:
  client:
    serviceUrl:
      defaultZone: http://localhost:1001/eureka/
  instance:
    # 服务实例主机名称
    hostname: 192.168.80.1

# 微服务端口
server:
  port: 2001
```

这两个配置文件中的 spring.application.name 是配置服务名称，配置项 eureka.client.serviceUrl.defaultZone 指向 Eureka 服务端，即通过这个地址生成具体的地址对 Eureka 发送请求，从而完成注册、续约和下线实例的操作。

在旧版本的 Spring Cloud 中，还需要使用注解@EnableEurekaClient 来驱动 Eureka 客户端，而在新的版本中，已经不再需要使用这个注解了，我们只需要依赖 spring-cloud-starter-netflix-eureka-client 即可。也就是说，并不需要修改任何启动类的内容，即可启动 buyer 和 goods 模块，服务注册大概用时 30s。然后访问 http://localhost:1001/，就可以查看注册到服务治理中心的信息了，如图 27-4 所示。

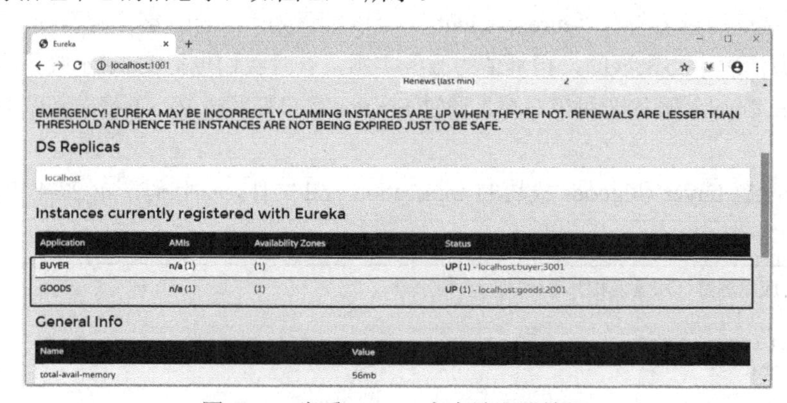

图 27-4　查看 Eureka 客户端注册情况

可以看到，注册表上已经存在“BUYER”和“GOODS”两个服务。同时可以看到页面上方的英文，这是因为 Eureka 本身也会进行监控，防止自身出现故障而被剔除，如果不需要让 Eureka 进行自我监控，那么可以在 Eureka 服务端（例子是 eureka-server 模块）配置。

```
eureka:
  server:
    # 配置是否需要自我监控，默认为true
    enable-self-preservation: false
```

当然在大部分情况下，不建议大家那么做。

27.3.3　高可用

之前谈到，一个服务可以存在多个实例，这样做有两个主要的好处：一是可以分摊压力，有时候请求量很大，如果存在多个实例，那么吞吐时服务能力可大大提升；二是当某个实例出现故障时，服务治理中心可以将其剔除，这体现了高可用的特性。为了高可用，我们期盼存在多个服务治理中心和具体的服务实例，下面我们借助 IDEA 的配置快速实现高可用的效果。

选择 Run→Edit Configurations 菜单，在弹出的对话框中选择“运行配置 EurekaServerApplication”选项，接着添加自己的运行参数 server.port=1001，如图 27-5 所示。

通过这样配置，它将在 1001 端口启动服务。接下来继续选择“运行配置 EurekaServerApplication”选项，单击左上角的复制按钮，然后编辑复制出来的运行配置，如图 27-6 所示。

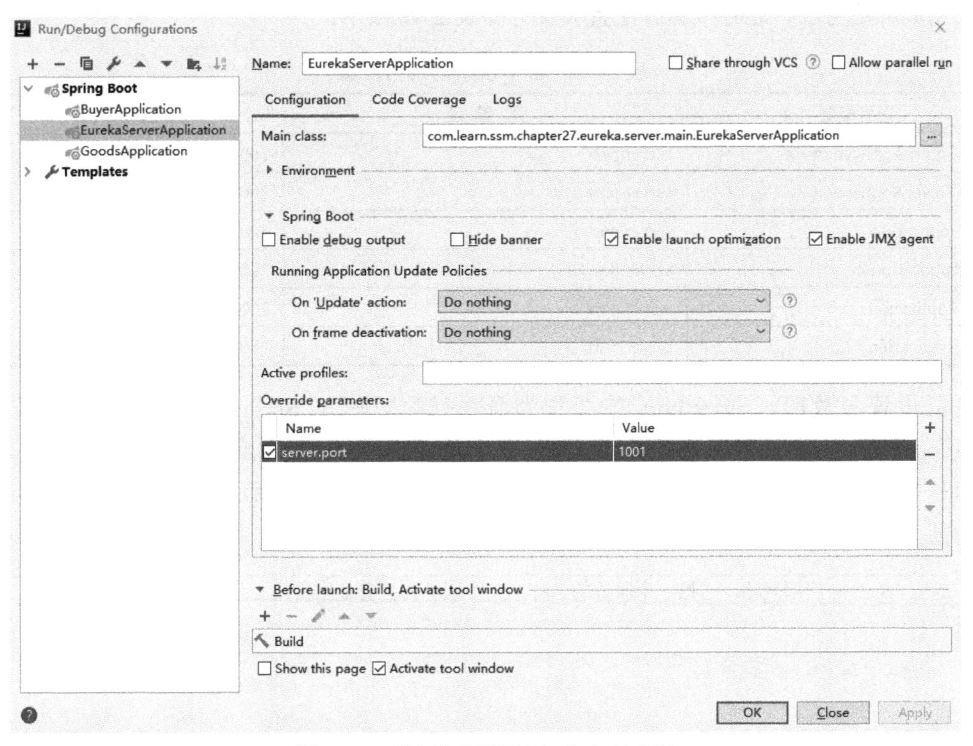

图 27-5　给运行配置添加命令行参数

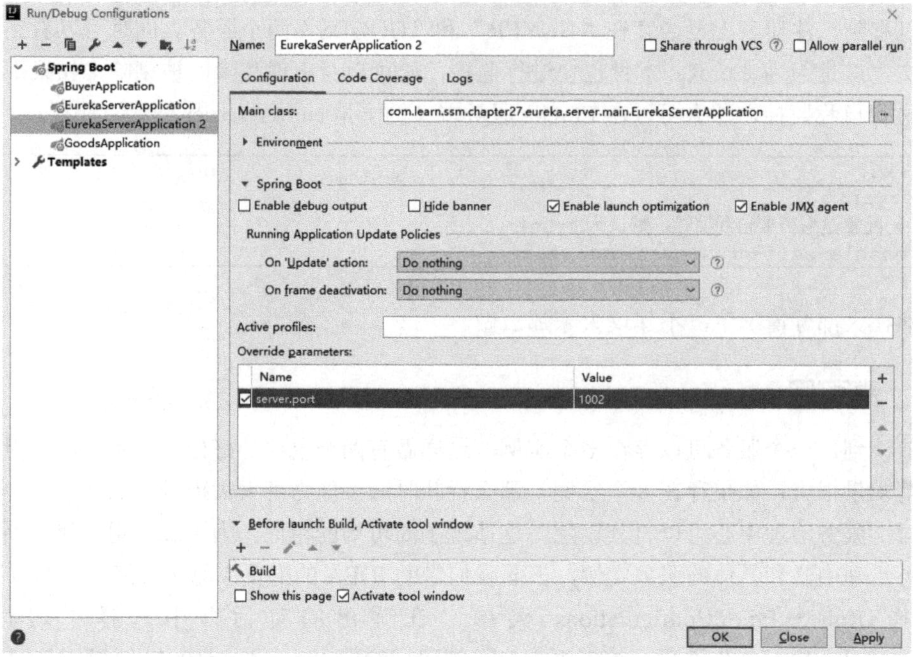

图 27-6　设置 EurekaServerApplication 2 运行配置

这里笔者将运行配置名称修改为 EurekaServerApplication 2，同时设置自己的运行参数 server.port=1002，这样它将在 1002 端口启动。

使用同样的方法，将各个运行配置设置为如表 27-2 所示。

表 27-2　各个模块的运行配置

运行配置	配 置 项	启动端口
EurekaServerApplication	server.port	1001
EurekaServerApplication 2	server.port	1002
BuyerApplication	server.port	3001
BuyerApplication 2	server.port	3002
GoodsApplication	server.port	2001
GoodsApplication 2	server.port	2002

这样设置参数后，server.port 就会作为命令行参数输入 Spring Boot 项目，它将覆盖 application.yml 文件的配置，这样就可以使得一个项目在不同的端口运行了。

但是单单这样是不行的，我们还需要修改之前的配置，首先是服务治理中心 eureka-server 模块的配置，如下：

```
# 定义 Spring 应用名称，它是一个服务的名称，一个服务可拥有多个实例
spring:
  application:
    name: eureka-server

eureka:
  client:
#    # 服务自身就是治理中心，所以这里设置为 false，取消注册
#    register-with-eureka: false
```

```
#    # 取消服务获取，至于服务获取，后续会进行讨论
#    fetch-registry: false
     serviceUrl:
       # Eureka 服务端相互注册
       defaultZone: http://localhost:1001/eureka/,http://localhost:1002/eureka/
   instance:
     # 服务治理中心服务器 IP 地址
     hostname: 192.168.80.1
     # 配置是否需要自我监控，默认为 true
     enable-self-preservation: false
```

这里删除了端口的配置，因为我们使用了命令行参数，所以不需要再配置了。这里需要注意的是配置项 eureka.client.serviceUrl.defaultZone，它配置了两个 URL，分别指向两个 Eureka 服务治理中心，这两个 Eureka 服务治理中心可以相互注册。与此同时，我们修改了 buyer 和 goods 模块配置文件 application.yml 中的配置项 eureka.client.serviceUrl.defaultZone，让这个配置项也指向这两个 Eureka 服务治理中心，如下：

```
## 请求 URL，指向 Eureka 服务治理中心
eureka:
  client:
    serviceUrl:
      defaultZone: http://localhost:1001/eureka/,http://localhost:1002/eureka/
```

然后，将表 27-2 中的运行配置全部运行，稍后访问地址 http://localhost:1001/ 或 http://localhost:1002/，就可以看到图 27-7 所示的结果了。

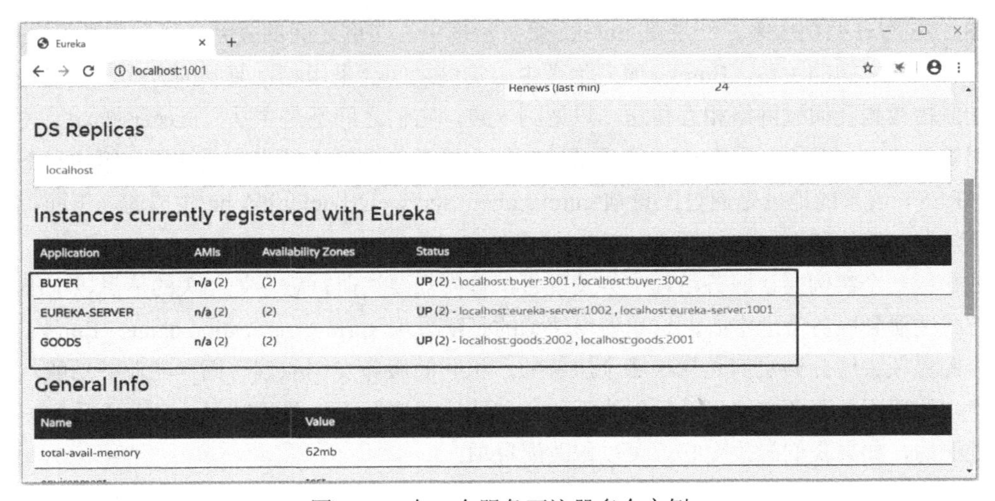

图 27-7　在一个服务下注册多个实例

我们已经启动了 2 个服务治理中心服务实例，并且将 4 个服务实例都注册到了服务治理中心。这个环境也是本章后续开发的基础，所以请务必搭建好服务，并且注册该服务治理中心。

但是我们还没有弄清 Eureka 是如何工作的，这将是下节回答的问题。

27.3.4　基础架构

前面讲解了服务治理中心、服务发现和高可用，下面讲解 Eureka 的基础架构。Eureka 服务端和客户端是通过 REST 请求维持的，发送请求的是 Eureka 的客户端，而不是服务端，这点需

要注意。Eureka 的基础架构如图 27-8 所示。

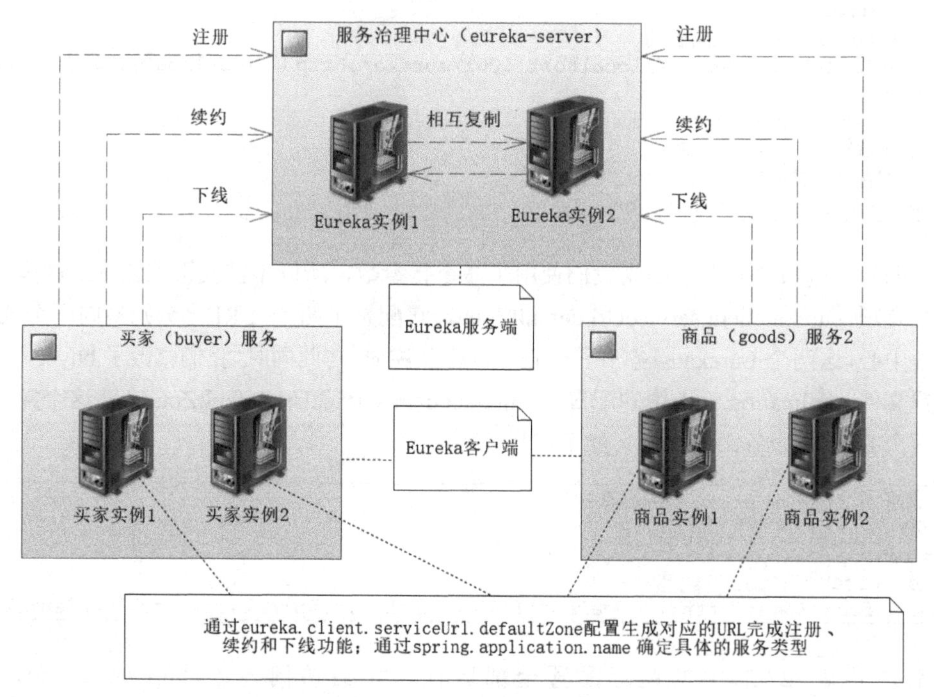

图 27-8　Eureka 基础架构

图 27-8 存在两层关系，一层是 Eureka 服务治理中心实例之间的关系，另一层是 Eureka 服务端和客户端之间的关系。Eureka 服务治理中心实例之间会采用相互复制的方式，也就是它们之间的监控数据会通过网络相互传送，以达到一致，它们之间不是主从（master-slave）关系，而是对等（peer）关系。而 Eureka 客户端的实例会通过 REST 请求来完成注册、续约和下线等操作，REST 请求的地址是通过配置项 eureka.client.serviceUrl.defaultZone 生成的，下面我们分别谈谈注册、续约和下线的问题。

注册： 一个实例要让服务治理中心发现它，首先需要注册，它会把相关的信息以 REST 请求的方式注册到服务治理中心，这里值得注意的是配置项 spring.application.name，Eureka 会通过这个配置项去区分该实例是属于哪个服务的，相同的服务实例应该有同样的业务功能。不过请注意，注册不是服务实例启动后就执行的，在默认的情况下，服务实例是启动之后 40s 才会发起注册的，如果我们想改变它，可以修改配置项：

```
eureka:
  client:
    # 首次服务注册延迟时间，默认值为 40，单位：s
    initial-instance-info-replication-interval-seconds: 40
```

所以我们在启动具体的服务实例后，需要等上一段时间才能看到 Eureka 控制台的注册信息。

续约： 在服务实例启动后，可能会出现上下线、故障等问题，所以服务实例并非一定是可用的。Eureka 为了监测这些实例是否可用，要求实例每隔一段时间对 Eureka 发送请求，以告知自己还是可用的，这个过程被我们称为续约（Renew）。如果到达一定的时间，实例没有续约，那么 Eureka 就会认为该实例已经不可用，此时 Eureka 就会将该实例剔除，这样就可以留下可用的实例了。在默认的情况下，Eureka 客户端会每隔 30s 进行一次续约，在 90s 内不能完成续约的，Eureka 服务端就会将其从可用服务实例中剔除。当然我们可以通过配置来修改参数，如下：

```
eureka:
  instance:
    # 服务实例超时失效秒数，默认值为 90
    # 倘若续约超时，Eureka 会将服务实例剔除
    lease-expiration-duration-in-seconds: 90
    # 间隔对应的秒数执行一次续约服务，默认值为 30
    lease-renewal-interval-in-seconds: 30
```

下线：当一个服务实例正常下线时，会向 Eureka 发送 REST 请求，告知自己已经下线，Eureka 会将其剔除。在实际操作中，使用 IDEA 单击停止按钮是不会触发 REST 请求的，这里使用命令行参数运行项目，就可以看到结果了。笔者在命令行启动了表 27-2 中的配置，然后停止 2001 端口的 goods 服务实例，观察 Eureka 控制台，如图 27-9 所示。

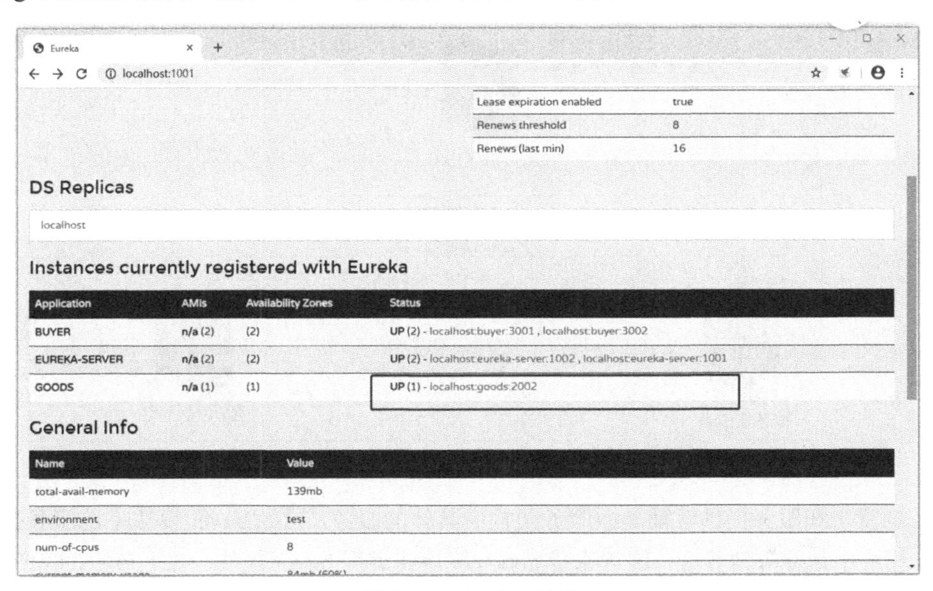

图 27-9　Eureka 下线

从图 27-9 中可以看出端口 2001 的 goods 实例已经在注册信息中被剔除了。

27.4　服务调用——Ribbon

前面几节介绍了 Eureka 服务端和客户端之间的关系，但是现实中，服务是需要相互协作来完成业务功能的，我们把一个服务调用另一个服务的过程称为**服务调用**。在 Spring Cloud 中是以 REST 请求作为主要的服务调用方式的，Spring Cloud 将 Netflix Ribbon 封装成 Spring Cloud Netflix Ribbon 作为服务调用的组件，并且将 Spring Cloud Netflix Ribbon 和第三方开源工具 OpenFeign 结合，封装成 Spring Cloud OpenFeign 作为声明式服务调用，以简化我们的开发。为了方便，下文在没有歧义的情况下将 Spring Cloud Netflix Ribbon 简称为 Ribbon，将 Spring Cloud OpenFeign 简称为 OpenFeign，事实上，OpenFeign 也是基于 Ribbon 开发的。

27.4.1 Ribbon 概述

Ribbon 也被称为客户端均衡负载，这里的客户端是针对 Eureka 服务端而言的。均衡负载在微服务开发中十分常见，主要包括以下 4 个特点。

1. 将单机的服务变为多机服务从而降低单机的压力，提高系统的吞吐和服务能力。
2. 当发现一些故障实例时，可以屏蔽这些故障实例，让系统继续工作。
3. 通过负载均衡来实现实例的伸缩性，在业务膨胀时，增加实例；在业务缩减时，减少实例。
4. 负载均衡器可以度量服务的质量，在执行服务调用时，剔除故障多、服务性能差的实例，从而提高服务调用的成功率和性能。

负载均衡的基础有两点：一个是服务实例清单，也就是从哪里选取服务实例执行服务调用；另一个是负载均衡策略，也就是如何从服务实例清单里选取可用的服务实例。在服务调用中，存在三个角色：服务提供者、服务消费者和服务治理中心，它们的关系如图 27-10 所示。

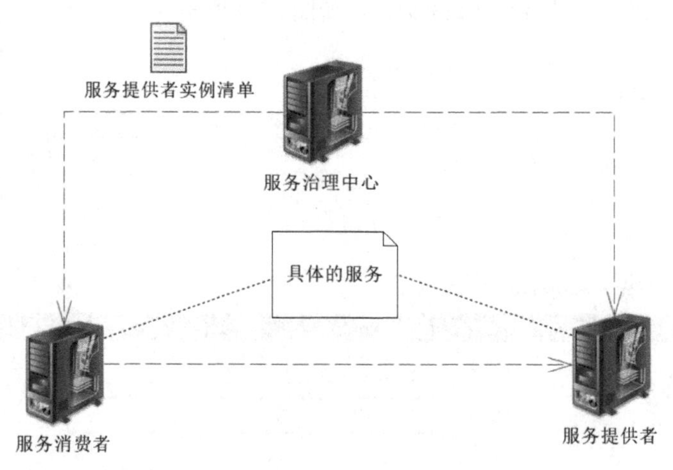

图 27-10　服务调用原理图

服务消费者和服务提供者都是微服务架构中具体的服务，比如 buyer 模块中的服务提供者，在 goods 模块中是服务消费者，这意味着 goods 模块将调用 buyer 模块。在上节中，我们已经将服务实例注册到了服务治理中心，这样服务消费者能从服务治理中心拉取一份服务提供者的实例清单，接着可以通过负载均衡策略选择服务提供者的一个实例进行调用。只是服务提供者和消费者都是针对某个服务调用来说的，并不是针对 Eureka 客户端来说的，上面说的 goods 模块可以调用 buyer 模块，buyer 模块也可以调用 goods 模块，所以模块可以同时是服务提供者和服务消费者。

不过在讨论这些之前，我们先做一个简单的 Ribbon 的例子。

27.4.2 Ribbon 实例

在使用 Ribbon 之前，首先需要引入 spring-cloud-starter-netflix-ribbon，在引入 spring-cloud-starter- netflix-eureka-client 时，项目会自动依赖，即不需要在 Maven 中进行新的引入。我们在 buyer 模块中开发一个简单的控制器，这样 buyer 模块就是服务提供者了，如代码清单 27-6 所示。

代码清单 27-6：获取买家名称（buyer 模块）

```
package com.learn.ssm.chapter27.buyer.controller;

/**** imports ****/
@RestController
@RequestMapping("/buyer")
public class BuyerController {

   @GetMapping("/name/{id}")
   public String getBuyerName(@PathVariable("id") Long id,
         HttpServletRequest request) {
      String buyerName = "buyer_name_" + id;
      System.out.println("服务端口: " +request.getServerPort());
      return buyerName;
   }
}
```

这就是一个 Spring MVC 控制器，getBuyerName 方法将返回一个字符串，并且打印出端口信息，以方便我们之后的观察。这里需要在 Spring Boot 启动类中增加扫描的包名，把这个控制器扫描进去，比较简单，这里就不展示代码了。

接着开发 goods 模块，我们对启动类 GoodsApplication 进行修改，如代码清单 27-7 所示。

代码清单 27-7：修改启动类（goods 模块）

```
package com.learn.ssm.chapter27.goods.main;

/**** imports ****/

// 定义扫描包
@SpringBootApplication(scanBasePackages = "com.learn.ssm.chapter27.goods")
public class GoodsApplication {

   // 执行负载均衡
   @LoadBalanced
   // 装配为 Bean，方便之后注入
   @Bean
   public RestTemplate restTemplate() {
      return new RestTemplate();
   }

   public static void main(String[] args) {
      SpringApplication.run(GoodsApplication.class, args);
   }

}
```

注意 restTemplate 方法，它会返回一个 RestTemplate 对象，这里还使用了注解@LoadBalance 进行标注，这个注解表示将启用 Ribbon 默认的负载均衡策略来选择可用的实例，进行服务调用。

接着编写服务接口和服务类，这里笔者就不展示服务接口了，只展示服务类，因为通过服务类去反推服务接口还是比较简单的，服务类的实现如代码清单 27-8 所示。

代码清单 27-8：编写服务类（goods 模块）

```
package com.learn.ssm.chapter27.goods.facade.impl;

/**** imports ****/
```

```
@Service
public class BuyerFacadeImpl implements BuyerFacade {

    @Autowired
    private RestTemplate restTemplate = null;

    @Override
    public String getBuyerName(Long id) {
        // 这里的 BUYER 代表买家服务，此时 RestTemplate 会自动均衡负载
        String url="http://BUYER/buyer/name/{id}";
        // 服务 REST 风格调用
        String name = restTemplate.getForObject(url, String.class, id);
        return name;
    }
}
```

服务接口定义了 BuyerFacade，这里的 Facade 表示对外部服务的调用以区别内部服务类，一般用 Service 表示。这个类标注了@Service，它是一个被扫描装配到 Spring IoC 容器中的服务类，然后注入 RestTemplate 对象。请注意 getBuyerName 方法中 url 的编写，服务器地址和端口都写作了“BUYER”，这是一个服务名称，指向买家服务，这个时候 Ribbon 就会用负载均衡策略将这个名称替换称为具体的服务实例的地址和端口。这样 goods 模块就是一个服务消费者了。

接下来编写一个验证 Ribbon 控制器，如代码清单 27-9 所示。

代码清单 27-9：验证 Ribbon 控制器（goods 模块）

```
package com.learn.ssm.chapter27.goods.controller;

/**** imports ****/

@RestController
@RequestMapping("/goods")
public class BuyerCallController {

    @Autowired
    private BuyerFacade buyerFacade = null;

    @GetMapping("/buyer/name/{id}")
    public String getBuyerName(@PathVariable("id") Long id) {
        return buyerFacade.getBuyerName(id);
    }
}
```

这个类也比较简单，它调用了我们编写的服务类，并暴露一个 REST 风格的端口。接着启动各个服务，然后访问地址 http://localhost:2001/goods/buyer/name/1，多刷新几次，再观察后台，就可以看到 buyer 模块两个服务实例的相关日志交替打印了，这说明我们的 Robbin 均衡负载的测试成功了。

27.4.3 Ribbon 工作原理

在 Ribbon 概述中曾介绍过负载均衡需要处理两个问题：第一个问题是从哪里选取服务实例；第二个问题是如何从可选的服务实例中选取具体的实例。

选取服务实例是通过**服务获取**实现的，服务获取是 Eureka 客户端从 Eureka 服务端获取其他服务实例清单的过程。在 Eureka 的机制中，Eureka 客户端默认会每隔 30s 向 Eureka 发送请

求获取其他服务的实例清单，并且将副本保存在本地，这样就可以获取服务实例清单了。服务获取也是用户可以配置的，具体配置项和默认值如下：

```
eureka:
  client:
    # 是否执行服务获取，默认值为 true
    fetch-registry: true
    # 检索服务实例清单的时间间隔（单位：s），默认值为 30
    registry-fetch-interval-seconds: 30
```

服务获取不是只获取一次，而是默认每隔 30s 就获取一次，这样就可以从 Eureka 服务治理中心获取最新的服务实例的状态了。注意，这里的实例包括可用实例和不可用实例。

上述服务获取解决了服务清单从哪里选取的问题，接下来就要解决如何从可选服务实例清单中选取服务的问题。在 Ribbon 中定义了如下 7 个主要的接口。

- IClientConfig 接口：默认实现类是 DefaultClientConfigImpl，它提供客户端配置的功能。
- IRule 接口：默认实现类是 ZoneAvoidanceRule，它提供具体的负载均衡策略。
- IPing 接口：默认实现类是 DummyPing，它通过 ping 命令验证服务实例是否可用。
- ServerList<Server>ribbonServerList 接口：默认实现类是 ConfigurationBasedServerList，它会从服务获取的机制中得到一份服务实例清单。
- ServerListFilter<Server>接口：默认实现类是 ZonePreferenceServerListFilter，它会根据服务的可用性和性能排除一些有故障的和性能较低的服务实例，然后得到一份可用且性能较高的服务实例清单。
- ILoadBalancer 接口：默认实现类是 ZoneAwareLoadBalancer（负载均衡器），它将按一定的策略来选取服务实例。
- ServerListUpdater 接口：默认实现类是 PollingServerListUpdater，它会根据一定的策略来更新服务实例清单。

上述默认值大部分不需要变动，需要经常变动的是负载均衡策略，所以这里只谈负载均衡策略接口。首先看它的接口和实现类的情况，如图 27-11 所示。

- IRule
  - AbstractLoadBalancerRule
    - ClientConfigEnabledRoundRobinRule
      - BestAvailableRule
      - PredicateBasedRule
        - AvailabilityFilteringRule
        - ZoneAvoidanceRule
    - RandomRule
    - RetryRule
    - RoundRobinRule
      - ResponseTimeWeightedRule
      - WeightedResponseTimeRule

图 27-11　负载均衡策略接口

从图 27-11 中可以看出，策略有很多个，我们只谈常用的几个。

- BestAvailableRule：先探测服务实例是否可用，如果可用，则选择当前被分配请求最少的那个。

- WeightedResponseTimeRule：根据统计数据，分析服务实例响应时间，并分配一个权重值（weight）。对于响应时间短的服务实例，有更大的概率被分配到请求；反之，对于响应时间长的服务实例，被分配到请求的概率会减少。
- RetryRule：重试服务策略，在一个特定的时间戳内，如果当前被分配的服务实例不可用，则通过子策略（默认是轮询）来选定可用的服务实例。
- RoundRobinRule：轮询选择服务实例，通过下标，轮询服务实例列表，从而选择一个服务实例。
- ZoneAvoidanceRule：默认的实现策略，它会通过可用性和性能两重过滤标准，选取可用且性能较高的服务实例。这样就可以根据实际情况选择具体的策略实现负载均衡了。

Ribbon 提供的配置项如下。

```
<clientName>:
  ribbon:
    # 配置负载均衡器接口（ILoadBalancer）的实现类
    NFLoadBalancerClassName:
    # 配置负载均衡策略接口（IRule）的实现类
    NFLoadBalancerRuleClassName:
    # 配置心跳监测接口（IPing）的实现类
    NFLoadBalancerPingClassName:
    # 配置服务清单接口（ServerList）的实现类
    NIWSServerListClassName:
    # 配置服务器过滤清单接口（ServerListFilter<Server>）的实现类
    NIWSServerListFilterClassName
```

其中，<clientName>为 Eureka 客户端名称，如果是商品（goods）服务调用买家（buyer）服务，那么可以在商品服务中进行如下配置，修改负载均衡策略。

```
# BUYER 为 Eureka 服务端的另一个服务名称，指向买家服务
BUYER:
  ribbon:
    # 配置负载均衡策略为 BestAvailableRule
    NFLoadBalancerRuleClassName: com.netflix.loadbalancer.BestAvailableRule
```

配置单个 Eureka 客户端的方法也可以进行全局配置，如代码清单 27-10 所示。

代码清单 27-10：全局 Ribbon 配置（goods 模块）

```
package com.learn.ssm.chapter27.goods.config;

/**** imports ****/
// Ribbon 全局配置
@Configuration
public class RibbonConfig {
    // 配置负载均衡策略
    @Bean
    public IRule rule() {
        return new BestAvailableRule();
    }

    // 配置服务器的心跳监测策略
    @Bean
    public IPing ribbonPing() {
        return new PingUrl();
```

```
    }
}
```

这样就可以配置全局性的 Ribbon 了。这样的方式比我们之前使用 YAML 文件的配置级别高，所以它会覆盖 YAML 文件配置的内容。为了解决这个问题，Ribbon 还提供了注解 @RibbonClients，它的使用方法如下：

```
@RibbonClients(
    // 配置多个 Eureka 客户端
    value = {
        // name 为 Eureka 客户端名称，configuration 指向自定义的配置类
        @RibbonClient(name = "BUYER", configuration = BuyerRibbonConfig.class),
        @RibbonClient(name = "USER", configuration = UserRibbonConfig.class),
    },
    // 默认的配置类
    defaultConfiguration = RibbonConfig.class)
```

这样服务调用就可以按照自定义的均衡负载来路由服务实例，执行服务调用了。

27.5 断路器——Hystrix

谈到断路器，首先需要考虑的是什么是断路器，为什么需要断路器，以及如何使用断路器。在我们的家庭用电中，每种电器都会消耗一定的电力，当多种电器同时使用时，有可能导致电流过大，这时电路中的保险丝就会熔断，从而切断电路，保证用户安全。微服务架构也存在类似的问题，一个服务实例可能由于出现故障而不可用，也可能因为自身繁忙，导致服务性能低下，使得对它的调用超时。我们知道业务往往需要通过服务之间的相互调用完成，比如买家服务需要调用卖家服务，而卖家服务又需要调用商品服务，我们把一个服务需要调用另一个服务去完成对应业务功能的场景称为**服务依赖**。显然服务依赖是一种比较普遍的现象，我们不能保证服务提供者不出现不可用（故障或者性能低下）的情况。下面以图 27-12 为例进行说明。

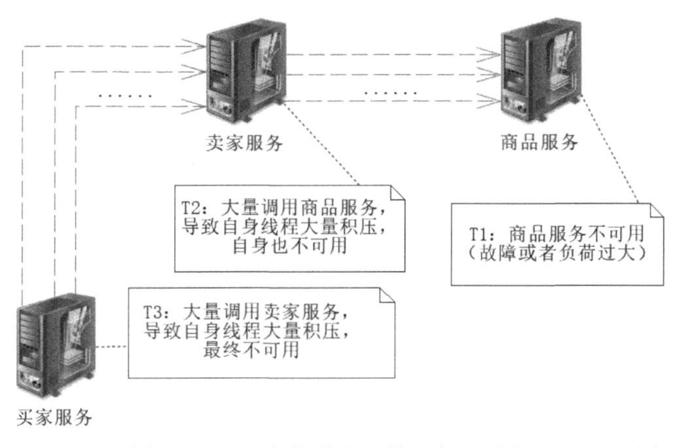

图 27-12　服务依赖出现的服务器雪崩

在 T1 时刻，由于出现故障或者负荷过大，导致商品服务不可用或者响应缓慢；到了 T2 时刻，服务依赖导致卖家服务大量调用商品服务，由于商品服务不可用，所以卖家的调用线程会出现大量的超时和积压，导致卖家服务也不可用；到了 T3 时刻，买家服务需要大量调用卖家

服务，同理，会造成买家服务大量线程积压，最终导致买家服务也不可用；以此类推，如果还有别的服务，那么也会因为服务依赖而不可用。从这段论述中，大家可以看到由于某个服务不可用，会导致相关依赖的服务也不可用，最终导致整个服务架构不可用，我们把这样的场景称为服务器**雪崩效应**。

为了解决这个问题，程序开发者参考了保险丝在电路中的应用，提出了断路器概念，当服务提供者不可用，而服务消费者大量调用它时，必然出现线程大量超时或者失败的情况，如果遇到这样的情况，断路器就会将服务熔断（这个词来自电路中的保险丝熔断），阻止服务消费者对服务提供者的调用，从而避免大量线程积压导致服务消费者自身也不可用，如图 27-13 所示。

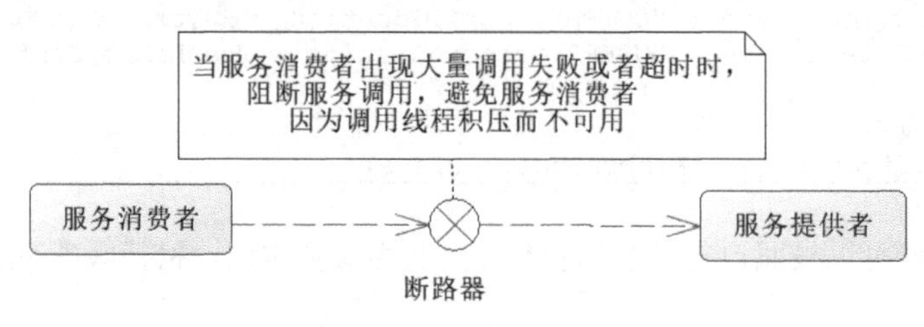

图 27-13　断路器的应用

显然，有了断路器的保护，一般来说，服务消费者就不会因为服务依赖导致自身不可用了。断路器的作用在于在服务调用中保护服务消费者。

Hystrix 这个单词中文翻译为豪猪，是一种全身长刺可以进行自我保护的动物，这就像 Netflix Hystrix 一样，它也是保护微服务的服务消费者。当然，Hystrix 的功能不单单是熔断服务，还包括服务降级、缓存、线程池、异步等，基于实用原则，这里只介绍服务降级和线程池，此外 Hystrix 还提供仪表盘，让我们能够实时监控 Hystrix 的情况。

27.5.1　Hystrix 的使用

为了讲解 Hystrix 的使用，我们先在服务消费者（goods 模块中）引入 Maven 依赖，如下：

```
<dependency>
   <groupId>org.springframework.cloud</groupId>
   <artifactId>spring-cloud-starter-netflix-hystrix</artifactId>
</dependency>
```

引入了依赖，接着使用注解@EnableCircuitBreaker 驱动断路器工作，如下。

```
package com.learn.ssm.chapter27.goods.main;

/**** imports ****/

// 定义扫描包
@SpringBootApplication(scanBasePackages = "com.learn.ssm.chapter27.goods")
// 驱动断路器工作（Hystrix）
@EnableCircuitBreaker
public class GoodsApplication {
   ...
}
```

这样就可以驱动 Hystrix 的工作，在 goods 模块中使用 Hystrix 了。只需要加入一个注解

@HystrixCommand 即可使用 Hystrix，这个注解可以通过 Spring AOP 技术，将方法包装为一个 Hystrix 命令（HystrixCommand），然后执行。

Hystrix 的机制还是很复杂的，这里不做深入的介绍，只介绍 Hystrix 的使用。在服务调用中最常出现的两种故障是超时和异常，为了验证这两种故障，我们在 buyer 模块的 BuyerController 中加入超时和异常两个方法，如代码清单 27-11 所示。

代码清单 27-11：超时和异常方法（buyer 模块）

```
// 最大休眠时间，为 3s
private static Long MAX_SLEEP_TIME = 3000L;

/**
 * 超时测试
 * @return 一个字符串
 */
@GetMapping("/timeout/{id}")
public String testTimeout(@PathVariable("id") Long id)  {
   try {
      // 随机产生不超过 3s 的时间戳
      long sleepTime = (long) (Math.random()*MAX_SLEEP_TIME);
      // 线程休眠
      Thread.sleep(sleepTime);
   } catch (Exception ex) {
      ex.printStackTrace();
   }
   return "test timeout";
}

/***
 * 异常测试
 */
@GetMapping("/exception/{id}")
public String testException(@PathVariable("id") Long id) {
   throw new RuntimeException("当前尚未开发该方法");
}
```

其中，testTimeout 方法是一个测试超时的方法，它会产生一个 3s 以内的随机数，让线程休眠等待。在 Hystrix 中，默认超时时间为 1s，因此 goods 模块在经过 Hystrix 调用的时候会有很大的概率出现超时，而 testException 方法是抛出异常的方法。这样我们就编写好了服务提供者。

接下来编写服务消费者，也就是 goods 模块的内容。我们在类 BuyerFacadeImpl 中添加两个方法（同时给接口 BuyerFacade 添加这两个方法的声明），如代码清单 27-12 所示。

代码清单 27-12：使用 Hystrix 测试超时、异常和降级（goods 模块）

```
/**
 * 测试超时调用
 * 使用 Hystrix，通过 Spring AOP 将方法捆绑为一个 Hystrix 命令去执行，并指定了降级方法
 * @param id 参数
 * @return  服务调用结果或者降级结果
 * */
@HystrixCommand(fallbackMethod = "fallback")
@Override
public String timeout(Long id) {
   // 这里的 BUYER 代表买家服务，此时 RestTemplate 会自动均衡负载
   String url="http://BUYER/buyer/timeout/{id}";
```

```
    // 服务 REST 风格调用
    String name = restTemplate.getForObject(url, String.class, id);
    return name;
}

/**
 * 测试异常调用
 * @param id 参数
 * @return 调用结果或者降级结果
 */
@HystrixCommand(fallbackMethod = "fallback")
@Override
public String exception(Long id) {
    // 这里的 BUYER 代表买家服务，此时 RestTemplate 会自动均衡负载
    String url="http://BUYER/buyer/exception/{id}";
    // 服务 REST 风格调用
    String name = restTemplate.getForObject(url, String.class, id);
    return name;
}

/**
 * 降级方法
 * @param id 参数
 * @param ex 异常对象
 * @return 降级结果
 */
public String fallback(Long id, Throwable ex) {
    System.out.println("服务调用失败，参数为: " + id);
    System.out.println("异常信息是: " + ex.getMessage());
    return "服务调用失败，我是降级服务";
}
```

注意，这里加粗的注解@HystrixCommand 代表使用 Spring AOP 技术将方法包装为一个 Hystrix 命令去运行，与此同时还配置了 fallback 属性，指向了 fallback 方法。fallback 方法有两个参数：id 和 ex，由于原方法（timeewt 或 exception）中都包含参数 id，因此，这个参数是必需的；异常参数 ex 则不是必需的，这里不可以将 Throwable 写成 Exception，否则会引发异常。

fallback 方法的理解是我们的重点。在特殊情况下，比如在资源不足、时间紧迫、难以完成全部任务时，我们会选出最主要的任务去执行，而不是全部都做。在微服务（分布式）中，可以把这样的思想称为**服务降级**，而 fallback 方法被称为**降级方法**。我们在网络上也经常遇到这种情况，比如在“双 11”抢购服务繁忙，没有过多的资源完成交易的时候，就可以出现如图 27-14 所示的提示。

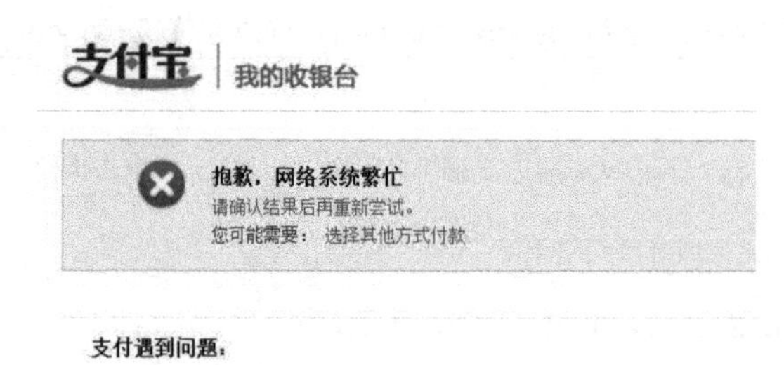

图 27-14　服务降级的应用

因为任何系统都有服务的上限，在一些高并发场景下，可能服务已经没有足够的资源执行支付了，此时可以返回一个错误给用户，让他/她继续尝试。而这个提示一般占用静态资源，比正常的业务流程需要的资源要少得多，速度也快得多，并且改善了执行不成功的用户体验。服务降级流程如图 27-15 所示。

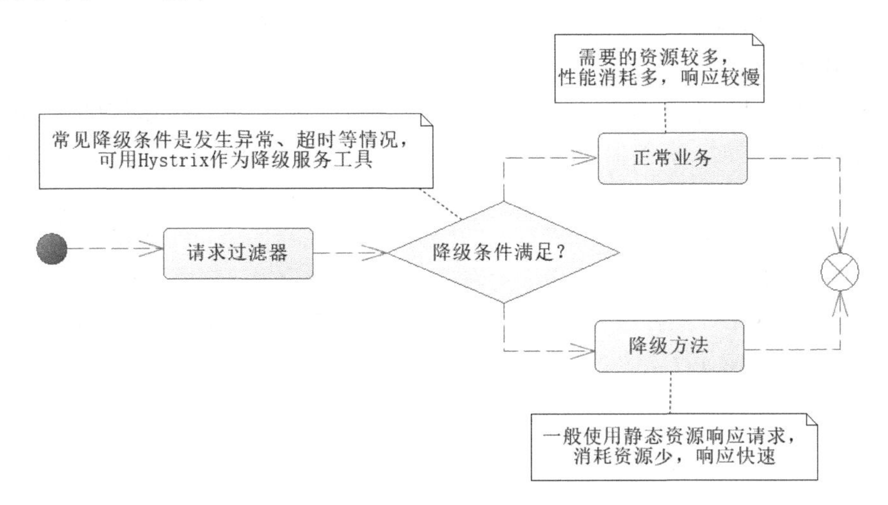

图 27-15　服务降级流程

这里的降级方法一般是执行快、消耗资源少的方法，可以考虑使用静态资源，这样就可以十分快速地响应了，在需要应对高并发的系统中，这也是一种常见的技巧。

最后为了测试代码清单 27-12，我们在类 BuyerCallController 中加入代码清单 27-13。

代码清单 27-13：测试 Hystrix（goods 模块）

```
@GetMapping("/buyer/timeout/{id}")
public String timeout(@PathVariable("id") Long id) {
   return buyerFacade.timeout(id);
}

@GetMapping("/buyer/exception/{id}")
public String exception(@PathVariable("id") Long id) {
   return buyerFacade.exception(id);
}
```

启动所有的服务，接着在浏览器中访问以下两个地址：

http://localhost:2001/goods/buyer/timeout/1

http://localhost:2001/goods/buyer/exception/1

其中第一个地址，有可能看到正常返回的“test timeout”，也有可能看到如图 27-16 所示的页面。

图 27-16　服务降级

如果看到的是“test timeout”，那么多刷新几次就能看到图 27-16 所示的页面了。这里笔者建议大家多刷新图 27-16 所示的页面，开始响应得很慢，甚至有时候会出现“test timeout”的响应，过一段时间就会出现图 27-16 所示的页面了，甚至没有什么延迟。至于原因，就需要弄清楚 Hystrix 断路器的工作状态和其转换规则了。

在 Hystrix 中，断路器有如下三种状态。

- **CLOSED**：关闭状态，为默认状态，此时会放行服务调用。
- **OPEN**：打开状态，在默认的情况下，当执行服务调用失败比率达到 50%，或者 10s 内超过 20 次请求时，断路器的状态就会从 CLOSED 变为 OPEN，熔断服务调用，执行降级方法。
- **HALF_OPEN**：半打开状态，在默认的情况下，断路器保持 OPEN 状态 5s 后，会将断路器修改为此状态。在此状态下，允许尝试一次服务调用，如果成功，则将断路器状态修改为 CLOSED，放行服务调用；否则继续保持 OPEN 状态，熔断服务调用。

Hystrix 的状态转换过程如图 27-17 所示。

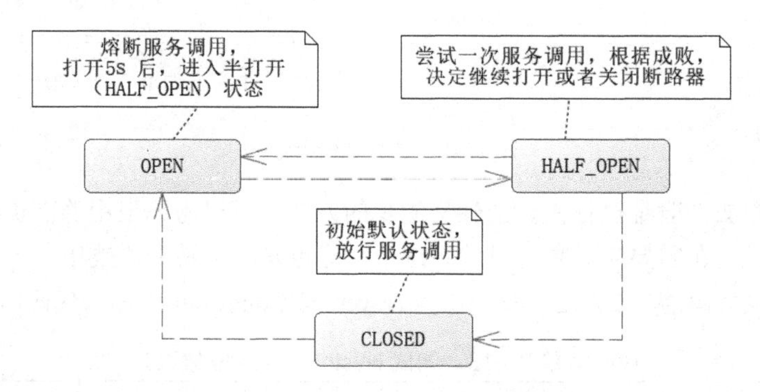

图 27-17　Hystrix 的状态转换过程

从三种状态的描述来看，CLOSED 是放行服务调用的，是正常执行的；而 OPEN 状态为熔断服务调用的状态，当调用存在大量失败时，会保护当前服务实例；而 HAL_OPEN 为允许断路器自我恢复的状态。

在进行调用时，Hystrix 会自动分配资源给用户执行服务调用，默认是一个大小为 10 的线程池，当然我们也可以使用信号量。有时我们并不想使用默认的配置，比如不希望当 Hystrix 的默认超时时间为 1s，Hystrix 的失败率达到 50%时才将断路器状态修改为 OPEN。在这种情况下，可以通过注解@HystrixCommond 的配置项来修改这些参数，如下。

```
@HystrixCommand(
    // 组别名
    groupKey = "BuyerFacade1",
    // 命令键
    commandKey = "timeout1",
    // 线程池键
    threadPoolKey = "BuyerFacade1",
    // 降级方法
    fallbackMethod = "fallback",
    commandProperties = {
        // 配置采用信号量来执行服务调用，默认为线程池方式
        @HystrixProperty(name="execution.isolation.strategy",
              value="semaphore"),
```

```
    // 设置超时时间为 2s（2000ms），默认为 1s
@HystrixProperty(name="execution.isolation.thread.timeoutInMilliseconds",
        value="2000"),
    // 设置当失败率达到 30%时，将断路器状态设置为打开（OPEN）
    @HystrixProperty(name="circuitBreaker.errorThresholdPercentage",
        value="30")
    }
}
```

27.5.2　舱壁隔离

这里先解释一下何为**舱壁隔离**（Bulkhead Isolation），也有人把其翻译为隔板隔离，本书统一使用舱壁隔离这一名称。舱壁是船舶的概念，假设我们的船只有一个舱壁，那么当这个舱壁漏水时，这条船所要面临的恐怕就是沉没了。为了避免这种情况发生，船的设计者将单一的舱壁隔离为多个舱壁，这时如果某个舱壁漏水，就不会造成整条船沉没了。显然这样的设计更为安全可靠。

舱壁隔离是程序设计者借用船的设计原理所开发的一种模式，我们先来看这样一种情况，如图 27-18 所示。

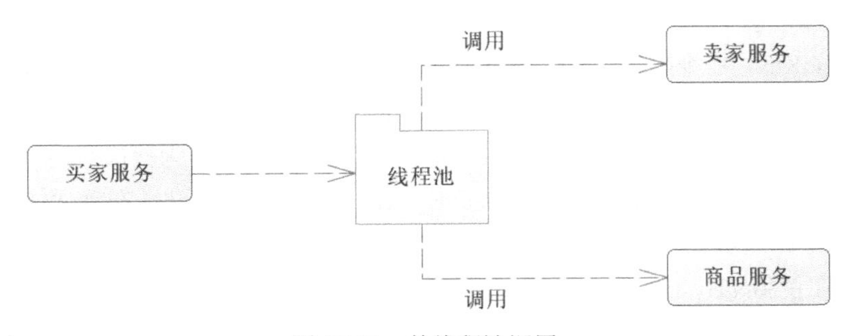

图 27-18　单线程池调用

在图 27-18 中，所有的服务调用都共享一个线程池，那么可能出现这样一种情况，如果买家服务大量调用卖家服务，那么调用线程可能占满线程池，这个时候，买家服务再去调用商品服务，因为线程池已满，服务调用就会被挂起或者拒绝。这样虽然商品服务是可用的，但是因为线程池已经被占满，买家服务不能再调用商品服务，这样设计并不合理。

为了解决这个问题，程序设计者参考舱壁的设计原理，将服务调用划分为多个线程池，如图 27-19 所示。

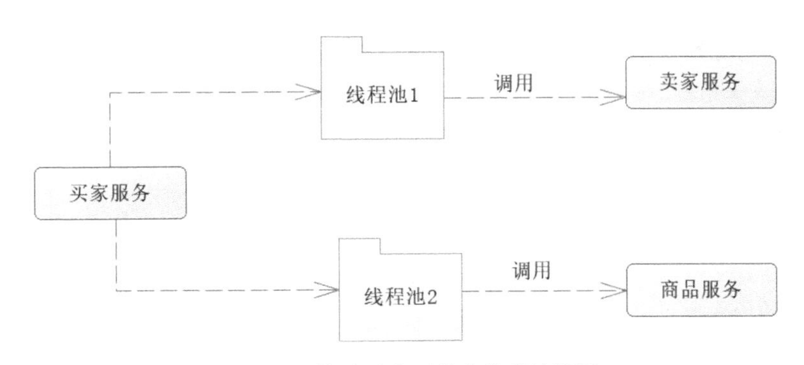

图 27-19　舱壁隔离下的多线程池调用

在图 27-19 中，买家服务通过线程池 1 调用卖家服务，通过线程池 2 调用商品服务，这样两个服务调用就被隔离开了。当买家服务大量调用卖家服务时，线程只会占满线程池 1，不会占满线程池 2，所以只有买家服务调用卖家服务的线程会被挂起或者拒绝，而不会影响买家服务通过线程池 2 调用商品服务。

使用舱壁隔离有多个好处，例如：

- 使程序更健壮，隔离之后一个线程池出现问题，不影响其他线程池。
- 可以针对某个性能不佳的服务调用进行独立分析，从而单独调优服务调用的线程池参数，无须全局调整。
- 对于一些不稳定的服务调用，比如一些新开发的服务，进行隔离保护，可以使服务的失败不会蔓延到整个系统。

引入舱壁隔离也会引发一些问题，主要的问题是大量线程的交互，切换线程状态是一个需要损耗性能的操作，为此 Netflix 公司做了大量的测试，在实践和测试中证明了 Hystrix 舱壁隔离的性能还是不错的。

接下来，我们介绍 Hystrix 是如何支持舱壁隔离的。@HystrixCommad 中存在 3 个配置项。

- groupKey：组别键，在默认的情况下使用@HystrixCommad，会将当前类名设置为组别键。
- commandKey：命令键，在默认的情况下使用@HystrixCommad，会将当前方法名设置为命令键。
- threadPoolKey：线程池键，在默认的情况下，会将组别键作为默认的线程池键。

一个服务类可以存在一个或者多个标注@HystrixCommad 的方法，在默认情况下，各个方法会在同一个组下，同时会在同一个线程池下运行。如果要改变这个设置，我们只需要进行配置即可，比如在使用@HystrixCommad 的时候。

```
@HystrixCommand(
// 组别名
groupKey = "BuyerFacade1",
// 命令键
commandKey = "timeout1",
// 线程池键
threadPoolKey = "buyer-pool-1",
// 降级方法
fallbackMethod = "fallback")
```

这样，就可以独立设置组别、命令键和线程池键了。在默认情况下，线程池的大小设置为 10，我们可以使用配置项 hystrix.threadpool.default.coreSize 来改变它，如下：

```
@HystrixCommand(
   // 组别名
   groupKey = "BuyerFacade1",
   // 命令键
   commandKey = "timeout1",
   // 线程池键
   threadPoolKey = "BuyerFacade1",
   // 降级方法
   fallbackMethod = "fallback",
   threadPoolProperties = {
```

```
        // 将线程池大小设置为 20
        @HystrixProperty(name="hystrix.threadpool.default.coreSize",
            value = "20")
    }
)
```

27.5.3　Hystrix 仪表盘

为了更好地监控 Hystrix 的运行，Netflix 还提供了用于监控各种 Hystrix 命令运行情况的仪表盘。首先新建一个模块 dashboard，然后引入对应的依赖，如下。

```
<dependency>
    <groupId>org.springframework.boot</groupId>
    <artifactId>spring-boot-starter-web</artifactId>
</dependency>
<dependency>
    <groupId>org.springframework.cloud</groupId>
    <artifactId>spring-cloud-starter-netflix-eureka-client</artifactId>
</dependency>
<dependency>
    <groupId>org.springframework.cloud</groupId>
    <artifactId>spring-cloud-starter-netflix-hystrix-dashboard</artifactId>
</dependency>
```

这里引入了包 spring-cloud-starter-netflix-hystrix-dashboard，它依赖于 web 包，我们打算将其注册给 Eureka 服务治理中心，所以也引入了服务发现的包。我们配置一下这个模块的 application.yml 文件，如下：

```
# 请求 URL 指向 Eureka 服务治理中心
eureka:
  client:
    serviceUrl:
      defaultZone : http://localhost:1001/eureka/,http://localhost:1002/eureka/
  instance:
    # 实例服务器名称
    hostname: 192.168.80.1

# Spring 应用名称（微服务名称）
spring:
  application:
    name: dashboard
```

这里笔者并未配置启动端口，具体可以参考 27.3.3 节，通过命令行参数配置，可以在 4001 和 4002 端口启动两个服务实例。最后使用注解@EnableHystrixDashboard 驱动仪表盘的工作，如代码清单 27-14 所示。

代码清单 27-14：驱动仪表盘工作（dashboard 模块）

```
package com.learn.ssm.chapter27.dashboard.main;

/**** imports ****/
@SpringBootApplication
// 用注解驱动仪表盘
@EnableHystrixDashboard
public class DashboardApplication {
```

```
    public static void main(String[] args) {
        SpringApplication.run(DashboardApplication.class, args);
    }

}
```

Hystrix 仪表盘只是一个平台，我们需要给它监控的数据，为此我们需要在服务消费者，也就是 goods 模块引入 Spring Boot Actuator，如下。

```
<dependency>
    <groupId>org.springframework.boot</groupId>
    <artifactId>spring-boot-starter-actuator</artifactId>
</dependency>
```

这样 Hystrix 仪表盘就有了可度量的数据，但是在 Spring Boot 2.x 后，默认的度量端点并不暴露，因此，我们需要自己配置暴露的端口，如下：

```
management:
  endpoints:
    web:
      exposure:
        # 暴露的端口，如果配置为“*”，则代表全部暴露
        include : "*"
```

这样就暴露了所有的端口。启动各个服务实例，其中，dashboard 的两个实例在 4001 和 4002 端口启动，接着在浏览器中访问地址 http://localhost:4001/hystrix，如图 27-20 所示。

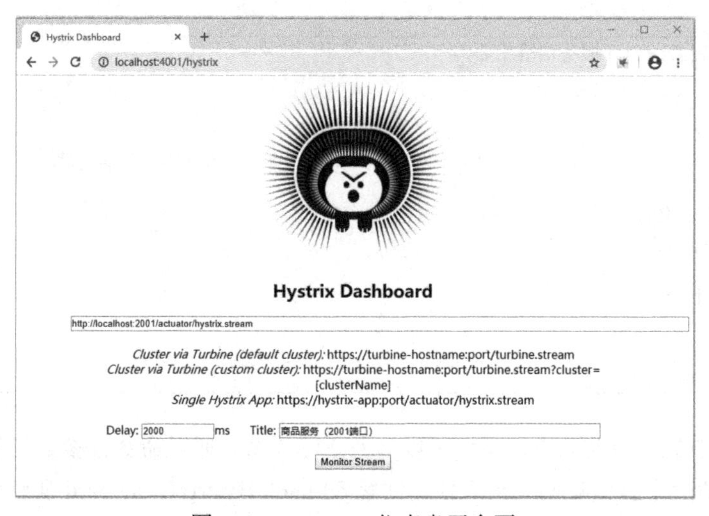

图 27-20　Hystrix 仪表盘平台页

这里注意，在最长的文本框中输入 http://localhost:2001/actuator/hystrix.stream；在 Delay 文本框中输入 2000；在 Title 文本框中输入商品服务（2001 端口）；最后单击“Monitor Stream”按钮，就可以进入 Hystrix 仪表盘的监测平台了。仪表盘监测的是商品服务，只是端口限定为 2001，为了看到监测的信息，可以在浏览器中访问之前我们开发过的两个超时和异常服务调用地址：

http://localhost:2001/goods/buyer/timeout/1

http://localhost:2001/goods/buyer/exception/1

请反复刷新这两个页面，这样更有利于我们观察 Hystrix 仪表盘，图 27-21 是笔者本地测试的截图。

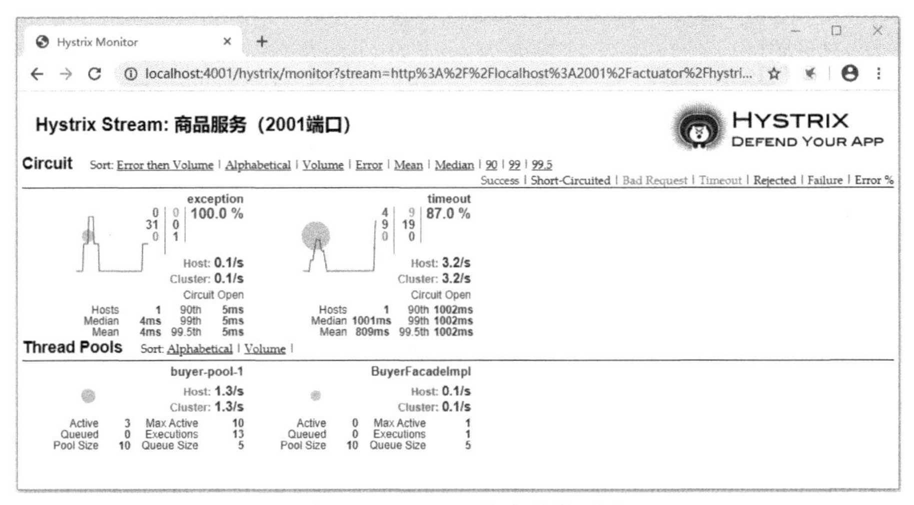

图 27-21　Hystrix 仪表盘监测页

可见仪表盘已经监控了我们的服务调用。但这只是对一个服务实例的监测，还不能对多个服务实例进行监测。为了能够对多个服务进行监测，Netflix 提供了 Turbine 工具，通过它可以聚集各个服务的监测数据，我们在 dashboard 模块引入对应的依赖，如下。

```
<dependency>
   <groupId>org.springframework.cloud</groupId>
   <artifactId>spring-cloud-starter-netflix-turbine</artifactId>
</dependency>
```

接着使用注解@EnableTurbine 驱动 Turbine 工具，如代码清单 27-15 所示。

代码清单 27-15：驱动仪表盘工作（dashboard 模块）

```
package com.learn.ssm.chapter27.dashboard.main;

/**** imports ****/
@SpringBootApplication
// 用注解驱动仪表盘
@EnableHystrixDashboard
// 驱动 Turbine 工具，聚集监测数据
@EnableTurbine
public class DashboardApplication {

   public static void main(String[] args) {
      SpringApplication.run(DashboardApplication.class, args);
   }

}
```

接下来对 Turbine 工具进行配置，如下：

```
turbine:
  # 配置聚合服务名称
  app-config: GOODS
```

```
# 指定集群名称，表达式（注意不是字符串）
cluster-name-expression: new String("default")
# 设置为 true，可以让同一主机上的服务通过主机名与端口号的组合进行区分。
# 如果它为 false，则会以 host 来区分不同的服务。
# 默认值为 true
combine-host-port: true
```

这样就配置好了 Turbine，然后重新在 4001 端口启动 dashboard 模块。在浏览器访问 http://localhost:4001/hystrix/，可以看到图 27-22 所示的页面。

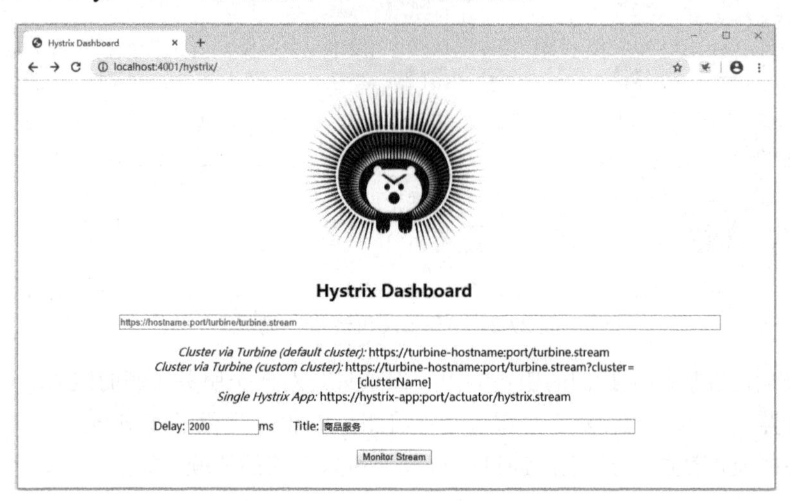

图 27-22　Hystrix 仪表盘平台页

在最长的文本框中输入 http://localhost:4001/turbine.stream；在 Delay 文本框中输入 2000；在 Title 文本框中输入商品服务，然后单击“Monitor Stream”按钮，进入监测平台。接着访问 4 个地址：

http://localhost:2001/goods/buyer/timeout/1

http://localhost:2001/goods/buyer/exception/1

http://localhost:2002/goods/buyer/timeout/1

localhost:2002/goods/buyer/exception/1

然后反复刷新这 4 个页面，就可以观察 Hystrix 仪表盘了，如图 27-23 所示。

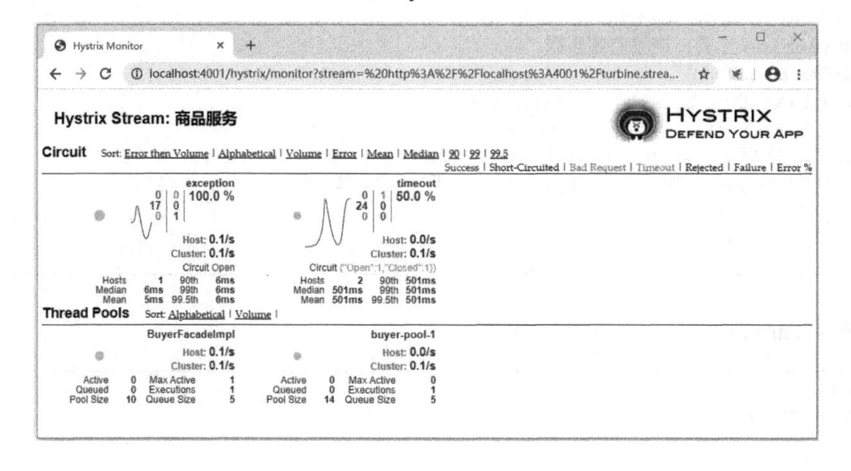

图 27-23　通过 Turbine 聚合数据下的仪表盘

注意右边监测数据中的 Hosts 参数，已经显示为 2，所以这个监测聚集了两个服务实例的监测。可见 Turbine 已经成功聚集了多个服务实例的数据。

27.7　服务调用——OpenFeign

Ribbon 在进行服务调用时，以使用 RestTemplate 为主，并以编码方式为主，为了进一步简化开发，Spring Cloud 还提供了 Spring Cloud OpenFeign 这样的声明式调用。为了方便，后文在没有歧义的情况下会把 Spring Cloud OpenFeign 简称为 OpenFeign。OpenFeign 是基于 GitHub OpenFeign 开发的，而 GitHub OpenFeign 使用的是自己的注解，为了更为简单，OpenFeign 在封装 GitHub OpenFeign 的同时，提供了基于 Spring MVC 的注解来支持声明式服务调用，从而降低了开发者学习的成本。为了使用 OpenFeign，我们需要先将它依赖进来，如下：

```
<dependency>
   <groupId>org.springframework.cloud</groupId>
   <artifactId>spring-cloud-starter-openfeign</artifactId>
</dependency>
```

这样就引入了 OpenFeign，接着让我们来介绍它的使用方法。

27.7.1　入门实例

前面的例子都是基于 HTTP 的 GET 请求进行服务调用的，这里为了更好地介绍 OpenFeign，我们在 buyer 模块的 BuyerControler 中增加一个 POST 请求，以创建买家信息，如代码清单 27-16 所示。

代码清单 27-16：创建买家信息（buyer 模块）

```
/**
 * 新增买家信息，POST 请求，带请求体
 * @param buyer 买家信息（请求体）
 * @return 信息
 */
@PostMapping("/info")
public String newBuyer(@RequestBody BuyerPojo buyer) {
   return "创建成功";
}
```

注意，这个方法使用了请求体（@RequestBody），这里的 BuyerPojo 是 common 模块的一个 POJO，代码很简单，如下。

```
package com.learn.ssm.chapter27.common.pojo;

public class BuyerPojo {
   private Long id;
   private String name;
   private String note;

   /**** setters and getters ****/
}
```

接着就可以使用 OpenFeign 进行声明式调用了，这里笔者先给出 OpenFeign 的接口，之后再进行解释，如代码清单 27-17 所示。

代码清单 27-17：OpenFeign 接口声明服务调用（goods 模块）

```
package com.learn.ssm.chapter27.goods.facade;

/**** imports ****/

// 声明为 OpenFeign 客户端（即当前为服务消费者），buyer 指向买家服务（服务提供者）
@FeignClient("buyer")
public interface BuyerOpenFeignFacade {

    /**
     * @GetMapping 代表 GET 请求调用，并给出相应地址
     * @param id 参数
     * @return 调用结果
     */
    @GetMapping("/buyer/name/{id}")
    public String getBuyerName(@PathVariable("id") Long id);

    @GetMapping("/buyer/timeout/{id}")
    public String timeout(@PathVariable("id") Long id);

    @GetMapping("/buyer/exception/{id}")
    public String exception(@PathVariable("id") Long id);

    /**
     * @PostMapping 代表 POST 请求，并给出相应地址，
     * @RequestBody 代表要发送的请求体（以 JSON 的形式）
     * @param buyer 代表卖家信息
     * @return
     */
    @PostMapping("/buyer/info")
    public String newBuyer(@RequestBody BuyerPojo buyer);
}
```

这里的注解看起来似乎在开发 Spring MVC 的控制器，实际上并不是，这是在声明服务调用。首先在接口上标注了@FeignClient，并且设置了值“buyer”，这是一个服务名称，指向买家服务，显然这是为了调用买家服务所做的声明式调用，接着就是注解@GetMapping 和@PostMapping，分别对应 GET 请求和 POST 请求的服务调用。关于这些说明，笔者在 getBuyerName 和 newBuyer 也做了详细的说明，请参考。

上面的接口只是做了声明，并且以 Spring MVC 的形式完成，这显然大大降低了开发者学习的成本。有了这个接口还不够，我们还需要使用注解@EnableFeignClients 来驱动 OpenFeign 工作。为此，我们在启动类中加入注解，如下：

```
package com.learn.ssm.chapter27.goods.main;

/**** imports ****/

// 定义扫描包
@SpringBootApplication(scanBasePackages = "com.learn.ssm.chapter27.goods")
// 驱动断路器工作（Hystrix）
@EnableCircuitBreaker
```

```
// 驱动 OpenFeign 工作
@EnableFeignClients(
      // 扫描装配 OpenFeign 客户端接口到 IoC 容器中
      basePackages="com.learn.ssm.chapter27.goods")
public class GoodsApplication {
   ...
}
```

这个注解驱动了 OpenFeign，同时指定了扫描包，这样就将接口装配到 Spring IoC 容器中了。为了进行测试，这里再编写一个控制器，如代码清单 27-18 所示。

代码清单 27-18：使用控制器测试 OpenFeign 客户端接口（goods 模块）

```
package com.learn.ssm.chapter27.goods.controller;

/**** imports ****/
@RestController
@RequestMapping("/openfeign")
public class BuyerOpenFeignController {
   @Autowired
   private BuyerOpenFeignFacade buyerOpenFeignFacade = null;

   @GetMapping("/buyer/name/{id}")
   public String getBuyerName(@PathVariable("id") Long id) {
      return buyerOpenFeignFacade.getBuyerName(id);
   }

   @GetMapping("/buyer/timeout/{id}")
   public String timeout(@PathVariable("id") Long id) {
      return buyerOpenFeignFacade.timeout(id);
   }

   @GetMapping("/buyer/exception/{id}")
   public String exception(@PathVariable("id") Long id) {
      return buyerOpenFeignFacade.exception(id);
   }

   @GetMapping("/buyer/info")
   public String newBuyer() {
      BuyerPojo buyer = new BuyerPojo();
      buyer.setId(1L);
      buyer.setName("buyer_name_1");
      buyer.setNote("note_1");
      return buyerOpenFeignFacade.newBuyer(buyer);
   }
}
```

启动各个服务，然后在浏览器中访问 http://localhost:2001/openfeign/buyer/info，就可以看到图 27-24 所示的结果了。

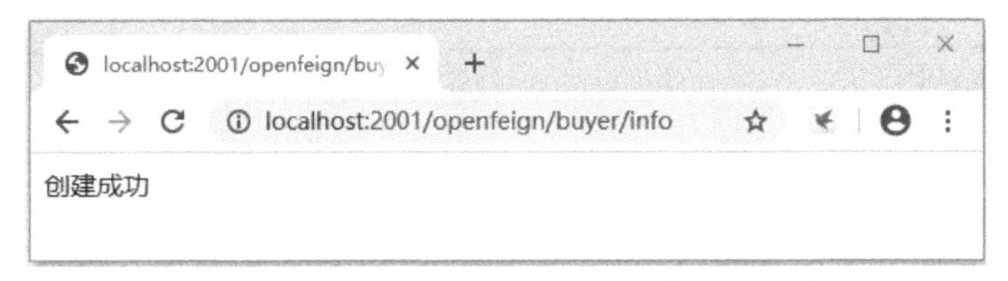

图 27-24 查看 OpenFeign 客户端接口调用结果

从图 27-24 中可以看出，通过 OpenFeign 客户端接口，调用已经成功了。OpenFeign 这种声明式的调用比 Ribbon 更为简单和直接，所以在大部分情况下，笔者都推荐使用 OpenFeign 的方式进行服务调用。

27.7.2 在 OpenFeign 中使用 Hystrix

在 OpenFeign 中使用 Hystrix 是相当简单的，只需要将配置项 feign.hystrix.enabled 设置为 true，这样 OpenFeign 就会将所有的 OpenFeign 加入 Hystrix 的机制中。当然这个配置项默认为 false，即官方不再推荐使用这种方式。为什么不推荐这样使用呢？我们不妨看看这样的伪代码。

```
public ResultType metho(param1, param2, param3){
    // 服务调用 1
    feignClient1.method1(param1);
    // 服务调用 2
    feignClient1.method2(param2);
    // 服务调用 3
    feignClient3.method3(param3);
    /**** other codes ****/
}
```

为了完成某种业务，这里需要使用 3 个服务调用，如果每个服务调用都在 Hystrix 中，那么显然会造成 Hystrix 的滥用，正因如此，OpenFeign 在默认的情况下禁用了 Hystrix。正常的用法应该是使用注解@HystrixCommand 来声明，如下。

```
@HystrixCommand(fallbackMethod = "fallback")
public ResultType metho(param1, param2, param3){
    // 服务调用 1
    feignClient1.method1(param1);
    // 服务调用 2
    feignClient1.method2(param2);
    // 服务调用 3
    feignClient3.method3(param3);
    /**** other codes ****/
}
```

这样就可以防止 Hystrix 的滥用了。

下面我们讨论把配置项 feign.hystrix.enabled 设置为 true 的情况，在这种情况下，也可以实现服务降级。不过首先需要提供一个 OpenFeign 客户端接口的实现类来作为降级逻辑的提供者，如代码清单 27-19 所示。

代码清单 27-19：实现 OpenFeign 客户端接口的降级逻辑（goods 模块）

```
package com.learn.ssm.chapter27.goods.facade.impl;

/**** imports ****/
// 装配到 IoC 容器中
@Component
public class BuyerOpenFeignFacadeImpl implements BuyerOpenFeignFacade {

    @Override
    public String getBuyerName(Long id) {
        return "获取买家名称失败";
    }
```

```
    @Override
    public String timeout(Long id) {
        return "服务调用超时";
    }

    @Override
    public String exception(Long id) {
        return "服务调用异常";
    }

    @Override
    public String newBuyer(BuyerPojo buyer) {
        return "创建买家信息失败";
    }
}
```

要使一个类成为降级逻辑类，需要满足以下三个条件。

- 这个降级实现类可以实现 OpenFeign 客户端接口的各个方法。
- 将当前类装配到 Spring IoC 容器中。
- 在 OpenFeign 客户端接口的@FeignClient 中指明降级逻辑类。

为此，我们还需要改造 OpenFeign 客户端接口，如下：

```
package com.learn.ssm.chapter27.goods.facade;
/**** imports ****/
// 声明为 OpenFeign 客户端（即服务消费者），
@FeignClient(
        // buyer 指向买家服务
        value="buyer",
        // 指定降级服务类
        fallback = BuyerOpenFeignFacadeImpl.class)
public interface BuyerOpenFeignFacade {
    ......
}
```

此时重新启动商品（goods）服务，然后在浏览器访问地址 http://localhost:2001/openfeign/buyer/timeout/1，如果返回正常，那么可以多刷新几次，就能看到图 27-25 所示的降级情况了。

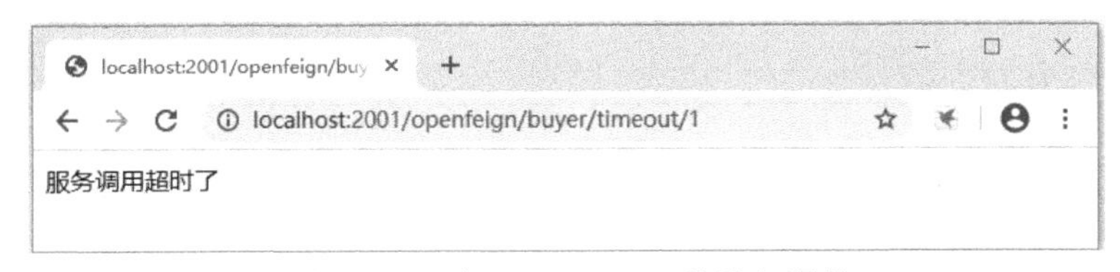

图 27-25　验证 OpenFeign 的降级逻辑

27.8　旧网关——Zuul

网关是请求到各个服务实例的入口，通过它可以实现对请求的过滤和转发，在微服务中，我们也可以称之为服务端负载均衡，Spring Cloud Netflix Zuul 是一种网关。网关分为硬件网关和软件网关，硬件网关不属于软件开发的范畴，本书不进行讨论。软件网关又分为传统网关和 API 网关，传统网关类似于 Nginx，用户可以通过配置简单地使用它，但是当用到比较复杂的功能时，就需要引入 OpenResty（Nginx+Lua）了。如果用户可以通过编程的方式来实现所需的功能，则可以把这种网关称为 API 网关，API 网关比传统网关的功能更加强大和便利。Spring Cloud Netflix Zuul 就是一种 API 网关，它是以 Spring Boot 的形式封装 Netflix Zuul 的，采用 Java 语言实现网关的各种功能。为了方便，后文在没有歧义的情况下将 Spring Cloud Netflix Zuul 简称为 Zuul。为了使用 Zuul，我们新建模块 zuul，然后引入以下依赖包。

```
<dependency>
   <groupId>org.springframework.boot</groupId>
   <artifactId>spring-boot-starter-web</artifactId>
</dependency>
<dependency>
   <groupId>org.springframework.cloud</groupId>
   <artifactId>spring-cloud-starter-netflix-eureka-client</artifactId>
</dependency>
<dependency>
   <groupId>org.springframework.cloud</groupId>
   <artifactId>spring-cloud-starter-netflix-zuul</artifactId>
</dependency>
```

27.8.1 入门实例

接下来让我们通过实例来学习如何使用 Zuul。这里先改造启动类，并使用@EnableZuulProxy 来驱动 Zuul 工作，如代码清单 27-20 所示。

代码清单 27-20：使用@EnableZuulProxy 驱动 Zuul 工作（zuul 模块）

```
package com.learn.ssm.chapter27.zuul.main;

/**** imports ****/

@SpringBootApplication(scanBasePackages = "com.learn.ssm.chapter27.zuul")
// 驱动 Zuul 工作
@EnableZuulProxy
public class ZuulApplication {

   public static void main(String[] args) {
      SpringApplication.run(ZuulApplication.class, args);
   }

}
```

这样 Zuul 就能够工作了，只是还需要做相应的配置。我们在 application.yml 文件中进行配置，如代码清单 27-21 所示。

代码清单 27-21：配置路由（zuul 模块）

```
# 定义 Spring 应用名称，它是一个服务的名称，一个服务可拥有多个实例
spring:
  application:
    name: zuul

# 向端口为 1001 和 1002 的 Eureka 服务治理中心注册
eureka:
  client:
    serviceUrl:
      defaultZone: http://localhost:1001/eureka, http://localhost:1002/eureka
```

```
# Zuul 的配置
zuul:
  # 路由配置
  routes:
    # 买家服务
    buyer-service:
      # 请求拦截路径配置（使用 ANT 风格）
      path: /buyer-api/**
      # 通过一个 URL 配置
      url: http://localhost:3001/
    # 商品服务配置
    goods-service:
      # 请求拦截路径配置（使用 ANT 风格）
      path: /goods-api/**
      service-id: goods
```

这里加粗的是 Zuul 的相关配置，zuul.routes.*配置项是配置路由的，也就是请求地址的转发规则。zuul.routes.*所要配置的是一个 Map<String, ZuulProperties. ZuulRoute>对象，所以必然有 key 和对应的内容。这里存在两个 key，一个是 buyer-service，另一个是 goods-service。这里先看 zuul.routes.buyer-service 下的配置，zuul.routes.buyer-service.path 配置的是请求所拦截的路径，而 zuul.routes.buyer-service.url 配置的是转发的路径，也就是假设我们在 5001 端口启动 Zuul 模块，那么当我们请求地址 http://localhost:5001/goods-api/goods/buyer/name/1 时，它将会路由转发到 http://localhost:3001/goods/buyer/name/1 上，这样就可以访问到源服务器的资源了。但是这样配置没有办法进行对买家服务的负载均衡，毕竟除了 3001 端口的实例，还有 3002 端口的实例。为了解决这个问题，可以参考 zuul.routes.goods-service 下的配置，这里的 zuul.routes.goods-service.path 是配置拦截请求的路径，而 service-id 将服务名称配置为 goods，指向商品服务，此时 Zuul 会自动实现负载均衡。

启动各个服务实例后，可以在浏览器中分别请求以下两个地址：

- http://localhost:5001/goods-api/goods/buyer/name/1
- http://localhost:5001/buyer-api/buyer/name/1

就可以看到图 27-26 所示的结果了。

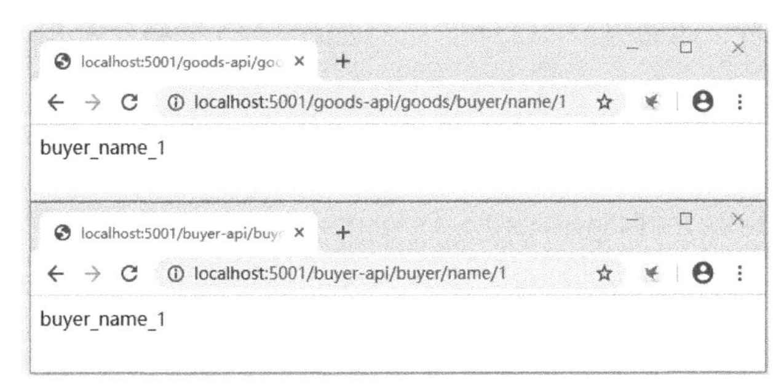

图 27-26　验证 Zuul 路由

27.8.2　过滤器

Zuul 还提供了过滤器的功能，而实际上在 Zuul 内部已经有了许多的过滤器，并且它们之间形成了责任链，如图 27-27 所示。

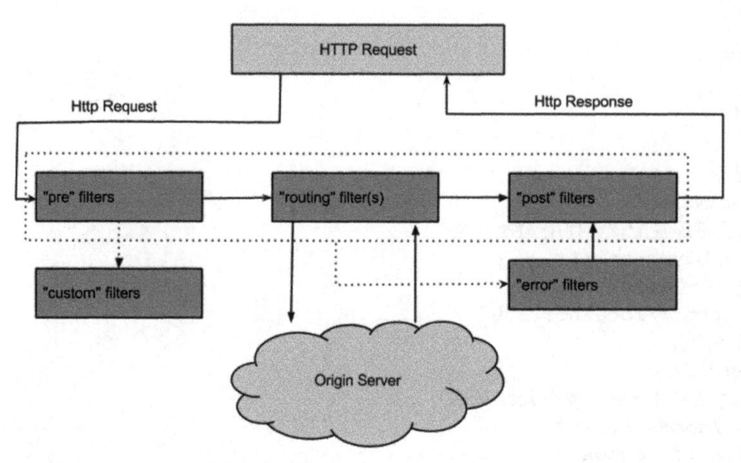

图 27-27　Zuul 过滤器（此图来自 Netflix Zuul 的 GitHub 文档说明）

从图 27-27 中可以看出，过滤器主要分为“pre”“route”（请注意官网这张图为“routing”，这是错误的，应该为“route”）和“post”三种类型，而“error”过滤器是“post”过滤器的一种。其中，“pre”过滤器在路由到源服务器之前执行；“route”过滤器路由到源服务器执行；“post”过滤器在源服务器之后执行；“error”过滤器在路由到源服务器错误时执行。

在 Zuul 中，提供了抽象类 ZuulFilter 来定义过滤器，它有以下四种抽象方法。

- filterType 方法：过滤器的类型，可以是“pre”“route”“post”或者“error”中的一种，过滤器在源服务器之前或之后执行，或者处理产生的错误。
- filterOrder 方法：返回一个整数，代表过滤器在责任链中的顺序。
- shouldFilter 方法：是否启用过滤器，可以根据请求条件确定过滤器是否拦截请求。
- run 方法：过滤器的具体逻辑，它是过滤器的核心方法，将返回一个 Object 对象，如果返回 null，则表示继续后续责任链正常的逻辑。

在一些购买商品的场景中，验证码也很常用。假设我们将验证码存放在 Redis 中，为此在 Redis 命令行客户端中执行命令：

```
set code1 a12345
```

其中“code1”是验证码的键，“a12345”是验证码。为了能够使用 Redis，先引入对应的依赖，如下。

```
<!-- 加入 Spring Boot 的 Redis 依赖 -->
<dependency>
   <groupId>org.springframework.boot</groupId>
   <artifactId>spring-boot-starter-data-redis</artifactId>
   <!--排除同步 Redis 客户端 Lettuce-->
   <exclusions>
      <exclusion>
         <groupId>io.lettuce</groupId>
         <artifactId>lettuce-core</artifactId>
      </exclusion>
   </exclusions>
</dependency>
<!--加入 Redis 客户端 Jedis-->
<dependency>
   <groupId>redis.clients</groupId>
```

```
    <artifactId>jedis</artifactId>
</dependency>
```

有了 spring-boot-starter-data-redis 的依赖，需要在 application.yml 文件中配置 Redis，如下。

```
spring:
  # Redis 配置
  redis:
    # Redis 服务器地址
    host: 192.168.80.130
    # Redis 密码
    password: abcdefg
    # Jedis 客户端
    jedis:
      # 连接池配置
      pool:
        # 最大活动连接数
        max-active: 20
        # 最大等待时间（单位：ms）
        max-wait: 2000
        # 最小闲置连接数
        min-idle: 5
        # 最大闲置连接数
        max-idle: 15
```

这样就配置好了 Redis，接着就需要在 zuul 模块中新建过滤器处理验证码，如代码清单 27-22 所示。

代码清单 27-22：添加过滤器检测验证码（zuul 模块）

```
package com.learn.ssm.chapter27.zuul.filter;

/**** imports ****/

// 装配过滤器，Zuul 会自动加入责任链
@Component // ①
public class VerificationFilter extends ZuulFilter {

    // 注入 StringRedisTemplate
    @Autowired
    private StringRedisTemplate redisTemplate = null;

    //验证码键和值的参数名称
    private final static String  VERIFICATION_KEY_PARAM_NAME = "validateKey";
    private final static String  VERIFICATION_CODE_PARAM_NAME = "validateCode";

    // “pre”类型过滤器，在路由源服务器之前执行
    @Override
    public String filterType() { // ②
        return FilterConstants.PRE_TYPE;
    }

    // 数字越小，越优先执行，将在系统已经存在的 PRE_DECORATION_FILTER 过滤器之前执行
    @Override
    public int filterOrder() {
        return FilterConstants.PRE_DECORATION_FILTER_ORDER - 1;
    }
```

```
// 如果存在验证码，则启用当前过滤器拦截请求
@Override
public boolean shouldFilter() { // ③
    String key = getParam(VERIFICATION_KEY_PARAM_NAME);
    String code = getParam(VERIFICATION_CODE_PARAM_NAME);
    return !StringUtils.isEmpty(key) && !StringUtils.isEmpty(code);
}

// 获取参数
private String getParam(String name) {
    // 获取请求内容
    RequestContext cxt = RequestContext.getCurrentContext();
    // 从请求参数获取验证键
    String param = cxt.getRequest().getParameter(name);
    // 如果请求参数不存在验证码，则从头请求获取验证键
    if (StringUtils.isEmpty(param)) {
        param = cxt.getRequest().getHeader(name);
    }
    return param;
}

@Override
public Object run() throws ZuulException { // ④
    String key = getParam(VERIFICATION_KEY_PARAM_NAME);
    String code = getParam(VERIFICATION_CODE_PARAM_NAME);
    String redisCode = redisTemplate.opsForValue().get(key);
    // 如果验证码一致，则执行后面的逻辑
    if (code.equals(redisCode)) {
        // 返回 null，代表过滤器放行
        return null;
    }
    // 出错处理
    setErrorBody();
    return null;
}


// 设置验证不通过时，响应的内容
private void setErrorBody() {
    // 获取请求内容对象
    RequestContext ctx = RequestContext.getCurrentContext();
    // 不再放行路由
    ctx.setSendZuulResponse(false); // ⑤
    // 设置响应码为 401-未签名
    ctx.setResponseStatusCode(HttpStatus.SC_UNAUTHORIZED);
    // 设置响应类型为 JSON 媒体类型
    ctx.getResponse().setContentType(MediaType.APPLICATION_JSON_VALUE);
    // 设置编码类型
    ctx.getResponse().setCharacterEncoding("UTF-8");
    // 响应结果
    Map<String, String> result = new HashMap<>();
    result.put("success", "false");
    result.put("message", "验证码错误，请检查您的输入");
    // 将 result 转换为 JSON 媒体类型
    ObjectMapper mapper = new ObjectMapper();
    String body = null;
    try {
        // 转变为 JSON 字符串
        body = mapper.writeValueAsString(result);
```

```
        } catch (JsonProcessingException e) {
            e.printStackTrace();
        }
        // 设置响应体，准备响应请求
        ctx.setResponseBody(body);
    }
}
```

这个例子过滤器的内容比较多，但是结构还是清晰的，它继承了抽象类 ZuulFilter，并且覆盖了之前讨论过的四个方法。在代码①处，注解@Component 表示将其装配到 Spring IoC 容器中，这样 Zuul 会自动识别它为过滤器，并且装载到过滤器的责任链中。代码②处将其设置为"pre"类型的过滤器，这就意味着将在路由到达源服务器之前执行过滤器。代码③处判断是否启动过滤器，这里要求验证键和验证码都存在才会执行过滤器。代码④处则是过滤器的核心逻辑，run 方法通过验证请求参数中验证码和 Redis 保存的验证码是否匹配来决定是否放行请求，如果匹配则放行请求，否则就进行错误处理。setErrorBody 方法则是处理错误的方法，代码⑤处声明不再将请求转发到下一层，而是自定义响应内容，来告知请求者处理失败的原因，从而提高用户体验。在使用过滤器的过程中，会使用到一个重要的类 RequestContext，它是一个线程副本，用来保存 HTTP 请求的各类信息，我们通过它可以获取请求的各类参数、请求头和请求体等重要信息。filterOrder 方法则是一个明确多个过滤器执行顺序的方法。

我们启动各个服务实例，然后访问

http://localhost:5001/buyer-api/buyer/name/1?validateKey=code1&validateCode=a123

就可以看到图 27-28 所示的结果了。

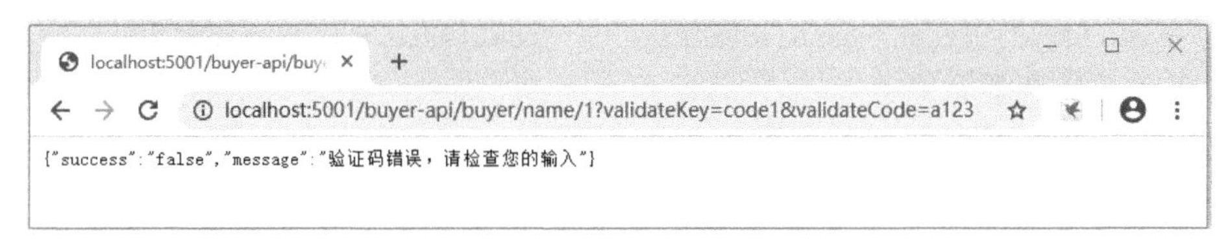

图 27-28　查看过滤器是否生效

从图 27-28 中可以看出，过滤器已经成功对请求进行了拦截，可见过滤器已经工作了。

27.9　新网关——Gateway

Netflix 一直计划开发 Netflix Zuul 2.x，但是经常不能按时推出，而 Netflix Zuul 1.x 也不能满足响应式编程的需求，所以 Spring Cloud 推出了自己的网关——Spring Cloud Gateway。为了方便，下文在没有歧义的地方会将 Spring Cloud Gateway 简称为 Gateway。Gateway 和传统的组件不同，它依赖于 Spring Boot 和 Spring WebFlux，采用的是响应式编程（Reactive Programming），所以它会更快速一些。

为了使用 Gateway，这里新建模块 gateway，然后引入以下依赖。

```
<!-- 引入Gateway -->
<dependency>
    <groupId>org.springframework.cloud</groupId>
    <artifactId>spring-cloud-starter-gateway</artifactId>
</dependency>
```

```
<!-- 引入服务发现 -->
<dependency>
   <groupId>org.springframework.cloud</groupId>
   <artifactId>spring-cloud-starter-netflix-eureka-client</artifactId>
</dependency>
```

这里需要注意以下三点。

- 因为Gate使用的是Spring WebFlux技术，它和spring-boot-starter-web的两个包是冲突的，所以只能引入其中的一个包，否则会产生异常。
- 当前 Gateway 只支持 Netty 容器，所以引入 Tomcat 或者 Jetty 等容器会在运行期间出现意想不到的问题。
- 如果在新建模块（或者项目）时不慎选择了 war 形式，则需要删除 spring-boot-starter-web 和 IDE 为用户生成的 ServletInitializer.java 文件，并将打包形式修改为 jar，否则会引发错误。

如此就引入了 Gateway 和服务发现包，接下来就要通过开发或者配置，让 Gateway 去工作了。

27.9.1 入门实例

首先我们修改启动类，添加路由规则，如代码清单 27-23 所示。

代码清单 27-23：配置路由（gateway 模块）

```
package com.learb.ssm.chapter27.gateway.main;
/**** imports ****/
@SpringBootApplication(scanBasePackages = "com.learb.ssm.chapter27.gateway")
public class GatewayApplication {

   public static void main(String[] args) {
      SpringApplication.run(GatewayApplication.class, args);
   }

   /**
    * 创建路由规则
    * @param builder -- 路由构造器
    * @return 路由规则
    */
   @Bean
   public RouteLocator customRouteLocator(RouteLocatorBuilder builder) {
      return builder.routes() //开启路由配置
            // 配置路由
            // route 方法的两个参数：第一个是 id；第二个是断言，后续再论述断言的作用
            .route("buyer", r -> r.path("/buyer-api/**") // ①
                  // 过滤器，删除一个层级再匹配地址
                  .filters(f->f.stripPrefix(1))
                  // 转发到具体的 URI
                  .uri("http://localhost:3001"))
            // 基于服务发现的路由
            .route("goods", r->r.path("/goods-api/**") // ②
                  // 过滤器，删除一个层级再匹配地址
                 .filters(f->f.stripPrefix(1))
                 // 服务发现路由，约定以“ib://{service-id}”为格式
                 .uri("lb://goods"))
```

```
            // 创建
            .build();
    }
}
```

这个类值得关注的只有 customRouteLocator 方法，它将返回一个 RouteLocator 对象，这是 Gateway 关于路由的对象，也就是将其装配到 Spring IoC 容器后，Gateway 就会将其加载，并作为路由的规则。接下来的两个 route 方法是这段代码的核心内容。

- 先看①处的 route 方法，这个方法代表配置一个路由（Route），它有两个参数：第一个参数是字符串，为路由的 id；第二个参数是断言（Predicate），这里写成 Lambda 表达式，这里的断言的作用是路由匹配，也就是判断哪些请求和这个路由匹配，而 path 方法表示采用路径匹配，当出现了与 ANT 风格表达式“/buyer-api/**”匹配的路径时，就会启用这个路由。接着是 filters 方法，它代表过滤器，也就是在 Gateway 执行路由之前或者之后可以加入一些逻辑，这里的 stripPrefix 方法表示删除匹配地址中的一个层级，这里进行一下说明，如果我们配置的匹配路径为“/buyer-api/**”，那么请求地址是 http://localhost:6001/buyer-api/buyer/name/1，通过 gateway 的路由源服务器的地址就是 http://localhost:3001/buyer-api/buyer/name/1 了，显然这是不能匹配到源服务器的，而这里的 stripPrefix 方法代表删除一个层级，就是删除了路径中的“/buyer-api”，这样路由到源服务器的地址就是 http://localhost:3001/buyer/name/1 了，这才是正确的地址。uri 方法配置的则是源服务器的路径，是真实的源服务器地址。
- 再看②处的 route 方法，和①处不同的是 uri 方法配置的内容，这里的配置为“lb:/goods”，在 Gateway 中约定格式“ib://{service-id}”为服务发现路由，通过它就可以将请求匹配到商品（goods）服务的各个可用实例，从而实现负载均衡。在注册服务治理中心的环境中，经常会使用到服务发现的路由方式。

除了使用编码的方式，Gateway 还提供了配置的方法，现在我们删除代码清单 27-23 中的方法，然后在 application.yml 进行如下配置。

```
spring:
  cloud:
    gateway:
      # 开始配置路由
      routes:
        # 路径匹配
        - id: buyer
          # 转发 URI
          uri: http://localhost:3001
          # 断言配置
          predicates:
          - Path=/buyer-api/**
          # 过滤器配置
          filters:
          - StripPrefix=1
        # 路径匹配
        - id: goods
        # 转发 URI
          uri: lb://goods
        # 断言配置
          predicates:
```

```
- Path=/goods-api/**
# 过滤器配置
filters:
- StripPrefix=1
```

这里的配置等价于代码清单 27-23，对照起来就很好理解了，这里不再赘述。

27.9.2 Gateway 中的术语

从入门实例中，大家可以看到 Gateway 的三个核心术语。

- **断言（Predicate）**：断言用于检查请求是否与路由匹配，只有在相互匹配时才会使用路由。
- **过滤器（Filter）**：通过过滤器，我们可以在执行路由前后加入自己的逻辑，需要注意的是，在 Gateway 中存在全局过滤器和局部过滤器。
- **路由（Route）**：路由是一个最基本的组件，它由 ID、目标 URI、断言集合和过滤器集合等组成，当断言判定为 true 时，才会匹配到路由。注意，一个路由可以存在多个断言，也可以存在多个过滤器。

这三个核心术语的关系如图 27-29 所示。

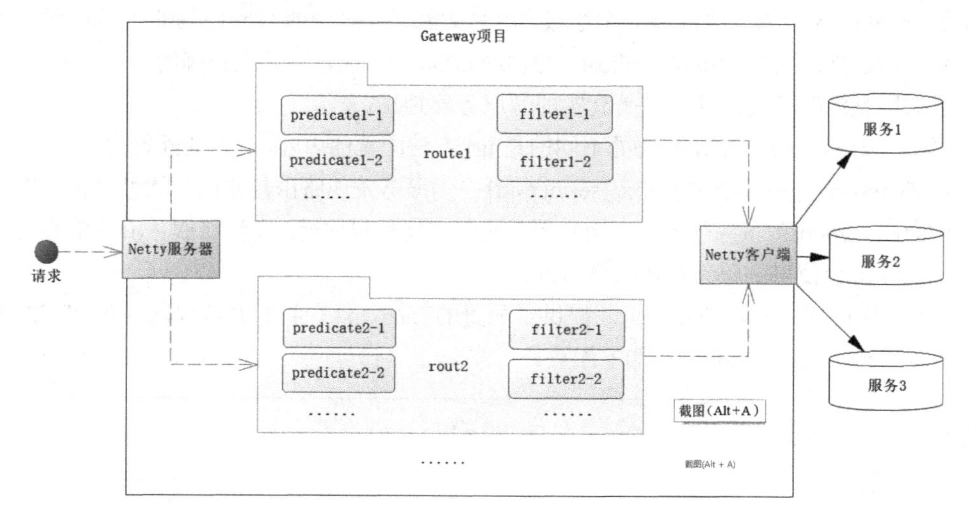

图 27-29　Gateway 三个核心术语的关系图

而事实上，在 Gateway 中，已经提供了许多的断言和过滤器给我们使用，下一节会介绍几个常用的断言和过滤器，如果需要进一步学习，那么读者可以参考 Gateway 官网的说明。

27.9.3 Gateway 已有断言和过滤器的使用

其实在代码清单 27-23 中我们已经使用了 Gateway 提供的断言和过滤器，让我们回看这段代码。

```
return builder.routes() //开启路由配置
    // 配置路由
    // route 方法两个的参数：第一个是 id；第二个是断言，后续再论述断言的作用
    .route("buyer", r -> r.path("/buyer-api/**") // ①
        // 过滤器，删除一个层级再匹配地址
```

```
        .filters(f->f.stripPrefix(1))
        // 转发到具体的 URI
        .uri("http://localhost:3001"))
    // 基于服务发现的路由
    .route("goods", r->r.path("/goods-api/**") // ②
        // 过滤器，删除一个层级再匹配地址
       .filters(f->f.stripPrefix(1))
       // 约定以“ib://{service-id}”为格式
       .uri("lb://goods"))
    // 创建
    .build();
```

注意到加粗的方法，它们使用的都是 Gateway 已经提供好的断言和过滤器，在学习它们之前需要再次强调断言和过滤器的作用。断言的作用是检查请求和路由是否匹配，只有匹配了才会执行路由；而过滤器的作用是在执行路由时，允许加入我们自己的逻辑代码。

在 Gateway 中已经存在多种断言，并且通过路由断言工厂（RoutePredicateFactory<C>）提供，如图 27-30 所示。

图 27-30　路由断言工厂

请注意，这里工厂的命名规则为 XXXRoutePredicateFactory，这个命名规则很重要，例如，之前使用 path 方法，就意味着使用 PathRoutePredicateFactory 生成的断言来匹配路由。同样，在配置时也依据这一规则，我们再看之前的 YAML 文件配置。

```
spring:
  cloud:
    gateway:
      # 开始配置路由
      routes:
        # 路径匹配
        - id: buyer
          # 转发 URI
          uri: http://localhost:3001
          # 断言配置
          predicates:
          - Path=/buyer-api/**
          # 过滤器配置
          filters:
          - StripPrefix=1
```

注意加粗的代码，开头是“- Path”的代表使用 PathRoutePredicateFactory 生成的断言来匹配路由。

通过上面的论述，大家应该清楚，我们可以通过代码或者配置来使用它们。下面我们通过 Query 断言来学习已有断言如何使用，为此我们改造代码清单 27-23 中的 customRouteLocator 方法，如代码清单 27-24 所示。

代码清单 27-24：使用 Query 断言（gateway 模块）

```
/**
 * 创建路由规则
 * @param builder -- 路由构造器
 * @return 路由规则
 */
@Bean
public RouteLocator customRouteLocator(RouteLocatorBuilder builder) {
   return builder.routes() //开启路由配置
      // 配置路由
      // route 方法的两个参数：第一个是 id；第二个是断言，后续再论述
      .route("buyer",
         r -> r.path("/buyer-api/**")
            //只有存在请求参数“id” ，才匹配路由
            .and().query("id") // ①
            // 只有存在请求参数“id”且是数字，才匹配路由
            // .and().query("id", "^[0-9]*$") // ②
         // 过滤器，删除一个层级再匹配地址
         .filters(f->f.stripPrefix(1))
         // 转发到具体的 URI
         .uri("http://localhost:3001"))
      // 基于服务发现的路由
      .route("goods", r->r.path("/goods-api/**")
         // 过滤器，删除一个层级再匹配地址
         .filters(f->f.stripPrefix(1))
         // 约定以“ib://{service-id}”为格式
         .uri("lb://goods"))
      // 创建
      .build();
}
```

注意加粗的代码：在代码①处，and 方法代表“并且”的意思，也就是在原有 path 断言匹配的基础上，再添加一个 Query 断言，这是一个参数的断言，也就是判定存在参数“id”才会匹配路由；再看代码②处，这里的 Query 断言，要求存在参数“id”，且是一个数字才匹配路由。

当然我们也可以使用 YAML 文件进行配置来实现代码清单 27-24，如下。

```
spring:
  cloud:
    gateway:
      # 开始配置路径
      routes:
        # 路径匹配
        - id: buyer
          # 转发 URI
          uri: http://localhost:3001
          # 断言配置
          predicates:
          - Path=/buyer-api/**
          # 使用 Query 断言，要求存在参数“id”
```

```
          - Query=id
          # 使用 Query 断言，要求存在参数“id”，且为数字
          - Query=id, ^[0-9]*$
          # 过滤器配置
          filters:
          - StripPrefix=1
        # 路径匹配
        - id: goods
        # 转发 URI
          uri: lb://goods
        # 断言配置
          predicates:
          - Path=/goods-api/**
          # 过滤器配置
          filters:
          - StripPrefix=1
```

注意加粗的代码，结合之前代码清单 27-24 的讲解，相信读者就能很快理解了。

过滤器允许我们在路由前后执行对应的逻辑。同样，Gateway 也提供了许多的过滤器工厂（GatewayFilterFactory）来产生过滤器，而实际上，我们之前也使用过 StripPrefix 过滤器。目前 Gateway 提供了二十多种过滤器工厂，如图 27-31 所示。

```
GatewayFilterFactory<C>
  AbstractGatewayFilterFactory<C>
    AbstractChangeRequestUriGatewayFilterFactory<T>
    AbstractNameValueGatewayFilterFactory
      AddRequestHeaderGatewayFilterFactory
      AddRequestParameterGatewayFilterFactory
      AddResponseHeaderGatewayFilterFactory
      SetRequestHeaderGatewayFilterFactory
      SetResponseHeaderGatewayFilterFactory
    DedupeResponseHeaderGatewayFilterFactory
    FallbackHeadersGatewayFilterFactory
    HystrixGatewayFilterFactory
    MapRequestHeaderGatewayFilterFactory
    ModifyRequestBodyGatewayFilterFactory
    ModifyResponseBodyGatewayFilterFactory
    PrefixPathGatewayFilterFactory
    PreserveHostHeaderGatewayFilterFactory
    RedirectToGatewayFilterFactory
    RemoveRequestHeaderGatewayFilterFactory
    RemoveRequestParameterGatewayFilterFactory
    RemoveResponseHeaderGatewayFilterFactory
    RequestHeaderSizeGatewayFilterFactory
    RequestRateLimiterGatewayFilterFactory
    RequestSizeGatewayFilterFactory
    RetryGatewayFilterFactory
    RewriteLocationResponseHeaderGatewayFilterFactory
    RewritePathGatewayFilterFactory
    RewriteResponseHeaderGatewayFilterFactory
    SaveSessionGatewayFilterFactory
    SecureHeadersGatewayFilterFactory
    SetPathGatewayFilterFactory
    SetStatusGatewayFilterFactory
    SpringCloudCircuitBreakerFilterFactory
    StripPrefixGatewayFilterFactory
```

图 27-31　Gateway 已有的过滤器工厂

和断言一样，这里也需要注意命名规则为“XXXGatewayFilterFactory”，后面的开发和配置

也都参考这个规则。下面我们以 AddResponseHeaderGatewayFilterFactory 为例讲解已有过滤器的使用，首先继续改造代码清单 27-23，如代码清单 27-25 所示。

代码清单 27-25：使用 AddResponseHeader 过滤器（gateway 模块）

```
/**
 * 创建路由规则
 * @param builder -- 路由构造器
 * @return 路由规则
 */
@Bean
public RouteLocator customRouteLocator(RouteLocatorBuilder builder) {
    return builder.routes() //开启路由配置
        // 配置路由
        // route 方法的两个参数：第一个是 id；第二个是断言，后续再论述
        .route("buyer", r -> r.path("/buyer-api/**")
            // 过滤器，删除一个层级再匹配地址
            .filters(f->f.stripPrefix(1))
            // 转发到具体的 URI
            .uri("http://localhost:3001"))
        // 基于服务发现的路由
        .route("goods", r->r.path("/goods-api/**")
            // 过滤器，删除一个层级再匹配地址
            .filters(f->f.stripPrefix(1)
                // 添加响应头
                .addResponseHeader("response-header", "response-value"))
            // 约定以“ib://{service-id}”为格式
            .uri("lb://goods"))
        // 创建
        .build();
}
```

请注意加粗的代码，这里主要是给客户端响应的时候添加一个响应头，同样符合“XXXGatewayFilterFactory”的命名规则。我们也可以通过使用 YAML 文件进行配置来实现，如下。

```
spring:
  cloud:
    gateway:
      # 开始配置路径
      routes:
        # 路径匹配
        - id: buyer
          # 转发 URI
          uri: http://localhost:3001
          # 断言配置
          predicates:
          - Path=/buyer-api/**
          # 过滤器配置
          filters:
          - StripPrefix=1
        # 路径匹配
        - id: goods
        # 转发 URI
          uri: lb://goods
        # 断言配置
          predicates:
```

```
        - Path=/goods-api/**
        # 过滤器配置
        filters:
        - AddResponseHeader=response-header, response-value
        - StripPrefix=1
```

注意加粗的地方，参考“XXXGatewayFilterFactory”的命名规则，和前面的断言是一致的。

27.9.4　自定义过滤器

在 Gateway 中，过滤器分为全局过滤器和局部过滤器，全局过滤器对所有的路由有效，而局部过滤器可以指定对哪些路由有效。局部过滤器只需要实现 GateFilter 接口即可；全局过滤器则需要实现 GlobalFilter 接口，并且将其装配到 Spring IoC 容器中。

下面我们来改造代码清单 27-23 中的 customRouteLocator 方法，加入我们自定义的局部过滤器，如代码清单 27-26 所示。

代码清单 27-26：自定义局部过滤器（gateway 模块）

```
/**
 * 创建路由规则
 * @param builder -- 路由构造器
 * @return 路由规则
 */
@Bean
public RouteLocator customRouteLocator(RouteLocatorBuilder builder) {
   return builder.routes() //开启路由配置
         // 配置路由
         // route 方法的两个参数：第一个是 id；第二个是断言，后续再论述
         .route("buyer", r -> r.path("/buyer-api/**")
               // 过滤器，删除一个层级再匹配地址
               .filters(f->f.stripPrefix(1))
               // 转发到具体的 URI
               .uri("http://localhost:3001"))
         // 基于服务发现的路由
         .route("goods", r->r.path("/goods-api/**")
               // 过滤器，删除一个层级再匹配地址
               .filters(f->f.stripPrefix(1)
                     // 添加自定义过滤器
                     .filter(myGatewayFilter())) // ①
               // 约定以“ib://{service-id}”为格式
               .uri("lb://goods"))
         // 创建
         .build();
}

// 开发局部过滤器
private GatewayFilter myGatewayFilter() { // ②
   return (exchange, chain) -> {
      System.out.println("我是局部过滤器逻辑");
      // 获取请求对象
      ServerHttpRequest request = exchange.getRequest();
      // 增加请求头信息
      request = request.mutate()
            .header("request-header", "my-request-header").build();
      /**
       错误增加请求头的代码，
```

```
        因为 request.getHeaders()返回的是只读请求头，所以不可修改
        */
       // request.getHeaders().add("header", "myheader"); // ③
       // 获取请求参数
       String id = request.getQueryParams().getFirst("id");
       // 调用 filter 方法，让过滤器责任链向下继续执行
       Mono<Void> mono = chain.filter(exchange);
       // 获取应答对象
       ServerHttpResponse response = exchange.getResponse();
       // 响应类型为 JSON
       response.getHeaders().setContentType(MediaType.APPLICATION_JSON);
       // 添加响应头
       response.getHeaders().add("response-header", "my-response-header");
       return mono;
    };
}
```

注意在代码①处，filter 方法调用了 myGatewayFilter 方法返回的过滤器，通过这样给路由添加自定义的过滤器。在 myGatewayFilter 方法中，使用了正则表达式创建局部过滤器，它需要实现的方法是

```
Mono<Void> filter(ServerWebExchange exchange, GatewayFilterChain chain);
```

其中参数 exchange 是一个请求交互对象，我们可以通过它来获取请求对象（ServerHttpRequest），正如代码中用它设置了请求头并获取了参数。当然也可以通过参数 exchange 获取应答对象（ServerHttpResponse），正如代码中用它设置了响应类型和响应头。而 chain 是一个过滤器责任链，通过它的 filter 方法继续执行下一层次的过滤器。这里需要注意的是代码③处的写法在运行中会产生问题，通过 request.getHeader 返回的是一个只读的请求头对象，不可以写入，当我们这样设置请求头的时候，就会抛出不支持方法的异常了。

在 Gateway 中还可以使用全局过滤器，全局过滤器对所有路由有效。使用它十分简单，我们继续在启动类 GatewayApplication 的基础上添加一个方法，如代码清单 27-27 所示。

代码清单 27-27：自定义全局过滤器（gateway 模块）

```
// 定义全局过滤器
@Bean
public GlobalFilter globalFilter() {
   return (exchange, chain) -> {
      System.out.println("我是全局过滤器");
      Mono<Void> mono = chain.filter(exchange);
      return mono;
   };
}
```

这个方法相对简单，它标注了@Bean，代表会将其返回的全局过滤器（GlobalFilter 接口对象）装配到 Spring IoC 容器中，此时 Gateway 会自动识别，将其装配到过滤器的责任链中。在 globalFilter 方法中，通过 Lambda 表达式创建了 GlobalFilter 接口对象，它的参数和局部过滤器 GatewayFilter 接口一致。

启动各个服务，在浏览器中访问 http://localhost:6001/buyer-api/buyer/name/1，观察后台日志，可以打印出：

```
我是全局过滤器
```

可见全局过滤器已经加载进来了。接着在浏览器中访问 http://localhost:6001/goods-api/goods/buyer/name/1，观察后台日志，可以打印出：

```
我是局部过滤器逻辑
我是全局过滤器
```

可见无论是全局过滤器还是局部过滤器逻辑都已经被加载进来了。

27.10 新断路器——Resilience4j

因为 Netflix 公司已经宣布不再维护 Netflix Hystrix，所以 Spring Cloud 开始了后 Netflix Hystrix 的工作，其中推荐我们使用的是 Resilience4j、Alibaba Sentinel 等。Resilience4j 是 Spring Cloud 推荐的主流熔断器，它是一款参考 Netflix Hystrix 开发的容错工具，且更为强大和灵活。当前 Spring Cloud 官方已经提供了 spring-cloud-starter-circuitbreaker-resilience4j 包，不过这个包功能还不算强大，在更多的时候，建议使用 Resilience4j 自己提供的 resilience4j-spring-boot2 包作为我们开发的依赖，为此我们先引入它，如下。

```
<dependency>
   <groupId>io.github.resilience4j</groupId>
   <artifactId>resilience4j-spring-boot2</artifactId>
   <version>1.2.0</version>
</dependency>
```

截至 2020 年 8 月，Resilience4 的最新版本是 1.3.1，但是在整合上还存在问题，因此笔者引入了 1.2.0 版本。Resilience4j 包含了 Hystrix 的各种功能，还给出了 Hystrix 的限速器，而 resilience4j-spring-boot2 包会依赖上 Resilience4j 的各个包，如表 27-3 所示。

表 27-3　resilience4j-spring-boot2（1.2.0 版本）包依赖说明

Resilience4j	说　明	本节是否讨论
resilience4j-circuitbreaker	断路器	是
resilience4j-retry	重试器	否
resilience4j-ratelimiter	限速器	是
resilience4j-bulkhead	舱壁隔离	是

这里笔者打算讨论断路器、重试器、限速器和舱壁隔离这四种组件，都是微服务常常用到的。而表 27-3 中的组件都是 resilience4j-spring-boot2 会引入的组件，如果我们不需要某些组件，可自行排除，甚至可以引入 Resilience4j 的其他组件，比如常见的限时器(resilience4j-timelimiter)，下面代码的作用是排除重试器并引入限时器。

```
<dependency>
   <groupId>io.github.resilience4j</groupId>
   <artifactId>resilience4j-spring-boot2</artifactId>
   <version>1.3.1</version>
   <exclusions>
      <!-- 排除重试器 -->
      <exclusion>
```

```
            <groupId>io.github.resilience4j</groupId>
            <artifactId>resilience4j-retry</artifactId>
        </exclusion>
    </exclusions>
</dependency>
<dependency>
    <groupId>io.github.resilience4j</groupId>
    <artifactId>resilience4j-timelimiter</artifactId>
    <version>1.2.0</version>
</dependency>
```

这里需要注意的是 Resilience4j 内部会使用一个环形数组，统计和分析请求，如图 27-32 所示。

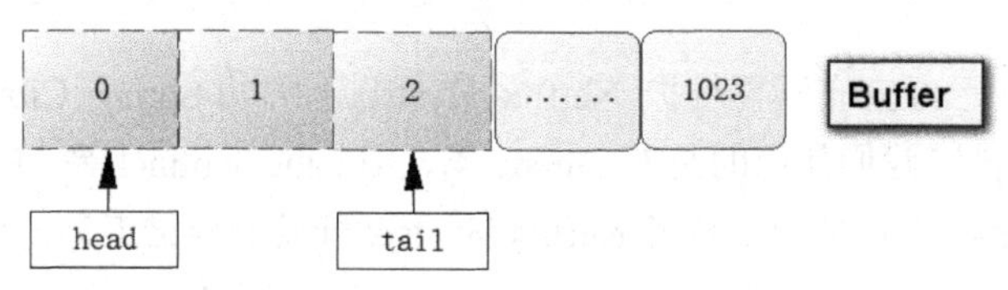

图 27-32　Resilience4j 的环形数组

环形数组存在两个指针，头（header）和尾（tail），当 head = (tail+1) mod buffer.length 时，说明环形数组已经满了，此时它会丢弃旧的请求，而当 header=tail 时，说明环形数组为空，可以自由操作。一个环形数组可以存放 1024 个二进制单位，当服务调用成功时，Resilience4j 就会在对应的位存放 0，如果失败则存放 1，因此 Resilience4j 可以根据这些数据分析服务调用的情况。

Resilience4j 采用注册机的形式，各个组件可以注册在注册机里。比如断路器注册机（CircuitBreakerRegistry）可以注册多个断路器（CircuitBreaker），同样，限速器注册机（RateLimiterRegistry）可以注册多个限速器（RateLimiter）。

27.10.1　断路器

在 resilience4j-spring-boot2 中可以通过配置使用断路器注册机，比如使用下面的代码在 YAML 文件中进行配置。

```
resilience4j:
  # 配置断路器，配置的断路器会注册到断路器注册机（CircuitBreakerRegistry）中
  circuitbreaker:
    backends:
      # 名称为“user”的断路器
      buyer:
        # 当断路器为打开状态时等待的时间
        # 转变为半打开状态，默认为 60s
        wait-duration-in-open-state: 5s # ①
        # 配置 30 表示当请求失败比例达到 30%时，打开断路器，隔断后续请求
        # 这个值默认为 50，即请求失败比例达到 50%才打开断路器隔断后续请求
        failure-rate-threshold: 30 # ②
        # 在半打开状态下，至少尝试 5 次，才重新关闭断路器
        permitted-number-of-calls-in-half-open-state: 5 # ③
```

配置项“resilience4j.circuitbreaker.*”代表配置 Resilience4j 的断路器注册机，而配置项

“resilience4j.circuitbreaker.backends.*”配置的是一个注册机下的断路器，它是一个 Map<String, InstanceProperties>类型，buyer 是其中的一个键，后续的内容，就是 InstanceProperties 对象的属性。下面我们有必要谈谈 InstanceProperties 对象的属性的含义。

之前我们谈过 Hystrix，它的断路器存在三种状态。

- **关闭（CLOSED）**：初始阶段状态为关闭，次状态会放行服务调用。
- **打开（OPEN）**：当服务调用失败到达一定概率时，状态就改为打开，此时会调用熔断服务。
- **半打开（HALF-OPEN）**：在打开状态下的断路器，经过一段时间就变成了半打开状态，此时可以尝试服务调用，根据结果决定是否关闭断路器，放行服务。

对于这三种状态，Resilience4j 的熔断器也是大体适用的，注意这里的措辞是大体，因为 Resilience4j 还有其他状态，只是不常用，限于篇幅这里就不深究了。代码①处是配置在断路器打开后经过多久转换到半打开状态；代码②处是配置当服务调用失败阈值达到 30%时，将断路器状态设置为打开；代码③处则是当断路器为半打开状态时，可以尝试的次数，这里和 Hystrix 不同的是，Hystrix 是尝试一次，如果成功就关闭断路器放行服务，而 Resilience4j 则是可以配置，比如这里配置为 5 次，意思是经过 5 次调用，失败率在 30%以下才会将断路器的状态修改为关闭，可见 Resilience4j 比 Hystrix 要灵活得多。

接着我们编写服务调用类，如代码清单 27-28 所示。

代码清单 27-28：使用 Resilience4j 断路器的服务类（gateway 模块）

```
package com.learn.ssm.chapter27.goods.facade.impl;

/**** imports ****/

@Service
public class R4jBuyerFacadeImpl implements R4jBuyerFacade {

    // 注入 OpenFeign 客户端接口
    @Autowired
    private BuyerOpenFeignFacade buyerOpenFeignFacade = null;

    // 注入断路器注册机
    @Autowired
    private CircuitBreakerRegistry circuitBreakerRegistry = null; // ①

    @Override
    public String exception(Long id) {
        // 获取名为“buyer”的断路器
        CircuitBreaker buyerCb
            = circuitBreakerRegistry.circuitBreaker("buyer"); // ②
        // 描述事件，并捆绑断路器，准备发送
        CheckedFunction0<String> decoratedSupplier = // ③
            CircuitBreaker.decorateCheckedSupplier(buyerCb, () -> {
                return buyerOpenFeignFacade.exception(id);
            });
        // 尝试获取结果
        Try<String> result = Try.of(decoratedSupplier) // ④
            // 服务降级
            .recover(ex->{ // ⑤
                System.out.println("发生异常了，请查看异常信息：" + ex.getMessage());
                return "发生异常请查看后台日志";
```

```
        });
        return result.get(); // ⑥
    }
}
```

代码中的 R4jBuyerFacade 接口通过类 R4jBuyerFacadeImpl 反推很容易得到，就不再展示了。但是有必要阐述这段代码的含义：代码①处注入断路器注册机（CircuitBreakerRegistry），它是通过 Spring Boot 的形式注入的。代码②处获取命名为“buyer”的断路器，这是我们在 YAML 文件中配置的。代码③处描述事件并捆绑断路器，请注意只是描述，并未发送去执行。代码④处通过类 Try 的静态 of 方法尝试获取执行结果，此时才会发送事件去执行。代码⑤处编写服务降级逻辑，也就是当正常逻辑出错后，如何处理的逻辑。代码⑥处获取返回的结果，可能是正常或者降级返回的结果。

在保证配置项 feign.hystrix.enabled 为 false（即禁用 Hystrix）的情况下，编写一个控制器测试 Resilience4j 的断路器，如代码清单 27-29 所示。

代码清单 27-29：测试 Resilience4j 断路器（gateway 模块）

```
package com.learn.ssm.chapter27.goods.controller;

/**** imports ****/

@RestController
@RequestMapping("/r4j")
public class R4jController {

   @Autowired
   private R4jBuyerFacade r4jBuyerFacade = null;


   @GetMapping("/buyer/exception/{id}")
   public String exception(@PathVariable("id") Long id) {
      return r4jBuyerFacade.exception(id);
   }
}
```

这样在浏览器访问 http://localhost:2001/r4j/buyer/exception/1 时，就可以看到图 27-33 所示的结果了。

图 27-33　测试 Resilience4j 断路器

可见断路器已经正常工作了。

27.10.2　限速器

限速器是微服务中常用的组件，任何服务都有其并发的上限，限速器可以避免请求速度高于服务的承受能力。和断路器一样，限速器也需要限速器注册机（RateLimiterRegistry），多个限速器可以注册在它里面。我们先在 YAML 文件中配置限速器注册机，代码如下。

```
resilience4j:
  # 配置限速器
  ratelimiter:
    instances:
      # 配置命名为“buyer”的限速器
      buyer:
        # 时间戳内限制通过的请求数，默认为50
        limit-for-period: 1
        # 配置时间戳（单位:ms），默认值为500
        limit-refresh-period: 1s
        # 超时时间
        timeout-duration: 1s
```

和断路器类似，配置项“resilience4j.ratelimiter.instances.*”是在配置限速器注册机，而“buyer”是限速器注册机下的一个限速器名称，配置项则是限速器的各种属性。在这些限速器的属性中，limit-refresh-period 是一个时间戳；limit-for-period 是在时间戳之内允许服务调用通过的次数；timeout-duration 则是超时时间。这样配置的含义显然是每秒允许通过 1 次服务调用，且超时时间为 1s，注意这里的配置是比较慢的，这里只是为了本地测试，实践中可以根据自己的情况配置。

接着我们在服务类 R4jBuyerFacadeImpl 中添加方法来使用 Resilience4j 限速器，如代码清单 27-30 所示。

代码清单 27-30：使用 Resilience4j 限速器（gateway 模块）

```
// 注入限速器注册机
@Autowired
private RateLimiterRegistry rateLimiterRegistry = null; // ①

@Override
public String getBuyerName(Long id) {
   // 获取名称为“buyer"的限速器
   RateLimiter buyerRl = rateLimiterRegistry.rateLimiter("buyer"); // ②
   // 描述事件，并且绑定限速器，准备发送
   CheckedFunction0<String> decoratedSupplier =
         RateLimiter.decorateCheckedSupplier(buyerRl, () -> {
            return  buyerOpenFeignFacade.getBuyerName(1L);
         });
   // 尝试获取结果
   Try<String> result = Try.of(decoratedSupplier)
      // 服务降级
      .recover(ex->{
         System.out.println("超速了: " + ex.getMessage());
         return  "超速了，请观察后台日志";
      });
   return result.get();
}
```

代码①处是注入限速器注册机，代码②处是获取限速器，接下来的逻辑和之前的断路器是接近的，不再赘述。读者可以自己编写控制器方法进行测试，因为比较简单，所以不再展示，在测试时，可以快速刷新几次，图 27-34 是笔者自己测试时看到的超时结果。

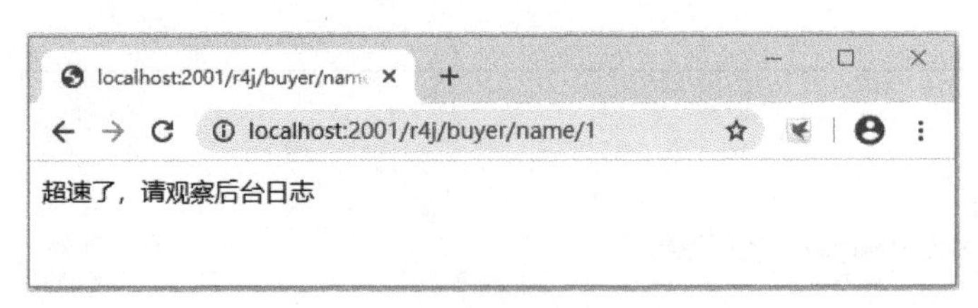

图 27-34　测试 Resilience4j 限速器

27.10.3　舱壁隔离

和 Hystrix 一样，Resilience4j 也提供了舱壁隔离，只是 Resilience4j 提供的是基于信号量的方式。舱壁使得一些服务调用可以被隔离到一个线程池或者信号量中，从而防止错误向外蔓延，缩小故障的范围，此外还可以独立优化线程池或信号量，从而更具灵活性。为了使用 Resilience4j 的舱壁隔离，我们使用 YAML 文件进行配置，如下所示。

```
resilience4j:
  # 舱壁隔离
  bulkhead:
    backends:
      # 舱壁名称为“buyer"
      buyer:
        # 允许最大并发线程数
        max-concurrent-calls: 10
        # 等待时间，在高并发下，建议设置为 0s，
        # 这样就可以快速终止并丢弃请求，避免线程积压导致系统崩溃
        max-wait-duration: 0s
```

这里的配置项中的注释解释得比较清楚了，请大家参考。和断路器与限速器一样，舱壁隔离也使用了注册机的形式，Spring Boot 会创建舱壁注册机并且将配置的舱壁进行注册，所以我们只需要注入舱壁注册机，通过名称获取舱壁即可。下面在服务类 R4jBuyerFacadeImpl 中添加方法来使用 Resilience4j 舱壁隔离，如代码清单 27-31 所示。

代码清单 27-31：使用 Resilience4j 舱壁隔离（gateway 模块）

```
// 舱壁注册机
@Autowired
private BulkheadRegistry bulkheadRegistry = null;

@Override
public String getBuyerNameWithBulkhead(Long id) {
    // 获取名为“buyer”的舱壁
    Bulkhead bulkhead = bulkheadRegistry.bulkhead("buyer");
    // 描述事件，且绑定舱壁
    CheckedFunction0<String> decoratedSupplier
        = Bulkhead.decorateCheckedSupplier(bulkhead,
            () -> {
                return buyerOpenFeignFacade.getBuyerName(id);
            });
    // 发送请求
    Try<String> result = Try.of(decoratedSupplier)
        .recover(ex -> { // 降级服务
            return "线程错误";
        });
```

```
    return result.get();
}
```

这段代码和之前的组件是类似的，这里不再赘述。

27.10.4 限时器

一些长期得不到响应的服务调用往往会占据资源，所以对服务调用加入限时是十分必要的。在 Resilience4j 中也提供了限时器（TimeLimiter）的组件来完成这些功能。只是在 resilience4j-spring-boot2 包的 1.2.0 中还不允许我们对其进行配置使用，不过我们可以通过编码的形式来使用它，首先在启动类（GoodsApplication）中创建限时器注册机（TimeLimiterRegistry），如代码清单 27-32 所示。

代码清单 27-32：创建 Resilience4j 限时器注册机（gateway 模块）

```
/**
 * 创建限时器注册机（TimeLimiterRegistry)
 * @return 限时器注册机
 */
@Bean
public TimeLimiterRegistry timeLimiterRegistry() {
    // 限时器配置
    TimeLimiterConfig timeLimiterConfig = TimeLimiterConfig.custom()
        // 设置超时时间为 1s
        .timeoutDuration(Duration.ofSeconds(1))
        // 一旦超时则不再运行，默认值也为 true
        .cancelRunningFuture(true)
        .build();
    return TimeLimiterRegistry.of(timeLimiterConfig);
}
```

这里设置了超时时间为 1s，一旦超时就将服务调用取消，避免服务调用任务的积压，这是在高并发中常用的设置。有了注册机，我们就可以使用它来创建和使用 Resilience4j 限时器了，为此在服务类 R4jBuyerFacadeImpl 中添加方法，如代码清单 27-33 所示。

代码清单 27-33：使用 Resilience4j 限时器（gateway 模块）

```
// 限时器注册机
@Autowired
private TimeLimiterRegistry timeLimiterRegistry = null;

@Override
public String timeout(Long id) {
    // 单线程池
    ExecutorService executorService = Executors.newSingleThreadExecutor();
    // 获取或创建命名为“buyer”的限时器
    TimeLimiter timeLimiter = timeLimiterRegistry.timeLimiter("buyer");
    // 描述事件
    Supplier<Future<String>> supplier
        = ()-> executorService.submit(
            ()->buyerOpenFeignFacade.timeout(id));
    // 将事件和限时器绑定
    Callable<String> call
        = TimeLimiter.decorateFutureSupplier(timeLimiter, supplier);
    return Try.ofCallable(call) // 执行事件，尝试获取结果
```

```
            .recover(ex->{ // 降级逻辑
               return "服务调用，超时了";
            })
            .get(); // 获取结果
}
```

代码中的注释比较清楚，这里不再赘述，这样就可以限制服务调用消耗的时间了。

第7部分

系统实践

第28章　高并发系统设计和Spring微服务实例

第 28 章 高并发系统设计和 Spring 微服务实例

本章目标

1. 了解设计一个高并发系统的常用方法
2. 掌握 Spring 微服务架构实例的搭建

互联网无时无刻不面对着高并发问题，比如早年小米手机出新产品时，大量的买家打开手机、平板电脑等设备准备疯抢。又如春运火车票开始发售时，你是否也在忙着抢购车票呢？当微信群里发红包的时候，你是否也在疯狂地点击呢？

电商的秒杀、抢购，春运抢回家的车票，微信群抢红包，对于 Web 系统都是巨大的考验。当一个 Web 系统在 1s 内收到数以万计甚至更多的请求时，系统的优化和稳定是至关重要的。互联网的开发包括 Java 后台、NoSQL、数据库、限流、CDN、负载均衡等内容，可以说目前并没有权威的技术和设计，有的只是长期经验的总结，使用这些经验可以有效优化系统，提高系统的并发能力。本书不会涉及全部的技术，只涉及和本书命题相关的 Java 后台、NoSQL（以 Redis 为主）和数据库部分技术。

28.1 高并发系统设计

任何系统都不是独立于业务开发的，在开发高并发系统前，应该先分析业务需求和实际的场景，在完善这些需求后才能进入系统开发阶段。没有对业务进行分析就贸然开发系统是开发者的大忌。此外我们还应该遵守一些设计的理念，灵活应对。

28.1.1 高并发系统的优化经验

应该说，高并发设计没有权威的方法，只有一些常用的经验和理念。从大的方向来说，在高并发处理中要考虑以下 4 点。

- **性能**：系统性能越高，能够处理的请求也越多，从而提高系统的吞吐能力。
- **系统高可用**：高并发意味着短时间的大流量，服务所承受的压力会远远大于平时，可能出现线程占满、缓存溢出和队列溢出等情况，导致服务失败，需要有机制保护服务不被流量压垮。
- **用户友好**：即使系统内部出现问题，有些服务不可用，也应该尽可能及时地将结果（成功或者失败）反馈给用户，保证用户对网站的忠诚度。比如在“双十一”时，电商网站会提示“系统繁忙”。

- **增加和升级硬件：** 任何机器都有服务的上限，当数据和业务膨胀时，应该考虑通过升级或者增加机器设备来提供更好的服务，更加快速地响应用户的请求。

其中，用户友好需要前端工程师使用美观的 UI 处理，而增加和升级硬件是运维工程师和架构工程师的工作，这些都不是后端开发工程师的工作范围，这里就不再讨论了。我们关心的是性能和高可用。

28.1.2　性能

任何高并发系统都应该考虑性能的设计，在这之前需要确定哪些是需要处理的高并发数据，哪些不是。拿电商来说，高并发的数据主要是用户购买行为和商品库存，而对于商户账户入账可以延迟处理。比如，客户购买一本书，书的库存和客户的款项是需要及时处理的，商户得到购买清单则是可以延后处理的，因为并不是购买后马上就寄出书，同样，客户支付的款项也可以在对账之后再打到商户的账户上，所以商户接收到的客户订单并不需要是实时的，而是可以延迟的，也就是说这些并不需要在高并发期间处理，可以在后续补全。

性能优化主要包括使用缓存、优化数据库、动静分离和热点数据优化等。关于使用缓存优化，之前已经详细介绍过了，后文不再介绍，优化数据库、动静分离技术、热点数据优化和高并发锁优化是我们需要考虑的内容。

1. 优化数据库

为了实现高性能，可以使用分表或分库技术设计数据库，从而提高系统的响应能力。分表指在一个数据库内将本来可以用一张表保存的数据，设计成多张表去保存，比如交易表 t_transaction。由于存储数据多会造成查询和统计速度变慢，所以可以使用多个表存储，比如 2018 年的数据用表 t_transaction_2018 存储，2019 年的数据用表 t_transaction_2019 存储，2020 年的数据则用表 t_transaction_2020 存储，以此类推，开发者只要根据查询的年份确定需要查找哪张表就可以了，如图 28-1 所示。

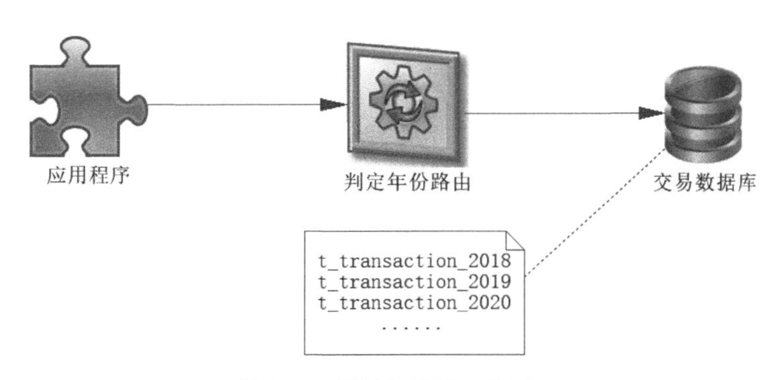

图 28-1　通过年份路由分表

分库则不一样，它把表数据分配在不同的数据库中，比如上述的交易表 t_transaction 可以存放在多个数据库中，如图 28-2 所示。

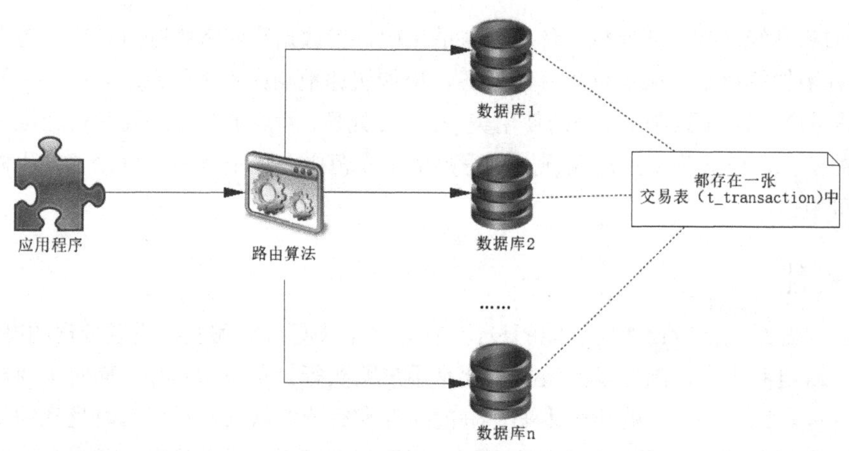

图 28-2　分库设计

分库数据库首先需要一个路由算法确定数据存在哪个数据库上，然后才能进行查询，比如我们可以把用户和对应业务的数据库的信息缓存到 Redis 中，这样路由算法就可以通过 Redis 读取的数据来决定使用哪个数据库查询了。

做完这些还可以考虑优化 SQL、建立索引等，从而提高数据库的性能。性能低下的 SQL 对于高并发网站的影响很大，对开发者提出了更高的要求。在开发网站中使用更新语句和复杂查询语句时要时刻记住更新是表锁定还是行锁定，比如 id 是主键，而 user_name 是用户名称，也是索引之一，那么更新用户的生日，可以使用以下两条 SQL 语句中的任何一条：

```
update t_user set birthday = #{birthday} where id= #{id};
update t_user set birthday = #{birthday} where user_name= #{userName};
```

上述逻辑都是正确的，但应该优先选择使用第一条 SQL 语句处理，其原因是 MySQL 在执行的过程中使用主键更新不会锁表，而使用索引更新，会引发 SQL 锁表。在高并发时，如果使用索引更新，那么可能因为数据库锁表引发瘫痪。

对于 SQL 的优化还有很多细节，比如可以使用连接查询代替子查询。查询一个没有分配角色的用户 id，可能有人使用如下 SQL 语句。

```
SELECT u.id FROM t_user u
WHERE u.id NOT IN (SELECT ur.user_id FROM t_user_role ur);
```

这里的 SQL 语句中带有 not in 子查询语句，这是性能低下的，在实践中应该将带有 not in 和 not exists 子查询的 SQL 语句，全部修改为连接语句去执行，从而极大地提高 SQL 的性能，比如，这条 not in 语句可以修改为：

```
select u.id from t_user u left join t_user_role ur
on u.id = ur.user_id
where ur.user_id is null;
```

这样，not in 语句就消失了，使用了连接查询，大大提高了 SQL 的执行性能。

此外还可以通过读/写分离等技术，进行进一步优化，这样就可以有一台主机主要负责写业务，一台或者多台备机负责读业务，有助于性能的提高。

2. 动静分离技术

动静分离技术是目前互联网的主流技术，对于互联网而言大部分数据都是静态数据，只有少数动态数据，动态数据的数据包很小，不会造成网络瓶颈，而静态数据则不一样，静态数据包含图片、CSS（样式）、JavaScript（脚本）和视频等互联网的应用，尤其是图片和视频占据的流量很大，如果都从动态服务器（比如 Tomcat、WildFly 和 WebLogic 等）中获取，那么动态服务器的带宽压力会很大，这时应该考虑使用动静分离技术。对于一些有条件的企业也可以考虑使用 CDN（Content Delivery Network，内容分发网络）技术，它允许企业将自己的静态数据缓存到网络 CDN 的节点中，比如企业将数据缓存在北京的节点上，当在天津的用户发送请求时，通过一定的算法，会找到北京 CDN 节点，再把 CDN 缓存的数据发送给天津的用户，完成请求。深圳的用户如果将数据缓存到广州 CDN 节点上，也可以从广州的 CDN 节点上取出数据，由于是就近取出缓存节点中的数据，所以速度很快，如图 28-3 所示。

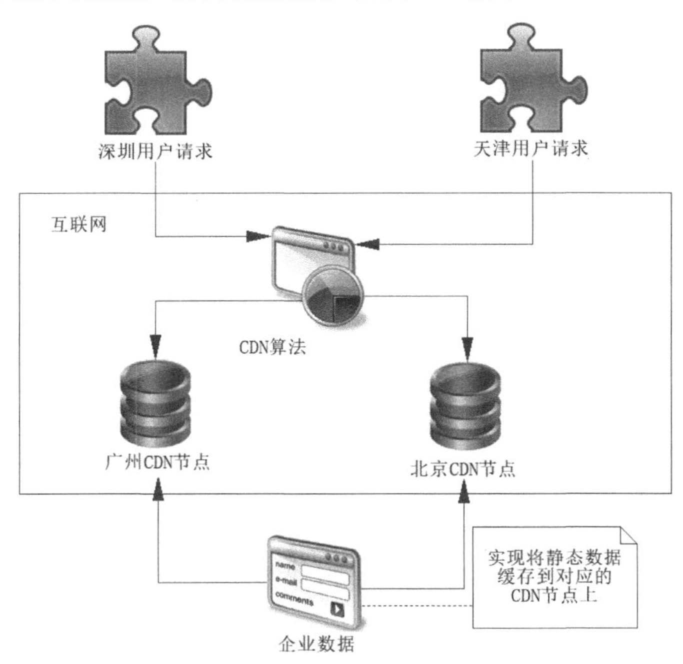

图 28-3　图解 CDN 技术

一些企业也许需要自己的静态 HTTP 服务器，将静态数据分离到静态 HTTP 服务器上，这样图片、HTML、脚本等资源都可以从静态 HTTP 服务器上获取，这时尽量使用 Cookie 等技术，让客户端缓存能够缓存数据，以避免多次请求，降低服务器的压力。

对于动态数据，则需要会员登录来获取后台数据，这样的动态数据是高并发网站关注的重点。

3. 热点数据优化

“二八原则”是经济学的理论，即 20%的人掌握 80%以上的财富，而 80%的人掌握 20%的财富，实际上这个原则不但对经济学适用，对其他行业甚至计算机数据也是适用的。这里的热点数据指那些需要被经常访问的数据。在高并发系统中，实际上有 80%左右的数据是基本不需要访问的。拿电商来说，一定会存在某些热门的商铺，它们是主要的流量，这些就是热点数据；

对于用户也是如此，那些常常登录和访问网站的用户也可以被视为热点数据。在高并发中主要的问题就是处理这些热点数据。

首先可以考虑将热点数据比较平均地分配到各个数据库节点中，这样每个数据库承担的压力就接近了。其次还可以将热点数据放入缓存，或者单独安排节点进行处理等，分离热点数据的意义在于可以单独进行优化。最后也可以在高并发的时候将它和普通业务分离，避免出现故障时冲垮所有的业务。

在高并发优化中，最难处理的是服务调用，因为服务调用通过远程过程调用（RPC）或者 REST 风格的 HTTP 调用性能都不是很好。而热点数据可以采取异步的协作，从而避免服务之间的调用，如图 28-4 所示。

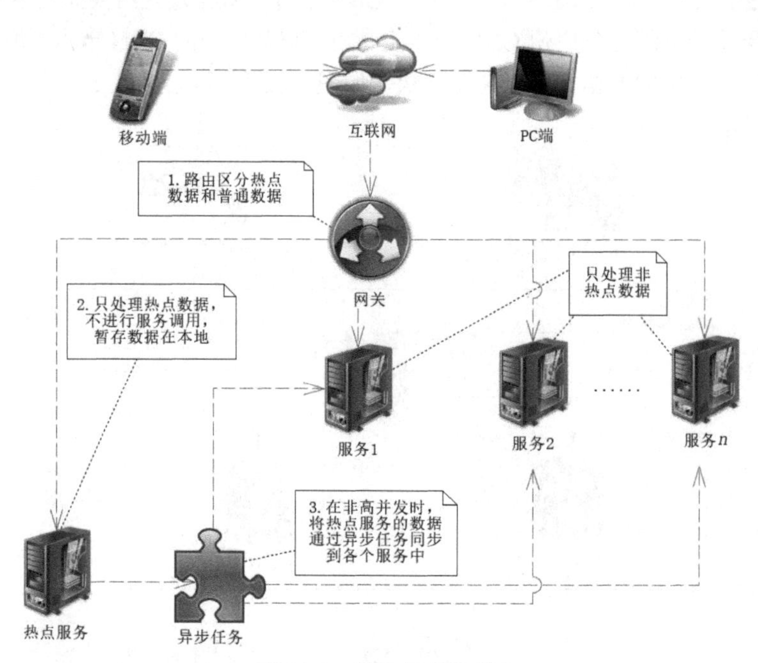

图 28-4　优化热点数据

热点数据的处理过程如下：

- 请求会经过网关，在网关内判断是否是热点数据，如果是则路由到热点服务，否则路由到具体的服务。
- 当是热点数据时，由热点服务进行处理，但此时并不进行服务调用，只是将数据缓存在热点服务，这样就没有了服务调用，进而可以快速响应用户的请求。
- 选择一个非高并发时期，将热点数据通过异步任务同步到各个服务节点中。

4．高并发锁优化

在高并发中有些东西是不能错的，比如账户金额和商品库存，高并发意味着多个请求将访问同一个记录的数据，这时就要考虑加锁以保证数据的一致性。拿电商的商品库存来说。可能存在表 28-1 所示的情况。

表 28-1　争夺商品库存超发现象

时　　刻	线 程 一	线 程 二	备　　注
T0	—	—	只剩下库存 1
T1	读取产品库存，存在 1 的库存可抢	—	—
T2	—	读取产品库存，存在 1 的库存可抢	—
T3	扣减库存 1	—	此时已经不存在商品可抢
T4	—	扣减库存 1	错误发生了，超发了
T5	记录用户购买清单		—
T6	—	记录用户购买清单	因为产品超发引发错误

从表 28-1 中可以看到商品超发了，这个时候我们可以加锁进行处理，只是加锁后会导致并发和性能下降，这样高并发和锁就成了一对矛盾。为了解决高并发和锁这对矛盾，在当前互联网系统中，存在悲观锁和乐观锁的概念，下面我们进行讨论。

所谓悲观锁就是在 SQL 执行时对数据加排他锁，不再允许其他事务访问。比如在访问库存时进行如下操作：

```
select id, stock FROM t_product p where id= #{id} for update
```

其中 stock 为库存，而语句加入了 for update，说明对所选的记录加锁，直至获得锁的事务提交或者回滚才释放这个锁。这样的锁不允许事务并发，所以会大大压制并发能力，因此，目前企业使用悲观锁来实现高并发的并不多，更多的会考虑别的方式，这就是下面我们需要讨论的乐观锁。

在高并发的情况下，数据库需要在很短的时间内执行大量的 SQL，这对于数据库的压力可想而知，如果再加上锁就有可能造成数据库的瘫痪。为了解决这些问题，有些企业提出了无锁操作的概念，这就是乐观锁。这里的所谓乐观锁实际是参考了多线程的 CAS（Compare and Set）原理。在 CAS 原理中，对于多个线程共享的资源，先保存一个旧值（Old Value），比如进入线程后，查询当前商品库存为 1，那么先把旧值保存为 1，然后进行一定的逻辑处理。当需要扣减库存时，会先检查数据库当前的商品库存值和旧值是否一致，如果一致则扣减库存，否则就认为它已经被其他线程修改过了，不再操作，如图 28-5 所示。

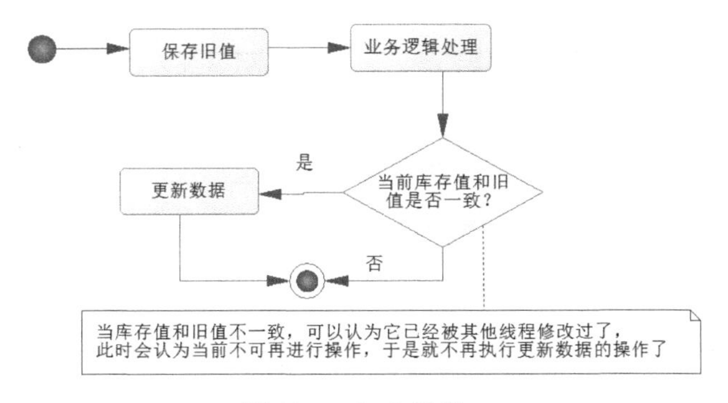

图 28-5　CAS 原理

CAS 原理并不排斥并发，也不独占资源，只是在线程开始阶段就读入线程共享数据，保存为旧值。当处理完逻辑，需要更新数据时，会比较各个线程当前共享的数据是否和旧值一致。

如果一致，则开始更新数据，否则认为该数据已经被其他线程修改了，不再更新，可以考虑重试或者放弃。有时候可以重试整个 CAS 流程，因为这是一个可重试的机制，所以也有人称之为可重入锁。但是 CAS 原理会有 ABA 问题，下面来讨论 ABA 问题。

表 28-2 是两个线程发生的场景。

表 28-2　ABA 问题

<table>
<tr><th>时　刻</th><th>线 程 1</th><th>线 程 2</th><th>备　注</th></tr>
<tr><td>T0</td><td>—</td><td>—</td><td>初始化 X=A</td></tr>
<tr><td>T1</td><td>读入 X=A</td><td>—</td><td>—</td></tr>
<tr><td>T2</td><td>—</td><td>读入 X=A</td><td>—</td></tr>
<tr><td>T3</td><td rowspan="3">处理线程 1 的业务逻辑</td><td>X=B</td><td>修改共享变量为 B</td></tr>
<tr><td>T4</td><td>处理线程 2 业务逻辑第一段</td><td>此时线程 1 在 X=B 的情况下运行逻辑</td></tr>
<tr><td>T5</td><td>X=A</td><td>还原变量为 A</td></tr>
<tr><td>T6</td><td>因为判断 X=A，所以更新数据</td><td>处理线程 2 业务逻辑第二段</td><td>此时线程 1 无法知道线程 2 是否修改过 X，引发业务逻辑错误</td></tr>
<tr><td>T7</td><td>—</td><td>更新数据</td><td>—</td></tr>
</table>

在 T3 时刻，线程 2 修改 X 值为 B，此时线程 1 的业务逻辑依旧在执行，到了 T5 时刻，线程 2 把 X 还原为 A，到了 T6 时刻，使用 CAS 原理的旧值判断，线程 1 认为 X 值没有被修改过，于是执行了更新。我们难以判定的是在 T4 时刻，线程 1 在 X=B 的时候，业务逻辑是否正确。注意到在线程 2 中，X 的值的变化过程为：A→B→A，由此引发上述问题，因此人们形象地把这类问题称为 ABA 问题。

ABA 问题的发生，是因为业务逻辑存在回退的可能性。如果加入一个非业务逻辑的属性，比如在一个数据中加入版本号（version），约定只能修改 X 变量的数据，强制版本号只能递增，不能回退，即使其他业务数据回退，它的值也只能递增，不能回退，那么 ABA 问题就解决了，如表 28-3 所示。

表 28-3　用版本号解决 ABA 问题

<table>
<tr><th>时　刻</th><th>线 程 1</th><th>线 程 2</th><th>备　注</th></tr>
<tr><td>T0</td><td>—</td><td>—</td><td>初始化 X=A，version=0</td></tr>
<tr><td>T1</td><td>读入 X=A</td><td>—</td><td>线程 1 旧值：version=0</td></tr>
<tr><td>T2</td><td>—</td><td>读入 X=A</td><td>线程 2 旧值：version=0</td></tr>
<tr><td>T3</td><td rowspan="2">处理线程 1 的业务逻辑</td><td>X=B</td><td>修改共享变量为 B，version=1</td></tr>
<tr><td>T4</td><td>处理线程 2 业务逻辑的第一段</td><td>—</td></tr>
<tr><td>T5</td><td>—</td><td>X=A</td><td>还原变量为 A，version=2</td></tr>
<tr><td>T6</td><td>判断 version = 0，由于线程 2 两次更新数据，导致数据 version=2，所以不再更新数据</td><td>处理线程 2 业务逻辑的第二段</td><td>此时线程 1 知道旧值 version 和当前 version 不一致，将不更新数据</td></tr>
<tr><td>T7</td><td>—</td><td>更新数据</td><td>—</td></tr>
</table>

这个 version 变量并不存在什么业务逻辑，只是为了记录更新次数，帮助我们解决 ABA 问题。有了这些理论，我们就可以考虑使用乐观锁来处理高并发问题了。

我们在商品表（t_product）中加入一个整数字段（version）表示版本号，然后查询其库存信息，如下面的 SQL 语句所示。

```
select id, stock, version FROM t_product p where id= #{id}
```

这里的字段 stock 为商品库存，而 version 为版本号，我们可以在代码中保存这两个值。请注意这条语句没有加入 for update，也就是不存在悲观锁。这里假设用户购买的商品数量为 quantity，那么在扣减库存的时候，就可以执行下面的 SQL 语句。

```
update t_product
set stock = stock- #{quantity}, # 减库存
version = version + 1    # 修改库存后版本号（version）递增
where id= #{id}
and version = #{version} # 比对版本号，防止其他线程篡改
```

注意到这里扣减库存的时候，version 加 1，这是为了解决 ABA 问题，而在 where 语句中增加了 version = #{version}的条件，以避免多事务并发造成的不一致。

有时候 version=#{version}这个条件会失败，这个时候可以考虑重试机制，也就是循环之前的逻辑，直至成功为止。不过一般重试可以考虑限制次数（比如 3 次）或者超时（比如 1s），这样做为的是减少重试的次数，因为在高并发中，乐观锁的一个严重的问题是执行 SQL 过多。限制次数或者设置超时可以减少 SQL 的执行，从而保证数据库的压力不至于过大。

28.1.3 高可用

可用性是客户对系统的一个基本要求，如果这一要求得不到保证，会极大地影响用户的忠诚度。而实际上任何系统都有其服务上限，高并发引发过多的请求会使得服务趋于不稳定，甚至崩溃。为了保证系统的可用性，一般来说我们可以从这几个方面进行考虑：网关过滤、限流和降级服务、隔离术、断路器保护服务。

1. 网关过滤

请求分为有效请求和无效请求，而无效请求有很多种，比如通过脚本连续刷新网站首页，使得网站频繁访问数据库和其他资源，造成性能持续下降，还有一些为了得到抢购商品使用刷票软件连续请求的行为。通过网关鉴别有效请求和无效请求是获取有效请求的高并发网站业务分析的第一步，我们现在来介绍如何分析哪些是无效请求，以及无效请求的处理方法。

对于一些懂技术或者使用作弊软件的用户，可以使用软件对服务接口进行连续请求，使得后台压力变大，甚至在 1s 内发送成百上千个请求到服务器。这样的请求显然是无效请求，应对它的方法很多，常见的做法是加入验证码。一般来说，为了减少用户的操作，首次请求无须证码，第二次请求开始加入验证码，可以是图片验证码、等式运算等。使用图片验证码可能存在识别图片的作弊软件的攻击，所以在一些互联网网站中，图片验证码还会被设计成东倒西歪的样子，甚至采用拖拽图片的形式，这样增加了图片识别作弊软件的辨别难度，可以降低作弊软件的使用效率。也可以采用把验证码发送到短信平台的方式过滤掉部分作弊软件。在企业应用中，这类问题的逻辑判断，应该在进入源服务器之前完成，完成这一步就能避免大量的无效请求压垮后端服务。仅仅做这一步或许还不够，毕竟还有其他作弊软件可以快速读取图片或者短信息，从而发送大量的请求。有时候还可以进一步增加请求的限制，比如限制用户在单位时间的操作次数以压制其请求量，将这些多余的请求排除在源服务器之外。

这里是在网关路由到源服务器之前，对验证码和单位时间内单个账号的请求数量进行判断。可以考虑使用 Redis 对部分需要验证的数据进行缓存，而不是使用数据库，通过 Redis 性能得到了大大的提高，从而保证了验证的效率。其原理如图 28-6 所示。

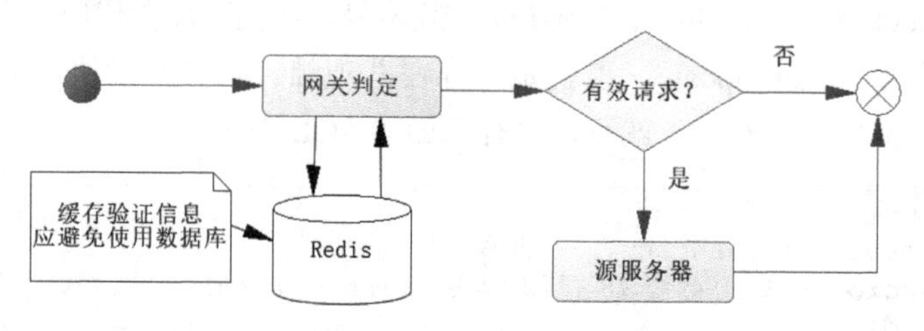

图 28-6　网关过滤

压制用户单位时间内的请求次数可以让一个账号无法连续请求，有时候有些用户可能申请多个账号，从而避开服务器对单个账号的验证，获得更多的服务器资源。一个人使用多个账号的场景还是比较好应付的，可以通过提高账号的验证等级来压制多个请求，比如对于支付交易的网站，可以通过验证银行卡，实名制获取相关证件号码等方法来屏蔽多个账号的频繁请求，有效规避一个人使用多个账号的情况。

对于有组织的请求，则不那么容易了，一些黄牛组织可能通过多个人的账号来发送请求，统一组织伪造有效请求，如图 28-7 所示。

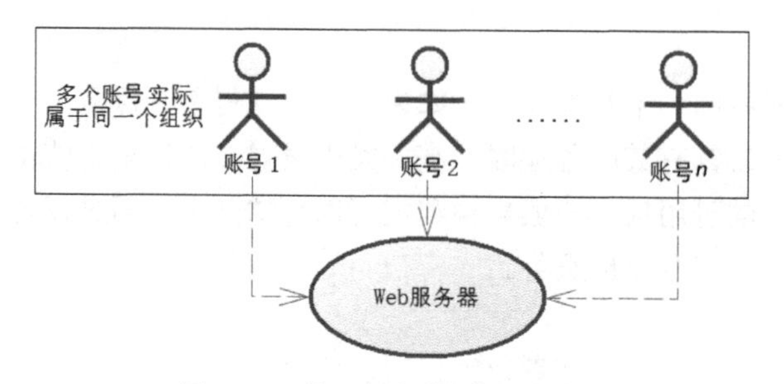

图 28-7　统一组织伪造有效请求

对于这样的请求，考虑使用僵尸账号排除法对可交易的账号进行排除，所谓僵尸账号，指那些只在特殊的日子交易的账号，比如春运期间进行大批量抢购的账号。当请求达到服务器时，通过僵尸账号排除掉一些无效请求。当然这些账号还能使用 IP 地址封禁，尤其是通过同一 IP 地址或者网段频繁请求的，但是这样也许会误伤有效请求，所以 IP 地址封禁还是要慎重使用。

2. 限流和降级服务

尽管可以采取网关过滤的手段，有时候我们得到的请求可能还是太多，于是需要新的办法来保证服务器不被压垮，这个时候可以考虑使用服务限流和服务降级的办法。在学习 Resilience4j 的过程中，我们也谈到了限速器，通过它可以限制路由到源服务器的流量，从而保证源服务器不被压垮。只是在进行限流的时候，对于超量的请求，也应该使用降级服务来改善用户的体验。使用 Resilience4j 的限速器请求限流的过程如图 28-8 所示。

图 28-8 中的服务降级提示用户的界面应尽量友好，比如提示“小二正忙”等，这样就能降低用户的不悦感，提高他们对网站的忠诚度。

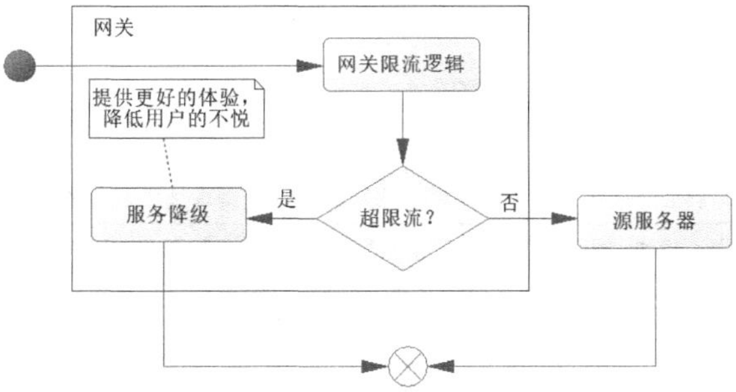

图 28-8　请求限流和服务降级

3．隔离术

隔离术是处理高并发的一种常用方法，它可以使得一些服务被隔离在某个范围之内，即使这个范围内的服务出现了故障，也不会危及整个系统，从而保护整个服务，而隔离之后的服务，可以单独进行优化和设计。

严格来说，之前谈到的动静分离和热点数据优化都可以归结为隔离术，此外还存在集群隔离、线程隔离、机房隔离和爬虫隔离等。集群、机房等隔离是设计师需要考虑的，在开发中我们最常用到的是线程隔离。而在介绍 Spring Cloud 时，本书也分别讲述了 Hystrix 和 Resilience4j 的舱壁隔离（Bulkhead），通过它们我们可以将特定的服务在特定的线程池内运行，从而完成隔离。

4．断路器

在介绍 Spring Cloud 时，我们也讲述了 Hystrix 和 Resilience4j 的断路器，善用断路器可以控制各个服务之间的调用流量，同时可以避免服务依赖导致服务雪崩，从而保证服务调用在安全稳定的环境下运行。

28.2　微服务实例

当前，Spring 微服务已经被广泛使用了，本书也会以此讲述实例。实例的内容比较多，可以参考本书的源码，这里笔者只点出核心的代码和思想供大家参考，不会面面俱到，比如引入对应的 Maven 包和一些不太重要的代码都不会再展示。微服务的主要模块如图 28-9 所示。

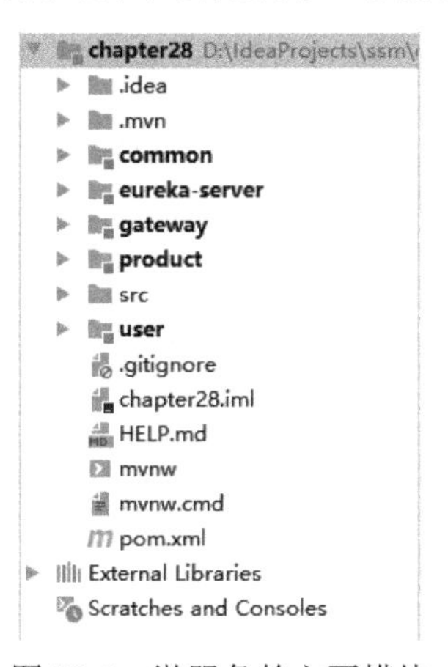

图 28-9　微服务的主要模块

为了更好地介绍，这里用表 28-4 进行说明。

表 28-4　实例模块说明

模块名称	简　介	备　注
commom	公共模块，存放一些模块之间公用的类库	比如请求结果消息类 ResultMessage
eureka-server	服务治理中心模块，用于治理服务和服务发现	用于微服务实例治理
gateway	网关，主要提供路由功能	可以进行用户信息验证、限流等操作
product	产品服务	这个模块请回顾 Spring Boot 形式下的 Spring MVC、数据库和 Redis 的应用
user	用户服务	这个模块请回顾断路器、OpenFeign 等 Spring Cloud 组件的应用

28.2.1　Spring Boot 下的整合（product 模块）

这个模块，请回顾如何使用 Spring Boot 整合 SSM 框架和 Redis，在此之前需要新建数据库表，SQL 语句如下。

```
CREATE DATABASE product;
USE product;

CREATE TABLE t_product(
id INT(12) AUTO_INCREMENT comment '编号',
product_name VARCHAR(60) NOT NULL COMMENT '请求路径',
stock  double(12, 2) not NULL COMMENT '服务编号',
price double(12, 2) not null NULL COMMENT '映射路径',
unit tinyint(2) not null comment
'计量单位：1-件, 2-千克, 3-毫升,4-箱, 5-克, 6-瓶',
`version` int(12) NULL DEFAULT 0 COMMENT '版本号',
`enable` tinyint(3) not null DEFAULT 1 COMMENT '是否启用：1-启用, 0-不启用',
note varchar(512) NOT NULL COMMENT '备注',
PRIMARY KEY(id)
) DEFAULT CHARSET=utf8mb4;

insert into t_product(product_name, stock, price,
      unit, `version`, `enable`, note) values (
      '产品1', 25, 10, 1, 1, 1, '产品1' );
```

接着我们开发 MyBatis 的映射文件，如代码清单 28-1 所示。

代码清单 28-1：产品表映射文件（product 模块）

```
<?xml version="1.0" encoding="UTF-8" ?>
<!DOCTYPE mapper
      PUBLIC "-//mybatis.org//DTD Mapper 3.0//EN"
      "http://mybatis.org/dtd/mybatis-3-mapper.dtd">
<mapper namespace="com.learn.ssm.chapter28.product.dao.ProductDao">
   <!-- 获取产品信息 -->
   <select id="getProduct" parameterType="long" resultType="product">
      select id, product_name as productName, stock, price,
      unit, `version`, `enable`, note from t_product where id = #{id}
   </select>

   <!-- 查询产品信息 -->
   <select id="findProducts" resultType="product">
```

```
        select id, product_name as productName, stock, price,
        unit, `version`, `enable`, note from t_product
        <where>
            <if test="productName != null">
                product_name like concat('%', #{productName}, '%')
            </if>
            <if test="enable != null">
                and `enable` =#{enable}
            </if>
        </where>
    </select>

    <!-- 新增产品信息 -->
    <insert id="insertProduct" useGeneratedKeys="true" keyProperty="id" >
        insert into t_product(product_name, stock, price,
        unit, `version`, `enable`, note) values (
        #{productName}, #{stock}, #{price},
        #{unit}, #{version}, #{enable}, #{note} )
    </insert>

    <!-- 更新产品信息 -->
    <update id="updateProduct" parameterType="product">
        update t_product
        <set>
            <if test="productName != null">product_name = #{productName},</if>
            <if test="stock != null">stock = #{stock},</if>
            <if test="price != null">price = #{price},</if>
            <if test="unit != null">unit = #{unit},</if>
            <if test="version != null">`version` = #{version} + 1,</if>
            <if test="enable != null">`enable` = #{enable},</if>
            <if test="note != null">`note` = #{note}</if>
        </set>
        where id = #{id} and `version` = #{version}
    </update>

    <!-- 删除产品信息 -->
    <delete id="deleteProduct" parameterType="long">
        delete from t_product where id = #{id}
    </delete>
</mapper>
```

接下来编写对应的映射接口，如代码清单 28-2 所示。

代码清单 28-2：产品 DAO 接口（product 模块）

```
package com.learn.ssm.chapter28.product.dao;

/**** imports ****/

@Mapper // 标识为MyBatis 映射接口
public interface ProductDao {

    /**
     * 获取产品
     * @param id 产品编号
     * @return 产品信息
     */
    public ProductPojo getProduct(Long id);

    /**
```

```
     * 查询产品
     * @param productName 产品名称，支持模糊查询
     * @param enable 是否可用
     * @return 符合条件的产品信息
     */
    public List<ProductPojo> findProducts(
          @Param("productName") String productName,
          @Param("enable") Boolean enable);

    public Integer insertProduct(ProductPojo product);

    public Integer updateProduct(ProductPojo product);

    public Integer deleteProduct(Long id);
}
```

这里使用了 ProductPojo 这个实体类，它的源码如下。

```
package com.learn.ssm.chapter28.product.pojo;

/**** imports ****/

@Alias("product") // 别名
public class ProductPojo implements Serializable {
   private static long serialVersionUID = 2326789544L;
   private Long id;
   private String productName;
   private Double stock;
   private Double price;
   private UnitEnum unit; // 计量单位，枚举
   private Integer version;
   private Boolean enable;
   private String note;
   /**** setters and getters ****/
}
```

注意加粗的代码，属性 unit 是一个枚举，这意味着在 MyBatis 中需要使用对应的 TypeHandler 进行类型转换。在开发 TypeHandler 之前需要先了解 UnitEnum 的源码，如下。

```
package com.learn.ssm.chapter28.product.dic;

public enum UnitEnum {
   ITEM(1, "件"),
   KILOGRAM(2, "千克"),
   MILLILITER(3, "毫升"),
   BOX(4, "箱"),
   GRAM(5, "克"),
   BOTTLE(6, "瓶");

   private Integer id;
   private String value;
   UnitEnum(Integer id, String value) {
      this.id = id;
      this.value = value;
}

   // 通过 id 获取枚举对象
   public static UnitEnum getUnit(Integer id) {
```

```
        if (id == null) {
            return null;
        }
        for (UnitEnum unit: UnitEnum.values()) {
            if (unit.getId() == id) {
                return unit;
            }
        }
        return null;
    }

    /**** setters and getters ****/
}
```

到这里就可以编写 TypeHandler 来完成类型转换了，如代码清单 28-3 所示。

代码清单 28-3：单位枚举类型转换器（product 模块）

```
package com.learn.ssm.chapter28.product.typehandler;

/**** imports ****/

@MappedJdbcTypes(JdbcType.INTEGER) // 指定 JdbcType
@MappedTypes(UnitEnum.class) // 指定 JavaType
public class UnitTypeHandler extends BaseTypeHandler<UnitEnum> {

    @Override
    public void setNonNullParameter(PreparedStatement ps, int i,
            UnitEnum unit, JdbcType jdbcType) throws SQLException {
        ps.setInt(i, unit.getId());
    }

    @Override
    public UnitEnum getNullableResult(ResultSet rs, String columnName)
            throws SQLException {
        int id = rs.getInt(columnName);
        return UnitEnum.getUnit(id);
    }

    @Override
    public UnitEnum getNullableResult(ResultSet rs, int columnIndex)
            throws SQLException {
        int id = rs.getInt(columnIndex);
        return UnitEnum.getUnit(id);
    }

    @Override
    public UnitEnum getNullableResult(CallableStatement cs, int columnIndex)
            throws SQLException {
        int id = cs.getInt(columnIndex);
        return UnitEnum.getUnit(id);
    }
}
```

代码中类 UnitTypeHandler 继承了抽象类 BaseTypeHandler，并实现其定义的四个抽象方法，这样就定义了一个 TypeHandler 的实例。注意，注解@MappedJdbcTypes 和@MappedTypes 分别指定了 JdbcType 和 JavaType。这样当我们将这个 UnitTypeHandler 注册到 MyBatis 中时，MyBatis 就知道如何转换对应的类型了。

然后配置 application.yml 文件，初始化数据库资源和 MyBatis 的内容。

```
spring:
  application:
    # 项目名称
    name: product

  # 配置数据库
  datasource:
    # 驱动类
    driver-class-name: com.mysql.jdbc.Driver
    # 数据库连接
    url: jdbc:mysql://localhost:3306/product?characterEncoding=utf8&useSSL=false
    # 用户名
    username: root
    # 密码
    password: a123456

# 配置 MyBatis 的内容
mybatis:
  # 映射文件路径
  mapper-locations: classpath:com/learn/ssm/chapter28/product/mapper/*.xml
  # TypeHandler 扫描包
  type-handlers-package: com.learn.ssm.chapter28.product.typehandler
  # 别名扫描包
  type-aliases-package: com.learn.ssm.chapter28.product.pojo
```

这样就配置了关于 MyBatis 的内容，接下来将 MyBatis 的映射接口装配到 Spring IoC 容器中，为此我们修改 ProductApplication 的内容，如代码清单 28-4 所示。

代码清单 28-4：装配 MyBatis 映射接口到 Spring IoC 容器中（product 模块）

```
package com.learn.ssm.chapter28.product.main;

/**** imports ****/
@SpringBootApplication(
        // 定义被扫描的包
        scanBasePackages = "com.learn.ssm.chapter28.product"
)
@MapperScan(
        // MyBatis 映射接口扫描包
        basePackages = "com.learn.ssm.chapter28.product",
        // 限制只扫描注解@Mapper 的接口
        annotationClass = Mapper.class
)
@EnableCaching // 驱动缓存管理器
public class ProductApplication implements Serializable {

    public static void main(String[] args) {
        SpringApplication.run(ProductApplication.class, args);
}
// 其他代码
}
```

到这里就配置完了关于 MyBatis 的内容，接着我们就要使用 Redis 了。先在 application.yml 文件中配置 Redis 的连接，如下所示。

```
spring:
  # 配置 Redis
  redis:
    # 单机服务器
    host: 192.168.80.134
    # 登录密码
    password: abcdefg
    # 端口
    port: 6379
    # jedis 客户端配置
    jedis:
      pool:
        # 最大连接数
        max-active: 20
        # 最大等待时间
        max-wait: 2000ms
        # 最大空闲连接数
        max-idle: 10
        # 最小空闲等待连接数
        min-idle: 5

  # 缓存管理器配置
  cache:
    # 缓存管理器名称
    cache-names: redisCache
    # 缓存管理器类型，可不配，Spring Boot 会自动探测
    # type: redis
    redis:
      # 10 分钟超时时间，设置为 0 则永不超时
      time-to-live: 600s
      # 缓存空值
      cache-null-values: true
      # 缓存 key 前缀
      key-prefix: 'product::'
      # key 是否使用前缀
      use-key-prefix: true
```

这里的 spring.redis.*配置的是 Redis 的连接，而 spring.cache.*配置的是缓存管理器，这样我们就可以使用 Redis 了。由于使用了 Redis 缓存管理器，所以在代码清单 28-4 中还标注了@EnableCaching，以驱动缓存管理器的使用，但是这样在 Redis 中存储的键值对都将采用 JDK 序列化器格式化的字符串，很难被我们识别，为了解决这个问题，可以在 ProductApplication 中创建 RedisTemplate，如下。

```
// 自定义 RedisTemplate
@Bean("redisTemplate")
public RedisTemplate<String, Object> redisTemplate() {
    RedisTemplate<String, Object> redisTemplate = new RedisTemplate<>();
    redisTemplate.setConnectionFactory(redisConnectionFactory);
    // 默认为 JDK 序列化器
    redisTemplate.setDefaultSerializer(RedisSerializer.java());
    // key 采用字符串序列化器
    redisTemplate.setKeySerializer(RedisSerializer.string());
    // value 采用 JDK 序列化器
    redisTemplate.setValueSerializer(RedisSerializer.java());
    // 哈希结构 key 字段采用字符串序列化器
```

```
    redisTemplate.setHashKeySerializer(RedisSerializer.string());
    // 哈希结构 value 字段采用 JDK 序列化器
    redisTemplate.setHashValueSerializer(RedisSerializer.java());
    return redisTemplate;
}
```

有了 MyBatis 和 Redis，就可以开发服务类了，如代码清单 28-5 所示。

代码清单 28-5：服务类（product 模块）

```
package com.learn.ssm.chapter28.product.service.impl;

/**** imports ****/

@Service
public class ProductServiceImpl implements ProductService {

   @Autowired
   private ProductDao productDao = null;

   @Override
   // 使用 Redis 缓存管理器
   @Cacheable(value ="redisCache",  key = "'redis_product_' + #id")
   // 事务
   @Transactional(isolation = Isolation.READ_COMMITTED,
         propagation = Propagation.REQUIRED)
   public ProductPojo getProduct(Long id) {
      return productDao.getProduct(id);
   }

   @Override
   // 事务
   @Transactional(isolation = Isolation.READ_COMMITTED,
         propagation = Propagation.REQUIRED)
   public ProductPojo getLatestProduct(Long id) {
      return productDao.getProduct(id);
   }

   @Override
   // 事务
   @Transactional(isolation = Isolation.READ_COMMITTED,
         propagation = Propagation.REQUIRED)
   public List<ProductPojo> findProducts(String productName, Boolean enable) {
      return productDao.findProducts(productName, enable);
   }

   @Override
   // 使用 Redis 缓存管理器
   @CachePut(value ="redisCache",  condition = "#result != null",
         key = "'redis_product_' + #result.id")
   // 事务
   @Transactional(isolation = Isolation.READ_COMMITTED,
         propagation = Propagation.REQUIRED)
   public ProductPojo insertProduct(ProductPojo product) {
      Integer result = productDao.insertProduct(product);
      if (result > 0) {
         return product;
      }
      return null;
   }
```

```
    @Override
    @CachePut(value ="redisCache",
          key = "'redis_product_' + #product.id")
    // 事务
    @Transactional(isolation = Isolation.READ_COMMITTED,
          propagation = Propagation.REQUIRED)
    public Integer updateProduct(ProductPojo product) {
       return productDao.updateProduct(product);
    }

    @Override
    @CacheEvict(value = "redisCache", key="'redis_product_'+ #id")
    // 事务
    @Transactional(isolation = Isolation.READ_COMMITTED,
          propagation = Propagation.REQUIRED)
    public Integer deleteProduct(Long id) {
       return productDao.deleteProduct(id);
    }
}
```

注意，这里使用了事务和 Redis 缓存管理器。还需要注意到 getLatestProduct 方法，这里故意不使用 Redis 缓存，以获取数据库最新的数据，所以当用户需要更新时，可以考虑使用这个方法获取数据，毕竟缓存是不可靠的。

接着就要编写控制器了，ProductPojo 这个类对于外部并不友好，毕竟它存在一个单位枚举 UnitEnum，为了让它对外部更友好，我们可以编写一个类 ProductVo，并将其放在 common 模块中，这样各个模块就可以共享了，其内容如代码清单 28-6 所示。

代码清单 28-6：ProductVo（common 模块）

```
package com.learn.ssm.chapter28.product.vo;

import java.io.Serializable;

public class ProductVo implements Serializable {
   private static long serialVersionUID = 232390458721L;
   private Long id;
   private String productName;
   private Double stock;
   private Double price;
   // 计件单位编号
   private Integer unitCode;
   // 计件单位名称
   private String unitName;
   private Integer version;
   private Boolean enable;
   private String note;

   /**** setters and getters ****/
}
```

注意，加粗部分会将计件单位拆分为编号和名称，这样有利于外部的理解和使用。接着就要考虑编写控制器了，不过在此之前，我们先开发一个响应体的工具类，把它放在 common 模块中，如代码清单 28-7 所示。

代码清单 28-7：响应体（common 模块）

```
package com.learn.ssm.chapter28.utils;

/**** imports ****/

public class HttpHeadersUtils {

    // 增加响应头信息
    private static HttpHeaders makeHeader(Boolean success, String message) {
        HttpHeaders headers = new HttpHeaders();
        headers.set("success", success.toString());
        headers.set("message", message);
        return headers;
    }

    /**
     * 响应实体
     * @param success 请求成功与否
     * @param message 消息
     * @param body 响应体
     * @param status HTTP 状态
     * @param <T> 响应体类型
     * @return 响应实体
     */
    public static <T> ResponseEntity<T> getResponseEntity(
            Boolean success, String message, T body, HttpStatus status) {
        HttpHeaders headers = null;
        try {
            headers = makeHeader(success, URLEncoder.encode(message, "UTF-8"));
        } catch (UnsupportedEncodingException e) {
            e.printStackTrace();
        }
        headers.add(HttpHeaders.CONTENT_ENCODING, "UTF-8");
        headers.add(HttpHeaders.CONTENT_TYPE,
                "application/json;charset=utf-8");
        ResponseEntity<T> response = new ResponseEntity<>(body, headers, status);
        return response;
    }
}
```

这个工具类主要为了方便我们处理 HTTP 的响应体，比如响应头、响应状态等。接下来就可以开发产品控制器了，如代码清单 28-8 所示。

代码清单 28-8：产品控制器（product 模块）

```
package com.learn.ssm.chapter28.product.controller;

/**** imports ****/

@RestController
@RequestMapping("/product")
public class ProductController {

    @Autowired
    ProductService productService = null;

    @GetMapping("/info/latest/{id}")
    public ResponseEntity<ProductVo> getLatestProduct(
            @PathVariable("id") Long id) {
```

```
        // 获取最新产品信息
        ProductPojo pojo = productService.getLatestProduct(id);

        if (pojo != null) {
            // 转换为 vo
            ProductVo vo = this.translateToVo(pojo);
            // 创建响应体
            ResponseEntity<ProductVo> response
                    = HttpHeadersUtils.getResponseEntity(
                            true, "获取产品信息成功", vo, HttpStatus.OK);
            return  response;
        }
        // 返回查找失败
        return HttpHeadersUtils.getResponseEntity(
                false, "产品信息不存在", null, HttpStatus.NOT_FOUND);
    }

    @PostMapping("/info")
    public ResponseEntity<ResultMessage> insertProduct(
            @RequestBody ProductVo product) {
        // 转化为 pojo
        ProductPojo pojo = this.translateToPojo(product);
        // 插入后，回填 id
        pojo = productService.insertProduct(pojo);
        if (pojo.getId() != null) { // 处理成功的操作
            ResultMessage resultMessage
                    = new ResultMessage(true, "新增产品成功【"+pojo.getId()+"】");
            return HttpHeadersUtils.getResponseEntity(
                    true, "新增产品信息成功", resultMessage, HttpStatus.OK);
        }
        // 处理失败后的操作
        ResultMessage resultMessage
                = new ResultMessage(true, "新增产品失败");
        return HttpHeadersUtils.getResponseEntity(
                false, "新增产品失败", resultMessage, HttpStatus.OK);
    }

    // 省略一些方法
}
```

这里的方法主要演示了如何处理请求成功，比较简单，不再赘述。最后为了注册到 Eureka 服务治理中，我们还需要配置 application.yml 文件，如下。

```
spring:
  application:
    # 项目名称
    name: product

server:
  # 配置 DispatcherServlet 拦截路径
  servlet:
    # 基础路径
    context-path: /product-api

eureka:
  client:
    serviceUrl:
```

```
      # 向 Eureka 服务端注册
      defaultZone: http://localhost:1001/eureka/,http://localhost:1002/eureka/
```

以上是 product 模块的简单示例。

28.2.2 服务调用（user 模块）

本节我们开发 user 模块，主要演示服务调用的功能。为了能够调用 product 模块的服务，我们采用 OpenFeign 作为服务调用工具。为此首先声明接口，如代码清单 28-9 所示。

代码清单 28-9：OpenFeign 接口声明（user 模块）

```java
package com.learn.ssm.chapter28.user.facade;

/**** imports ****/

// OpenFeign 客户端
@FeignClient("product")
// 公共前缀
@RequestMapping("/product-api/product")
public interface ProductFacade  {

   @GetMapping("/info/{id}")
   public ResponseEntity<ProductVo> getProduct(
         @PathVariable("id")Long id);

   @GetMapping("/info/latest/{id}")
   public ResponseEntity<ProductVo> getLatestProduct(
         @PathVariable("id")Long id);

   @GetMapping("/infos/{productName}/{enable}")
   public ResponseEntity<List<ProductVo>> findProducts(
         @PathVariable("productName") String productName,
          @PathVariable("enable") Integer enable);

   @PostMapping("/info")
   public ResponseEntity<ResultMessage> insertProduct(
         @RequestBody ProductVo product);

   @PutMapping("/info")
   public ResponseEntity<ResultMessage> updateProduct(
         @RequestBody ProductVo product);

   @DeleteMapping("/info/{id}")
   public ResponseEntity<ResultMessage> deleteProduct(
         @PathVariable("id")Long id);
}
```

这个接口声明是和 product 模块中的 ProductController 对应的，而注解@FeignClient 配置的“product”表示配置这个接口调用的是 product 模块的服务。接着编写服务类去调用 OpenFeign 接口，如代码清单 28-10 所示。

代码清单 28-10：调用 OpenFeign 接口的服务类（user 模块）

```java
package com.learn.ssm.chapter28.user.service.impl;

/**** imports ****/
@Service
```

```
public class ProductServiceImpl implements ProductService {

   @Autowired
   private ProductFacade productFacade = null;

   @Override
   // 使用 Hystrix 作为断路器，指定降级方法为 getProductFallBack
   @HystrixCommand(fallbackMethod = "getProductFallBack")
   public ResponseEntity<ProductVo> getProduct(Long id) {
      return productFacade.getProduct(id);
   }

   /**
    * 降级方法
    * @param id 编号
    * @param ex 异常信息
    * @return 响应结果
    */
   public ResponseEntity<ProductVo> getProductFallBack(
         Long id, Throwable ex) {
      System.out.println("获取产品失败");
      ex.printStackTrace();
      return null;
   }
}
```

注意到 getProduct 方法上标注了@HystrixCommand，那么它就是一个在 Hystrix 断路器下运行的方法，而且配置了降级方法为 getProductFallBack，这样在出现问题时，就可以使用 getProductFallBack 方法降级了。而控制器也比较简单，这里不再赘述。接下来配置模块的 application.yml 文件，如下。

```
spring:
  application:
    # 项目名称
    name: user
server:
  servlet:
    # 基础路径
    context-path: /user-api

eureka:
  client:
    serviceUrl:
      # 注册到 Eureka
      defaultZone: http://localhost:1001/eureka/,http://localhost:1002/eureka/
```

最后修改启动文件 UserApplication，如代码清单 28-11 所示。

代码清单 28-11：启动文件（user 模块）

```
package com.learn.ssm.chapter28.user.main;

/**** imports ****/
@SpringBootApplication(
      scanBasePackages = "com.learn.ssm.chapter28.user")
// 扫描 OpenFeign 客户端
@EnableFeignClients(basePackages="com.learn.ssm.chapter28.user")
// 启动 Hystrix
```

```
@EnableHystrix
public class UserApplication {

   public static void main(String[] args) {
      SpringApplication.run(UserApplication.class, args);
   }
}
```

注意@EnableFeignClients 和@EnableHystrix 两个注解，其中注解@EnableFeignClients 表示启动并扫描对应的包加载 OpenFeign 接口，而注解@EnableHystrix 表示启动 Hystrix 作为断路器工作。

28.2.3 网关（gateway 模块）

首先引入 common 模块，注意，common 模块是包含 spring-boot-starter-web 包的引入的，而 Spring Cloud Gateway 不能引入这个包，因此需要在 Maven 中将其剔除，为此需要这样引入 common 模块，代码如下。

```
<dependency>
   <groupId>ssm</groupId>
   <artifactId>common</artifactId>
   <version>0.0.1-SNAPSHOT</version>
   <scope>compile</scope>
   <!-- 剔除 spring-boot-starter-web -->
   <exclusions>
      <exclusion>
         <groupId>org.springframework.boot</groupId>
         <artifactId>spring-boot-starter-web</artifactId>
      </exclusion>
   </exclusions>
</dependency>
```

接着配置 application.yml 文件，如下所示。

```
spring:
  application:
    # 项目名称
    name: gateway
  cloud:
    gateway:
      # 开始配置路由
      routes:
        # 第一个路由
        - id: user
          # 转发 URI
          uri: lb://user
          # 断言配置
          predicates:
            - Path=/user-api/**
        # 第二个路由
        - id: product
          # 转发 URI
          uri: lb://product
          # 断言配置
          predicates:
            - Path=/product-api/**
```

```
eureka:
  client:
    serviceUrl:
      # 注册到Eureka
      defaultZone: http://localhost:1001/eureka/,http://localhost:1002/eureka/
```

这里的配置项 spring.cloud.gateway.routes.*主要配置其他两个模块的路由，也很简单。有时候需要在网关进行校验、限流等操作，这里以限流为例，引入 Resilience4j 的相关依赖，然后在 application.yml 中配置限速器，如下。

```
resilience4j:
  # 配置限速器
  ratelimiter:
    instances:
      # 配置命名为“common”的限速器
      common:
        # 时间戳内限制通过的请求数，默认为50，这里为了方便测试，配置小些
        limit-for-period: 1
        # 配置时间戳（单位：ms）。默认值为500，这里配置为s，方便测试
        limit-refresh-period: 1s
        # 超时时间
        timeout-duration: 1s
```

注意，这里的流量配置很小，1s 仅放行 1 次，这主要是为了进行后续测试，在实际中可以根据自己的需要进行配置。最后，为了使用这个限速器，我们可以在 GatewaApplication 中增加全局限速器，如代码清单 28-12 所示。

代码清单 28-12：通过全局过滤器实现限流（gateway 模块）

```
package com.learn.ssm.chapter28.gateway.main;

/**** imports ****/
@SpringBootApplication
public class GatewayApplication {

   public static void main(String[] args) {
      SpringApplication.run(GatewayApplication.class, args);
   }

   // 注入Resilience4j 限流器注册机
   @Autowired
   private RateLimiterRegistry rateLimiterRegistry = null;

   // 创建全局过滤器
   @Bean("limitGlobalFilter")
   public GlobalFilter limitGlobalFilter() {
      // Lambda 表达式
      return (exchange, chain) -> {
         // 获取Resilience4j 限速器
         RateLimiter userRateLimiter
               = rateLimiterRegistry.rateLimiter("common");
         // 绑定限速器
         Callable<ResultMessage> call
               = RateLimiter.decorateCallable(userRateLimiter,
               () -> new ResultMessage(true, "PASS") );
         // 尝试获取结果
```

```
            Try<ResultMessage> tryResult = Try.of(() -> call.call())
                    // 降级逻辑
                    .recover(ex -> new ResultMessage(false, "TOO MANY REQUESTS"));
            // 获取请求结果
            ResultMessage result = tryResult.get();
            if (result.getSuccess()) { // 没有超过流量
                // 执行下层过滤器
                return chain.filter(exchange);
            } else { // 超过流量
                // 响应对象
                ServerHttpResponse serverHttpResponse = exchange.getResponse();
                // 设置响应码
                serverHttpResponse.setStatusCode(HttpStatus.TOO_MANY_REQUESTS);
                // 转换为 JSON 字节
                byte[] bytes = JSONObject.toJSONString(result).getBytes();
                DataBuffer buffer
                        = exchange.getResponse().bufferFactory().wrap(bytes);
                // 响应体，提示请求超流量
                return serverHttpResponse.writeWith(Flux.just(buffer));
            }
        };
    }
}
```

通过这个限速器，我们可以限制网关的流量，从而保证源服务器在可控的流量下运行。

28.2.4 测试

上述，我们开发了一个简易的系统，接下来，我们可以通过网关来访问具体的服务。访问 http://localhost:3001/user-api/product/info/1，其结果如图 28-10 所示。

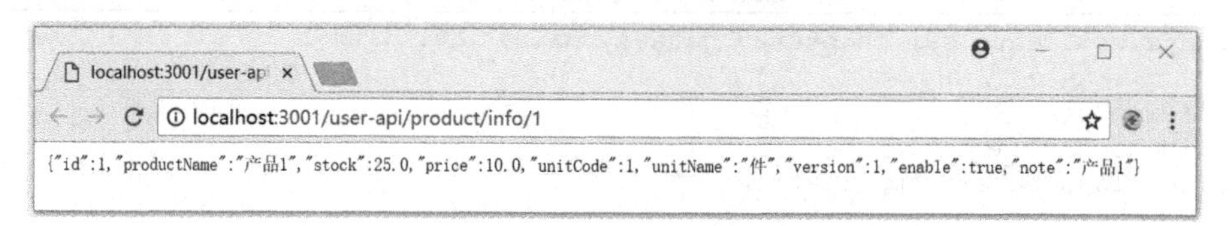

图 28-10　测试请求结果

这里会请求 user 模块，user 模块通过 OpenFeign 调用 product 模块，这样就形成了一个链路。好好体验这个链路和我们在 Spring Boot 下整合的 SSM 与 Redis，相信读者就能回顾起许多从本书学习到的知识了。倘若我们频繁地刷新这个页面，则有可能看到如图 28-11 所示的结果。

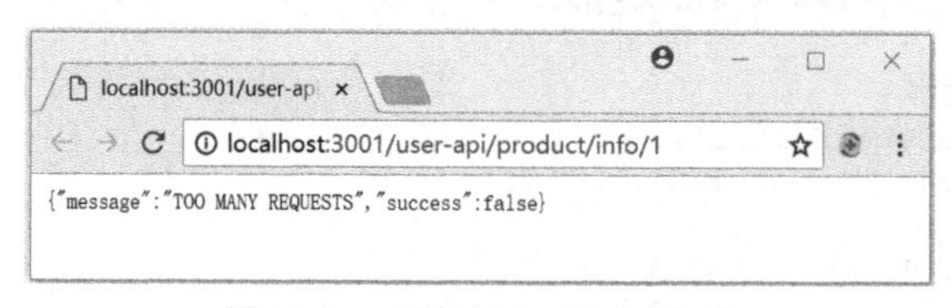

图 28-11　请求过多被网关拦截

这是因为在代码清单 28-12 中，我们加入了全局拦截器，使用了 Resilience4j 限速器来控制请求的流量，从而保证请求不会压垮服务，这也是很常见的方法。

附录 A 数据库表模型

在默认的情况下，本书使用以下数据模型，如图 A-1 所示。

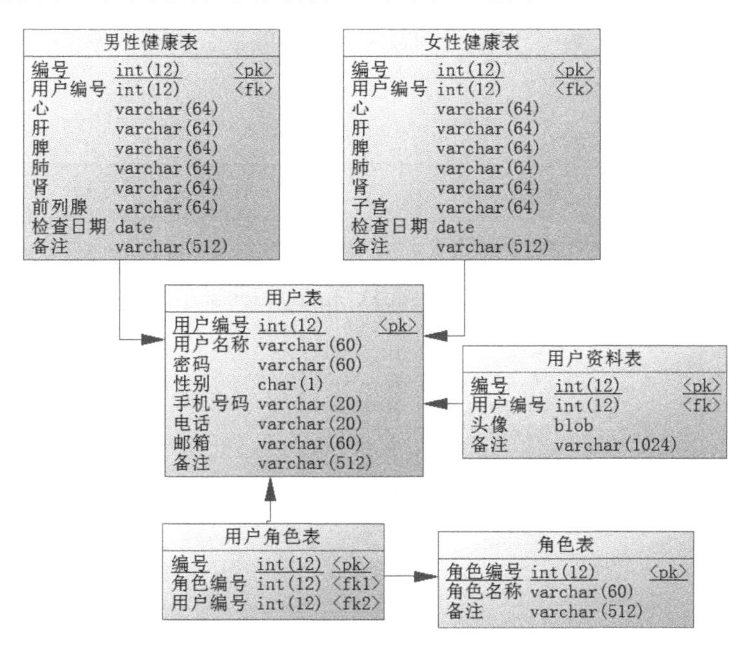

图 A-1　本书通用数据库模型

对模型进行一定的描述。

- 用户表和角色表通过用户角色表关联，它们是多对多的关系。
- 用户表里面有一个性别字段（sex），1 表示男性，0 表示女性，根据男性或者女性关联不同的健康表。
- 用户表和用户资料表通过用户编号一对一关联。

其建表语句如下：

```
drop table if exists T_male_health;

drop table if exists t_female_health;

drop table if exists t_role;

drop table if exists t_user;

drop table if exists t_user_info;
```

```
drop table if exists t_user_role;

/*==============================================================*/
/* Table: T_male_health                                         */
/*==============================================================*/
create table T_male_health
(
   id                   int(12) not null auto_increment,
   user_id               int(12) not null,
   heart                varchar(64) not null,
   liver                varchar(64) not null,
   spleen               varchar(64) not null,
   lung                 varchar(64) not null,
   kidney               varchar(64) not null,
   prostate              varchar(64) not null,
   check_date            date not null,
   note                 varchar(512),
   primary key (id)
);

/*==============================================================*/
/* Table: t_female_health                                       */
/*==============================================================*/
create table t_female_health
(
   id                   int(12) not null auto_increment,
   user_id               int(12) not null,
   heart                varchar(64) not null,
   liver                varchar(64) not null,
   spleen               varchar(64) not null,
   lung                 varchar(64) not null,
   kidney               varchar(64) not null,
   uterus               varchar(64) not null,
   check_date            date not null,
   note                 varchar(512),
   primary key (id)
);

/*==============================================================*/
/* Table: t_role                                                */
/*==============================================================*/
create table t_role
(
   id                   int(12) not null auto_increment,
   role_name             varchar(60) not null,
   note                 varchar(512),
   primary key (id)
);

/*==============================================================*/
/* Table: t_user                                                */
/*==============================================================*/
create table t_user
(
   id                   int(12) not null,
   user_name             varchar(60) not null,
   password              varchar(60) not null,
   sex                  char(1) not null,
   mobile               varchar(20) not null,
   tel                  varchar(20),
   email                varchar(60),
```

```
  note              varchar(512),
  primary key (id)
);

/*==============================================================*/
/* Table: t_user_info                                           */
/*==============================================================*/
create table t_user_info
(
  id                int(12) not null,
  user_id            int(12) not null,
  head_image          blob not null,
  note              varchar(1024),
  primary key (id)
);

/*==============================================================*/
/* Table: t_user_role                                           */
/*==============================================================*/
create table t_user_role
(
  id                int(12) not null auto_increment,
  role_id            int(12) not null,
  user_id            int(12) not null,
  primary key (id)
);

/*==============================================================*/
/* Index: role_user_idx                                         */
/*==============================================================*/
create unique index role_user_idx on t_user_role
(
  user_id,
  role_id
);
```